Física del sólido. Vibraciones reticulares

Manuel Jiménez Melendo

Física del sólido. Vibraciones reticulares

EDITORIAL UNIVERSIDAD DE SEVILLA

Sevilla 2025

Manuales Universitarios
PUBLICACIONES DE LA
UNIVERSIDAD DE SEVILLA

NÚM. 108   AÑO 2025

Motivo de cubierta: Simulación de los desplazamientos atómicos en un sólido 2D de red
cuadrada y base diatómica en un modo normal de vibración
transversal acústico en la dirección [11].

© Editorial Universidad de Sevilla 2025
c/ Porvenir, 27-41013 Sevilla
Tfnos.: 954 487 447; 954 487 452
Correo electrónico: info-eus@us.es
Web: https://editorial.us.es
© Manuel Jiménez Melendo 2025
Impreso en papel ecológico
Impreso en España-Printed in Spain
ISBN: 978-84-472-2768-6
Depósito Legal: SE 108-2025
Diseño de cubierta y maquetación: Manuel Jiménez Melendo
Impresión: Masquelibros

Índice

Prefacio

A finales del siglo XIX y principios del XX la Física ocupaba un papel preeminente dentro de las Ciencias Naturales en el mundo occidental por razones muy variadas: científicas, económicas, industriales, de prestigio institucional y personal, ... Dentro de la Física, el estudio de las propiedades de los sólidos cristalinos tuvo un desarrollo teórico espectacular en la primera mitad del siglo XX tras el descubrimiento de la difracción en sólidos por Max von Laue y su equipo en 1912. Nació así la Física del Estado Sólido, que se convirtió en una disciplina independiente en la década de 1940 con un cuerpo de doctrina propio y diferenciado de las otras ramas de la Física.

El objeto formal de estudio de esta disciplina es el sólido cristalino, que se caracteriza por su estructura atómica ordenada sobre distancias grandes —comparadas con la distancia típica entre átomos, que es del orden del ángstrom— en las tres direcciones del espacio. Los grandes avances teóricos en el estudio de las propiedades de los sólidos cristalinos tuvieron lugar en paralelo con el desarrollo de la Mecánica Cuántica, ya que el sólido es un sujeto de experimentación excepcional para aplicar las ideas cuánticas, así como las de Física Estadística, dado el número enorme (del orden del número de Avogadro) y naturaleza de las partículas que lo componen, núcleos y electrones[1].

Posteriormente, entre 1960 y 1970, la denominación de Física de la Materia Condensada comenzó a ganar peso con objeto de incluir también en esta disciplina el estudio de otros sistemas densos (líquidos, sólidos amorfos, cristales líquidos, superfluidos, etc.) que utilizan métodos de la teoría cuántica de campos para tratar problemas de muchos cuerpos en interacción mutua, en contraposición a los métodos de monopartícula utilizados con anterioridad. Desde hace ya muchos años, las divisiones de Física del Estado Sólido (o de Materia Condensada) son, con mucha diferencia, las de mayor peso en las distintas Sociedades de Física del mundo.

Dado que el objetivo de la Física del Estado Sólido es el estudio de las propiedades de la materia en estado sólido sobre la base de su estructura atómica periódica y de las interacciones entre sus partículas constituyentes, se comprende que un estudio

---

[1]No es necesario considerar la estructura fina de los núcleos ya que las energías puestas en juego en las propiedades de los sólidos son como máximo de 10 eV, muy lejos del valor de 1 MeV característico de los problemas nucleares.

desde primeros principios es totalmente inaccesible. Por tanto, se requiere de una serie de aproximaciones que permitan reducir a proporciones manejables la extraordinaria complejidad de este problema mecánico-cuántico. Estas aproximaciones se basan en un conjunto reducido de conceptos fundamentales, que unifican y confieren a la Física de los sólidos su cuerpo de doctrina: las simetrías —en particular la simetría de traslación que caracteriza el orden de largo alcance—, los defectos cristalinos y las excitaciones elementales. La simetría de traslación conduce directamente al concepto fundamental de red recíproca y zonas de Brillouin en el espacio de Fourier, cuya importancia se ha equiparado a las ecuaciones de Maxwell del Electromagnetismo. Por su parte, los defectos cristalinos y las excitaciones acercan el sólido ideal al mundo real permitiendo explicar, al menos cualitativamente, la gran diversidad de propiedades que presentan.

La necesidad de utilizar aproximaciones para simplificar el estudio conduce a teorías y modelos específicos para las distintas áreas de la Física de los sólidos. Esta riqueza de tratamientos puede suponer también un peligro para el aprendizaje de esta disciplina ya que el estudiante puede percibir que el estudio de los sólidos se reduce a una colección de modelos desarrollados *ad hoc* y sin conexión entre los mismos. Por ello, es fundamental insistir en los principios que los unifican y mostrar sus características comunes, que son las que confieren robustez a esta disciplina.

Las vibraciones atómicas —históricamente la primera excitación colectiva que se estudió en los sólidos— es una de las grandes ramas de la Física del Estado Sólido. Se desarrolló principalmente entre 1920 y 1940, y tuvo un gran impulso a partir de 1950 con el desarrollo de los ordenadores y de los equipos de espectroscopía. Un texto fundacional en este campo es el libro "Dynamical Theory of Crystal Lattices" de Max Born y Kun Huang (1954), donde se desarrollan los fundamentos de la dinámica reticular.

El estudio de las vibraciones reticulares muestra de forma clara una de las características metodológicas de la Física del sólido, como es la sustitución de un problema inabordable de 10^{23} partículas en interacción mutua por un conjunto de entidades desacopladas, en este caso concreto por osciladores armónicos independientes. La dinámica reticular introduce también conceptos esenciales en el estudio de las excitaciones colectivas en sistemas periódicos: las soluciones con la forma de Bloch, que caracteriza su naturaleza itinerante y muestra que su espectro energético consiste, por lo general, de regiones de energías permitidas separadas por intervalos prohibidos donde la excitación no se puede propagar sin atenuación; el uso de las condiciones de contorno periódicas, que permiten considerar un sólido de tamaño finito preservando al mismo tiempo la simetría de traslación completa; la periodicidad de las soluciones en el espacio de Fourier con los vectores recíprocos, que permite limitar el estudio de las excitaciones a la primera zona de Brillouin; y también introduce el concepto de cuasipartícula (partícula no real), en este caso el fonón como cuanto del campo de desplazamiento elástico reticular, que permite una representación corpuscular más comprensible en la descripción de los procesos de interacción entre los modos de vibración o con otros sistemas (neutrones, fotones, defectos cristalográficos, electrones de conducción, etc.).

Este texto está dirigido a estudiantes de grados universitarios que requieran una introducción al movimiento atómico y sus propiedades asociadas, combinando los desarrollos teóricos con resultados experimentales y de simulación. Para su seguimiento correcto se requieren conocimientos básicos de la simetría de traslación en cristales, en particular los conceptos de red de Bravais, celda unidad y base estructural en el espacio directo, y red recíproca y zonas de Brillouin en el espacio de Fourier, que se desarrollan en todos los textos elementales de Física del Estado Sólido. También se requieren nociones básicas de Física Cuántica y Física Estadística, dos pilares de la Física de los sólidos, así como de otras disciplinas fundamentales como son la Mecánica Clásica, la Termodinámica y el Electromagnetismo.

Aunque la dinámica reticular es, a mi juicio, una de las teorías más elegantes y atractivas de los sólidos, suele ser de las materias peor comprendidas por los estudiantes. Es posible que el origen de esta dificultad esté en el tratamiento matemático que se necesita para su desarrollo en 3D, que no es simple y no suele aparecer en la mayoría de los libros de texto, que se limitan al estudio en sólidos 1D monoatómicos y diatómicos. Aunque este procedimiento muestra algunos de los principales resultados de la dinámica reticular, el paso de 1D a 3D no es directo y el estudiante se suele encontrar con muchos interrogantes. Por ello, este texto comienza directamente con el desarrollo formal de las vibraciones reticulares en 3D, para simplificarlo posteriormente con ejemplos sencillos en 1D y 2D una vez conocido el tratamiento completo.

Así, se introducen en primer lugar los principales conceptos y desarrollos de la dinámica reticular para determinar las relaciones de dispersión en la aproximación armónica, que permiten obtener la energía media del sólido en función de la temperatura. De aquí es inmediato determinar la capacidad calorífica del material, una propiedad que fue esencial en la aplicación de las primeras ideas cuánticas. A continuación se aplican, a modo de ejercicios, los resultados obtenidos para calcular las relaciones de dispersión en casos simples de sólidos 1D y 2D con diferentes redes de Bravais y bases estructurales. Aparte del interés académico, estos estudios son necesarios debido al progreso en la fabricación de nanohilos y nanoláminas. En este sentido hay que destacar el espectacular desarrollo que están teniendo estos nanomateriales —principalmente en 2D— durante los últimos años, en particular tras el descubrimiento del grafeno. Las investigaciones se extienden hoy en día a una gran variedad de compuestos de carácter planar, como BN, MoS_2, siliceno y compuestos semiconductores IV-VI (GeSe, SnSe, ...), carbonitruros, fosforeno, etc. Estos estudios tienen como objetivo modificar de

forma controlada el espectro fonónico de frecuencias (energías) acústicas y ópticas de
nanoestructuras artificiales —que se suelen denominar metamateriales—, para ajustar-
lo a aplicaciones específicas. Esta nueva área de Ciencia y Tecnología de los materiales
se denomina Fonónica, y se espera que tenga un gran desarrollo a corto plazo en tec-
nologías emergentes, en particular en los sistemas de información y de energía, lo que
va a requerir la convergencia e integración con la Fotónica y la Electrónica. Por su
parte, el estudio de los sólidos con interacciones de van der Waals (sólidos de gases
nobles en particular) será recurrente a lo largo de todo el texto por su simplicidad,
ya que la energía de interacción entre los átomos se describe correctamente por el potencial simple de Lennard-Jones 6-12, y además la aproximación de primeros vecinos
es muy adecuada por su corto alcance de interacción. En la parte final del texto se
desarrollan diversas propiedades que quedan fuera del ámbito estricto de la aproximación armónica, como el coeficiente de dilatación térmica y la conductividad térmica
reticular.

En cada capítulo se muestran numerosos ejemplos donde se comparan los resultados
teóricos con los experimentales, comentando las fuentes de las posibles diferencias y
mostrando en su caso la bondad de las aproximaciones realizadas para lograr obtener expresiones sencillas y útiles de las propiedades de un sistema cuántico realmente
complejo como es el sólido. Para ello se incluyen numerosas gráficas, que el estudiante
debe aprender a manejar correctamente ya que son una de las herramientas más eficaces
para transmitir información de una forma clara y directa. Hay que notar también que la
mayoría de los capítulos de este texto se presentan en la forma de ejercicios propuestos,
que se desarrollan utilizando los conocimientos previamente adquiridos a la vez que se
van introduciendo los nuevos conceptos e ideas necesarios para su resolución.

Conviene señalar que, en general, se requiere del cálculo numérico ya que solo se
pueden obtener resultados analíticos en casos muy sencillos. Por ello, es muy conveniente que el estudiante utilice una herramienta de cálculo numérico para que pueda
observar de forma rápida cómo se modifican los resultados finales con un cambio en
las condiciones del problema. También es muy conveniente el uso de programas de
visualización del movimiento atómico para que el estudiante, que está más familiariza-
do con el movimiento armónico de una sola partícula, comprenda mejor el significado
del desplazamiento colectivo de los átomos en los distintos modos normales. Con este
objetivo escribí en su día un programa[2] que determina las relaciones de dispersión (así
como la densidad de modos, la energía y la capacidad calorífica mediante un muestreo
de la primera zona de Brillouin) en sólidos iónicos y de gases nobles en 1D, 2D y
3D en la aproximación de vecinos que se desee, y permite visualizar el movimiento
atómico (en 1D y 2D). Con este programa he obtenido la mayoría de los resultados de

---

[2]M. Jiménez-Melendo, FONÓN: un programa didáctico para el estudio de las vibraciones reticulares, Revista Española de Física 13, 57, 1999.

simulación que se presentan en el texto.

La bibliografía sobre la Física de los sólidos es muy abundante y de una calidad excepcional. Basta buscar en las bases de referencias de las bibliotecas para encontrar textos de todos los niveles. Destaco solo algunos títulos a modo de ejemplo. "A Modern Theory of Solids" de Frederick Seitz (1940) es posiblemente el primer libro donde se desarrollan los temas principales que hoy día se imparten en un curso básico de Física del Estado Sólido; su lectura es muy interesante con la perspectiva de los años transcurridos. "Solid State Physics" de Neil W. Ashcroft and N. David Mermin (1976) es un libro de referencia en el estudio de esta disciplina con un nivel intermedio, aunque incluye varios capítulos más avanzados. De nivel más básico, pero también un referente, son las numerosas ediciones de "Introduction to Solid State Physics" de Charles Kittel (primera edición de 1953), que incluye un gran número de datos experimentales en tablas y gráficas. Particularmente interesante para mí es "The Physics and Chemistry of Solids" de Stephen Elliot (1998), que integra de una forma muy inteligente aspectos de física, química y materiales a un nivel muy recomendable para los estudiantes de grado. Particularizando para el estudio de las vibraciones atómicas cabe destacar el libro ya mencionado "Dynamical Theory of Crystal Lattices" de Max Born and Kun Huang (1954), un texto fundacional de este campo. Tras los capítulos iniciales, muy fáciles de leer, el texto desarrolla de forma autoconsistente las características principales del movimiento atómico utilizando una notación en ocasiones muy complicada —pero inevitable— y con un nivel que dificulta su seguimiento para los lectores no especializados. Más modernos son los textos "Introduction to Lattice Dynamics" (1993) y "Structure and Dynamics: An Atomic View of Materials" (2001) de Martin T. Dove, de gran valor didáctico por su redacción y estructura.

En los distintos capítulos he incluido un número limitado de referencias, principalmente de los trabajos originales más relevantes en el avance del conocimiento de las propiedades de los sólidos. El objetivo no es tanto que el estudiante utilice estas referencias (por su antigüedad suelen utilizar una notación ya desfasada, aunque contienen ideas muy brillantes que se han ido perdiendo en las sucesivas menciones al artículo original) sino que conozca cómo diferentes personas han contribuido a lo largo del tiempo en la construcción de esta disciplina científica. La incorporación de fotografías y grabados de personalidades sobresalientes en los distintos capítulos también responde al mismo motivo, el de acercar a los estudiantes y "poner cara" a nombres que aparecen de una forma impersonal en leyes, teorías y modelos.

Como he indicado, la estructura de este texto responde a mi experiencia docente en la enseñanza de esta disciplina en la Facultad de Física de la Universidad de Sevilla. Pero no habría sido posible sin las enseñanzas que he recibido de mis profesores de la Licenciatura de Física de esta Universidad y de los diálogos tan fructíferos con colegas del Departamento de Física de la Materia Condensada. En particular con el Profesor Simeón Pérez Garrido (e.p.d.), con el que he compartido la mayor parte de mi vida profesional y que me enseñó, entre otras muchas cosas, la importancia del trabajo experimental con los alumnos en los laboratorios de prácticas; con el Profesor Alberto Criado Vega, por compartir conmigo sus amplios conocimientos de dinámica reticular; y con el Profesor Alfonso Bravo León, con el que mantengo largos debates y conversaciones en todos los ámbitos, en particular sobre los retos que plantea la docencia y las alternativas para solucionarlos. Es necesario destacar también la interacción tan fructífera con los estudiantes, que con sus opiniones, preguntas y críticas obligan a un docente a superarse cotidianamente.

Manuel Jiménez Melendo
Universidad de Sevilla, abril de 2024

Las referencias a personas y colectivos figuran en género masculino en este texto como género gramatical no marcado.

Permisos

Fotografías/grabados

Max Born: Wikimedia Commons, domino público; Kun Huang: Chinaculture.org; John Edward Lennard-Jones: Department of Computer Science and Technology, University of Cambridge, United Kingdom; Rosalind Elsie Franklin: The College Archives, King's College London, courtesy AIP Emilio Segrè Visual Archives; Siméon Denis Poisson: Wikimedia Commons, dominio público; Thomas Young: Wikimedia Commons, dominio público; Maria Salomea Skłodowska-Curie: Wikimedia Commons, dominio público; Max Karl Ernst Ludwig Planck: AIP Emilio Segrè Visual Archives, Born Collection; Julius Robert von Mayer: Wikimedia Commons, dominio público; Chandrasekhara Venkata Raman: A. Bortzells Tryckeri, courtesy of AIP Emilio Segrè Visual Archives, W. F. Meggers Gallery of Nobel Laureates Collection; Albert Einstein: Hebrew University of Jerusalem Albert Einstein Archives, courtesy AIP Emilio Segrè Visual Archives; Petrus Josephus Wilhelmus Debye: AIP Emilio Segrè Visual Archives, Segrè Collection; Pierre Louis Dulong: Wikimedia Commons, dominio público; Dorothy Mary Crowfoot Hodgkin: AIP Emilio Segrè Visual Archives, Physics Today Collection; Félix Bloch: Stanford University, courtesy AIP Emilio Segrè Visual Archives, W. F. Meggers Gallery of Nobel Laureates Collection, Weber Collection; Léon Nicolas Brillouin: A. Villasenor, courtesy AIP Emilio Segrè Visual Archives, Leon Brillouin Collection; Yakov Il'ich Frenkel: AIP Emilio Segrè Visual Archives, Frenkel Collection; Johannes Diderik van der Waals: Generalstabens Litografiska Anstalt, courtesy AIP Emilio Segrè Visual Archives, W.F. Meggers Gallery of Nobel Laureates Collection; Igor Yevgenyevich Tamm: V. Ia. Frenkel, Leningrad Physico-Technical Institute, courtesy AIP Emilio Segrè Visual Archives; Erwin Madelung: AIP Emilio Segrè Visual Archives, Physics Today Collection; Mildred Dresselhaus: Wikimedia Commons, dominio público; Rudolf Julius Emmanuel Clausius: Wikimedia Commons, dominio público; Ottavio Fabrizio Mossotti: Wellcome Library, London, Creative Commons Attribution 2.0 Generic License; Frederick Alexander Lindemann: AIP Emilio Segrè Visual Archives, Physics Today Collection; Kathleen Lonsdale: F.C. Livingstone, Smithsonian Institution Archives, Accession 90-105, Science Service Records, Image No. SIA2008-5424; Eduard Grüneisen: Mauss, Marburg, courtesy AIP Emilio Segrè Visual Archives; Gustav Ludwig Mie: Brian Stout, Nicolas Bonod, hal.archives-

Figuras

1. Dinámica reticular

1.1 Introducción

El estudio de las propiedades físicas de los sólidos nació "oficialmente" en abril de 1912 con el descubrimiento por Walther Friedrich y Paul Knipping, a propuesta de Max von Laue, de la difracción de rayos X por cristales de sulfato de cobre y sulfuro de zinc [1], confirmando la existencia de un orden atómico a larga distancia en los sólidos. Los experimentos se realizaron en la Universidad de Múnich utilizando los rayos X descubiertos en 1895 por Wilhelm Conrad Röntgen. En aquella época no se conocía la naturaleza ni la longitud de onda de esta nueva radiación, aunque se suponía que era inferior a 1 Å. Laue, en conversaciones con Arnold Sommerfeld y Paul Peter Ewald, que trabajaban en esos años junto a Röntgen en la Universidad de Múnich, consideró que el posible ordenamiento regular de los átomos en los cristales actuaría como una rejilla periódica tridimensional para los rayos X dando lugar a su difracción, de forma análoga a la difracción de la luz por una rejilla de tamaño adecuado a la radiación visible. Este descubrimiento revolucionó e impulsó los estudios de los sólidos, principalmente desde el punto de vista teórico, desarrollando los principales conceptos que hoy en día son propios de esta disciplina.

El estudio de las propiedades de los sólidos parte del sólido ideal, con los átomos o iones —que en adelante se denominarán indistintamente partículas reticulares[1]— fijos en las posiciones reticulares correspondientes: vértices de la celda unidad, centros de las caras, etc. Posteriormente se modifica este modelo de sólido perfecto introduciendo los defectos cristalográficos: vacantes, intersticiales, impurezas, dislocaciones, ... Corresponde ahora el estudio de otro tipo de imperfección que afecta al sólido globalmente: el movimiento de vibración de las partículas reticulares alrededor de sus posiciones de equilibrio. Aunque el modelo de red estática permite entender algunas propiedades de los sólidos, por ejemplo la densidad, la dureza, la estructura de bandas electrónica y los espectros de difracción, la mayoría de las propiedades no se pueden comprender en

---

[1] Se denomina partícula reticular al núcleo más los electrones internos cuya configuración no difiere esencialmente del caso del átomo libre, es decir, aquellas capas electrónicas que no se modifican apreciablemente por la presencia de partículas vecinas situadas a una distancia del orden del ángstrom cuando se forma el sólido.

el marco de una red rígida y requieren obligatoriamente del estudio de las vibraciones de las partículas reticulares: la capacidad calorífica, la dilatación térmica, la propia fusión de los sólidos, la variación de la conductividad eléctrica de los metales con la temperatura, la conductividad térmica de los dieléctricos, la interacción de los sólidos con radiación electromagnética y material, la propagación de ondas sonoras y las transiciones de fase son algunos ejemplos. Estas oscilaciones reticulares ocurren a todas las temperaturas, incluso en el cero absoluto (denominado movimiento del punto cero).

Las propiedades físicas de un sólido son su respuesta macroscópica a perturbaciones externas; en los ejemplos anteriores serían el cambio de temperatura, la aplicación de campos electromagnéticos o de tensiones mecánicas, una radiación incidente, etc. Cabe esperar que si la perturbación es pequeña, el sólido evolucione a un estado débilmente excitado próximo al estado fundamental. En este caso, el estado del sistema se puede describir por un conjunto de excitaciones (o cuasipartículas) elementales no interaccionantes —o que interaccionan muy débilmente— entre sí, de forma que la energía total del sistema macroscópico es simplemente la suma de las energías de las excitaciones individuales. Este concepto de excitación elemental, introducido por Lev D. Landáu en 1941 en el estudio del helio superfluido [2], es uno de los más fructíferos desarrollados por la teoría cuántica de la materia condensada para estudiar el comportamiento de sistemas de muchas partículas en interacción mutua. En general, los efectos cuánticos juegan un papel preponderante a temperaturas suficientemente bajas, y la mayoría de las propiedades físicas de los sólidos vienen determinadas precisamente por estos estados de excitación más baja, no por el estado fundamental. Ejemplos de estas excitaciones elementales son los fonones, los electrones de Bloch, los huecos electrónicos, los magnones, etc. Algunos autores distinguen dos clases de excitaciones elementales: cuasipartículas si tienen carácter fermiónico y excitaciones colectivas si se comportan como bosones, pero esta distinción no está generalizada.

El movimiento de un átomo en el cristal, aunque muy complejo no es caótico, sino que está acoplado al movimiento de los demás átomos por las fuerzas de interacción (iónicas, covalentes, van der Waals, ...) entre ellos; por tanto, el movimiento es colectivo y no individual. El estudio de este movimiento colectivo de los átomos en el sólido parte de la aproximación armónica, una aproximación fundamental en el desarrollo de la dinámica reticular ya que permite resolver el hamiltoniano del sistema de partículas reticulares en una suma de hamiltonianos de osciladores armónicos independientes. Esta es la base de la cuantización de las vibraciones reticulares y de su descripción como un gas ideal de cuasipartículas (partículas no reales) denominadas fonones —por analogía con los fotones—, no interaccionantes entre sí. El objetivo principal de la dinámica reticular es la determinación de las frecuencias de vibración permitidas en el sólido, las denominadas relaciones de dispersión, que permiten posteriormente obtener muchas de las propiedades de los sólidos. Estas relaciones de dispersión se

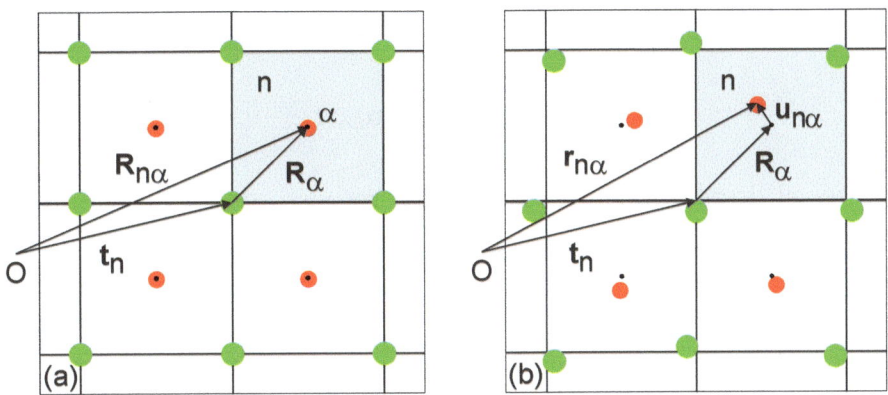

Figura 1.1. Posición del átomo α de la celda unidad n en un sólido con: (a) red estática; (b) red vibrando. El desplazamiento instantáneo respecto de su posición de equilibrio es $\mathbf{u}_{n\alpha}(t)$.

van a determinar aquí mediante un tratamiento clásico, más sencillo e intuitivo que la formulación mecánico-cuántica, ya que ambos tratamientos conducen a los mismos resultados. Sin embargo, el paso de frecuencia a energía de vibración requiere necesariamente del estudio cuántico, con diferencias esenciales respecto del caso clásico particularmente a bajas temperaturas. De hecho, la falta de explicación clásica de la variación de la capacidad calorífica de los sólidos con la temperatura fue uno de los elementos clave para el desarrollo de las teorías cuánticas.

En el tratamiento que se presenta a continuación aparece un número elevado de subíndices que puede dificultar su seguimiento, por lo que hay que proceder de forma muy ordenada. Pero tiene la ventaja de que los resultados obtenidos se trasladan directamente a sólidos de cualquier dimensión y número de partículas de la base, y en la aproximación de vecinos que interese.

1.2 Aproximación armónica

Consideremos un sólido con N celdas unidad primitivas y una base estructural formada por p partículas. Etiquetamos cada celda unidad por un solo índice n. La posición de equilibrio de la partícula α de la base estructural situada en la celda n viene dada por (Figura 1.1(a))

$$\mathbf{R}_{n\alpha} = \mathbf{t}_n + \mathbf{R}_\alpha, \qquad n = 1, 2, \dots N, \ \alpha = 1, 2, \dots p \tag{1.1}$$

donde $\mathbf{t}_n$ es el vector de traslación que define el origen de la celda n y $\mathbf{R}_\alpha$ la posición de equilibrio de la partícula medida a partir de este origen.

A todas las temperaturas, incluido el estado fundamental $T = 0\,\mathrm{K}$, las partículas están vibrando, de forma que la posición instantánea de la partícula $n\alpha$ es (Figura 1.1(b))

$$\mathbf{r}_{n\alpha}(t) = \mathbf{R}_{n\alpha} + \mathbf{u}_{n\alpha}(t) \tag{1.2}$$

donde $\mathbf{u}_{n\alpha}(t)$ es el desplazamiento instantáneo respecto de su posición de equilibrio. El objetivo es caracterizar completamente este desplazamiento $\mathbf{u}_{n\alpha}(t)$ de cada una de las partículas del sólido.

El hamiltoniano H del sistema reticular contiene los términos de energía cinética T de las partículas reticulares y de energía potencial U de interacción entre ellas

$$H = T(\{\mathbf{r}_{n\alpha}\}) + U(\{\mathbf{r}_{n\alpha}\}) \tag{1.3}$$

donde $\{\mathbf{r}_{n\alpha}\}$ indica que tanto T como U dependen de las posiciones instantáneas $\mathbf{r}_{n\alpha}(t)$ de las pN partículas del sistema reticular.

El término de energía cinética es muy simple ya que se descompone en la suma de las energías cinéticas individuales de cada partícula

$$T(\{\mathbf{r}_{n\alpha}\}) = \sum_{n\alpha i} \frac{1}{2} M_\alpha \left(\frac{dr_{n\alpha i}}{dt} \right)^2 = \sum_{n\alpha i} \frac{1}{2} M_\alpha \left(\frac{du_{n\alpha i}}{dt} \right)^2 , \qquad i = x, y, z \tag{1.4}$$

donde M_α es la masa de la partícula α de la base estructural y el índice i distingue las tres coordenadas cartesianas.

El término de energía potencial es, sin embargo, realmente complicado ya que, incluso admitiendo que se conoce su forma (de tipo iónico, covalente, ...), depende de las interacciones mutuas instantáneas de todas las partículas reticulares del sólido. Como ejemplo, la Figura 1.2 muestra la energía potencial de interacción entre partículas en el kriptón, que cristaliza por debajo de su temperatura de fusión $T_f = 116\,\mathrm{K}$ en una red fcc de base monoatómica y parámetro reticular $a = 5.64\,\text{Å}$ (a temperaturas muy bajas). La curva presenta un mínimo $U_o = U(R_o)$, la energía de cohesión del sólido, a la distancia de separación interatómica de equilibrio R_o. Este ejemplo corresponde a un sólido con interacciones de van der Waals, pero es representativo de las energías interatómicas de cualquier sólido. La determinación de $U(\{\mathbf{r}_{n\alpha}\})$ en (1.3) es, en principio, inabordable ya que involucra a $\sim 10^{23}$ partículas en movimiento interaccionando entre sí.

Afortunadamente, el desarrollo en serie de Taylor de una función sobre un punto conocido —una herramienta matemática de una utilidad extraordinaria en muchos campos, y en particular en el estudio de las vibraciones atómicas— permite simplificar el problema. Dada una función $y = f(x)$ cuyo valor en un punto dado x_o es conocido $y_o = f(x_o)$, el valor de la función en cualquier otro punto x_1 se desarrolla alrededor

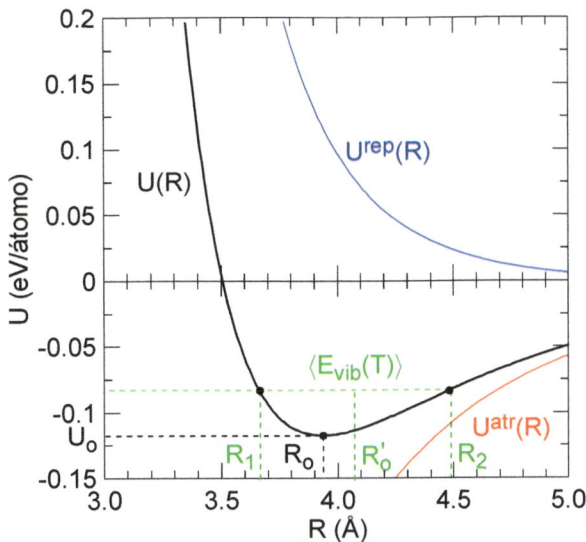

Figura 1.2. Energía potencial total de interacción entre átomos en el kriptón sólido (en negro). Se muestran las contribuciones atractiva (en rojo) y repulsiva (en azul). La energía total presenta un mínimo $U_o = U(R_o)$ a la distancia de equilibrio entre átomos R_o. Los átomos vibran entre R_1 y R_2 con una energía media $\langle E_{vib}(T) \rangle$ (respecto del mínimo U_o) a una temperatura T, aumentando la distancia de equilibrio a $R'_o > R_o$.

de x_o en la forma

$$
f(x_1) = f(x_o) + \frac{1}{1!} \left[\frac{df(x)}{dx} \right]_{x=x_o} (x_1 - x_o) + \frac{1}{2!} \left[\frac{d^2 f(x)}{dx^2} \right]_{x=x_o} (x_1 - x_o)^2 +
$$
$$
+ \frac{1}{3!} \left[\frac{d^3 f(x)}{dx^3} \right]_{x=x_o} (x_1 - x_o)^3 + ... \tag{1.5}
$$

donde las distintas derivadas están evaluadas en el punto x_o, es decir, tienen un valor conocido. El desarrollo en serie de Taylor contiene en principio infinitos términos, pero si la diferencia $x_1 - x_o$ es pequeña, se puede reducir el número de términos en el desarrollo permitiendo determinar $f(x_1)$ con muy buena aproximación.

En el caso presente, la energía potencial depende de las posiciones instantáneas $\mathbf{r}_{n\alpha}(t)$ de las partículas, que están vibrando alrededor de las posiciones de equilibrio $\mathbf{R}_{n\alpha}$ que sí son conocidas ya que se conoce la estructura cristalina del sólido. El problema es más complejo matemáticamente, aunque no conceptualmente, que en el caso de una variable ya que la energía potencial es una función de $3pN$ variables, correspondientes a las tres coordenadas cartesianas de cada partícula de la base estructural de cada celda unidad. Desarrollando la energía potencial $U(\{\mathbf{r}_{n\alpha} = \mathbf{R}_{n\alpha} + \mathbf{u}_{n\alpha}\})$ en serie de Taylor sobre las posiciones de equilibrio $\mathbf{R}_{n\alpha}$ se tiene

$$
U(\{\mathbf{r}_{n\alpha} = \mathbf{R}_{n\alpha} + \mathbf{u}_{n\alpha}\}) = U(\{\mathbf{R}_{n\alpha}\}) + \sum_{n\alpha i} \left[\frac{\partial U(\{\mathbf{r}_{n\alpha}\})}{\partial r_{n\alpha i}} \right]_{\{\mathbf{R}_{n\alpha}\}} u_{n\alpha i} +
$$

$$+\frac{1}{2}\sum_{\substack{n\alpha i \\ n'\alpha'i'}}\left[\frac{\partial^2 U(\{\mathbf{r}_{n\alpha}\})}{\partial r_{n\alpha i}\partial r_{n'\alpha'i'}}\right]_{\{\mathbf{R}_{n\alpha}\}}u_{n\alpha i}u_{n'\alpha'i'}+$$

$$+\frac{1}{3!}\sum_{\substack{n\alpha i \\ n'\alpha'i' \\ n''\alpha''i''}}\left[\frac{\partial^3 U(\{\mathbf{r}_{n\alpha}\})}{\partial r_{n\alpha i}\partial r_{n'\alpha'i'}\partial r_{n''\alpha''i''}}\right]_{\{\mathbf{R}_{n\alpha}\}}u_{n\alpha i}u_{n'\alpha'i'}u_{n''\alpha''i''}+... \qquad (1.6)$$

donde las derivadas están evaluadas en las posiciones de equilibrio de las partículas y tienen, por tanto, valores conocidos.

El primer término del desarrollo (1.6) es la energía potencial de interacción de las pN partículas cuando se encuentran en sus posiciones de equilibrio —denominada energía reticular estática— por lo que es una constante (el valor de U_o del ejemplo anterior, Figura 1.2). Este término no es relevante para la dinámica de las vibraciones reticulares, aunque es esencial para el estudio de la energía de cohesión del sólido. El siguiente término es lineal en los desplazamientos y es rigurosamente cero ya que aparece la primera derivada de la energía medida en las posiciones de equilibrio de las partículas, donde U presenta un mínimo (Figura 1.2). El siguiente término es cuadrático en los desplazamientos atómicos, por lo que se denomina término armónico[2]. Los siguientes términos en el desarrollo de la energía potencial se denominan cúbicos, cuárticos, etc., atendiendo a su dependencia con los desplazamientos atómicos.

Hasta ahora no se ha realizado ninguna aproximación, por lo que el desarrollo (1.6) contiene infinitos términos y no permite resolver el problema. La aproximación fundamental en el estudio de las vibraciones reticulares admite que los desplazamientos relativos de las partículas alrededor de sus posiciones de equilibrio $\mathbf{u}_{n\alpha}$ son pequeños (en rigor, que la diferencia en los desplazamientos entre dos partículas $|\mathbf{u}_{n\alpha}-\mathbf{u}_{n'\alpha'}|$ es pequeña), de forma que en el desarrollo de $U(\{\mathbf{r}_{n\alpha}\})$ se retiene solo el primer término relevante, que es el término cuadrático. Por este motivo se denomina aproximación armónica. Se tiene entonces que la energía potencial armónica viene dada por

$$U^{arm}(\{\mathbf{r}_{n\alpha}\}) = U(\{\mathbf{R}_{n\alpha}\}) + \frac{1}{2}\sum_{\substack{n\alpha i \\ n'\alpha'i'}}\left[\frac{\partial^2 U(\{\mathbf{r}_{n\alpha}\})}{\partial r_{n\alpha i}\partial r_{n'\alpha'i'}}\right]_{\{\mathbf{R}_{n\alpha}\}}u_{n\alpha i}u_{n'\alpha'i'} \qquad (1.7)$$

Este problema de pequeñas oscilaciones es bien conocido en Mecánica Clásica [3], y se resuelve de forma exacta mediante la introducción de los modos normales —también llamados modos propios o independientes— de vibración, de forma que el estudio de las pN partículas del sólido (con $N \sim 10^{23}$) en interacción mutua se reduce al estudio de un conjunto de $3pN$ osciladores armónicos simples desacoplados, cada uno con una frecuencia ω característica. Es fundamental notar que un modo normal no corresponde a un átomo vibrando armónicamente, sino al conjunto de los pN átomos del

---

[2]Una partícula que describe un movimiento armónico simple tiene una energía potencial $U = \frac{1}{2}Kx^2$, con K la constante de fuerza y x la separación respecto de la posición de equilibrio.

sólido vibrando colectivamente con una frecuencia ω definida, independientemente de los demás modos, y donde cada partícula se mueve con un desfase determinado respecto de sus vecinos. Dado que hay pN partículas en un sólido 3D, existen $3pN$ modos normales independientes entre sí, cada uno con una frecuencia ω (aunque es posible, y de hecho ocurre frecuentemente, que existan modos degenerados con la misma frecuencia). Cada uno de estos modos participa en el movimiento total de vibración del sólido dependiendo de su factor de excitación, denominado función de Planck (sección 6.2), que depende de la temperatura. Con esta aproximación se sustituye la curva real de energía potencial de interacción entre partículas, que es asimétrica, por una curva simétrica (armónica) como se muestra en la Figura 1.3.

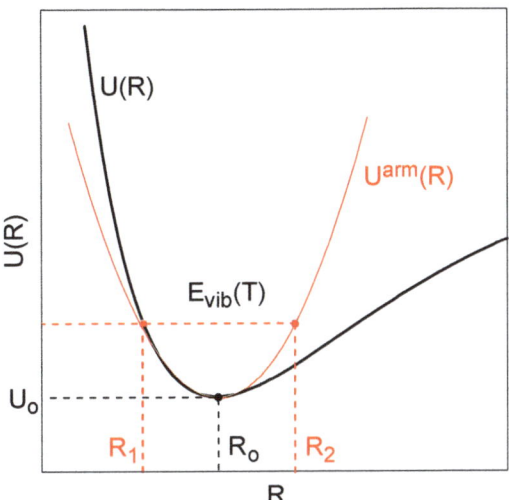

Figura 1.3. Energía potencial de interacción real entre átomos (en negro) y en la aproximación armónica (en rojo).

Esta aproximación puede parecer inicialmente muy cruda y sin validez. Sin embargo, los desplazamientos atómicos respecto de la posición de equilibrio son realmente muy pequeños (en otro caso, no tendría sentido hablar de una estructura cristalina). Una antigua ley de 1910, la ley de Lindemann [4], indica que un sólido funde cuando la raíz cuadrada del desplazamiento cuadrático medio de los átomos alcanza aproximadamente el 10 % de la distancia interatómica. Esta ley se verifica muy bien en la mayoría de los sólidos [5], y se discute con detalle en el capítulo 21. Por tanto, siempre que no se esté próximo a la temperatura de fusión donde el desplazamiento relativo de los átomos es ya importante, la aproximación de pequeñas oscilaciones se puede considerar muy válida. Con esta aproximación, el hamiltoniano del sistema reticular (1.3) se resuelve en una suma de hamiltonianos de osciladores armónicos independientes (sección 6.1). Esta es la base de la cuantización de las vibraciones reticulares y de su descripción como un gas de cuasipartículas —los fonones— no interaccionantes entre sí. Hay que señalar, sin embargo, que diversas propiedades como la conductividad térmica de los aislantes o la dilatación térmica requieren obligatoriamente de la presencia de tér-

minos cúbicos y superiores —denominados términos anarmónicos— en el desarrollo
de la energía potencial $U(\{\mathbf{r}_{n\alpha}\})$ para su explicación. Pero incluso en estos casos el
punto de partida es la aproximación armónica, introduciendo *ad hoc* la dependencia
con el volumen del sólido (es decir, con la separación media entre átomos) como en
la teoría cuasiarmónica (capítulo 23), o bien considerando los términos anarmónicos
como perturbaciones del término cuadrático (capítulo 25).

1.3   Aproximación de Born-Oppenheimer

Es importante señalar que, en general, la energía de interacción reticular no se puede
reducir a una simple suma de interacciones entre pares de partículas. Sí es una buena
aproximación en casos muy sencillos como en los sólidos de gases nobles, que están
formados por átomos neutros con una distribución electrónica prácticamente idéntica
a la situación de átomo libre[3] (Figura 1.4(a)). La aproximación de suma de pares de
partículas también es válida en los cristales iónicos, que están formados por iones con
una configuración electrónica muy similar a la que tienen dichos iones en estado libre
(Figura 1.4(b)).

Pero la situación es fundamentalmente distinta en los sólidos covalentes y metálicos,
que están formados por partículas —átomos e iones, respectivamente— con una configuración de los electrones exteriores muy diferente a la situación de partícula libre, con
los electrones localizados en los enlaces entre átomos en los sólidos covalentes (Figura
1.4(c)) o formando un gas de electrones deslocalizados en el caso de los metales (Figura
1.4(d)). En ambos tipos de sólidos el movimiento de los electrones más exteriores está
intrínsecamente acoplado al movimiento de las partículas reticulares, de forma que
la energía potencial de interacción entre partículas reticulares depende también del
subsistema electrónico.

Por simplicidad designamos por $\mathbf{r}_e \equiv \{\mathbf{r}_e\}$ y $\mathbf{r}_p \equiv \{\mathbf{r}_p\}$ a las posiciones instantáneas
de los electrones deslocalizados y de las partículas reticulares, respectivamente. El
hamiltoniano del sólido (sin correcciones relativistas) se escribe como

$$H_{sol}\left(\mathbf{r}_e,\mathbf{r}_p\right) = T_p\left(\mathbf{r}_p\right) + T_e\left(\mathbf{r}_e\right) + V_{pp}\left(\mathbf{r}_p\right) + V_{ee}\left(\mathbf{r}_e\right) + V_{ep}\left(\mathbf{r}_e,\mathbf{r}_p\right) \qquad (1.8)$$

donde T_p y T_e son la energía cinética de las partículas reticulares situadas en $\mathbf{r}_p$ y
de los electrones situados en $\mathbf{r}_e$, y V_{pp}, V_{ee} y V_{ep} son la energía potencial de interacción coulombiana entre partículas reticulares, entre electrones, y entre electrones
y partículas reticulares, respectivamente. Los autovalores (energías) E_{sol} y autofun-
ciones $\Psi\left(\mathbf{r}_e,\mathbf{r_p}\right)$ del hamiltoniano del sólido se encuentran resolviendo la ecuación de

---

[3]La validez de esta aproximación es más cuestionable a medida que disminuye la masa atómica
por la contribución de la energía del punto cero. Por ello no es aplicable al helio sólido.

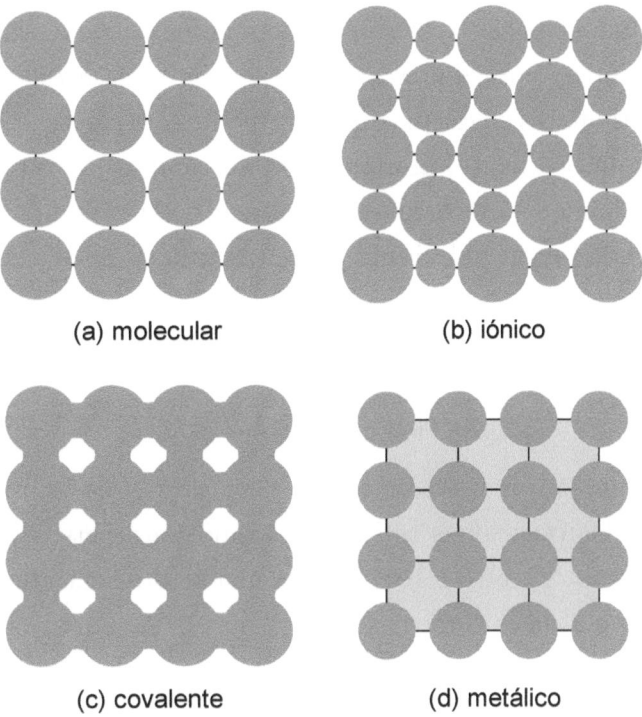

(a) molecular (b) iónico

(c) covalente (d) metálico

Figura 1.4. Distribución electrónica en el estado fundamental en distintos tipos de sólidos. Región gris oscuro: electrones ligados, que junto al núcleo forman la partícula reticular. Región gris claro: electrones deslocalizados (itinerantes).

Schrödinger independiente del tiempo

$$H_{sol}\left(\mathbf{r}_e, \mathbf{r_p}\right) \Psi\left(\mathbf{r}_e, \mathbf{r}_p\right) = E_{sol}\Psi\left(\mathbf{r}_e, \mathbf{r_p}\right) \tag{1.9}$$

Aunque todos los términos del hamiltoniano son conocidos ya que se trata de fuerzas coulombianas entre partículas cargadas —las fuerzas magnéticas y gravitatorias son despreciables—, esta ecuación es básicamente intratable debido al elevado número de partículas de cada clase en el sólido.

La primera dificultad, aunque no la única, se presenta en el término de acoplamiento entre electrones y partículas reticulares V_{ep} ya que depende de las posiciones instantáneas $\mathbf{r}_e$ y $\mathbf{r}_p$ de ambos tipos de partículas. La aproximación de Born-Oppenheimer [6] —una aproximación fundamental en el desarrollo de la dinámica molecular y de los sólidos por extensión— permite separar de forma aproximada el movimiento de ambos subsistemas debido a la gran diferencia entre sus masas, superior a tres órdenes de magnitud. Los electrones se mueven, por tanto, mucho más rápidamente que las partículas reticulares, con velocidades típicas del orden de 10^6 y $\leq 10^3$ m/ s, respectivamente[4], de forma que las escalas de tiempo son completamente distintas para las dinámicas de ambos subsistemas. Se puede separar así el estudio global del sólido en

---

[4]Estos valores se deducen fácilmente de las frecuencias características $\omega_e \sim 10^{16}$ rad/ s del movimiento electrónico y $\omega_p \sim 10^{13}$ rad/ s del movimiento reticular.

dos partes. Por un lado, los electrones en su movimiento elemental interaccionan con
las partículas reticulares "congeladas" en una configuración determinada; a medida
que las partículas reticulares se desplazan lentamente, los electrones responden de forma instantánea (adiabáticamente) al movimiento reticular. Por su parte, las partículas
reticulares interaccionan en su movimiento elemental con el campo ("nube") promedio
de los electrones, no de forma individual con cada uno de ellos.

Con esta aproximación se puede separar la función de onda del sólido en un producto
de la forma

$$\Psi\left(\mathbf{r}_e, \mathbf{r_p}\right) = \phi_e\left(\mathbf{r}_e; \mathbf{r_p}\right)\phi_p\left(\mathbf{r}_p\right) \tag{1.10}$$

donde $\phi_p\left(\mathbf{r}_p\right)$ es la función de onda reticular y $\phi_e\left(\mathbf{r}_e; \mathbf{r_p}\right)$ es la función de onda electrónica que contiene las posiciones reticulares como parámetros y no como variables
(se denota por el signo ";" en (1.10)). La ecuación de Schrödinger del subsistema
electrónico se escribe entonces como

$$\begin{aligned} H_e\left(\mathbf{r}_e; \mathbf{r_p}\right)\phi_e\left(\mathbf{r}_e; \mathbf{r_p}\right) &= \left[T_e\left(\mathbf{r}_e\right) + V_{ee}\left(\mathbf{r}_e\right) + V_{ep}\left(\mathbf{r}_e; \mathbf{r_p}\right)\right]\phi_e\left(\mathbf{r}_e; \mathbf{r_p}\right) = \\ &= E_e\left(\mathbf{r}_p\right)\phi_e\left(\mathbf{r}_e; \mathbf{r}_p\right) \end{aligned} \tag{1.11}$$

donde $E_e\left(\mathbf{r}_p\right)$ es la energía del sistema electrónico para la configuración reticular con-
siderada. Notar que en esta aproximación los electrones experimentan el potencial
coulombiano de las partículas reticulares fijas en una configuración determinada $\mathbf{r}_p$,
ignorando la parte correspondiente al movimiento reticular; esta contribución se puede
añadir posteriormente como una perturbación.

Se resuelve la ecuación (1.11) (con las aproximaciones correspondientes) encontran-
do la energía $E_e\left(\mathbf{r}_p\right)$ y la función de onda $\phi_e\left(\mathbf{r}_e; \mathbf{r_p}\right)$ electrónica que dependen de la
configuración reticular escogida. A continuación se repite el proceso modificando lige-
ramente las posiciones de las partículas reticulares y resolviendo de nuevo la ecuación
de Schrödinger electrónica. Se encuentran así las energías electrónicas en función de
las posiciones reticulares, que determinan una superficie de energía potencial $E_e\left(\mathbf{r}_p\right)$.
Este procedimiento recuerda al teorema adiabático[5], un antiguo teorema de la Mecáni-
ca Cuántica debido a Max Born y Vladimir Fock [7], que establece que un sistema
sometido a una perturbación suficientemente lenta —sin importar que la perturbación
sea grande o pequeña— permanece en su estado propio instantáneo si su autovalor es
discreto (es decir, si está separado del resto del espectro energético del sistema). Por
tanto, aplicado al sólido cristalino, cabe esperar que el subsistema electrónico sujeto
a un cambio gradual de las condiciones externas —el desplazamiento reticular en este

---

[5]Un proceso adiabático en Mecánica Cuántica se refiere a un cambio gradual en el tiempo de las
condiciones externas de un sistema. No se debe confundir con los procesos adiabáticos en Termodinámica, donde un sistema no intercambia calor con su entorno.

caso— se adapte instantáneamente a dicho cambio y permanezca en su estado propio durante todo el proceso adiabático, sin realizar transiciones entre estados.

El segundo paso para la solución de (1.9) consiste en resolver la ecuación de Schrödinger del subsistema reticular. Para ello consideramos de nuevo el hamiltoniano del sólido (1.8) con la función de onda (1.10)

$$
\begin{aligned}
&\left[T_p\left(\mathbf{r}_p\right)+T_e\left(\mathbf{r}_e\right)+V_{pp}\left(\mathbf{r}_p\right)+V_{ee}\left(\mathbf{r}_e\right)+V_{ep}\left(\mathbf{r}_e;\mathbf{r}_p\right)\right]\phi_e\left(\mathbf{r}_e;\mathbf{r_p}\right)\phi_p\left(\mathbf{r}_p\right)= \\
&=\ E_{sol}\phi_e\left(\mathbf{r}_e;\mathbf{r_p}\right)\phi_p\left(\mathbf{r}_p\right)
\end{aligned}
\tag{1.12}
$$

El término de energía cinética de los electrones no depende de las posiciones reticulares, de forma que

$$
T_e\left(\mathbf{r}_e\right)\phi_e\left(\mathbf{r}_e;\mathbf{r_p}\right)\phi_p\left(\mathbf{r}_p\right)=\phi_p\left(\mathbf{r}_p\right)T_e\left(\mathbf{r}_e\right)\phi_e\left(\mathbf{r}_e;\mathbf{r_p}\right)
\tag{1.13}
$$

Pero no es el caso para el término de energía cinética reticular, que opera sobre las funciones de onda de ambos subsistemas. Desarrollando el correspondiente laplaciano se tiene que

$$
\begin{aligned}
\boldsymbol{\nabla}_{\mathbf{r}_p}^2\phi_e\left(\mathbf{r}_e;\mathbf{r_p}\right)\phi_p\left(\mathbf{r}_p\right)\ =\ &\phi_e\left(\mathbf{r}_e;\mathbf{r_p}\right)\boldsymbol{\nabla}_{\mathbf{r}_p}^2\phi_p\left(\mathbf{r}_p\right)+2\boldsymbol{\nabla}_{\mathbf{r}_p}\phi_e\left(\mathbf{r}_e;\mathbf{r_p}\right)\cdot\boldsymbol{\nabla}_{\mathbf{r}_p}\phi_p\left(\mathbf{r}_p\right)+ \\
&+\phi_p\left(\mathbf{r}_p\right)\boldsymbol{\nabla}_{\mathbf{r}_p}^2\phi_e\left(\mathbf{r}_e;\mathbf{r_p}\right)
\end{aligned}
\tag{1.14}
$$

Sustituyendo estas expresiones y la ecuación del subsistema electrónico (1.11) en la ecuación de Schrödinger del sólido (1.12) resulta

$$
\begin{aligned}
&\phi_e\left(\mathbf{r}_e;\mathbf{r_p}\right)T_p\left(\mathbf{r}_p\right)\phi_p\left(\mathbf{r}_p\right)+\phi_e\left(\mathbf{r}_e;\mathbf{r_p}\right)\phi_p\left(\mathbf{r}_p\right)\left[E_e\left(\mathbf{r}_p\right)+V_{pp}\left(\mathbf{r}_p\right)\right]- \\
&-\sum\left\{\frac{\hbar^2}{2M_p}\left[2\boldsymbol{\nabla}_{\mathbf{r}_p}\phi_e\left(\mathbf{r}_e;\mathbf{r_p}\right)\cdot\boldsymbol{\nabla}_{\mathbf{r}_p}\phi_p\left(\mathbf{r}_p\right)+\phi_p\left(\mathbf{r}_p\right)\boldsymbol{\nabla}_{\mathbf{r}_p}^2\phi_e\left(\mathbf{r}_e;\mathbf{r_p}\right)\right]\right\}= \\
&=\ E_{sol}\phi_e\left(\mathbf{r}_e;\mathbf{r_p}\right)\phi_p\left(\mathbf{r}_p\right)
\end{aligned}
\tag{1.15}
$$

donde el sumatorio se extiende a todas las partículas reticulares de masa M_p. Un análisis detallado [8, 9] muestra que los términos del sumatorio son del orden de $(m_e/M_p)\,E_e\left(\mathbf{r}_p\right)\approx 10^{-4}-10^{-5}E_e\left(\mathbf{r}_p\right)$, con m_e la masa del electrón, por lo que se pueden despreciar frente a $E_e\left(\mathbf{r}_p\right)$ en (1.15), resultando

$$
\left[T_p\left(\mathbf{r}_p\right)+E_e\left(\mathbf{r}_p\right)+V_{pp}\left(\mathbf{r}_p\right)\right]\phi_p\left(\mathbf{r}_p\right)\equiv H_p\left(\mathbf{r}_p\right)\phi_p\left(\mathbf{r}_p\right)=E_{sol}\phi_p\left(\mathbf{r}_p\right)
\tag{1.16}
$$

Esta es la ecuación de Schrödinger reticular obtenida en la aproximación de Born-Oppenheimer, donde la energía electrónica $E_e\left(\mathbf{r}_p\right)$ determinada anteriormente aparece como un potencial efectivo adicional para el movimiento de las partículas reticulares. Si se prescinde del término de interacción entre el sistema electrónico y las partículas reticulares en movimiento, es decir, de la interacción electrón-fonón, se llega a una independencia rigurosa de la dinámica de electrones y de partículas reticulares. La experiencia muestra que esta aproximación es muy buena para estudiar la mayoría de los fenómenos, y que la interacción electrón-fonón se puede tratar posteriormente como una perturbación. Hay situaciones, sin embargo, donde esta interacción es fundamental, como en la resistividad eléctrica de los metales a temperaturas intermedias y altas o en la superconductividad, por ejemplo, lo que supone de hecho una ruptura de la aproximación adiabática.

Por tanto, para el cálculo de las segundas derivadas de U con respecto a los desplazamientos reticulares en (1.7) medidas en las posiciones de equilibrio —que se denominan constantes de fuerza— se requiere conocer la energía potencial entre partículas V_{pp} y la contribución adiabática de los electrones E_e. El problema sigue siendo muy complejo incluso en la aproximación de Born-Oppenheimer, y es habitual utilizar una energía potencial empírica para el cálculo de las constantes de fuerza y las relaciones de dispersión, que se modifica a posteriori por comparación con los resultados experimentales.

1.4 Ecuaciones clásicas de movimiento. Modos normales

Dentro de la aproximación armónica, la ecuación clásica de movimiento de la partícula $n\alpha$ es, utilizando (1.7)

$$
\begin{aligned}
M_\alpha \frac{d^2 u_{n\alpha i}}{dt^2} &= F_{n\alpha i} = -\frac{\partial U(\{\mathbf{r}_{n\alpha}\})}{\partial u_{n\alpha i}} \simeq -\frac{\partial U^{arm}(\{\mathbf{r}_{n\alpha}\})}{\partial u_{n\alpha i}} = \\
&= -\sum_{n'\alpha'i'} \left[\frac{\partial^2 U(\{\mathbf{r}_{n\alpha}\})}{\partial r_{n\alpha i} \partial r_{n'\alpha'i'}} \right]_{\{\mathbf{R}_{n\alpha}\}} u_{n'\alpha'i'}
\end{aligned}
\tag{1.17}
$$

Esta ecuación reproduce básicamente la ley de Hooke ($F = -Kx$) pero en una forma más compleja dado el número de partículas que intervienen. Por tanto, el movimiento atómico se simplifica a un conjunto de partículas unidas a sus primeros, segundos, terceros, ... vecinos por "muelles" elásticos virtuales (Figura 1.5), donde cada muelle tiene una constante elástica dada por la segunda derivada de la energía potencial total —no por la energía de interacción entre las dos partículas— evaluada en sus posiciones de equilibrio. Solo en casos muy concretos ambas derivadas son iguales (capítulo 2). La ecuación (1.17) representa un conjunto de $3pN$ ecuaciones acopladas ya que para determinar el desplazamiento $u_{n\alpha i}$ del átomo α de la celda n en la dirección i se necesitan los desplazamientos en las tres direcciones de todos los demás átomos del sólido.

Por comodidad se escribe

$$
\left[\frac{\partial^2 U(\{\mathbf{r}_{n\alpha}\})}{\partial r_{n\alpha i} \partial r_{n'\alpha'i'}} \right]_{\{\mathbf{R}_{n\alpha}\}} \equiv \Phi_{n\alpha i}^{n'\alpha'i'}
\tag{1.18}
$$

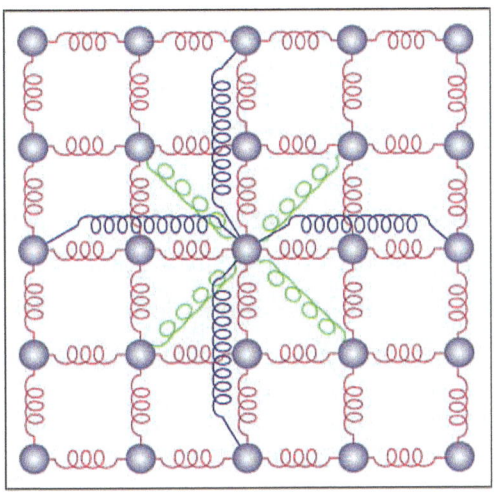

Figura 1.5. Equivalencia mecánica de las fuerzas de interacción armónicas de un átomo con sus vecinos. Las interacciones con segundos y terceros vecinos solo se muestran para el átomo central por claridad.

donde $\Phi_{n\alpha i}^{n'\alpha'i'}$ es la fuerza en la dirección i sobre el átomo α de la celda unidad n cuando el átomo α' de la celda n' se desplaza una distancia unidad en la dirección i'. Φ es una matriz de $3pN$ filas y columnas denominada matriz de constantes de fuerza —el equivalente a la constante K en el caso simple de una partícula—. La ecuación de movimiento de la partícula $n\alpha$ (1.17) se escribe entonces como

$$M_\alpha \frac{d^2 u_{n\alpha i}}{dt^2} = -\sum_{n'\alpha'i'} \Phi_{n\alpha i}^{n'\alpha'i'} u_{n'\alpha'i'} \qquad (1.19)$$

La matriz Φ verifica una serie de relaciones que simplifican considerablemente el problema.

(i) Por su propia definición (1.18), la matriz Φ es real y simétrica

$$\Phi_{n\alpha i}^{n'\alpha'i'} = \Phi_{n'\alpha'i'}^{n\alpha i} \qquad (1.20)$$

(ii) La simetría de traslación del sólido requiere que las constantes de fuerza no dependan de los índices de celda n y n' de forma independiente, sino solo de su diferencia, de forma que se verifica que

$$\Phi_{n\alpha i}^{n'\alpha'i'} = \Phi_{m\alpha i}^{m'\alpha'i'}, \qquad \text{para } \mathbf{t}_{n'} - \mathbf{t}_n = \mathbf{t}_{m'} - \mathbf{t}_m \qquad (1.21)$$

Por tanto, etiquetando la celda n como 0 por comodidad, se tiene que

$$\Phi_{n\alpha i}^{n'\alpha'i'} = \Phi_{0\alpha i}^{h\alpha'i'}, \qquad \text{con } h = n' - n \qquad (1.22)$$

donde ahora el índice h se refiere al número de celda vecina respecto de la celda 0.

(iii) Las componentes de Φ verifican la denominada regla de las sumas

$$\sum_{n'\alpha'} \Phi_{n\alpha i}^{n'\alpha' i'} = 0 \tag{1.23}$$

Esta condición es una consecuencia directa de (1.19) ya que la fuerza total en una dirección dada sobre la partícula $n\alpha$ es nula no solamente cuando todos los desplazamientos atómicos son cero, sino también cuando todos los desplazamientos son iguales, es decir, cuando hay una traslación global del sólido. Utilizando (1.22), la regla de las sumas se escribe

$$\sum_{h\ \alpha'} \Phi_{0\alpha i}^{h\alpha' i'} = 0 \tag{1.24}$$

Como las constantes de fuerza son conocidas en el sólido (en el capítulo 2 se determina la matriz de constantes de fuerza para el caso simple de un sólido de gas noble) ya que se conoce la energía potencial de interacción entre partículas, analítica o numéricamente, es posible resolver ya la ecuación de movimiento (1.19). Para ello, se plantean soluciones bien conocidas en forma de onda armónica, a las que posteriormente se aplica la condición de invariancia de traslación —condición de Bloch— característica de un sólido cristalino. Se escribe así

$$\mathbf{u}_{n\alpha}(t) = \frac{1}{\sqrt{M_\alpha}} \mathbf{v}_{n\alpha} \exp\left(-i\omega t\right) \tag{1.25}$$

donde ω es la frecuencia de vibración, el factor $M_\alpha^{-1/2}$ se introduce por conveniencia y $\mathbf{v}_{n\alpha}$ es la solución independiente del tiempo. Usando esta solución en (1.19) se tiene

$$\omega^2 \sqrt{M_\alpha} v_{n\alpha i} \exp\left(-i\omega t\right) = \sum_{n'\alpha' i'} \Phi_{n\alpha i}^{n'\alpha' i'} \frac{1}{\sqrt{M_{\alpha'}}} v_{n'\alpha' i'} \exp\left(-i\omega t\right)$$

$$\omega^2 v_{n\alpha i} = \sum_{n'\alpha' i'} \frac{1}{\sqrt{M_\alpha M_{\alpha'}}} \Phi_{n\alpha i}^{n'\alpha' i'} v_{n'\alpha' i'} \tag{1.26}$$

Esta es una ecuación de autovalores con $3pN$ autovalores reales ω_l^2 ($l = 1, 2, \dots 3pN$) ya que la matriz Φ es real y simétrica (1.20). Por tanto, las frecuencias ω_l solo pueden ser reales o imaginarias puras. Esta última posibilidad se puede eliminar ya que conduce a desplazamientos $\mathbf{u}_{n\alpha}(t)$ (1.25) que crecen o decrecen monótonamente con el tiempo, y no a un movimiento oscilatorio como corresponde al desarrollo de la energía potencial sobre un mínimo (1.6). Para cada frecuencia permitida ω_l hay un autovector que contiene las $3pN$ componentes $v_{n\alpha i}^l$ de los desplazamientos de las pN partículas del sólido. Existen, por tanto, $3pN$ modos normales de vibración —también denominados modos fundamentales, independientes o elementales—, cada uno de ellos correspondiente a la oscilación colectiva de las pN partículas del sólido con la misma frecuencia y con amplitudes constantes (1.25). Aunque las frecuencias son reales, las soluciones $\mathbf{v}_{n\alpha}^l$ vienen dadas, en general, por números complejos; la parte real y el argumento determinan, respectivamente, las amplitudes y los desfases relativos de las partículas.

A continuación se van a determinar estas $3pN$ frecuencias para caracterizar completamente el movimiento y la energía de vibración de las partículas reticulares, lo que a su vez permitirá obtener las distintas magnitudes termodinámicas del sistema reticular. En la sección 6.1 se reformulan las ecuaciones de movimiento en términos de las coordenadas normales, que muestran directamente que las vibraciones acopladas de las pN partículas del sólido se reemplazan formalmente por $3pN$ oscilaciones colectivas desacopladas (los modos normales).

1.5 Soluciones de Bloch

La simetría de traslación inherente a los sólidos cristalinos permite reducir el sistema inabordable de $3pN$ (con $N \sim 10^{23}$) ecuaciones (1.26) a proporciones manejables ya que estas ecuaciones son invariantes frente al grupo de traslación del cristal. Las soluciones independientes del tiempo $\mathbf{v}_{n\alpha}$ deben satisfacer obligatoriamente el teorema de Bloch [10], que establece que, en un sólido periódico, los desplazamientos de átomos situados en celdas unidad primitivas separadas por un vector $\mathbf{t}_h$ solo difieren en un factor de fase $\exp{(i\mathbf{q} \cdot \mathbf{t}_h)}$, donde $\mathbf{q}$ es el vector de onda[6]. Este vector de onda $\mathbf{q}$ caracteriza la dirección y sentido de propagación de la onda así como su longitud de onda $\lambda = 2\pi/q$. El teorema de Bloch es esencial en el estudio de las excitaciones en sistemas periódicos ya que caracteriza la forma itinerante de las excitaciones y asegura que su espectro energético consiste de regiones de energías permitidas, donde la excitación se propaga sin atenuación, y regiones de energías prohibidas, donde las excitaciones de atenúan fuertemente. El teorema de Bloch es relativamente fácil de demostrar en el caso de los estados electrónicos en un sólido [11], pero bastante más complicado en el caso de las vibraciones reticulares.

Aplicando el teorema de Bloch a la solución independiente del tiempo en (1.25) se tiene que

$$\mathbf{v}_{n'\alpha} = \mathbf{v}_{n\alpha}\exp{\left([i\mathbf{q} \cdot (\mathbf{t}_{n'} - \mathbf{t}_n)] \right)} \tag{1.27}$$

Este condición se escribe más cómodamente como

$$\mathbf{v}_{n\alpha} = \mathbf{v}_{0\alpha}\exp{(i\mathbf{q} \cdot \mathbf{t}_n)} \equiv \mathbf{A}_\alpha\exp{(i\mathbf{q} \cdot \mathbf{t}_n)} \tag{1.28}$$

donde $\mathbf{A}_\alpha$ es una amplitud compleja independiente del índice de celda n debido a la invariancia de traslación del sistema.

---

[6]En los estudios de vibraciones reticulares es costumbre denotar el vector de onda con $\mathbf{q}$, no con $\mathbf{k}$ como es más habitual.

Con la condición de Bloch (1.28), la solución ondulatoria (1.25) se escribe

$$\mathbf{u}_{n\alpha}(t) = \frac{1}{\sqrt{M_\alpha}}\mathbf{A}_\alpha \exp\left[i\left(\mathbf{q}\cdot\mathbf{t}_n - \omega t\right)\right] \tag{1.29}$$

Esta expresión es muy conocida ya que corresponde, por ejemplo, a una onda armónica plana que se propaga por una cuerda a lo largo del eje x, que tiene la forma

$$y\left(x,t\right) = A\,\mathrm{sen}\left(kx - \omega t\right) \tag{1.30}$$

La diferencia aquí es que la solución tiene forma vectorial ya que se trata de un caso tridimensional, no unidimensional, que el sistema es discreto (la variable continua x se sustituye por la posición de equilibrio de la partícula reticular) y que se utiliza la notación exponencial, mucho más sencilla de manejar que la trigonométrica.

1.6   Condiciones de contorno periódicas

Aunque el número de partículas de un sólido es finito, su valor es tan grande que el tamaño y forma del sólido no deben imponer restricciones a las soluciones del problema. Las condiciones de contorno adecuadas en el estudio de la vibraciones reticulares —y en la mayoría de los problemas en Física del Estado Sólido— son las condiciones periódicas de Born-von Kármán, también denominadas condiciones cíclicas, que permiten considerar un sólido de tamaño finito preservando al mismo tiempo la simetría de traslación completa. Esto requiere que los desplazamientos atómicos $\mathbf{u}_{n\alpha}$ se repitan sobre distancias macroscópicas dentro del sólido. Para un cristal con N_x, N_y y N_z celdas unidad primitivas (que por simplicidad consideramos ortogonales) a lo largo de las tres direcciones del espacio, estas condiciones de contorno requieren que

$$u_{n\alpha i}\left(t\right) = u_{(n+N_i)\alpha i}\left(t\right)\ , \qquad i = x, y, z \tag{1.31}$$

La idea física de estas condiciones es simple. Supongamos dos sólidos idénticos con $N \sim 10^{23}$ partículas cada uno, y que el desplazamiento en un instante dado del átomo n de cada sólido es $\mathbf{u}_n\left(t\right)$. Si se unen ambos sólidos para tener un tercero de volumen doble, no cabe esperar ninguna diferencia importante en los desplazamientos atómicos respecto de los sólidos individuales ya que el número de átomos es enorme en todos los casos. Esta idea se refleja en la condición (1.31). Este tipo de condición de contorno se ha utilizado ampliamente en los antiguos juegos Arcade de consola, como Asteroids y Pac-Man, donde los personajes salen y entran de la pantalla por extremos opuestos, ampliando indefinidamente el tablero de juego.

Las condiciones de contorno aplicadas a las soluciones de Bloch (1.29) conducen a la cuantización de los vectores de onda $\mathbf{q}$ ya que se verifica que

$$
\begin{aligned}
\exp[i\left(q_x t_{nx} + q_y t_{ny} + q_z t_{nz}\right)] &= \exp[i\left(q_x t_{(n+N_x)x} + q_y t_{ny} + q_z t_{nz}\right)] = \\
&= \exp[i\left(q_x t_{nx} + q_y t_{(n+N_y)y} + q_z t_{nz}\right)] = \\
&= \exp\left[i\left(q_x t_{nx} + q_y t_{ny} + q_z t_{(n+N_z)z}\right)\right]
\end{aligned}
\tag{1.32}
$$

Por tanto, se tiene que

$$
\begin{aligned}
\exp\left(iq_x t_{N_x x}\right) &= \exp\left(iq_x N_x a_x\right) = 1 \\
\exp\left(iq_y t_{N_y y}\right) &= \exp\left(iq_y N_y a_y\right) = 1 \\
\exp\left(iq_z t_{N_z z}\right) &= \exp\left(iq_z N_z a_z\right) = 1
\end{aligned}
\tag{1.33}
$$

donde se han introducido los parámetros reticulares a_i ($i = x, y, z$) del sólido. Estas condiciones se verifican si

$$
\begin{aligned}
q_x N_x a_x &= 2\pi m_x , & m_x \in \mathbb{Z} \\
q_y N_y a_y &= 2\pi m_y , & m_y \in \mathbb{Z} \\
q_z N_z a_z &= 2\pi m_z , & m_z \in \mathbb{Z}
\end{aligned}
\tag{1.34}
$$

de forma que los valores permitidos de las componentes del vector de onda son

$$
\begin{aligned}
q_x &= \frac{2\pi}{N_x a_x} m_x = \frac{2\pi}{L_x} m_x \\
q_y &= \frac{2\pi}{N_y a_y} m_y = \frac{2\pi}{L_y} m_y \\
q_z &= \frac{2\pi}{N_z a_z} m_z = \frac{2\pi}{L_z} m_z
\end{aligned}
\tag{1.35}
$$

siendo $L_x = N_x a_x$, $L_y = N_y a_y$ y $L_z = N_z a_z$ las dimensiones macroscópicas del sólido, de volumen $V_{sol} = L_x L_y L_z$. Los vectores de onda permitidos por las condiciones de contorno cíclicas son, pues, de la forma

$$
\mathbf{q} = q_x \mathbf{i} + q_y \mathbf{j} + q_z \mathbf{k} = \frac{2\pi}{L_x} m_x \mathbf{i} + \frac{2\pi}{L_y} m_y \mathbf{j} + \frac{2\pi}{L_z} m_z \mathbf{k}
\tag{1.36}
$$

Es muy importante notar que los vectores de onda permitidos se distribuyen de forma uniforme en el espacio de Fourier, ocupando los vértices de paralelepípedos de aristas $2\pi/L_x$, $2\pi/L_y$ y $2\pi/L_z$ (Figura 1.6). El volumen $V_{\mathbf{q}}$ correspondiente a cada vector de onda permitido $\mathbf{q}$ es

$$
V_{\mathbf{q}} = \frac{2\pi}{L_x} \frac{2\pi}{L_y} \frac{2\pi}{L_z} = \frac{(2\pi)^3}{V_{sol}}
\tag{1.37}
$$

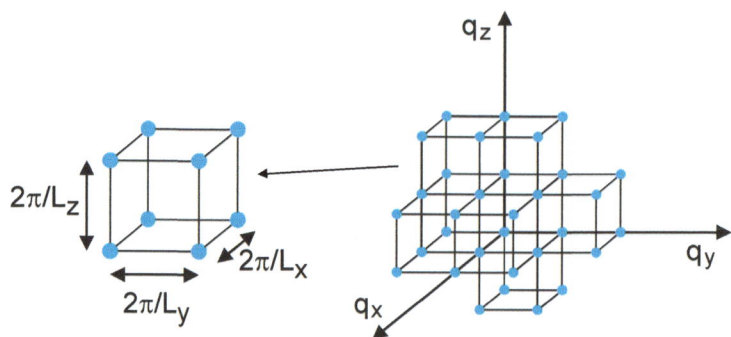

Figura 1.6. Distribución en el espacio de Fourier de los vectores de onda permitidos por las condiciones de contorno periódicas. Existe un estado $\mathbf{q}$ permitido en cada paralelepípedo de volumen $(2\pi)^3/V_{sol}$.

Y la densidad de vectores de onda $D(\mathbf{q})$ viene dada por

$$D(\mathbf{q}) = \frac{1}{V_{\mathbf{q}}} = \frac{V_{sol}}{(2\pi)^3} \tag{1.38}$$

que es una constante como se acaba de indicar. Esta expresión se utilizará posteriormente para determinar la densidad de modos permitidos en función de la frecuencia de vibración.

1.7 Matriz dinámica

Ya es posible resolver de forma simple la ecuación de autovalores (1.26), que se escribe utilizando las soluciones de Bloch (1.28) como

$$\omega^2 A_{\alpha i} = \sum_{\alpha' i'} \left\{ \sum_{n'} \frac{1}{\sqrt{M_\alpha M_{\alpha'}}} \Phi_{n\alpha i}^{n'\alpha' i'} \exp\left[i\mathbf{q}\cdot(\mathbf{t}_{n'}-\mathbf{t}_n)\right] \right\} A_{\alpha' i'} \tag{1.39}$$

Teniendo en cuenta la relación (1.22), se sustituye el sumatorio sobre n' por otro sobre $n'-n=h$, de forma que

$$\omega^2 A_{\alpha i} = \sum_{\alpha' i'} \left\{ \sum_{h} \frac{1}{\sqrt{M_\alpha M_{\alpha'}}} \Phi_{0\alpha i}^{h\alpha' i'} \exp\left(i\mathbf{q}\cdot\mathbf{t}_h\right) \right\} A_{\alpha' i'} = \sum_{\alpha' i'} D_{\alpha i}^{\alpha' i'}(\mathbf{q}) A_{\alpha' i'} \tag{1.40}$$

donde $\mathbf{t}_h = \mathbf{t}_{n'} - \mathbf{t}_n$, y $D_{\alpha i}^{\alpha' i'}(\mathbf{q})$ está definido por

$$D_{\alpha i}^{\alpha' i'}(\mathbf{q}) = \sum_{h} \frac{1}{\sqrt{M_\alpha M_{\alpha'}}} \Phi_{0\alpha i}^{h\alpha' i'} \exp\left(i\mathbf{q}\cdot\mathbf{t}_h\right) \tag{1.41}$$

Los elementos $D_{\alpha i}^{\alpha' i'}(\mathbf{q})$ forman la matriz dinámica $\mathbf{D}(\mathbf{q})$, una matriz hermítica de $3p$ filas y columnas. En el capítulo 3 se calcula la matriz dinámica en un sólido 3D de gas noble y en los capítulos 12 a 19 en sólidos 1D y 2D.

Se observa que la periodicidad de la red ha permitido reducir el sistema inabordable de $3pN$ ecuaciones (1.26) a un sistema simple de $3p$ ecuaciones (1.40). Ya que el número de partículas p de la base estructural en la mayoría de los sólidos es pequeño, el problema se reduce drásticamente a resolver un sistema de tres, seis, ... ecuaciones para cada valor permitido de $\mathbf{q}$. Este nuevo sistema tiene soluciones no triviales si

$$\det\left[\mathbf{D}\left(\mathbf{q}\right) - \omega^2\mathbf{I}\right] = 0 \qquad (1.42)$$

donde $\mathbf{I}$ es la matriz identidad. Para cada vector de onda $\mathbf{q}$ hay $3p$ autovalores $\omega_j(\mathbf{q})$, donde $j = 1, 2, ... 3p$ se denomina índice de rama. Esta dependencia de las frecuencias de vibración atómicas permitidas con los vectores de onda permitidos $\omega = \omega_j(\mathbf{q})$ se denomina relación de dispersión, y es el punto de partida para el estudio del movimiento atómico en un sólido y de sus propiedades asociadas. Y para cada autovalor $\omega_j(\mathbf{q})$ existen $3p$ soluciones $A^j_{\alpha i}(\mathbf{q})$. En realidad, la ecuación secular (1.40) permite obtener las soluciones salvo un factor multiplicativo $B_j(\mathbf{q})$ ya que usualmente están normalizadas a la unidad

$$A^j_{\alpha i}(\mathbf{q}) = B_j(\mathbf{q})\, e^j_{\alpha i}(\mathbf{q}) \qquad (1.43)$$

Las componente normalizadas $e^j_{\alpha i}(\mathbf{q})$ se combinan en vectores $\mathbf{e}^j_\alpha(\mathbf{q})$ ortogonales entre sí que indican la dirección del desplazamiento atómico, por lo que se denominan vectores de polarización.

Por tanto, el desplazamiento $\mathbf{u}_{n\alpha}(t)$ asociado a una frecuencia dada $\omega_j(\mathbf{q})$ —es decir, asociado a un modo normal $(\mathbf{q}, j)$ determinado— viene dado, utilizando (1.29) y (1.43), por

$$\mathbf{u}^j_{n\alpha}(\mathbf{q}, t) = \frac{1}{\sqrt{M_a}} B_j(\mathbf{q})\, \mathbf{e}^j_\alpha(\mathbf{q}) \exp\left[i\left(\mathbf{q}\cdot\mathbf{t}_n - \omega_j(\mathbf{q})t\right)\right] \qquad (1.44)$$

a partir del cual se construyen las soluciones generales del movimiento atómico

$$\mathbf{u}_{n\alpha}(t) = \sum_{\mathbf{q}\, j} \frac{1}{\sqrt{M_a}} B_j(\mathbf{q})\, \mathbf{e}^j_\alpha(\mathbf{q}) \exp\left[i\left(\mathbf{q}\cdot\mathbf{t}_n - \omega_j(\mathbf{q})t\right)\right] \qquad (1.45)$$

como combinación lineal de las contribuciones de todos los modos normales $(\mathbf{q}, j)$. A una temperatura dada, la contribución de cada modo particular al movimiento global de un átomo viene descrito por su función de Planck (sección 6.2).

Para terminar el problema solo falta determinar qué valores del vector de onda $\mathbf{q}$, de los infinitos valores permitidos (1.36), se deben estudiar. Por una parte, dado que la matriz dinámica (1.41) es hermítica, se verifica que

$$\left(D^{\alpha'i'}_{\alpha i}\right)^*(\mathbf{q}) = \sum_h \frac{1}{\sqrt{M_\alpha M_{\alpha'}}} \Phi^{h\alpha'i'}_{0\alpha i} \exp\left(-i\mathbf{q}\cdot\mathbf{t}_h\right) = D^{\alpha'i'}_{\alpha i}(-\mathbf{q}) \qquad (1.46)$$

lo que implica que

$$\omega_j(-\mathbf{q}) = \omega_j(\mathbf{q})$$

$$A_{\alpha i}^j(-\mathbf{q}) = A_{\alpha i}^{*j}(\mathbf{q}) \tag{1.47}$$

Estas propiedades de las soluciones son consecuencia de la reversibilidad temporal del problema estudiado.

Además se verifica que la matriz dinámica es periódica en el espacio de Fourier con los vectores recíprocos $\mathbf{G}_{hkl}$

$$
\begin{aligned}
D_{\alpha i}^{\alpha' i'}(\mathbf{q} + \mathbf{G}_{hkl}) &= \sum_n \frac{1}{\sqrt{M_\alpha M_{\alpha'}}} \Phi_{0\alpha i}^{n\alpha' i'} \exp\left[i\left(\mathbf{q} + \mathbf{G}_{hkl}\right) \cdot \mathbf{t}_n\right] = \\
&= D_{\alpha i}^{\alpha' i'}(\mathbf{q}) \exp i\left(\mathbf{G}_{hkl} \cdot \mathbf{t}_n\right) = D_{\alpha i}^{\alpha' i'}(\mathbf{q})
\end{aligned}
\tag{1.48}
$$

ya que

$$
\begin{aligned}
\mathbf{G}_{hkl} \cdot \mathbf{t}_n &= 2\pi(h\mathbf{a}^* + k\mathbf{b}^* + l\mathbf{c}^*) \cdot (n_a\mathbf{a} + n_b\mathbf{b} + n_c\mathbf{c}) = \\
&= 2\pi m \,, \qquad h, k, l, n_a, n_b, n_c, m \in \mathbb{Z}
\end{aligned}
\tag{1.49}
$$

con $\mathbf{a}^*$, $\mathbf{b}^*$ y $\mathbf{c}^*$ los vectores básicos recíprocos, por lo que se verifica que

$$\omega_j(\mathbf{q} + \mathbf{G}_{hkl}) = \omega_j(\mathbf{q}) \tag{1.50a}$$

$$A_{\alpha i}^j(\mathbf{q} + \mathbf{G}_{hkl}) = A_{\alpha i}^j(\mathbf{q}) \rightarrow \mathbf{u}_{n\alpha}^j(\mathbf{q}, t) = \mathbf{u}_{n\alpha}^j(\mathbf{q} + \mathbf{G}_{hkl}, t) \tag{1.50b}$$

Estas expresiones muestran que tanto las frecuencias como los desplazamientos atómicos son periódicos en el espacio de Fourier con los vectores recíprocos del sólido. Por tanto, no es necesario estudiar todo el espacio de Fourier, sino solo la parte no periódica. Lo más natural —y conveniente— es escoger la primera zona de Brillouin (la celda de Wigner-Seitz del espacio recíproco), caracterizada por el grupo puntual del sólido. Es fácil demostrar que la primera zona de Brillouin contiene N vectores de onda $\mathbf{q}$ diferentes, tantos como celdas unidad primitivas tiene el sólido, simplemente dividiendo el volumen de la primera zona de Brillouin V_{1zB} entre el volumen asociado a cada vector de onda $V_\mathbf{q}$

$$N^\circ \, \mathbf{q} = \frac{V_{1zB}}{V_\mathbf{q}} \tag{1.51}$$

Dado que la primera zona es primitiva por definición, su volumen es

$$V_{1zB} = \frac{(2\pi)^3}{V_{cup}} \tag{1.52}$$

donde V_{cup} es el volumen de la celda unidad primitiva del espacio real. Se tiene final-

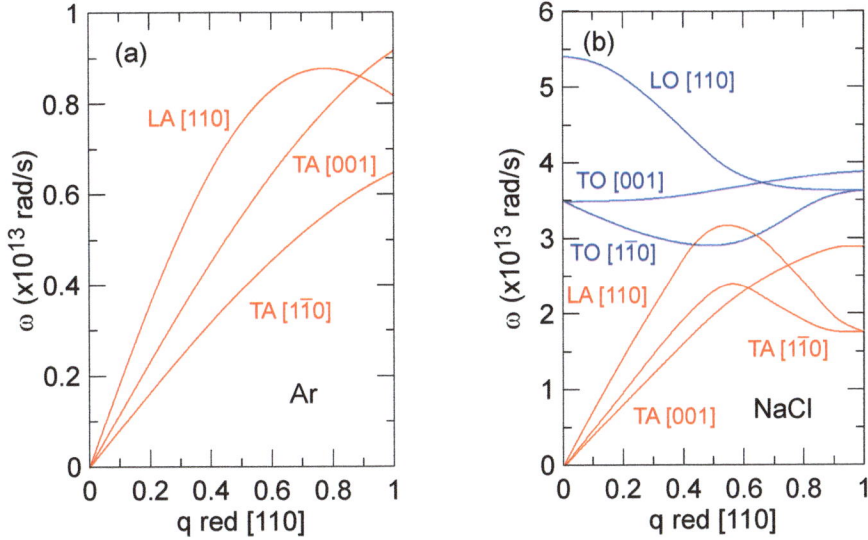

Figura 1.7. Relaciones de dispersión $\omega = \omega\,(\mathbf{q})$ para (a) Ar y (b) NaCl (adaptado de [12], con permiso) en la dirección de propagación [110] en función del vector de onda reducido. Para cada rama se indica la dirección de polarización. L: longitudinal, T: transversal, A: acústica, O: óptica.

mente, con (1.37), que

$$N^{\mathrm{o}}\ \mathbf{q} = \frac{(2\pi)^3 / V_{cup}}{(2\pi)^3 / V_{sol}} = \frac{V_{sol}}{V_{cup}} = N \tag{1.53}$$

siendo N es el número de celdas unidad primitivas del sólido. Ya que por cada vector de onda existen $3p$ autovalores distintos, en total aparecen los $3pN$ valores permitidos de $\omega_j(\mathbf{q})$, tantos como grados de libertad tiene el sólido.

1.8   Curvas de dispersión fonónicas

Como ejemplo, la Figura 1.7 muestra las relaciones de dispersión $\omega = \omega\,(\mathbf{q})$ para el argón y el cloruro sódico [12] obtenidas a partir de los potenciales de interacción entre partículas. Ambos sólidos cristalizan en la red de Bravais fcc con parámetros reticulares $a = 5.40\,\text{Å}$ y $5.64\,\text{Å}$, respectivamente. Hay que señalar varios puntos importantes en este tipo de curvas.

(i) Las frecuencias permitidas dependen de la dirección de propagación de la onda. Por tanto, es necesario indicar la dirección a lo largo de la cual se calculan las frecuencias. En concreto, las relaciones de dispersión mostradas en la Figura 1.7 corresponden a la dirección [110], con las direcciones de polarización que se indican en la Figura 1.8: L corresponde al desplazamiento longitudinal a lo largo de [110], y T1 y T2 a los desplazamientos transversales en las direcciones [001] y $[1\bar{1}0]$, respectivamente.

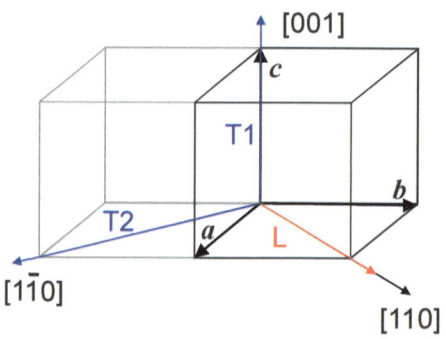

Figura 1.8. Polarizaciones longitudinal L y transversales T1 y T2 para la dirección de propagación [110] de un cristal cúbico.

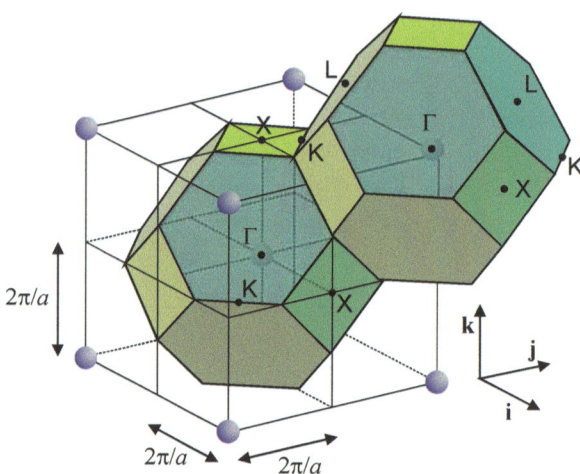

Figura 1.9. Primera zona de Brillouin de una red de Bravais fcc de parámetro reticular a. Los nudos recíprocos se distribuyen formando una red bcc. Se denotan algunas puntos principales. Γ: origen de la zona; X: corte de la zona en las direcciones $\langle 100 \rangle$; K: corte de la zona en las direcciones $\langle 110 \rangle$; y L: corte de la zona en las direcciones $\langle 111 \rangle$.

(ii) Como se ha indicado, para cada vector de onda permitido existen $3p$ frecuencias ($3p$ modos normales de vibración). Se observa que efectivamente aparecen tres modos en el argón, de base monoatómica $p = 1$, y seis modos en el NaCl, que tiene una base diatómica $p = 2$ (aunque los modos transversales están frecuentemente degenerados).

(iii) Por la periodicidad de las frecuencias y de los desplazamientos atómicos con los vectores de la red recíproca (1.50), solo es necesario estudiar los vectores de onda permitidos dentro de la primera zona de Brillouin, que tiene límites diferentes para las distintas direcciones y para las distintas redes de Bravais. En la Figura 1.9 se muestra la primera zona de Brillouin de una red de Bravais fcc, que tiene los nudos recíprocos distribuidos como una red bcc. Los puntos de corte de la zona de Brillouin con direcciones dadas se denotan por convenio con determinados símbolos: Γ para el centro de la zona, X para el corte con las direcciones $\langle 100 \rangle$, K para el corte con las direcciones $\langle 110 \rangle$, L para el corte con las direcciones $\langle 111 \rangle$, etc. En concreto, para las curvas de dispersión representadas en la Figura 1.7 correspondientes a $\mathbf{q} \parallel [110]$, el punto de corte con la primera zona de Brillouin es el punto K, cuyas coordenadas se encuentran fácilmente de consideraciones geométricas

$$q_x = q_y = 3\pi/2a, \; q_z = 0 \tag{1.54}$$

El módulo del vector de onda en este límite de la primera zona de Brillouin es

$$q_{[110]}^{1zB} = \sqrt{q_x^2 + q_y^2 + q_z^2} = q_x \sqrt{2} = \frac{3\sqrt{2}\pi}{2a} \tag{1.55}$$

Por tanto, en la representación de las curvas $\omega = \omega(\mathbf{q})$ a lo largo de la dirección [110], el módulo del vector de onda varía entre 0 y $q_{[110]}^{1zB}$, que en el caso presente vale $q_{[110]}^{1zB} = 1.23 \, \text{Å}^{-1}$ para el argón y $1.18 \, \text{Å}^{-1}$ para el NaCl. Con objeto de normalizar las representaciones independientemente de los valores concretos de los parámetros reticulares, es más conveniente utilizar el módulo del vector de onda reducido q_{red}, definido por el cociente entre el módulo de $\mathbf{q}$ y el límite de la primera zona de Brillouin en la dirección correspondiente

$$q_{red}^{[hkl]} = \frac{q^{[hkl]}}{q_{1zB}^{[hkl]}} \tag{1.56}$$

que varía entre 0 y 1, como se muestra en la Figura 1.7.

(iv) Dada la invariancia bajo inversión temporal de las frecuencias (1.47), solo se representa la parte positiva de $\mathbf{q}$.

(v) En rigor, las curvas de dispersión son discretas ya que los valores posibles de $\mathbf{q}$ están cuantizados. Sin embargo, su número es tan grande ($\sim 10^{23}$) que no supone ningún problema representarlas de forma continua.

(vi) Las frecuencias permitidas se distribuyen en ramas, en el sentido de que una pequeña variación en el vector de onda resulta también en una modificación pequeña de las frecuencias permitidas, sin saltos abruptos. Las ramas cuyas frecuencias ω tienden a 0 para $q \rightarrow 0$ se denominan ramas acústicas y se representan por la letra A, y aquellas para las que ω tiende a un valor no nulo para $q \rightarrow 0$ se denominan ramas ópticas O. Tanto las ramas acústicas como las ópticas aparecen en conjuntos de tres para cada dirección de propagación, una para la polarización longitudinal L y dos para las polarizaciones transversales T1 y T2. La Figura 1.8 muestra las direcciones L, T1 y T2 para la dirección de propagación [110] en un cristal cúbico. Hay que señalar que aunque se suele hablar de modos longitudinales y transversales para una dirección de propagación cualquiera, solo se encuentran modos longitudinales puros y modos transversales puros en direcciones de muy alta simetría —como la [100], [110] y [111] en sólidos cúbicos—, teniendo un carácter mixto en otras direcciones.

(vii) Para un sólido 3D con base de p partículas siempre existen tres ramas acústicas y $3\,(p-1)$ ramas ópticas, resultando en total las $3p$ ramas de dispersión. En la Figura 1.7 se observa que las tres ramas son acústicas para el argón, de base $p = 1$, mientras que hay tres acústicas y tres ópticas para el NaCl, de base $p = 2$. Este resultado se puede obtener fácilmente estudiando el comportamiento de las frecuencias permitidas en el límite de longitudes de onda λ muy grandes —comparadas con la distancia interatómica—, que corresponde a valores del vector de onda muy próximos al centro de la zona de Brillouin. En este límite $\mathbf{q} = 0$ los elementos de la matriz dinámica (1.41) son reales

$$D_{\alpha i}^{\alpha' i'}(0) \simeq \sum_h \frac{1}{\sqrt{M_\alpha M_{\alpha'}}} \Phi_{0\alpha i}^{h\alpha' i'} \tag{1.57}$$

y la ecuación secular (1.40) resulta

$$\omega^2(0)\, A_{\alpha i}(0) = \sum_{h\ \alpha'\ i'} \frac{1}{\sqrt{M_\alpha M_{\alpha'}}} \Phi_{0\alpha i}^{h\alpha' i'} A_{\alpha' i'}(0) \tag{1.58}$$

Sumando para todas las partículas de la base y reordenando términos resulta

$$\sum_\alpha \omega^2(0)\, A_{\alpha i}(0)\, \sqrt{M_\alpha} = \sum_{\alpha'\ i'} \frac{1}{\sqrt{M_{\alpha'}}} A_{\alpha' i'}(0) \sum_{h\ \alpha} \Phi_{0\alpha i}^{h\alpha' i'} = 0 \tag{1.59}$$

donde se ha utilizado la regla de las sumas (1.24). Se tiene entonces

$$\omega^2(0) \sum_\alpha A_{\alpha i}(0)\, \sqrt{M_\alpha} = 0 \tag{1.60}$$

que se verifica si

$$\omega_i(0) = 0 \tag{1.61a}$$

$$\sum_\alpha A_{\alpha i}(0)\, \sqrt{M_\alpha} = 0\,, \qquad i = \mathrm{L,T1,T2} \tag{1.61b}$$

Por tanto, se cumple la condición (1.61a) si la base es monoatómica, apareciendo tres ramas, una longitudinal y dos transversales, con $\omega = 0$ para $\mathbf{q} = 0$.

Las frecuencias de las tres ramas acústicas varían linealmente con el vector de onda para $\mathbf{q} \to 0$, en la forma

$$\omega_i = v_{si} q\,, \qquad i = \mathrm{L,T1,T2} \tag{1.62}$$

Este comportamiento da nombre a las ramas acústicas, ya que el estudio armónico para $\mathbf{q} \to 0$, es decir, para $\lambda \to \infty$, reproduce la relación no dispersiva (1.62) de las ondas de sonido en un sólido continuo elástico, siendo la pendiente v_{si} la velocidad longitudinal y transversal de estas ondas sonoras. En estas condiciones las partículas de todas las celdas unidad se desplazan prácticamente en fase (1.44), como corresponde a las ondas de compresión y rarefacción del sonido. Este límite de la región lineal de las ramas acústicas se desarrolla formalmente en [9]. Pero se puede obtener de una forma simple considerando la matriz dinámica de un sólido de base monoatómica. Utilizando (1.41) y desarrollando la exponencial para $\mathbf{q}$ pequeño se tiene que

$$D_i^{i'}(\mathbf{q} \rightarrow 0) \simeq \sum_h \frac{1}{M_\alpha} \Phi_{0i}^{hi'} \left[1 + i\mathbf{q} \cdot \mathbf{t}_h - \frac{1}{2} (\mathbf{q} \cdot \mathbf{t}_h)^2 + ... \right] =$$

$$= \frac{1}{M_\alpha} \sum_h \Phi_{0i}^{hi'} + i\frac{1}{M_\alpha} \sum_h \Phi_{0i}^{hi'} (\mathbf{q} \cdot \mathbf{t}_h) - \frac{1}{2} \frac{1}{M_\alpha} \sum_h \Phi_{0i}^{hi'} (\mathbf{q} \cdot \mathbf{t}_h)^2 \quad (1.63)$$

El primer término es nulo por la regla de las sumas (1.24). El segundo término también es cero debido a que el sumatorio se extiende sobre vecinos opuestos a la partícula de referencia y la matriz de constantes de fuerza es simétrica respecto del intercambio de partículas (1.20). Resulta entonces que la matriz dinámica depende de q^2, y por tanto los autovalores ω (1.40) varían linealmente con q. La constante de proporcionalidad es la velocidad del sonido (1.62), que depende de los detalles de la interacción elástica —la matriz de constantes de fuerza— entre partículas.

En el caso de bases poliatómicas, las restantes $3p - 3$ ramas se caracterizan por tener $\omega \neq 0$ para $\mathbf{q} = 0$. En este caso se verifica la condición (1.61b), que se escribe utilizando (1.29) como

$$\sum_\alpha M_\alpha u_{n\alpha i}(0) \exp(i\omega t) = 0 \rightarrow \sum_\alpha M_\alpha u_{n\alpha i}(0) = 0 \quad (1.64)$$

Es decir, en estos modos el centro de masas de cada celda unidad permanece en reposo, con los átomos de la base moviéndose en sentido opuesto. De aquí proviene el nombre de modos ópticos, ya que en el caso particular de los sólidos iónicos (como el NaCl, Figura 1.7), estos modos de vibración generan dipolos eléctricos oscilatorios que interaccionan con la luz (capítulo 20). Sin embargo, se ha generalizado el nombre de rama óptica a toda aquella que verifica que $\omega \neq 0$ para $\mathbf{q} = 0$, independientemente del tipo de material.

Hay que señalar que estos movimientos de fase y contrafase de los átomos de la base se dan exclusivamente para $\mathbf{q}$ muy cercanos al origen de la primera zona de Brillouin. Fuera de esta región, los movimientos atómicos son realmente complejos.

(viii) Es habitual que se incluyan en una misma gráfica las relaciones de dispersión de un sólido en varias direcciones, normalmente de alta simetría, uniéndolas entre sí. La Figura 1.10 muestra estas curvas a lo largo de las direcciones [100], [110] y [111] para el argón en función del vector de onda reducido, obtenidas del análisis armónico en la aproximación de primeros vecinos (capítulo 3). Los símbolos en el eje de abscisas permiten seguir la trayectoria estudiada del espacio de Fourier, de acuerdo con la Figura 1.9.

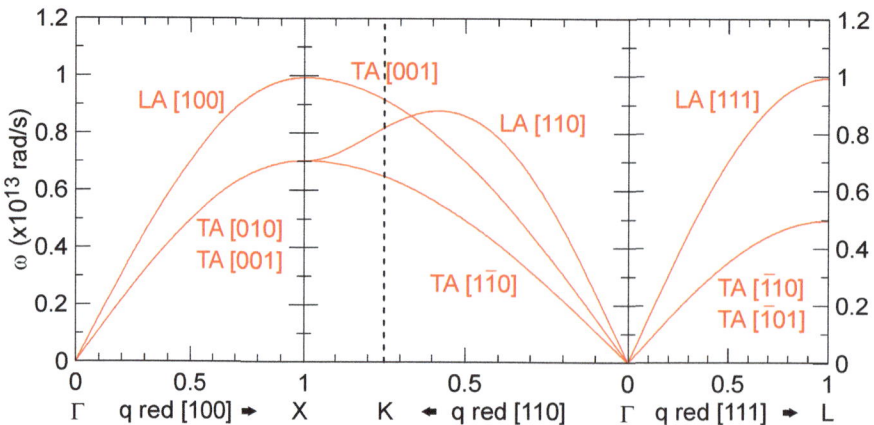

Figura 1.10. Relaciones de dispersión en argón en las direcciones [100], [110] y [111], indicadas por los símbolos correspondientes, obtenidas del estudio armónico en la aproximación de primeros vecinos (capítulo 3). Para cada dirección de propagación se indican las direcciones de polarización.

(ix) Las frecuencias permitidas de oscilación varían desde 0 hasta un valor máximo ω_{max} que es del orden de 10^{13} rad/s (Figura 1.7). Esta frecuencia corresponde al espectro del infrarrojo, con una energía $E = \hbar\omega_{max} \sim 10^{-21}$ J ~ 10 meV, que es inferior a la energía térmica a temperatura ambiente $k_B T \simeq 25$ meV. Por tanto, todos los modos de vibración suelen estar muy excitados a temperatura ambiente y superior, de forma que participan activamente en la mayoría de las propiedades del sólido.

Un ejemplo más complejo de curvas fonónicas se muestra en la Figura 1.11 para el óxido de aluminio Al_2O_3 ($M_{mol} = 101.96$ u), en concreto para la fase α (zafiro) que tiene una densidad $\rho = 3870$ kg/m^3. Esta estructura cristalina se describe habitualmente como una estructura hexagonal compacta de iones de oxígeno con los iones de aluminio ocupando 2/3 de los intersticios octaédricos (Figura 1.12). Los parámetros reticulares son $a = 4.758$ Å y $c = 12.991$ Å, y el volumen de la celda hexagonal es $V = \sqrt{3}a^2c/2 = 254.70$ Å^3. Sin embargo, esta estructura no refleja la simetría real del material, que presenta una red trigonal de parámetro reticular a_{trig}, ángulo α_{trig} y volumen V_{trig} dados por

$$
\begin{aligned}
a_{trig} &= \sqrt{\frac{a^2}{3} + \frac{c^2}{9}} = 5.128 \text{ Å} , \qquad \alpha_{trig} = \arccos\left[\frac{2c^2 - 3a^2}{2\left(c^2 + 3a^2\right)}\right] = 55.28\,^\circ \\
V_{trig} &= a_{trig}^3 \left(1 - 3\cos^2 \alpha_{trig} + 2\cos^3 \alpha_{trig}\right)^{1/2} = 85.03 \text{ Å}^3
\end{aligned}
\tag{1.65}
$$

Este volumen es 1/3 del volumen de la celda unidad hexagonal. La celda unidad trigonal contiene dos moléculas de Al_2O_3, como se deduce fácilmente de la relación entre la densidad másica y el volumen de la celda

$$
\rho = \frac{M}{V} = \frac{N_{mol} \times M_{mol}}{V_{trig}} \rightarrow N_{mol} = \frac{\rho V_{trig}}{M_{mol}} = 1.95 \equiv 2 \text{ moléculas}
\tag{1.66}
$$

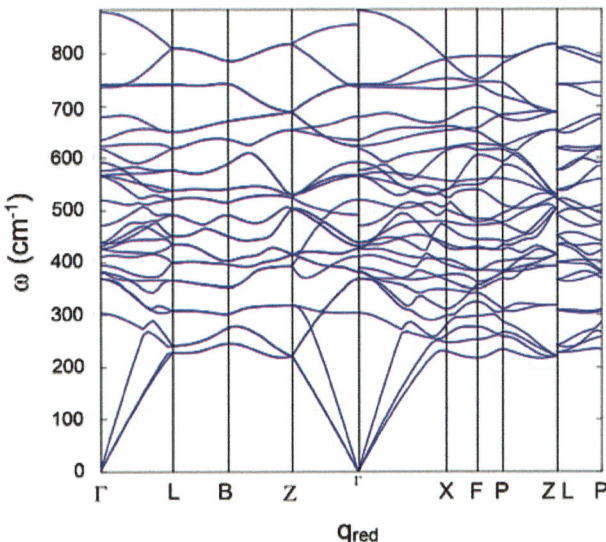

Figura 1.11. Relaciones de dispersión en α–Al_2O_3 en diversas direcciones (adaptado de Materials Project). Es habitual mostrar las frecuencias en cm^{-1}, que realmente corresponde a la inversa de la longitud de onda λ. La frecuencia máxima de vibración es $\simeq 900\,cm^{-1}$ correspondiente a $\omega = 2\pi c/\lambda = 2 \times 10^{14}\,rad/s$.

Por tanto, la celda trigonal contiene diez iones, de forma que aparecen treinta ramas de dispersión en el espectro fonónico de este compuesto —tres acústicas y el resto ópticas—, muchas de ellas degeneradas dependiendo de la dirección de propagación. La frecuencia máxima de vibración es aproximadamente $\lambda^{-1} \simeq 900\,cm^{-1}$ (Figura 1.11), que corresponde a $\omega = 2\pi c/\lambda \simeq 2 \times 10^{14}\,rad/s$, donde c es la velocidad de la luz.

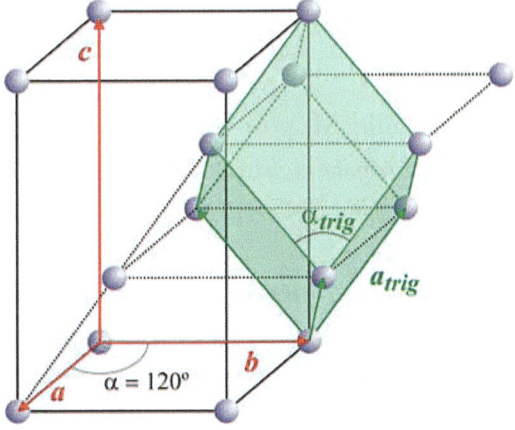

Figura 1.12. Celda unidad de la fase α de la alúmina. Se muestran los nudos de Bravais y las celdas hexagonal y trigonal.

Como se indicó al inicio, este estudio de las vibraciones reticulares se ha realizado de forma clásica ya que el tratamiento mecánico-cuántico conduce a las mismas relaciones de dispersión $\omega = \omega(\mathbf{q})$. Sin embargo, las amplitudes —es decir, las energías— de los modos de vibración son arbitrarias en el caso clásico, pero solo pueden tener valores discretos en el caso cuántico [13]. La diferencia no es importante a temperaturas relativamente altas (más adelante se estudiará el significado de "alta temperatura"), pero es esencial a bajas temperaturas, por ejemplo, en la descripción de la capacidad calorífica de los sólidos.

Max Born, 1882 (antigua Reino de Prusia) – 1970 (antigua República Federal de Alemania)

Kun Huang, 1919 (antigua República de China) – 2005 (República Popular de China)

Referencias

1. W. Friedrich, P. Knipping und M. von Laue (1912): «Interferenz-Erscheinungen bei Röntgenstrahlen», *Sitzungsberichte der Königlich-Bayerischen Akademie der Wissenschaften, Mathematisch-physikalischen Klasse*, 303.

2. L.D. Landau (1941): «Two-fluid model of liquid helium II», *Journal of Physics, Academy of Sciences of the USSR*, 5, 71; L.D. Landau (1941): «Theory of the Superfluidity of Helium II», *Physical Review*, 60, 356.

3. H. Goldstein (1987): *Mecánica Clásica*. Barcelona: Reverté.

4. F.A. Lindemann (1910): «Über die Berechnung molekularer Eigenfrequenzen», *Physikalische Zeitschrift*, 11, 609.

5. A.C. Lawson (2009): «Physics of the Lindemann melting rule», *Philosophical Magazine*, 89, 1757.

6. M. Born und R. Oppenheimer (1927): «Zur Quantentheorie der Molekeln», *Annalen der Physik*, 389, 457.

7. M. Born und V.A. Fock (1928): «Beweis des Adiabatensatzes», *Zeitschrift für Physik A*, 51, 165.

8. J.M. Ziman (1969): *Principios de la teoría de sólidos*. Madrid: Selecciones Científicas.

9. G. Eckold (2013): «Phonons», *International Tables for Crystallography vol. D: Physical properties of crystals*, 286. DOI: 10.1107/97809553602060000113.

10. F. Bloch (1929): «Über die quantenmechanik der elektronen in kristallgittern», *Zeitschrift für physik*, 52, 555.

11. M.L. Cohen and S.G. Louie (2016): *Fundamentals of Condensed Matter Physics*. Cambridge: Cambridge University Press.

12. R.K. Singh and K. Chandra (1976): «Extended Three-Body-Force Shell-Model Dynamics of Sodium-Halide-Crystals», *Physical Review B*, 14, 2625.

13. R.M. Eisberg and R. Resnick (1978): *Física cuántica*. México: Limusa.

2. Constantes de fuerza en un potencial central por pares

Como se ha indicado en el capítulo 1, el punto de partida para obtener la relación de dispersión $\omega = \omega(\mathbf{q})$ de un sólido es la determinación de la matriz dinámica $\mathbf{D}(\mathbf{q})$ (1.41), que requiere del cálculo previo de las matrices de constantes de fuerza Φ entre las partículas (1.18). Actualmente estas constantes se obtienen desde primeros principios en el marco de la teoría del funcional de la densidad utilizando generalmente los métodos de aproximación de respuesta lineal y de aproximación directa [1, 2]. En el primer caso se utiliza un método perturbativo, y en el segundo se utiliza una supercelda de referencia donde las partículas reticulares se desplazan ligeramente —por ello esta aproximación se suele denominar también de supercelda o de desplazamiento finito—. Pero en este texto las constantes de fuerza se van a determinar de forma analítica ya que generalmente se estudia el caso sencillo de interacciones de van der Waals (y coulombianas en menor medida), donde la energía potencial total $U(\{\mathbf{r}_{n\alpha}\})$ del cristal (1.6) viene dada, con buena aproximación, por la suma de las energías potenciales $W(\rho)$ entre pares de partículas $n\alpha$ y $n'\alpha'$ separadas una distancia $\rho = |\mathbf{r}_{n\alpha} - \mathbf{r}_{n'\alpha'}|$

$$U(\{\mathbf{r}_{n\alpha}\}) = \frac{1}{2} \sum_{n\,\alpha\,n'\,\alpha'} W(\rho), \qquad \text{con } n \neq n' \text{ y } \alpha \neq \alpha' \tag{2.1}$$

donde el factor $1/2$ evita contar dos veces la interacción de un mismo par de partículas. A continuación se va a obtener la expresión general de las constantes Φ para este tipo de fuerzas centrales por pares, y posteriormente se va a aplicar al caso sencillo del argón sólido, donde las interacciones se describen adecuadamente por un potencial de Lennard-Jones 6-12 [3].

Para este tipo de fuerzas, las constantes de fuerza Φ (1.18) vienen dadas por

$$\Phi_{n\alpha i}^{n'\alpha' i'} = \left[\frac{\partial^2 U(\{\mathbf{r}_{n\alpha}\})}{\partial r_{n\alpha i} \partial r_{n'\alpha' i'}} \right]_{\{\mathbf{R}_{n\alpha}\}} = \left[\frac{\partial^2 W(\rho)}{\partial r_{n\alpha i} \partial r_{n'\alpha' i'}} \right]_{\{\mathbf{R}_{n\alpha}\}}, \text{ con } n \neq n' \text{ y } \alpha \neq \alpha' \tag{2.2}$$

donde $\Phi_{n\alpha i}^{n'\alpha' i'}$ es la fuerza en la dirección i sobre la partícula α de la celda unidad n cuando la partícula α' de la celda n' se desplaza una distancia unidad en la dirección i'. Los términos de Φ correspondientes a $n = n'$ y $\alpha = \alpha'$ se denominan autotérminos, y se obtienen directamente de la regla de las sumas (1.24).

Como

$$\rho = |\mathbf{r}_{n\alpha} - \mathbf{r}_{n'\alpha'}| = \sqrt{\sum_i (r_{n\alpha i} - r_{n'\alpha' i})^2} \tag{2.3}$$

la primera y segunda derivada de W son

$$\frac{\partial W(\rho)}{\partial r_{n\alpha i}} = \frac{\partial W(\rho)}{\partial \rho}\frac{\partial \rho}{\partial r_{n\alpha i}} = \frac{\partial W(\rho)}{\partial \rho}\frac{r_{n\alpha i} - r_{n'\alpha' i}}{\rho} = (r_{n\alpha i} - r_{n'\alpha' i})\frac{W'(\rho)}{\rho}$$

$$\frac{\partial^2 W(\rho)}{\partial r_{n\alpha i}\partial r_{n'\alpha' i'}} = \frac{\partial}{\partial r_{n'\alpha' i'}}\left[(r_{n\alpha i} - r_{n'\alpha' i})\frac{W'(\rho)}{\rho}\right] =$$

$$= -\frac{W'(\rho)}{\rho}\delta_{ii'} + (r_{n\alpha i} - r_{n'\alpha' i})\frac{\partial}{\partial \rho}\left(\frac{W'(\rho)}{\rho}\right)\frac{\partial \rho}{\partial r_{n'\alpha' i'}} =$$

$$= -\frac{W'(\rho)}{\rho}\delta_{ii'} - \frac{r_{n\alpha i} - r_{n'\alpha' i}}{\rho}\left[W''(\rho) - \frac{W'(\rho)}{\rho}\right]\frac{r_{n\alpha i'} - r_{n'\alpha' i'}}{\rho} =$$

$$= -\frac{W'(\rho)}{\rho}\delta_{ii'} - e_i\left[W''(\rho) - \frac{W'(\rho)}{\rho}\right]e_{i'} \tag{2.4}$$

donde $\mathbf{e}$ es el vector unitario a lo largo de la dirección que conecta la partícula $n\alpha$ con la $n'\alpha'$.

Dado que (2.2)

$$\Phi^{n'\alpha' i'}_{n\alpha i} = \left[\frac{\partial^2 W(\rho)}{\partial r_{n\alpha i}\partial r_{n'\alpha' i'}}\right]_{\{\mathbf{R}_{n\alpha}\}} = -\left\{\frac{W'(\rho)}{\rho}\delta_{ii'} + e_i\left[W''(\rho) - \frac{W'(\rho)}{\rho}\right]e_{i'}\right\}_{\rho_o} \tag{2.5}$$

basta evaluar la expresión anterior a la distancia de equilibrio de las partículas $n\alpha$ y $n'\alpha'$, es decir, en $\rho_o = |\mathbf{R}_{n\alpha} - \mathbf{R}_{n'\alpha'}|$, para obtener las constantes de fuerza entre ambas partículas. Es importante señalar que:

(i) En el caso 1D, (2.5) se simplifica a

$$\Phi^{n'\alpha'}_{n\alpha} = -W''(\rho_o) \tag{2.6}$$

Es decir, las constantes de fuerza vienen dadas directamente por la segunda derivada de la energía del par evaluada en sus posiciones de equilibrio,

(ii) En los casos 2D y 3D, este resultado (2.6) solo se obtiene si consideramos primeros vecinos, ya que en este caso el mínimo de la energía del sólido coincide con el mínimo de energía del par de partículas, y por tanto $W'(\rho_o) = 0$. Pero esta situación no es normalmente estable ya que hay direcciones donde los átomos se pueden desplazar libremente sin fuerzas recuperadoras, resultando frecuencias nulas para esas direcciones (capítulo 16).

Tabla 2.1. Constantes empíricas del potencial de Lennard-Jones para sólidos de gases nobles.

	$A\ \left(\mathrm{J\,\AA^6}\right)$	$B\ \left(\mathrm{J\,\AA^{12}}\right)$
Ne	1.01×10^{-18}	5.07×10^{-16}
Ar	1.03×10^{-17}	1.61×10^{-14}
Kr	1.94×10^{-17}	4.30×10^{-14}
Xe	4.93×10^{-17}	1.93×10^{-13}

2.1 Constantes de fuerza en el argón sólido

Consideremos el caso simple de un sólido de gas noble, donde la energía potencial de interacción de cada par de partículas reticulares separadas una distancia ρ viene dada por la expresión de Lennard-Jones 6-12

$$W(\rho) = -\frac{A}{\rho^6} + \frac{B}{\rho^{12}} \tag{2.7}$$

donde A y B son parámetros de ajuste (Tabla 2.1). Para simplificar los cálculos nos limitamos a interacciones entre primeros vecinos —una aproximación muy buena para este tipo de potencial de muy corto alcance— ya que la primera derivada W' que aparece en (2.5) es nula, y simplemente se tiene que

$$\Phi_{n\alpha i}^{n'\alpha'i'} = -e_i W''(\rho_o) e_{i'}\,, \qquad i, i' = x, y, z \tag{2.8}$$

Los sólidos de gases nobles cristalizan en la red fcc con base monoátomica (Figura 2.1). Es importante recordar que el formalismo de la matriz dinámica requiere la utilización de celdas unidad primitivas, no convencionales. El argón tiene cuatro celdas primitivas por cada celda cúbica. Se va a etiquetar cada celda unidad primitiva con un solo índice h, y puesto que la base es monoatómica, esta etiqueta h también caracteriza al átomo de dicha celda unidad.

Tomando un átomo cualquiera de referencia, etiquetado como $h = 0$, enumeramos sus doce primeros vecinos que están a una distancia de equilibrio $\rho_o = R_o = \sqrt{2}a/2$, siendo a el parámetro reticular de la celda unidad cúbica (Figura 2.1). Los vectores unitarios interatómicos de este átomo con sus vecinos más próximos $\mathbf{e}_h$ $(h = 1, 2, \dots 12)$ son

$$\mathbf{e}_1 = \frac{\sqrt{2}}{2}\,(\mathbf{i}+\mathbf{j}) \quad \mathbf{e}_2 = \frac{\sqrt{2}}{2}\,(-\mathbf{i}+\mathbf{j}) \quad \mathbf{e}_3 = \frac{\sqrt{2}}{2}\,(\mathbf{i}-\mathbf{j}) \quad \mathbf{e}_4 = \frac{\sqrt{2}}{2}\,(-\mathbf{i}-\mathbf{j})$$

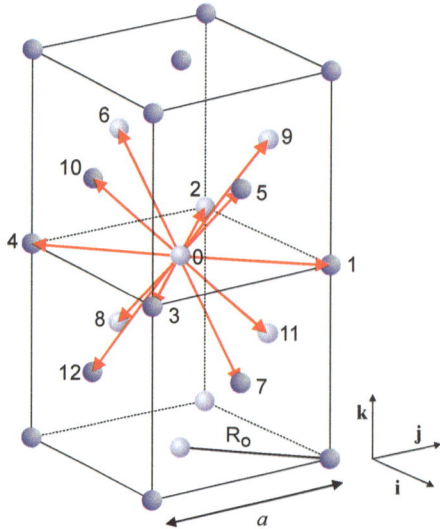

Figura 2.1. Estructura cristalina del argón (fcc, base monoatómica). Se muestran los vectores interatómicos de un átomo de referencia, etiquetado como 0, con sus doce primeros vecinos.

$$\mathbf{e}_5 = \frac{\sqrt{2}}{2}\left(\mathbf{i}+\mathbf{k}\right) \quad \mathbf{e}_6 = \frac{\sqrt{2}}{2}\left(-\mathbf{i}+\mathbf{k}\right) \quad \mathbf{e}_7 = \frac{\sqrt{2}}{2}\left(\mathbf{i}-\mathbf{k}\right) \quad \mathbf{e}_8 = \frac{\sqrt{2}}{2}\left(-\mathbf{i}-\mathbf{k}\right)$$

$$\mathbf{e}_9 = \frac{\sqrt{2}}{2}\left(\mathbf{j}+\mathbf{k}\right) \quad \mathbf{e}_{10} = \frac{\sqrt{2}}{2}\left(-\mathbf{j}+\mathbf{k}\right) \quad \mathbf{e}_{11} = \frac{\sqrt{2}}{2}\left(\mathbf{j}-\mathbf{k}\right) \quad \mathbf{e}_{12} = \frac{\sqrt{2}}{2}\left(-\mathbf{j}-\mathbf{k}\right)$$

$$(2.9)$$

Determinemos en primer lugar esta distancia de equilibrio R_o entre partículas minimizando la energía potencial del cristal. La energía potencial de un átomo en la aproximación de primeros vecinos es

$$U_{at}\left(\rho\right) = 12W\left(\rho\right) = 12\left(-\frac{A}{\rho^6}+\frac{B}{\rho^{12}}\right) \qquad (2.10)$$

Y la energía del sólido formado por N átomos es

$$U\left(\rho\right) = \frac{N}{2}U_{at}\left(\rho\right) = -6N\left(\frac{A}{\rho^6}-\frac{B}{\rho^{12}}\right) \qquad (2.11)$$

Minimizando esta expresión a la distancia de equilibrio R_o, se tiene

$$\left.\frac{dU\left(\rho\right)}{d\rho}\right|_{R_o} = -6N\left(-\frac{6A}{R_o^7}+\frac{12B}{R_o^{13}}\right) = 0 \rightarrow \frac{6A}{R_o^7} = \frac{12B}{R_o^{13}} \qquad (2.12)$$

de forma que

$$R_o = \left(\frac{2B}{A}\right)^{1/6} = 3.82\,\text{Å} \qquad (2.13)$$

utilizando los valores de A y B para el argón (Tabla 2.1).

El parámetro reticular de la celda cúbica (Figura 2.1) vale

$$a = \sqrt{2}R_o = 5.40\,\text{Å} \tag{2.14}$$

y la energía de cohesión viene dada por

$$U_{coh} \equiv U(R_o) = -6N\left(\frac{A}{R_o^6} - \frac{B}{R_o^{12}}\right) = -3A\frac{N}{R_o^6} \tag{2.15}$$

donde se ha utilizado (2.12), resultando un valor (por mol y por átomo)

$$U_{coh} = -5.98\,\text{kJ}/\text{mol} = -6.21 \times 10^{-2}\,\text{eV}/\text{átomo} \tag{2.16}$$

Ya se pueden determinar las constantes de fuerza entre átomos. La primera y segunda derivada de la energía potencial de un par de partículas (2.7) son

$$W'(\rho) = \frac{6A}{\rho^7} - \frac{12B}{\rho^{13}}\,, \qquad W''(\rho) = -\frac{42A}{\rho^8} + \frac{156B}{\rho^{14}} \tag{2.17}$$

que a la distancia R_o de equilibrio valen

$$
\begin{aligned}
W'(R_o) &= 0 \\
W''(R_o) &= -\frac{42A}{R_o^8} + \frac{156B}{R_o^{14}} = \frac{36A}{R_o^8} = 0.82\,\text{N}/\text{m}
\end{aligned} \tag{2.18}
$$

donde se ha utilizado nuevamente el resultado (2.12).

Por tanto, las constantes de fuerza entre el átomo 0 y el átomo h ($= 1, 2, \ldots 12$) (2.5) son de la forma

$$\Phi_{0i}^{hi'} = -\frac{W'(R_o)}{R_o}\delta_{ii'} - e_i\left[W''(R_o) - \frac{W'(R_o)}{R_o}\right]e_{i'} = -e_i\left[W''(R_o)\right]e_{i'} \tag{2.19}$$

Por ejemplo, para la interacción con el átomo 1 se tiene

$$
\begin{aligned}
\Phi_{0x}^{1x} &= -\frac{\sqrt{2}}{2}\left[W''(R_o)\right]\frac{\sqrt{2}}{2} = -0.41\,\text{N}/\text{m} \equiv -\beta \\
\Phi_{0x}^{1y} &= -\frac{\sqrt{2}}{2}\left[W''(R_o)\right]\frac{\sqrt{2}}{2} = -\beta \\
\Phi_{0x}^{1z} &= -\frac{\sqrt{2}}{2}\left[W''(R_o)\right]0 = 0 \\
\Phi_{0y}^{1x} &= -\frac{\sqrt{2}}{2}\left[W''(R_o)\right]\frac{\sqrt{2}}{2} = -\beta \\
\Phi_{0y}^{1y} &= -\frac{\sqrt{2}}{2}\left[W''(R_o)\right]\frac{\sqrt{2}}{2} = -\beta \\
\Phi_{0y}^{1z} &= -\frac{\sqrt{2}}{2}\left[W''(R_o)\right]0 = 0
\end{aligned}
$$

$$\Phi_{0z}^{1x} = -0\,[W''(R_o)]\,\frac{\sqrt{2}}{2} = 0$$

$$\Phi_{0z}^{1y} = -0\,[W''(R_o)]\,\frac{\sqrt{2}}{2} = 0$$

$$\Phi_{0z}^{1z} = -0\,[W''(R_o)]\,0 = 0 \qquad (2.20)$$

donde se ha introducido la notación más cómoda $\beta = 0.41\,\mathrm{N/m}$ para la constante elástica. Operando de igual forma con los restantes átomos vecinos, las matrices de constantes de fuerza son

$$\Phi_0^1 = \Phi_0^4 = \begin{pmatrix} -\beta & -\beta & 0 \\ -\beta & -\beta & 0 \\ 0 & 0 & 0 \end{pmatrix} \qquad \Phi_0^2 = \Phi_0^3 = \begin{pmatrix} -\beta & \beta & 0 \\ \beta & -\beta & 0 \\ 0 & 0 & 0 \end{pmatrix}$$

$$\Phi_0^5 = \Phi_0^8 = \begin{pmatrix} -\beta & 0 & -\beta \\ 0 & 0 & 0 \\ -\beta & 0 & -\beta \end{pmatrix} \qquad \Phi_0^6 = \Phi_0^7 = \begin{pmatrix} -\beta & 0 & \beta \\ 0 & 0 & 0 \\ \beta & 0 & -\beta \end{pmatrix} \qquad (2.21)$$

$$\Phi_0^9 = \Phi_0^{12} = \begin{pmatrix} 0 & 0 & 0 \\ 0 & -\beta & -\beta \\ 0 & -\beta & -\beta \end{pmatrix} \qquad \Phi_0^{10} = \Phi_0^{11} = \begin{pmatrix} 0 & 0 & 0 \\ 0 & -\beta & \beta \\ 0 & \beta & -\beta \end{pmatrix}$$

Para terminar se necesita calcular la constante de fuerza Φ_0^0 —el término de autointeracción—, que se obtiene a partir de la regla de las sumas (1.24). Para la componente Φ_{0x}^{0x}, por ejemplo, se tiene que

$$\sum_{h=0}^{12} \Phi_{0x}^{hx} = 0 \rightarrow \Phi_{0x}^{0x} = -\sum_{h=1}^{12} \Phi_{0x}^{hx} = 8\beta \qquad (2.22)$$

Operando de la misma forma para las demás componentes de esta matriz resulta

$$\Phi_0^0 = \begin{pmatrix} 8\beta & 0 & 0 \\ 0 & 8\beta & 0 \\ 0 & 0 & 8\beta \end{pmatrix} \qquad (2.23)$$

Ya es posible determinar la matriz dinámica y la relación de dispersión $\omega = \omega(\mathbf{q})$ para este sólido, como se muestra en el capítulo 3. Es importante señalar que estas constantes de fuerza se han obtenido en la aproximación de primeros vecinos. Cuando se consideran más vecinos, la primera derivada $W'(R_o)$ en (2.4) no es nula y el cálculo analítico se vuelve intratable, necesitando del cálculo numérico.

2.2 Constantes de fuerza en sólidos iónicos

La determinación de las constantes de fuerza en un sólido iónico sigue el mismo procedimiento descrito aquí[1] ya que la energía potencial coulombiana se puede descomponer en suma de pares. Sin embargo, una evaluación directa de las constantes de fuerza es complicada debido a la escasa convergencia asociada al largo alcance de este tipo de fuerzas. El método estándar para superar esta dificultad es el de Ewald [4], utilizado en los problemas de campos y potenciales en redes periódicas. En este método la interacción de largo alcance se separa en dos contribuciones, una en el espacio real y otra en el espacio recíproco, obteniendo finalmente que la energía potencial entre pares de iones $W(\rho)$ (2.1) tiene la forma

$$W(\rho) = \frac{1}{4\pi\varepsilon_o} \frac{qq'}{\rho} \operatorname{erfc}(y) \tag{2.24}$$

donde q y q' son las cargas efectivas de los iones y el argumento de la función error complementario es $y = \eta\rho$, siendo $\eta \sim 1/a$ con a el parámetro de la celda unidad.

John Edward Lennard-Jones, 1894 – 1954
(Reino Unido)

Referencias

1. Y. Wang, S-L. Shang, H. Fang, Z-K. Liu and L-Q. Chen (2016): «First-principles calculations of lattice dynamics and thermal properties of polar solids», *npj*

---

[1] Excepto por la polarización eléctrica que aparece para los modos ópticos con vectores de onda en el centro de la primera zona de Brillouin (capítulo 20).

Computational Materials, 2, 16006.

2. S. Baroni, S. de Gironcoli, A. Dal Corso and P. Giannozzi (2001): «Phonons and related crystal properties from density-functional perturbation theory», *Reviews of Modern Physics*, 73, 515.

3. J.E. Lennard-Jones (1931): «Wave Functions of Many-Electron Atoms», *Mathematical Proceedings of the Cambridge Philosophical Society*, 27, 469.

4. G. Venkataraman, L.A. Feldkamp and V.C. Sahni (1975): *Dynamics of Perfect Crystals*. Cambridge: M.I.T. Press.

3. Relaciones de dispersión en argón. Matriz dinámica

Las relaciones de dispersión $\omega = \omega(\mathbf{q})$ en un sólido se obtienen fácilmente una vez conocidas las constantes de fuerza entre partículas utilizando el formalismo de la matriz dinámica desarrollado en el capítulo 1. Se va a realizar este estudio en el argón, que cristaliza con red de Bravais fcc y base monoatómica (Figura 2.1), en la aproximación de primeros vecinos.

Se parte de las matrices de constantes de fuerza determinadas anteriormente en el capítulo 2 (2.21). La matriz dinámica $\mathbf{D}$ (1.41) para este sólido tiene 3×3 componentes de la forma

$$
\begin{aligned}
D_x^x &= \frac{1}{M} \sum_{p=0}^{12} \Phi_{0x}^{px} \exp\left(i\mathbf{q} \cdot \mathbf{t}_p\right) = \frac{1}{M} \Big\{ 8\beta - \\
&\quad -\beta \exp\left[i\frac{a}{2}(q_x + q_y)\right] - \beta \exp\left[i\frac{a}{2}(-q_x + q_y)\right] - \beta \exp\left[i\frac{a}{2}(q_x - q_y)\right] - \\
&\quad -\beta \exp\left[-i\frac{a}{2}(q_x + q_y)\right] - \beta \exp\left[i\frac{a}{2}(q_x + q_z)\right] - \beta \exp\left[i\frac{a}{2}(-q_x + q_z)\right] - \\
&\quad -\beta \exp\left[i\frac{a}{2}(q_x - q_z)\right] - \beta \exp\left[-i\frac{a}{2}(q_x + q_z)\right] \Big\} = \\
&= \frac{4\beta}{M} \left(2 - \cos\frac{q_x a}{2}\cos\frac{q_y a}{2} - \cos\frac{q_x a}{2}\cos\frac{q_z a}{2}\right) \\
D_x^y &= \frac{1}{M} \sum_{p=0}^{12} \Phi_{0x}^{py} \exp\left(i\mathbf{q} \cdot \mathbf{t}_p\right) = \\
&= \frac{1}{M} \Big\{ -\beta \exp\left[i\frac{a}{2}(q_x + q_y)\right] + \beta \exp\left[i\frac{a}{2}(-q_x + q_y)\right] + \\
&\quad +\beta \exp\left[i\frac{a}{2}(q_x - q_y)\right] - \beta \exp\left[-i\frac{a}{2}(q_x + q_z)\right] \Big\} = \\
&= \frac{4\beta}{M} \operatorname{sen}\frac{q_x a}{2} \operatorname{sen}\frac{q_y a}{2} \\
D_x^z &= \frac{1}{M} \sum_{p=0}^{12} \Phi_{0x}^{pz} \exp\left(i\mathbf{q} \cdot \mathbf{t}_p\right) = \\
&= \frac{1}{M} \Big\{ -\beta \exp\left[i\frac{a}{2}(q_x + q_z)\right] + \beta \exp\left[i\frac{a}{2}(-q_x + q_z)\right] + \\
&\quad +\beta \exp\left[i\frac{a}{2}(q_x - q_z)\right] - \beta \exp\left[-i\frac{a}{2}(q_x + q_z)\right] \Big\} =
\end{aligned}
$$

$$= \frac{4\beta}{M} \operatorname{sen} \frac{q_x a}{2} \operatorname{sen} \frac{q_z a}{2} \tag{3.1}$$

Las demás componentes de la matriz $\mathbf{D}$ se determinan fácilmente por la simetría del problema y teniendo en cuenta que es hermítica, resultando

$$
\begin{aligned}
D_y^x &= (D_x^y)^* = \frac{4\beta}{M} \operatorname{sen} \frac{q_x a}{2} \operatorname{sen} \frac{q_y a}{2} \\
D_y^y &= \frac{4\beta}{M} \left(2 - \cos \frac{q_x a}{2} \cos \frac{q_y a}{2} - \cos \frac{q_y a}{2} \cos \frac{q_z a}{2} \right) \\
D_y^z &= \frac{4\beta}{M} \operatorname{sen} \frac{q_y a}{2} \operatorname{sen} \frac{q_z a}{2} \\
D_z^x &= (D_x^z)^* = \frac{4\beta}{M} \operatorname{sen} \frac{q_x a}{2} \operatorname{sen} \frac{q_z a}{2} \\
D_z^y &= \left(D_y^z \right)^* = \frac{4\beta}{M} \operatorname{sen} \frac{q_y a}{2} \operatorname{sen} \frac{q_z a}{2} \\
D_z^z &= \frac{4\beta}{M} \left(2 - \cos \frac{q_x a}{2} \cos \frac{q_z a}{2} - \cos \frac{q_y a}{2} \cos \frac{q_z a}{2} \right)
\end{aligned}
\tag{3.2}
$$

Ya se puede resolver la ecuación de autovalores (1.42)

$$\det \left[\mathbf{D}\left(\mathbf{q} \right) - \omega^2 \mathbf{I} \right] = 0 \tag{3.3}$$

para obtener la relación de dispersión $\omega(\mathbf{q})$ a lo largo de cualquier dirección del espacio de Fourier. A continuación se van a obtener en direcciones de alta simetría.

• Dirección [100]: para esta dirección $q_x = q$, $q_y = q_z = 0$, y la matriz dinámica queda en la forma

$$
\mathbf{D} = \begin{pmatrix}
\dfrac{8\beta}{M} \left(1 - \cos \dfrac{qa}{2} \right) & 0 & 0 \\
0 & \dfrac{4\beta}{M} \left(1 - \cos \dfrac{qa}{2} \right) & 0 \\
0 & 0 & \dfrac{4\beta}{M} \left(1 - \cos \dfrac{qa}{2} \right)
\end{pmatrix}
\tag{3.4}
$$

Los autovalores vienen dados directamente por

$$\omega_1 = \sqrt{\frac{8\beta}{M} \left(1 - \cos \frac{qa}{2} \right)} = \left(\frac{16\beta}{M} \right)^{1/2} \operatorname{sen} \left| \frac{qa}{4} \right| \to \text{L: polarización } [100]$$

$$\omega_2 = \sqrt{\frac{4\beta}{M} \left(1 - \cos \frac{qa}{2} \right)} = \left(\frac{8\beta}{M} \right)^{1/2} \operatorname{sen} \left| \frac{qa}{4} \right| \to \text{T1: polarización } [010]$$

$$\omega_3 = \sqrt{\frac{4\beta}{M} \left(1 - \cos \frac{qa}{2} \right)} = \left(\frac{8\beta}{M} \right)^{1/2} \operatorname{sen} \left| \frac{qa}{4} \right| \to \text{T2: polarización } [001] \tag{3.5}$$

Estas tres ramas son de tipo acústico y se muestran en la Figura 3.1 en función del vector de onda reducido para los valores de $\beta = 0.41 \, \text{N m}^{-1}$ y $a = 5.40 \, \text{Å}$ obtenidos

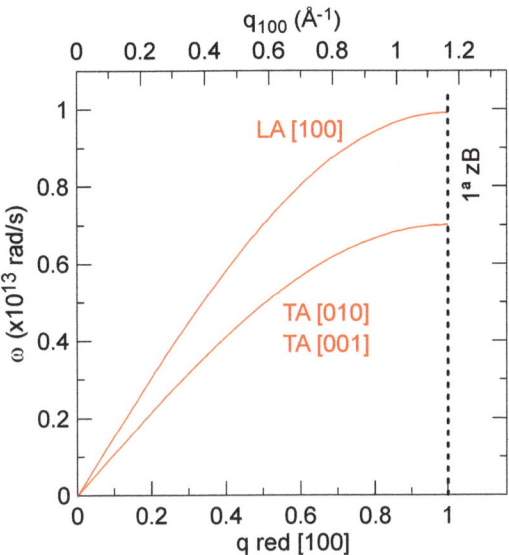

Figura 3.1. Curvas de dispersión en argón en la dirección [100] en función del vector de onda reducido (eje inferior) y absoluto (eje superior) en la aproximación de primeros vecinos. Se muestran las direcciones de polarización. LA: longitudinal acústica, TA: transversal acústica (doblemente degenerada en esta dirección).

en la sección 2.1, con $M = 39.95$ u. El límite de zona en esta dirección es el punto X (Figura 1.9) dado por

$$\text{Punto } X\text{: } \mathbf{q} = \frac{2\pi}{a}(1,0,0) \rightarrow q = \frac{2\pi}{a} = 1.16\,\text{Å}^{-1} \tag{3.6}$$

Los modos con ω_1 corresponden a modos polarizados longitudinalmente L (dirección [100]), y los modos con ω_2 y ω_3 a modos polarizados transversalmente T (direcciones [010] y [001], respectivamente), que en este caso están degenerados.

• Dirección [110]: en esta dirección $q_x = q_y = \frac{\sqrt{2}}{2}q$, $q_z = 0$. La matriz dinámica $\mathbf{D}$ queda en la forma

$$\mathbf{D} = \begin{pmatrix} \dfrac{4\beta}{M}\left(2 - \cos^2\dfrac{\sqrt{2}qa}{4} - \cos\dfrac{\sqrt{2}qa}{4}\right) & \dfrac{4\beta}{M}\,\text{sen}^2\,\dfrac{\sqrt{2}qa}{4} & 0 \\[3mm] \dfrac{4\beta}{M}\text{sen}^2\dfrac{\sqrt{2}qa}{4} & \dfrac{4\beta}{M}\left(2 - \cos^2\dfrac{\sqrt{2}qa}{4} - \cos\dfrac{\sqrt{2}qa}{4}\right) & 0 \\[3mm] 0 & 0 & \dfrac{8\beta}{M}\left(1 - \cos\dfrac{\sqrt{2}qa}{4}\right) \end{pmatrix} \tag{3.7}$$

Los autovalores y autovectores son

$$\omega_1 = \left(\frac{8\beta}{M}\right)^{1/2}\left[\text{sen}^2\left(\frac{\sqrt{2}qa}{8}\right) + \text{sen}^2\left(\frac{\sqrt{2}qa}{4}\right)\right]^{1/2} \rightarrow \text{L: polarización } [110]$$

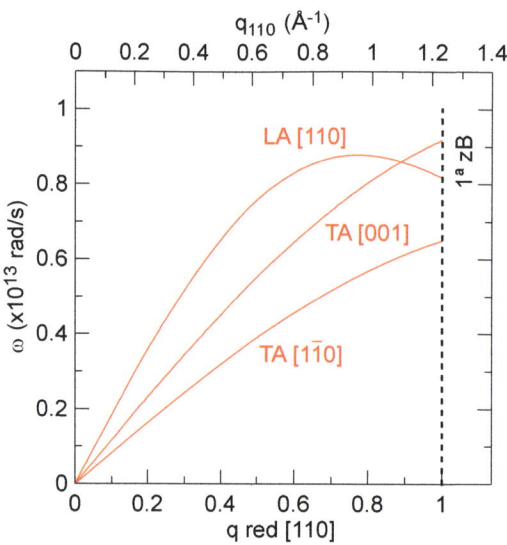

Figura 3.2. Curvas de dispersión en argón en la dirección [110] en la aproximación de primeros vecinos. Se muestran las direcciones de polarización.

$$\omega_2 = \left(\frac{16\beta}{M}\right)^{1/2} \text{sen} \left|\frac{\sqrt{2}qa}{8}\right| \rightarrow \text{T1: polarización } [001]$$

$$\omega_3 = \left(\frac{8\beta}{M}\right)^{1/2} \text{sen} \left|\frac{\sqrt{2}qa}{8}\right| \rightarrow \text{T2: polarización } [\bar{1}10] \tag{3.8}$$

Estas curvas se muestran en la Figura 3.2. En este caso, las ramas transversales no están degeneradas. El límite de zona en esta dirección es el punto K (Figura 1.9) dado por

$$\text{Punto } K : \mathbf{q} = \frac{2\pi}{a}\left(\frac{3}{4}, \frac{3}{4}, 0\right) \rightarrow q = \frac{3\sqrt{2}\pi}{2a} = 1.23\,\text{Å}^{-1} \tag{3.9}$$

• Dirección [111]: en esta dirección $q_x = q_y = q_x = \frac{\sqrt{3}}{3}q$. La matriz dinámica es de la forma

$$\mathbf{D} = \begin{pmatrix} \dfrac{8\beta}{M}\text{sen}^2\dfrac{\sqrt{3}qa}{6} & \dfrac{4\beta}{M}\text{sen}^2\dfrac{\sqrt{3}qa}{6} & \dfrac{4\beta}{M}\text{sen}^2\dfrac{\sqrt{3}qa}{6} \\[3mm] \dfrac{4\beta}{M}\text{sen}^2\dfrac{\sqrt{3}qa}{6} & \dfrac{8\beta}{M}\text{sen}^2\dfrac{\sqrt{3}qa}{6} & \dfrac{4\beta}{M}\text{sen}^2\dfrac{\sqrt{3}qa}{6} \\[3mm] \dfrac{4\beta}{M}\text{sen}^2\dfrac{\sqrt{3}qa}{6} & \dfrac{4\beta}{M}\text{sen}^2\dfrac{\sqrt{3}qa}{6} & \dfrac{8\beta}{M}\text{sen}^2\dfrac{\sqrt{3}qa}{6} \end{pmatrix} \tag{3.10}$$

Los autovalores y autovectores son

$$\omega_1 = \left(\frac{16\beta}{M}\right)^{1/2} \text{sen} \left|\frac{\sqrt{3}qa}{6}\right| \rightarrow \text{L: polarización } [111]$$

$$\omega_2 = \left(\frac{4\beta}{M}\right)^{1/2} \mathrm{sen}\left|\frac{\sqrt{3}qa}{6}\right| \rightarrow \text{T1: polarización } [\bar{1}10]$$

$$\omega_3 = \left(\frac{4\beta}{M}\right)^{1/2} \mathrm{sen}\left|\frac{\sqrt{3}qa}{6}\right| \rightarrow \text{T2: polarización } [\bar{1}01] \qquad (3.11)$$

Estas curvas se muestran en la Figura 3.3, con las ramas transversales de nuevo degeneradas. El límite de zona en esta dirección es el punto L (Figura 1.9) dado por

$$\text{Punto } L: \mathbf{q} = \frac{2\pi}{a}\left(\frac{1}{2}, \frac{1}{2}, \frac{1}{2}\right) \rightarrow q = \frac{\sqrt{3}\pi}{a} = 1.01\,\text{Å}^{-1} \qquad (3.12)$$

Como se indicó en la sección 1.8, es habitual encontrar en la literatura las curvas de dispersión representadas en una sola gráfica a lo largo de varias direcciones de alta simetría, mostrando la conexión entre ellas. La Figura 3.4 muestra las tres gráficas anteriores del argón reunidas en una sola, correspondientes a las direcciones $\Gamma \rightarrow X \rightarrow K \rightarrow \Gamma \rightarrow L$ (Figura 1.9) en función del vector de onda reducido.

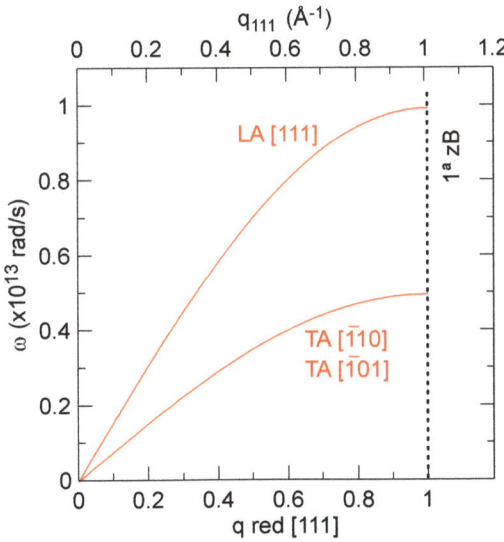

Figura 3.3. Curvas de dispersión en argón en la dirección [111] en la aproximación de primeros vecinos. Se muestran las direcciones de polarización. Las ramas transversales están degeneradas.

Los resultados anteriores se han obtenido en la aproximación de primeros vecinos, que permite el cálculo analítico. Si se consideran más vecinos el resultado es inmanejable ya que $W'(\rho_o) \neq 0$ en las constantes de fuerza (2.5), y hay que recurrir al cálculo numérico. La Figura 3.4 compara los resultados de primeros vecinos con los obtenidos considerando un número alto de vecinos[1] y con los resultados experimentales [1]. Se encuentra que al aumentar el número de vecinos también aumentan las frecuencias de vibración ya que las constantes de fuerza son mayores, pero la forma cualitativa de

---

[1]Se ha considerado una esfera de 20 Å de radio alrededor del átomo de referencia, que contiene aproximadamente 500 átomos.

las ramas se mantiene. Por otra parte, se observa que el acuerdo con los resultados experimentales es excelente, como cabía esperar de un potencial de interacción sencillo del tipo de Lennard-Jones 6-12.

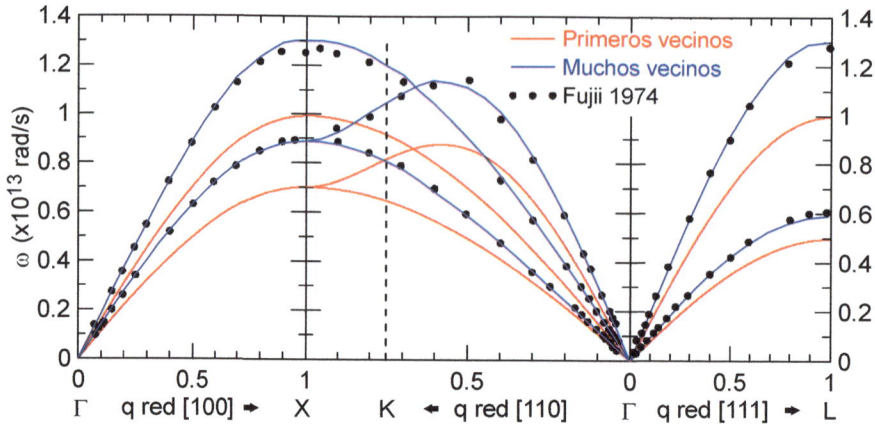

Figura 3.4. Relaciones de dispersión en Ar en varias direcciones, indicadas por los símbolos correspondientes. Se comparan los resultados experimentales (Fuji 1974 [1]) con los obtenidos en la aproximación armónica considerando primeros vecinos y muchos vecinos.

Referencias

1. Y. Fujii, N.A. Lurie, R. Pynn and G. Shirane (1974): «Inelastic neutron scattering from solid 36Ar», *Physical Review B*, 10, 3647.

Rosalind Elsie Franklin, 1920 – 1958 (Reino Unido)

4. Ondas de sonido en sólidos

Cerca del origen de la zona de Brillouin, es decir, para $qa \ll 1 \rightarrow \lambda \gg a$, con a una distancia característica interatómica, las frecuencias de los modos acústicos son lineales con q (sección 1.8), como se observa en la Figura 4.1 para el argón. En este límite de longitudes de onda grandes respecto de la distancia entre átomos, el sólido se puede considerar como un medio continuo elástico, de forma que la constante de proporcionalidad entre ω y q es precisamente la velocidad de propagación v_s de las ondas de sonido en el medio

$$\omega = v_{si} q \,, \qquad i = \text{L,T1,T2} \tag{4.1}$$

La velocidad del sonido en un sólido cristalino depende de la dirección de propagación y de la polarización. Consideremos por ejemplo el caso del argón, cuyas relaciones de dispersión se encontraron en el capítulo 3. Para la dirección [100] (Figura 3.1), las frecuencias permitidas (3.5) en el límite de q pequeño se simplifican a

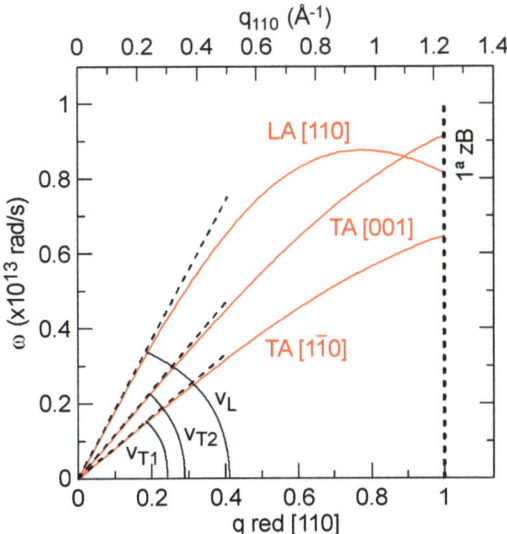

Figura 4.1. Curvas de dispersión en argón en la dirección [110] (aproximación de primeros vecinos). Las tres ramas tienden linealmente a 0 con $q \rightarrow 0$. Las pendientes son las velocidades de las ondas de sonido longitudinal v_L y transversales v_{T1}, v_{T2} en el sólido para la dirección de propagación [110].

$$\omega_L \left(qa \ll 1\right) \;\simeq\; \left(\frac{16\beta}{M}\right)^{1/2} \frac{qa}{4} = \left(\frac{\beta a^2}{M}\right)^{1/2} q \equiv v_{sL}^{100} q$$

$$\omega_T \left(qa \ll 1\right) \;\simeq\; \left(\frac{8\beta}{M}\right)^{1/2} \frac{qa}{4} = \left(\frac{\beta a^2}{2M}\right)^{1/2} q \equiv v_{sT}^{100} q \qquad (\text{T} = \text{T1,T2}) \quad (4.2)$$

Las pendientes v_{sL}^{100} y v_{sT}^{100} son las velocidades longitudinal y transversal (degenerada en este caso), respectivamente, de las ondas de sonido que se propagan en la dirección [100] del sólido. Utilizando los valores de $\beta = 0.41\,\text{N m}^{-1}$ y $a = 5.40\,\text{Å}$ (sección 2.1) y $M = 39.95\,\text{u}$ se encuentra que

$$v_{sL}^{100} = \left(\frac{\beta a^2}{M}\right)^{1/2} = 1340\,\text{m/s}\,, \qquad v_{sT}^{100} = \left(\frac{\beta a^2}{2M}\right)^{1/2} = 950\,\text{m/s}\;(\text{T} = \text{T1,T2}) \quad (4.3)$$

De igual forma, para la dirección [110] (Figura 4.1) se encuentra de (3.8) que

$$\omega_L \left(qa \ll 1\right) \;\simeq\; \left(\frac{8\beta}{M}\right)^{1/2} \left[\left(\frac{\sqrt{2}qa}{8}\right)^2 + \left(\frac{\sqrt{2}qa}{4}\right)^2\right]^{1/2} = \left(\frac{5\beta a^2}{4M}\right)^{1/2} q$$

$$\rightarrow \; v_{sL}^{110} = \left(\frac{5\beta a^2}{4M}\right)^{1/2} = 1500\,\text{m/s}$$

$$\omega_{T1} \left(qa \ll 1\right) \;\simeq\; \left(\frac{16\beta}{M}\right)^{1/2} \frac{\sqrt{2}qa}{8} = \left(\frac{\beta a^2}{2M}\right)^{1/2} q$$

$$\rightarrow \; v_{sT1}^{110} = \left(\frac{\beta a^2}{2M}\right)^{1/2} = 950\,\text{m/s}$$

$$\omega_{T2} \left(qa \ll 1\right) \;\simeq\; \left(\frac{8\beta}{M}\right)^{1/2} \frac{\sqrt{2}qa}{8} = \left(\frac{\beta a^2}{4M}\right)^{1/2} q$$

$$\rightarrow \; v_{sT2}^{110} = \left(\frac{\beta a^2}{4M}\right)^{1/2} = 670\,\text{m/s} \qquad\qquad (4.4)$$

Y así para para cualquier dirección del espacio. Hay que recordar que estos resultados corresponden a la aproximación de primeros vecinos. Si se utilizan directamente las pendientes iniciales de las curvas de dispersión de muchos vecinos (Figura 3.4) se encuentra que, por ejemplo, para la dirección [100]

$$v_{sL}^{100} = 1600\,\text{m/s}\,, \qquad v_{sT1}^{100} = v_{sT2}^{100} = 1200\,\text{m/s} \qquad\qquad (4.5)$$

Estos valores son más altos que los encontrados en primeros vecinos (4.3) ya que las constantes de fuerza son superiores. Experimentalmente se ha determinado que, a muy bajas temperaturas, $v_{sL}^{100} = 1510\,\text{m/s}$ y $v_{sL}^{110} = 1760\,\text{m/s}$ [1], en línea con los resultados anteriores.

Se puede observar que la velocidad de propagación del sonido en los sólidos es varias veces superior a la velocidad del sonido en el aire. Y también que las ondas longitudinales viajan a mayor velocidad que las transversales, ya que las primeras son ondas de compresión viajando en un medio casi incompresible, por lo que la energía se transmite más fácilmente entre partículas.

Como se ha visto, la velocidad del sonido en un sólido depende de la dirección de propagación y de la polarización. Sin embargo, en muchas expresiones aparece por conveniencia una velocidad media v_s del sonido, que podemos asociar a un promedio de las velocidades en todas las direcciones del espacio y en las tres polarizaciones, en la forma

$$\frac{1}{v_s^3} = \frac{1}{3} \sum_i \int_\Omega \frac{1}{v_{si}^3(\theta,\varphi)} \frac{d\Omega}{4\pi} , \qquad i = \text{L,T1,T2} \tag{4.6}$$

donde θ y φ son las coordenadas angulares de la dirección de propagación y $d\Omega = \operatorname{sen}\theta d\theta d\varphi$ es el diferencial de ángulo sólido. La determinación exacta de esta velocidad promedio no es trivial, pero es suficiente muestrear algunas direcciones de la primera zona de Brillouin para encontrar un valor correcto. En el caso más habitual de un sólido policristalino —un material isótropo— solo existe una velocidad longitudinal v_{sL} y dos transversales v_{sT} (doblemente degenerada), independientemente de la dirección de propagación de la onda, y la expresión anterior se reduce a

$$\frac{1}{v_s^3} = \frac{1}{3} \left(\frac{1}{v_{sL}^3} + \frac{2}{v_{sT}^3} \right) \tag{4.7}$$

Esta velocidad media se utiliza frecuentemente en los desarrollos de los modelos más sencillos, y aparece, por ejemplo, en la temperatura de Debye θ_D (capítulo 10), que es un parámetro esencial en el estudio de las propiedades de los materiales.

4.1 Propiedades elásticas

La velocidad de las ondas sonoras está directamente relacionada con las constantes elásticas del sólido, que son fundamentales en el estudio de muchas de sus propiedades, en particular las mecánicas y térmicas. En el caso más sencillo de un sólido cúbico hay tres constantes elásticas independientes, C_{11}, C_{12} y C_{44} [2]. De forma general, la velocidad de las ondas de sonido en una dirección de propagación $[hkl]$ dada y por polarización se escribe como

$$v_{si}^{[hkl]} = \sqrt{\frac{C}{\rho}} , \qquad i = \text{L,T1,T2} \tag{4.8}$$

donde C es una constante elástica efectiva y ρ es la densidad del sólido. La Tabla 4.1 recoge el valor de C para las tres direcciones cúbicas de alta simetría [100], [110] y [111], tanto para las ondas longitudinales como transversales. Por ejemplo, para la

Tabla 4.1. Constantes elásticas efectivas C en cristales cúbicos para las direcciones de propagación [100], [110] y [111] [2]. Se muestran las direcciones de polarización longitudinales y transversales.

Modo	$\mathbf{q} \parallel [100]$	$\mathbf{q} \parallel [110]$	$\mathbf{q} \parallel [111]$
L	$C_{11} \to [100]$	$\frac{1}{2}(C_{11} + C_{12} + 2C_{44}) \to [110]$	$\frac{1}{3}(C_{11} + 2C_{12} + 4C_{44}) \to [111]$
T1	$C_{44} \to [010]$	$C_{44} \to [001]$	$\frac{1}{3}(C_{11} - C_{12} + C_{44}) \to [11\bar{2}]$
T2	$C_{44} \to [001]$	$\frac{1}{2}(C_{11} - C_{12}) \to [1\bar{1}0]$	$\frac{1}{3}(C_{11} - C_{12} + C_{44}) \to [1\bar{1}0]$

dirección [100] se encuentra

$$v_{sL}^{[100]} = \sqrt{\frac{C_{11}}{\rho}}, \qquad v_{sT1}^{[100]} = v_{sT2}^{[100]} = \sqrt{\frac{C_{44}}{\rho}} \tag{4.9}$$

Las constantes elásticas C_{ij} están directamente relacionadas con las propiedades elásticas del sólido: módulo de Young E, módulo de Poisson ν y módulo de cizalladura G. El módulo de Young o módulo de elasticidad longitudinal E mide la resistencia del sólido a tensiones de tracción y compresión durante una deformación uniaxial. El módulo de Poisson ν indica la relación entre las deformaciones lateral y longitudinal respecto del eje de tensión, y tiene un valor próximo a 0.3 en la mayoría de los sólidos. Por su parte, el módulo de cizalladura, de corte o de elasticidad transversal G mide la resistencia a tensiones de corte durante una deformación en cizalla. Igual que la velocidad de las ondas sonoras, estas propiedades elásticas dependen de la dirección en la que se miden.

Las expresiones para evaluar estas propiedades en una dirección arbitraria $[hkl]$ en sistemas cúbicos vienen dadas por [3]

$$\begin{aligned}
\frac{1}{E} &= S_{11} - 2\left(S_{11} - S_{12} - \frac{S_{44}}{2}\right)(l_1^2 l_2^2 + l_2^2 l_3^2 + l_1^2 l_3^2) \\
\frac{1}{G} &= S_{44} + 4\left(S_{11} - S_{12} - \frac{S_{44}}{2}\right)(l_1^2 l_2^2 + l_2^2 l_3^2 + l_1^2 l_3^2) \\
\nu &= -\frac{S_{12} + \left(S_{11} - S_{12} - \frac{S_{44}}{2}\right)(l_1^2 l_2^2 + l_2^2 l_3^2 + l_1^2 l_3^2)}{S_{11} - 2\left(S_{11} - S_{12} - \frac{S_{44}}{2}\right)(l_1^2 l_2^2 + l_2^2 l_3^2 + l_1^2 l_3^2)}
\end{aligned} \tag{4.10}$$

donde

$$\begin{aligned}
S_{11} &= \frac{C_{11} + C_{12}}{(C_{11} - C_{12})(C_{11} + 2C_{12})} \\
S_{12} &= -\frac{C_{12}}{(C_{11} - C_{12})(C_{11} + 2C_{12})}
\end{aligned}$$

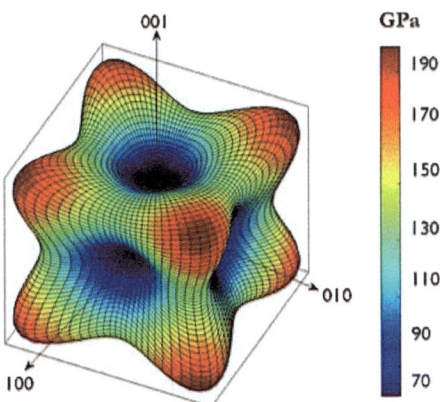

Figura 4.2. Módulo de Young del cobre monocristalino en función de la dirección cristalográfica (Basavalingappa 2017 [4]).

$$S_{44} = \frac{1}{C_{44}} \tag{4.11}$$

son las constantes de flexibilidad (deformación) y l_1, l_2 y l_3 son los cosenos directores de la dirección estudiada. Así, por ejemplo, el módulo de Young para las direcciones [100] y [110] en sistemas cúbicos viene dado por

$$
\begin{aligned}
E_{[100]} &= \frac{(C_{11} + 2C_{12})\,(C_{11} - C_{12})}{C_{11} + C_{12}} \\
E_{[110]} &= \frac{4C_{44}\,(C_{11} + 2C_{12})\,(C_{11} - C_{12})}{2C_{11}C_{44} + (C_{11} + 2C_{12})\,(C_{11} - C_{12})}
\end{aligned}
\tag{4.12}
$$

Como ejemplo, la Figura 4.2 muestra el módulo de Young del cobre a temperatura ambiente en función de la dirección cristalográfica [4]. Se observa que tiene un valor tres veces superior en las direcciones $\langle 111 \rangle$ que en las direcciones $\langle 100 \rangle$.

Una medida del grado de anisotropía de estas constantes elásticas viene dada por el factor de anisotropía A (o razón de Zener) definido como

$$A = \frac{2C_{44}}{C_{11} - C_{12}} \tag{4.13}$$

Para el caso del cobre a $300\,\mathrm{K}$, con $C_{11} = 168.4\,\mathrm{GPa}$, $C_{12} = 121.4\,\mathrm{GPa}$ y $C_{44} = 75.4\,\mathrm{GPa}$ [4], resulta $A = 3.2$, un valor realmente alto que indica que sus propiedades elásticas varían considerablemente con la dirección cristalina a pesar de ser un sólido cúbico. Dado que el factor de anisotropía es aplicable solo a cristales cúbicos, recientemente se han introducido los índices de anisotropía universales [5] que cuantifican el grado de anisotropía de cualquier tipo de red cristalina.

En el NaCl, por ejemplo, estas constantes valen $C_{11} = 48\,\mathrm{GPa}$, $C_{12} = C_{44} = 13\,\mathrm{GPa}$ [6], y su densidad es $\rho = 2160\,\mathrm{kg/m^3}$. Los valores de v_s deducidos de estas constantes se comparan en la Tabla 4.2 con los obtenidos de las curvas de dispersión de los modos

Tabla 4.2. Velocidad de propagación de las ondas sonoras longitudinales y transversales en NaCl a lo largo de las direcciones [100] y [110] determinadas a partir de las constantes elásticas (el) y de la parte lineal de las ramas fonónicas acústicas (ac).

	$[100]^{\mathrm{el}}$	$[100]^{\mathrm{ac}}$	$[110]^{\mathrm{el}}$	$[110]^{\mathrm{ac}}$
$v_L\,(\mathrm{m/s})$	4710	4500	4490	4450
$v_{T1}\,(\mathrm{m/s})$	2450	2650	2450	2700
$v_{T2}\,(\mathrm{m/s})$	2450	2650	2850	2950

acústicos para **q** pequeño (Figura 1.7(b)), observándose que hay un buen acuerdo entre ambos conjuntos de resultados.

4.2   Constantes elásticas en policristales

En la gran mayoría de las aplicaciones se utilizan policristales y no monocristales. En esta situación más simple de un sólido idealmente isótropo se tiene de (4.13) que $A = 1 \rightarrow 2C_{44} = C_{11} - C_{12}$, restringiendo el valor de C_{44}. Por tanto, solo hay dos constantes independientes C_{11} y C_{12}. Los módulos E, ν y G se escriben ahora como

$$E = \frac{(C_{11} + 2C_{12})(C_{11} - C_{12})}{C_{11} + C_{12}}\,, \qquad \nu = \frac{C_{12}}{C_{11} + C_{12}}\,, \qquad G = \frac{C_{11} - C_{12}}{2} \qquad (4.14)$$

O bien, de forma inversa se tiene que

$$C_{11} = \frac{E(1 - \nu)}{(1 + \nu)(1 - 2\nu)}\,, \quad C_{12} = \frac{E\nu}{(1 + \nu)(1 - 2\nu)}\,, \quad C_{44} = \frac{C_{11} - C_{12}}{2} = G \quad (4.15)$$

que permiten determinar las constantes elásticas de un material si sus propiedades elásticas se miden previamente, por ejemplo, mediante ensayos mecánicos.

Otra magnitud empleada habitualmente es el módulo de volumen isotermo B_T (el inverso de la compresibilidad isoterma χ_T), que mide su resistencia al cambio de volumen bajo una presión uniforme (hidrostática). En función de las constantes elásticas se escribe como

$$B_T = \frac{1}{\chi_T} = \frac{C_{11} + 2C_{12}}{3} = \frac{E}{3(1 - 2\nu)} \qquad (4.16)$$

Se pueden escribir ahora v_{sL} y v_{sT} en un sólido isótropo en función de sus propiedades elásticas. De (4.8), (4.13) y la Tabla 4.1, se tiene que

$$v_{sL} = \sqrt{\frac{C_{11}}{\rho}} = \sqrt{\frac{E}{\rho}\frac{1-\nu}{(1+\nu)(1-2\nu)}} = \sqrt{\frac{3B_T + 4G}{3\rho}}$$

$$v_{sT} = \sqrt{\frac{C_{11} - C_{12}}{2\rho}} = \sqrt{\frac{G}{\rho}} \tag{4.17}$$

En el caso particular de un raíl o de una barra delgada, donde la dimensión de la sección transversal es pequeña comparada con la longitud de onda, los términos de Poisson en v_{sL} (4.17) se pueden despreciar ya que corresponden a efectos laterales, de forma que la velocidad (longitudinal) del sonido a lo largo del eje del sólido (4.17) se simplifica a

$$v_s = \sqrt{\frac{E}{\rho}} \tag{4.18}$$

Como se ha visto, incluso en sólidos cúbicos el factor de anisotropía A (4.13) puede ser distinto de 1. En este caso, la utilización de las constantes elásticas de un monocristal para estimar las propiedades elásticas del policristal correspondiente requiere de aproximaciones. Una de las más empleadas es la aproximación promedio de Voigt-Reuss-Hill (aproximación VRH) [3], donde el módulo G viene dado por

$$G = \frac{G_V + G_R}{2} \tag{4.19}$$

siendo G_V y G_R los módulos de Voigt y Reuss, respectivamente, que dan los valores límites superior e inferior del módulo policristalino en la forma

$$G_V = \frac{(C_{11} - C_{12}) + 3C_{44}}{5} , \qquad G_R = \frac{5(C_{11} - C_{12})C_{44}}{3(C_{11} - C_{12}) + 4C_{44}} \tag{4.20}$$

Los restantes módulos elásticos vienen dados por

$$B_T = \frac{C_{11} + 2C_{12}}{3} , \qquad E = \frac{9B_T G}{3B_T + G} , \qquad \nu = \frac{3B_T - 2G}{6B_T + 2G} \tag{4.21}$$

La Tabla 4.3 muestra los valores de estas propiedades en cobre policristalino a temperatura ambiente derivados de las constantes elásticas C_{ij} dadas anteriormente. También se muestran los resultados medidos directamente en policristales, encontrando un excelente acuerdo entre ambos conjuntos de datos.

Utilizando estos valores, las velocidades longitudinal y transversal del sonido (4.17) y promedio (4.7) en un policristal de cobre son

$$v_{sL} = 4730\,\mathrm{m/s} , \qquad v_{sT} = 2250\,\mathrm{m/s} , \qquad v_s = 2530\,\mathrm{m/s} \tag{4.22}$$

Tabla 4.3. Módulos elásticos del cobre policristalino a temperatura ambiente medidos experimentalmente y deducidos de las constantes elásticas medidas en monocristales. Todas las magnitudes en GPa, excepto el módulo de Poisson ν que es adimensional.

	G_V	G_R	G	B	E	ν
de monocristales	54.6	40.0	47.3	137.1	127.4	0.345
experimental			45.4	137.8	127.3	0.350

Esta última velocidad media es la que aparece en la temperatura de Debye θ_D de un sólido (capítulo 10), resultando

$$\theta_D = \frac{(6\pi^2 n_{at})^{1/3}\,\hbar}{k_B} v_s = 330 \ \text{K} \tag{4.23}$$

donde n_{at} es la densidad atómica del cobre, que se obtiene fácilmente a partir de su densidad másica $\rho = 8960\,\text{kg}/\,\text{m}^3$ y de su masa atómica $M_{at} = 63.55\,\text{u}$

$$n_{at} = \frac{M}{V} = 8960\,\text{kg}/\,\text{m}^3 \times \frac{6.022 \times 10^{23}\ \text{át.}}{63.55 \times 10^{-3}\,\text{kg}} = 8.49 \times 10^{28}\ \text{part.}/\,\text{m}^3 \tag{4.24}$$

El valor de $\theta_D = 330\,\text{K}$ está en buen acuerdo con el dato de $343\,\text{K}$ dado en la mayoría de las referencias. Como se discute más adelante (sección 10.3), la temperatura de Debye se puede deducir de métodos experimentales diferentes, que conducen también a valores diferentes.

Finalmente, para una barra de cobre se encuentra que la velocidad de propagación del sonido (4.18) vale $v_s = 3770\,\text{m}/\,\text{s}$. Todos estos resultados muestran que en la literatura se pueden encontrar valores aparentemente distintos de una misma magnitud, y hay que utilizarlos con precaución y conocer el origen de las referencias.

En resumen, las relaciones de dispersión fonónicas a bajas frecuencias permiten obtener una información muy valiosa para el estudio de las propiedades elásticas y mecánicas de los sólidos, que se puede comparar adecuadamente con los resultados obtenidos de distintas técnicas experimentales.

Referencias

1. H. Meixner, P. Leiderer, P. Berberich and E. Lüscher (1972): «The elastic constants of solid argon determined by stimulated Brillouin scattering», *Physics Letters A*, 40, 257.

2. S. Elliot (1998): *The Physics and Chemistry of Solids*. Nueva York: John Wiley

and Sons Ltd.

3. Y.X. Ye, B.L. Musico, Z.Z. Lu, L.B. Xu, Z.F. Lei, V. Keppens, H.X. Xu and T.G. Nieh (2019): «Evaluating elastic properties of a body-centered cubic NbHfZrTi high-entropy alloy - A direct comparison between experiments and ab initio calculations», *Intermetalics*, 109, 167.

4. A. Basavalingappa, M.Y. Shen and J.R. Lloyd (2017): «Modeling the copper microstructure and elastic anisotropy and studying its impact on reliability in nanoscale interconnects», *Mechanics of Advanced Materials and Modern Processes*, 3, 6.

5. S.I. Ranganathan and M. Ostoja-Starzewski (2008): «Universal Elastic Anisotropy Index», *Physical Review Letters*, 101, 055504.

6. M. Gluyas, F.D. Hughes and B.W. James (1970): «The elastic constants of sodium chloride and rubidium chloride in the range 140-300 K», *Journal of Physics D: Applied Physics*, 3, 1451.

Siméon Denis Poisson,
1781 – 1840 (Francia)

Thomas Young,
1773 – 1829 (Reino Unido)

5. Función densidad de modos de vibración

En los capítulos anteriores se han determinado las relaciones de dispersión $\omega = \omega(\mathbf{q})$ de un sólido a partir de la matriz dinámica. En un sólido 3D de N celdas unidad primitivas y base estructural de p átomos existen $3pN$ modos de vibración permitidos, distribuidos de forma uniforme en el espacio de Fourier (Figura 1.6); por cada paralelepípedo de volumen $V_{\mathbf{q}} = (2\pi)^3 / V_{sol}$ (1.37), siendo V_{sol} el volumen del sólido, existen tres modos de vibración, uno longitudinal y dos transversales[1]. Cada uno de los $3pN$ modos tiene una frecuencia $\omega_j(\mathbf{q})$ (siendo $\mathbf{q}$ un vector de onda de la primera zona de Brillouin y $j = 1, 2, \dots 3p$ el índice de rama) dada por la relación de dispersión característica del sólido, como se muestra en la Figura 5.1. Para facilitar el estudio de las propiedades del sólido se introduce una función esencial denominada función densidad de modos $D(\omega)$, definida de forma que $D(\omega)\, d\omega$ es el número de modos permitidos con frecuencias comprendidas entre ω y $\omega + d\omega$. Dado que las curvas de dispersión no son lineales, la densidad de modos no es constante entre 0 y ω_{max} (Figura 5.1) y hay que determinarla para cada sólido.

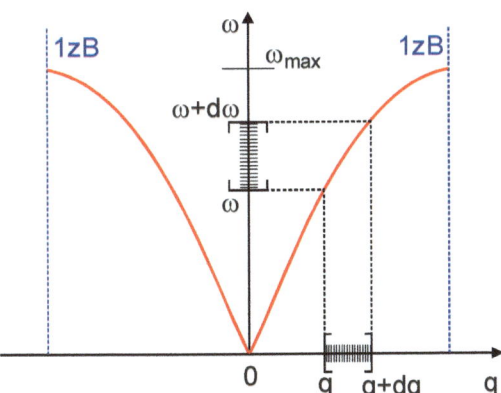

Figura 5.1. Esquema del número de modos de vibración $D(\omega)$ en el intervalo $[\omega, \omega + d\omega]$.

La Figura 5.2 muestra un esquema de la distribución de los vectores de onda permitidos en el espacio de Fourier (en 2D, por simplicidad), donde se han representado dos

---

[1]Solo en direcciones de muy alta simetría los modos son estrictamente longitudinales y transversales. En el resto de direcciones son mixtos. Pero es habitual referirse a modos longitudinales y transversales por claridad, independientemente de su carácter.

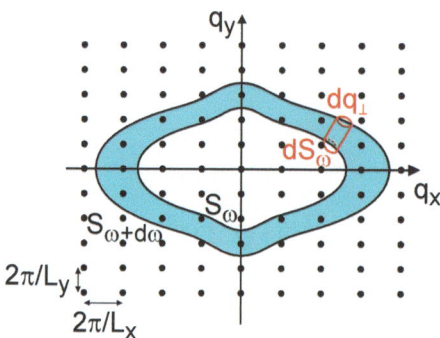

Figura 5.2. Distribución de los vectores de onda permitidos en el espacio de Fourier, con dos superficies de isofrecuencias ω y $\omega + d\omega$ (mostrado en 2D por simplicidad).

superficies (curvas en este caso) de frecuencia constante S_ω y $S_{\omega+d\omega}$. Por definición, la función $D(\omega)\,d\omega$ es el número de modos (por polarización) comprendidos entre estas dos superficies, de forma que

$$D(\omega)\,d\omega = D(\mathbf{q})\,V_{corona} \tag{5.1}$$

donde $D(\mathbf{q})$ es la densidad de modos (1.38), que es una constante, y V_{corona} es el volumen de la corona comprendida entre las superficies S_ω y $S_{\omega+d\omega}$. Tomando un elemento de volumen cilíndrico de base dS_ω y de altura $dq_\perp$ (Figura 5.2) se tiene

$$D(\omega)\,d\omega = D(\mathbf{q}) \int_{S_\omega} dS_\omega dq_\perp = \frac{V_{sol}}{(2\pi)^3} \int_{S_\omega} dS_\omega \frac{d\omega}{|\boldsymbol{\nabla}_q\omega|} \tag{5.2}$$

donde se ha utilizado que

$$d\omega = \boldsymbol{\nabla}_q\omega \cdot d\mathbf{q} = |\boldsymbol{\nabla}_q\omega|\,dq_\perp \tag{5.3}$$

Por tanto, la función densidad de modos se escribe

$$D_i(\omega) = \frac{V_{sol}}{(2\pi)^3} \int_{S_\omega} \frac{dS_\omega}{|\boldsymbol{\nabla}_q\omega|}\,, \qquad i = \text{L,T1,T2} \tag{5.4}$$

donde se ha explicitado que esta función es la densidad de modos por polarización. La densidad de modos total es la suma de las densidades correspondientes a los modos longitudinales y transversales. Esta función es esencial para poder obtener la energía de vibración y otras magnitudes termodinámicas del sólido.

Dada la forma tan compleja que tienen las relaciones de dispersión en los sólidos reales (ver por ejemplo las Figuras 1.7, 1.10 y 1.11) no es posible determinar $D(\omega)$ de forma analítica, y se recurre a un muestreo de las frecuencias de vibración permitidas en la primera zona de Brillouin [1]; más concretamente, a un muestreo de la parte asimétrica

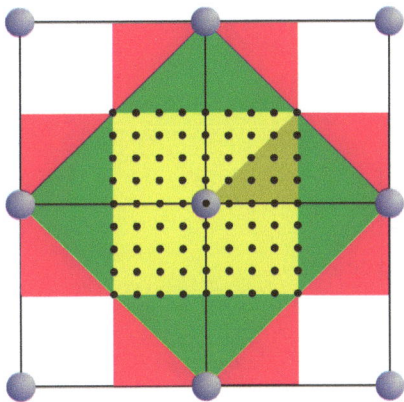

Figura 5.3. Zonas de Brillouin de una red de Bravais cuadrada. Se muestran los nudos recíprocos más próximos a un nudo dado. La función $D(\omega)$ se obtiene muestreando la primera zona (en amarillo), más concretamente la parte asimétrica (zona sombreada). Atención a las escalas: la primera zona (igual que las demás) contiene $\sim 10^{23}$ vectores de onda permitidos.

de la zona de Brillouin —dependiendo del grupo puntual del sólido— y normalizando al número total de modos permitidos $3pN$. La Figura 5.3 muestra las primeras zonas de Brillouin de una red directa cuadrada: la primera en amarillo, la segunda en verde y la tercera en magenta. $D(\omega)$ se determina muestreando la parte asimétrica de la primera zona de Brillouin (zona sombreada). Solamente en el caso de un sólido 1D de base monoatómica en la aproximación de primeros vecinos se tiene una expresión analítica sencilla para $D(\omega)$ (capítulo 12).

Como ejemplo, la Figura 5.4 muestra la densidad de modos total $D(\omega)$ —considerando los modos longitudinales y transversales— obtenida en argón del análisis armónico utilizando un gran número de vecinos (Figura 3.4), por mol de celdas unidad primitivas (que en este caso coincide con el número de átomos ya que la base es monoatómica $p = 1$). Las frecuencias permitidas varían de 0 a $\omega_{max} = 1.30 \times 10^{13}\,\mathrm{rad/s}$ (Figura 3.4), y la curva presenta valores más altos en las regiones donde las relaciones de dispersión son más planas. El área bajo la curva es obviamente el número total de modos

$$\int_0^{\omega_{max}} D(\omega)\,d\omega = 3N \tag{5.5}$$

5.1 Región de bajas frecuencias

Un hecho importante de la función $D(\omega)$ es su comportamiento a bajas frecuencias. Un ajuste de esta zona muestra que es proporcional a ω^2 (Figura 5.4), independientemente de los detalles del sólido. Este comportamiento era de esperar ya que la región de bajas

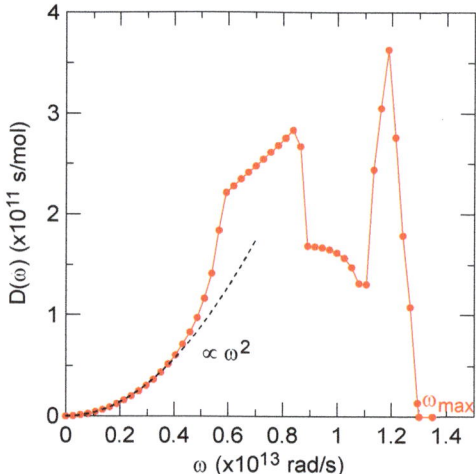

Figura 5.4. Densidad total de modos de vibración por mol de átomos en argón en la aproximación de muchos vecinos (Figura 3.4). A bajas frecuencias se encuentra que $D(\omega) \propto \omega^2$.

frecuencias corresponde a la zona lineal de las ramas acústicas (Figura 4.1), donde

$$\omega_i = v_{si}q , \qquad i = L, T1, T2 \tag{5.6}$$

Ya que las frecuencias dependen solo del módulo del vector de onda y no de su dirección en esta región de bajas frecuencias, las superficies de frecuencia constante son esferas (Figura 5.5). Este resultado simplifica extraordinariamente el cálculo de la densidad de modos (5.4), que queda en la forma, para cada polarización

$$D_i(\omega \ll) = \frac{V_{sol}}{(2\pi)^3} \frac{1}{v_{si}} \int_{S_\omega} dS_\omega = \frac{V_{sol}}{(2\pi)^3} \frac{1}{v_{si}} 4\pi q^2 = \frac{V_{sol}}{2\pi^2} \frac{1}{v_{si}^3} \omega^2 , \qquad i = L, T1, T2 \tag{5.7}$$

que es función de ω^2 como se ha indicado anteriormente. En esta expresión la velocidad que aparece es un valor promedio del modo $i (= L, T1, T2)$ en todas las direcciones del espacio. Estas velocidades se obtienen teóricamente de las pendientes de las ramas acústicas a bajas frecuencias (Figura 4.1) y experimentalmente de medidas por ultrasonidos y otras técnicas mecánicas, muestreando algunas direcciones.

Una vez obtenidas las densidades $D_i(\omega \ll)$, la densidad total de modos es

$$\begin{aligned} D(\omega \ll) &= D_L(\omega \ll) + D_{T1}(\omega \ll) + D_{T2}(\omega \ll) = \\ &= \frac{V_{sol}}{2\pi^2} \left(\frac{1}{v_{sL}^3} + \frac{1}{v_{sT1}^3} + \frac{1}{v_{sT2}^3} \right) \omega^2 = \frac{3V_{sol}}{2\pi^2} \frac{1}{v_s^3} \omega^2 \end{aligned} \tag{5.8}$$

donde se ha utilizado una velocidad promedio de propagación v_s para todas las polarizaciones (4.6) dada por

$$\frac{3}{v_s^3} = \frac{1}{v_{sL}^3} + \frac{1}{v_{sT1}^3} + \frac{1}{v_{sT2}^3} \tag{5.9}$$

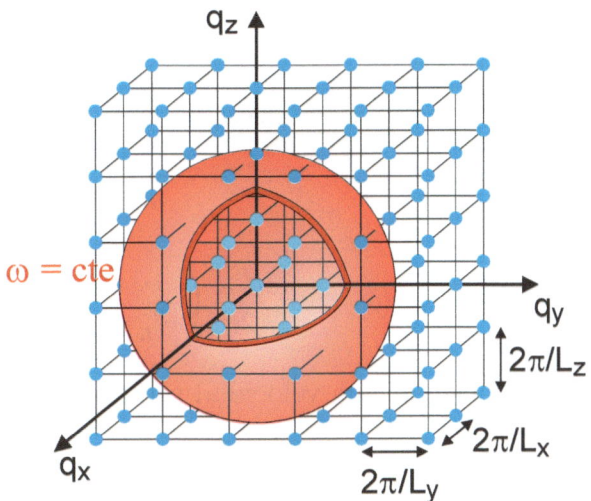

Figura 5.5. Superficie esférica de frecuencia constante en la región de bajas frecuencias.

Como ya se indicó, la determinación exacta de esta velocidad media no es trivial, pero es suficiente muestrear algunas direcciones de la primera zona de Brillouin para encontrar un valor aceptable.

Como se verá más adelante (capítulo 6), a bajas temperaturas solo se excitan los modos de vibración de baja frecuencia —precisamente los modos acústicos lineales—, por lo que el resultado (5.8) es esencial para caracterizar las propiedades térmicas de los sólidos a bajas temperaturas.

5.2   Densidad de modos en 1D y 2D

Es inmediato obtener las expresiones de $D(\omega)$ en sólidos 1D y 2D. En el caso bidimensional las superficies de isofrecuencia son curvas de longitud l_ω (Figura 5.2), y en el caso monodimensional se reducen a dos puntos $\pm q$, resultando (por polarización)

$$
\begin{aligned}
D_i^{3D}(\omega) &= \frac{V_{sol}}{(2\pi)^3} \int_{S_\omega} \frac{dS_\omega}{|\boldsymbol{\nabla}_q \omega|}\,, \qquad i = \text{L,T1,T2} \\[2mm]
D_i^{2D}(\omega) &= \frac{S_{sol}}{(2\pi)^2} \int_{S_\omega} \frac{dl_\omega}{|\boldsymbol{\nabla}_q \omega|}\,, \qquad i = \text{L,T} \\[2mm]
D_i^{1D}(\omega) &= \frac{L_{sol}}{2\pi} \frac{2}{|\nabla_q \omega|}\,, \qquad i = \text{L}
\end{aligned}
\tag{5.10}
$$

donde S_{sol} y L_{sol} son, respectivamente, la superficie y la longitud del sólido.

Se pueden simplificar estas expresiones para el caso de bajas frecuencias, donde $\omega \propto q$.

Las curvas de frecuencia constante en 2D son circunferencias de radio q, de forma que

$$D_i^{2D}\left(\omega \ll\right) = \frac{S_{sol}}{\left(2\pi\right)^2}\frac{1}{v_{si}}\int_{S_\omega} dl_\omega = \frac{S_{sol}}{\left(2\pi\right)^2}\frac{1}{v_{si}}2\pi q = \frac{S_{sol}}{2\pi}\frac{1}{v_{si}^2}\omega\ , \qquad i = \text{L,T} \qquad (5.11)$$

La densidad de modos total es

$$D^{2D}\left(\omega \ll\right) = D_L^{2D}\left(\omega \ll\right) + D_T^{2D}\left(\omega \ll\right) = \frac{S_{sol}}{2\pi}\left(\frac{1}{v_{sL}^2} + \frac{1}{v_{sT}^2}\right)\omega = \frac{S_{sol}}{\pi}\frac{1}{v_s^2}\omega \qquad (5.12)$$

donde de nuevo se ha introduciendo una velocidad promedio v_s en la forma

$$\frac{2}{v_s^2} = \frac{1}{v_{sL}^2} + \frac{1}{v_{sT}^2} \qquad (5.13)$$

Para el caso 1D se encuentra directamente que

$$D_L^{1D}\left(\omega \ll\right) = \frac{L_{sol}}{2\pi}\frac{2}{v_{sL}} \rightarrow D^{1D}\left(\omega \ll\right) = \frac{L_{sol}}{\pi}\frac{1}{v_s} \qquad (5.14)$$

Es conveniente señalar que las expresiones anteriores se refieren a sólidos que estrictamente solo pueden sustentar movimientos atómicos a la largo de la cadena de átomos (caso 1D) o en el plano del cristal (caso 2D). Resultados teóricos y experimentales en sólidos reales con características cuasi-1D y -2D indican que existen movimientos de vibración tridimensionales. Por ejemplo, en el grafeno existen modos de vibración en el plano del sólido y también perpendiculares al mismo. Estos modos fuera del plano presentan una dependencia cuadrática de la frecuencia con el vector de onda $\omega \propto q^2$ cerca del origen de la zona de Brillouin [2], que conducen a una densidad de estados no nula para frecuencia cero (ecuación (5.10) para 2D). Este comportamiento se estudia en detalle en el capítulo 19.

Maria Salomea Skłodowska-Curie,
1867 (antiguo Reino de Polonia) – 1934 (Francia)

Referencias

1. G. Filippini, G. Gramaccioli, C.M. Simonetta and G.B. Suffritti (1976): «Lattice-Dynamical Applications to Crystallographic Problems: Consideration of the Brillouin Zone Sampling», *Acta Crystallographica A*, 32, 259.

2. P. Venezuela, M. Lazzeri and F. Mauri (2011): «Theory of double-resonant Raman spectra in graphene: Intensity and line shape of defect-induced and two-phonon bands», *Physical Review B*, 84, 035433.

6. Energía de vibración reticular

Una vez obtenida la densidad de modos de vibración $D(\omega)$ de un sólido, el cálculo de la energía de vibración reticular es directo. Como se indicó en el capítulo 1, las relaciones de dispersión se han obtenido resolviendo las ecuaciones clásicas de movimiento de los átomos en el formalismo de modos normales. Pero la determinación de la energía de vibración del sólido requiere del tratamiento cuántico ya que las amplitudes de los modos de vibración solo pueden tener valores discretos y no arbitrarios como en el caso clásico.

6.1 Coordenadas normales

Se van a reformular las ecuaciones dinámicas de movimiento de la sección 1.4 para su descripción mecánico-cuántica. En un sólido 3D con una base estructural formada por p partículas y N celdas unidad primitivas, el desplazamiento del átomo $n\alpha$ en un modo determinado $(\mathbf{q},j)$ viene dado por (1.25)

$$\mathbf{u}_{n\alpha}^{j}(\mathbf{q},t) = \frac{1}{\sqrt{M_a}} B_j(\mathbf{q})\, \mathbf{e}_{\alpha}^{j}(\mathbf{q}) \exp\left[i\left(\mathbf{q}\cdot\mathbf{t}_n - \omega_j(\mathbf{q})t\right)\right] \tag{6.1}$$

donde $n = 1, 2, \dots N$, $\alpha = 1, 2, \dots p$ y $j = 1, 2, \dots 3p$ es el índice de la rama de dispersión. Los vectores $\mathbf{e}_{\alpha}^{j}(\mathbf{q})$, ortogonales entre sí, son los vectores de polarización que indican la dirección del desplazamiento atómico. Las soluciones generales del movimiento atómico vienen dadas por la combinación lineal de las contribuciones de todos los $(\mathbf{q},j)$ modos normales

$$\mathbf{u}_{n\alpha}(t) = \sum_{\mathbf{q}\, j} \frac{1}{\sqrt{M_a}} B_j(\mathbf{q})\, \mathbf{e}_{\alpha}^{j}(\mathbf{q}) \exp\left[i\left(\mathbf{q}\cdot\mathbf{t}_n - \omega_j(\mathbf{q})t\right)\right] \tag{6.2}$$

Es conveniente reescribir esta ecuación en la forma

$$\mathbf{u}_{n\alpha}(t) = \sum_{\mathbf{q}\, j} \frac{1}{\sqrt{NM_a}} Q_j(\mathbf{q},t)\, \mathbf{e}_{\alpha}^{j}(\mathbf{q}) \exp\left(i\mathbf{q}\cdot\mathbf{t}_n\right) \tag{6.3}$$

donde la nueva variable $Q_j(\mathbf{q},t)$, dada por

$$Q_j(\mathbf{q},t) = \sqrt{N} B_j(\mathbf{q}) \exp\left[-i\omega_j(\mathbf{q})t\right] \tag{6.4}$$

es un escalar complejo que incluye la amplitud de la onda del modo $(\mathbf{q}, j)$ y la dependencia con el tiempo. Estas nuevas variables se denominan coordenadas normales, y simplifican extraordinariamente el hamiltoniano del sistema. Dado que los desplazamientos son reales, se cumple que

$$Q_j^* (\mathbf{q}, t) \, e_{\alpha i}^{j*}(\mathbf{q}) = Q_j (-\mathbf{q}, t) \, e_{\alpha i}^j(-\mathbf{q}) \tag{6.5}$$

que se satisface si

$$e_{\alpha i}^{*j}(\mathbf{q}) = e_{\alpha i}^j(-\mathbf{q}) \,, \qquad Q_j^* (\mathbf{q}, t) = Q_j (-\mathbf{q}, t) \tag{6.6}$$

El desarrollo del hamiltoniano H del sistema reticular en función de las coordenadas normales $Q_j (\mathbf{q}, t)$ va a mostrar la importancia de utilizar estas variables. La energía cinética del sistema es (1.4)

$$
\begin{aligned}
T (\{\mathbf{r}_{n\alpha}\}) &= \sum_{n\alpha i} \frac{1}{2} M_\alpha \dot{u}_{n\alpha i}^2 = \\
&= \frac{1}{2} \frac{1}{N} \sum_{n\alpha i} \sum_{\mathbf{q}\mathbf{q}'jj'} \dot{Q}_{j'}^* (\mathbf{q}', t) \, \dot{Q}_j (\mathbf{q}, t) \, e_{\alpha i}^{*j'}(\mathbf{q}') e_{\alpha i}^j(\mathbf{q}) \exp\left[i (\mathbf{q} - \mathbf{q}') \cdot \mathbf{t}_n\right] = \\
&= \frac{1}{2} \sum_{\alpha\, i} \sum_{\mathbf{q}jj'} \dot{Q}_{j'}^* (\mathbf{q}, t) \, \dot{Q}_j (\mathbf{q}, t) \, e_{\alpha i}^{*j'}(\mathbf{q}) e_{\alpha i}^j(\mathbf{q}) = \\
&= \frac{1}{2} \sum_{\mathbf{q}\, j} \dot{Q}_j^* (\mathbf{q}, t) \, \dot{Q}_j (\mathbf{q}, t) = \frac{1}{2} \sum_{\mathbf{q}\, j} \left| \dot{Q}_j (\mathbf{q}, t) \right|^2
\end{aligned} \tag{6.7}
$$

donde se ha utilizado la suma de redes

$$\sum_n \exp\left[i (\mathbf{q} - \mathbf{q}') \cdot \mathbf{t}_n\right] = N \delta_{\mathbf{q},\mathbf{q}'} \tag{6.8}$$

y la condición de ortogonalidad de los vectores de polarización

$$\sum_{\alpha\, i} e_{\alpha i}^{*j'}(-\mathbf{q}) e_{\alpha i}^j(\mathbf{q}) = \delta_{jj'} \tag{6.9}$$

Por otra parte, la energía potencial armónica del sólido es (1.7)

$$
\begin{aligned}
U (\{\mathbf{r}_{n\alpha}\}) &= \frac{1}{2} \sum_{\substack{n\alpha i \\ n'\alpha'i'}} \Phi_{n\alpha i}^{n'\alpha'i'} u_{n\alpha i} u_{n'\alpha'i'} = \\
&= \frac{1}{2} \frac{1}{N} \sum_{\substack{n\alpha i \\ n'\alpha'i'}} \sum_{\mathbf{q}\mathbf{q}'jj'} \frac{1}{\sqrt{M_a M_{\alpha'}}} \Phi_{n\alpha i}^{n'\alpha'i'} Q_j (\mathbf{q}, t) \, Q_{j'} (\mathbf{q}', t) \, e_{\alpha i}^j(\mathbf{q}) e_{\alpha'i'}^{j'}(\mathbf{q}') \times \\
&\quad \times \exp\left(i\mathbf{q} \cdot \mathbf{t}_n\right) \exp\left(i\mathbf{q}' \cdot \mathbf{t}_{n'}\right)
\end{aligned} \tag{6.10}
$$

Llamando $\mathbf{t}_p = \mathbf{t}_{n'} - \mathbf{t}_n$ se tiene que

$$
\begin{aligned}
U\left(\{\mathbf{r}_{n\alpha}\}\right) \;=\;& \frac{1}{2}\frac{1}{N}\sum_{\substack{n\alpha i,\\ p\alpha' i'}}\sum_{\mathbf{q}\mathbf{q}' jj'}\frac{1}{\sqrt{M_a M_{\alpha'}}}\Phi_{0\alpha i}^{p\alpha' i'}Q_j\left(\mathbf{q},t\right)Q_{j'}\left(\mathbf{q}',t\right)e_{\alpha i}^{j}(\mathbf{q})e_{\alpha' i'}^{j'}(\mathbf{q}')\times \\[4pt]
& \times \exp\left[i\left(\mathbf{q}+\mathbf{q}'\right)\cdot\mathbf{t}_n\right]\exp\left(i\mathbf{q}'\cdot\mathbf{t}_p\right)= \\[4pt]
\;=\;& \frac{1}{2}\sum_{\substack{\alpha i,\\ p\alpha' i'}}\sum_{\mathbf{q}' jj'}\frac{1}{\sqrt{M_a M_{\alpha'}}}\Phi_{0\alpha i}^{p\alpha' i'}Q_j\left(-\mathbf{q}',t\right)Q_{j'}\left(\mathbf{q}',t\right)e_{\alpha i}^{j}(-\mathbf{q}')e_{\alpha' i'}^{j'}(\mathbf{q}')\times \\[4pt]
& \times \exp\left(i\mathbf{q}'\cdot\mathbf{t}_p\right)= \\[4pt]
\;=\;& \frac{1}{2}\sum_{\alpha i\alpha' i'}\sum_{\mathbf{q}' jj'}D_{\alpha i}^{\alpha' i'}\left(\mathbf{q}'\right)Q_j\left(-\mathbf{q}',t\right)Q_{j'}\left(\mathbf{q}',t\right)e_{\alpha i}^{j}(-\mathbf{q}')e_{\alpha' i'}^{j'}(\mathbf{q}')= \\[4pt]
\;=\;& \frac{1}{2}\sum_{\alpha\ i}\sum_{\mathbf{q}' jj'}\omega_{j'}^{2}\left(\mathbf{q}'\right)e_{\alpha i}^{j'}(\mathbf{q}')Q_j\left(-\mathbf{q}',t\right)Q_{j'}\left(\mathbf{q}',t\right)e_{\alpha i}^{j}(-\mathbf{q}')= \\[4pt]
\;=\;& \frac{1}{2}\sum_{\alpha\ i}\sum_{\mathbf{q}' jj'}\omega_{j'}^{2}\left(\mathbf{q}'\right)Q_j^{*}\left(\mathbf{q}',t\right)Q_{j'}\left(\mathbf{q}',t\right)e_{\alpha i}^{*j}(\mathbf{q}')e_{\alpha i}^{j'}(\mathbf{q}')= \\[4pt]
\;=\;& \frac{1}{2}\sum_{\mathbf{q}' j'}\omega_{j'}^{2}\left(\mathbf{q}'\right)Q_{j'}^{*}\left(\mathbf{q}',t\right)Q_{j'}\left(\mathbf{q}',t\right)\equiv\frac{1}{2}\sum_{\mathbf{q}\ j}\omega_{j}^{2}\left(\mathbf{q}\right)Q_{j}^{*}\left(\mathbf{q},t\right)Q_{j}\left(\mathbf{q},t\right)= \\[4pt]
\;=\;& \frac{1}{2}\sum_{\mathbf{q}\ j}\omega_{j}^{2}\left(\mathbf{q}\right)\left|Q_{j}\left(\mathbf{q},t\right)\right|^{2} && (6.11)
\end{aligned}
$$

donde se ha utilizado nuevamente la suma de redes (6.8), la definición de matriz dinámica (1.41), sus autovalores (1.40), las relaciones conjugadas (6.6) y la condición de ortogonalidad de los vectores de polarización (6.9). También se han renombrado los índices $(\mathbf{q}', j')$ por $(\mathbf{q}, j)$. Se observa que las coordenadas normales Q_i llevan simultáneamente a la diagonalización de la energía cinética (6.7) y de la energía potencial (6.11) del sistema reticular.

El hamiltoniano reticular se escribe ahora

$$
\begin{aligned}
H\left(\{\mathbf{r}_{n\alpha}\}\right) \;=\;& \sum_{n\alpha i}\frac{1}{2}M_{\alpha}\dot{u}_{n\alpha i}^{2}+\frac{1}{2}\sum_{\substack{n\alpha i\\ n'\alpha' i'}}\Phi_{n\alpha i}^{n'\alpha' i'}u_{n\alpha i}u_{n'\alpha' i'}= \\[4pt]
\;=\;& \frac{1}{2}\sum_{\mathbf{q}\ j}\dot{Q}_{j}^{*}\left(\mathbf{q},t\right)\dot{Q}_{j}\left(\mathbf{q},t\right)+\frac{1}{2}\sum_{\mathbf{q}\ j}\omega_{j}^{2}(\mathbf{q})Q_{j}^{*}\left(\mathbf{q},t\right)Q_{j}\left(\mathbf{q},t\right)= \\[4pt]
\;=\;& \frac{1}{2}\sum_{\mathbf{q}\ j}\left[\dot{Q}_{j}^{*}\left(\mathbf{q},t\right)\dot{Q}_{j}\left(\mathbf{q},t\right)+\omega_{j}^{2}(\mathbf{q})Q_{j}^{*}\left(\mathbf{q},t\right)Q_{j}\left(\mathbf{q},t\right)\right] && (6.12)
\end{aligned}
$$

Esta expresión de H, escrita en el espacio de Fourier, muestra la importancia de la introducción de las coordenadas normales en el tratamiento de las vibraciones reticulares. Se observa que el hamiltoniano del sistema —en la aproximación armónica— se resuelve en una suma de $3pN$ términos independientes entre sí: notar que en (6.12) solo aparecen los índices $(\mathbf{q}, j)$ de un modo dado en cada término, y ningún otro. Es decir, las vibraciones acopladas del sistema de pN átomos en interacción mutua se reemplazan formalmente por $3pN$ oscilaciones colectivas desacopladas.

Se pueden escribir las ecuaciones de movimiento del sistema reticular en estas coordenadas normales. El lagrangiano del sistema es

$$L = T - U = \frac{1}{2} \sum_{\mathbf{q}\, j} \left[\left| \dot{Q}_j \left(\mathbf{q}, t \right) \right|^2 - \omega_j^2(\mathbf{q}) \left| Q_j \left(\mathbf{q}, t \right) \right|^2 \right] \tag{6.13}$$

y el momento conjugado de $Q_j \left(\mathbf{q}, t \right)$ viene dado por

$$P_j \left(\mathbf{q}, t \right) = \frac{\partial L}{\partial \dot{Q}_j \left(\mathbf{q}, t \right)} = \dot{Q}_j^* \left(\mathbf{q}, t \right) \tag{6.14}$$

(sin el factor $1/2$ ya que $Q_j^* \left(\mathbf{q}, t \right) = Q_j \left(-\mathbf{q}, t \right)$).

El hamiltoniano (6.12) queda ahora en la forma

$$H = \frac{1}{2} \sum_{\mathbf{q}\, j} \left[P_j^* \left(\mathbf{q}, t \right) P_j \left(\mathbf{q}, t \right) + \omega_j^2(\mathbf{q}) Q_j^* \left(\mathbf{q}, t \right) Q_j \left(\mathbf{q}, t \right) \right] \tag{6.15}$$

Como

$$\dot{P}_j \left(\mathbf{q}, t \right) = -\frac{\partial H}{\partial Q_j \left(\mathbf{q}, t \right)} = -\omega_j^2(\mathbf{q}) Q_j^* \left(\mathbf{q}, t \right) \tag{6.16}$$

y, por otra parte, de (6.14)

$$\dot{P}_j \left(\mathbf{q}, t \right) = \ddot{Q}_j^* \left(\mathbf{q}, t \right) \tag{6.17}$$

se tiene que

$$\ddot{Q}_j^* \left(\mathbf{q}, t \right) + \omega_j^2(\mathbf{q}) Q_j^* \left(\mathbf{q}, t \right) = 0 \tag{6.18}$$

Utilizando ahora las relaciones conjugadas (6.6) y la relación (1.47) se encuentra que

$$\ddot{Q}_j \left(-\mathbf{q}, t \right) + \omega_j^2(-\mathbf{q}) Q_j \left(-\mathbf{q}, t \right) = 0 \tag{6.19}$$

Basta renombrar $-\mathbf{q}$ por $\mathbf{q}$ para encontrar finalmente

$$\ddot{Q}_j \left(\mathbf{q}, t \right) + \omega_j^2(\mathbf{q}) Q_j \left(\mathbf{q}, t \right) = 0 \tag{6.20}$$

que es formalmente idéntica a la ecuación de movimiento de un oscilador armónico de frecuencia $\omega_j(\mathbf{q})$. Por tanto, el conjunto de pN átomos en interacción mutua se reemplaza por $3pN$ osciladores armónicos independientes; en cada modo de oscilación, caracterizado por $(\mathbf{q}, j)$, todos los átomos del sólido vibran con la misma frecuencia $\omega_j(\mathbf{q})$. Mientras que la energía clásica de un modo normal —determinada por su amplitud de vibración $Q_j \left(\mathbf{q} \right)$ (6.4)— es arbitraria, en el tratamiento mecánico-cuántico solo puede tomar los valores [1]

$$E\left(\omega_j(\mathbf{q})\right) = \left(n_{\omega_j(\mathbf{q})} + \frac{1}{2}\right)\hbar\omega_j(\mathbf{q})\,, \qquad n_{\omega_j(\mathbf{q})} = 0, 1, 2, \dots \qquad (6.21)$$

donde el número cuántico $n_{\omega_j(\mathbf{q})}$ es el número de excitación del modo de frecuencia $\omega_j(\mathbf{q})$. Esta expresión de la energía permite utilizar la descripción corpuscular, equivalente a la ondulatoria pero más conveniente en muchas ocasiones, donde $n_{\omega_j(\mathbf{q})}$ es el número de cuantos del campo de desplazamiento elástico del sólido. Por analogía con los fotones, que son los cuantos del campo electromagnético, los cuantos de vibración atómica se denominan fonones[1]. En esta descripción, el modo de energía $E\left(\omega_j(\mathbf{q})\right)$ contiene $n_{\omega_j(\mathbf{q})}$ fonones de energía $\hbar\omega_j(\mathbf{q})$. Es importante notar que aunque el número de fonones sea 0, la energía del modo (y por tanto, la energía del sólido) no es nula debido al término $(1/2)\,\hbar\omega_j(\mathbf{q})$ en (6.21); esta energía se denomina energía del punto cero.

6.2 Función de distribución de Planck

En un sólido en equilibrio térmico a la temperatura T, el número medio de excitación $\langle n_\omega(T)\rangle$ del modo de frecuencia ω (eliminando los subíndices $\mathbf{q}$ y j por claridad), o el número medio de fonones con frecuencia ω en la interpretación corpuscular, viene determinado enteramente por la temperatura. Este número medio se obtiene fácilmente de la función de partición Z_ω del modo ω, que es de la forma [3]

$$\begin{aligned}
Z_\omega &= \sum_{n_\omega=0}^{\infty} \exp\left(-\frac{E_\omega}{k_B T}\right) = \sum_{n_\omega=0}^{\infty} \exp\left[-\left(n_\omega + \frac{1}{2}\right)\frac{\hbar\omega}{k_B T}\right] = \\
&= \exp\left(-\frac{\hbar\omega}{2k_B T}\right)\sum_{n_\omega=0}^{\infty}\exp\left(-\frac{\hbar\omega}{k_B T}\right)^{n_\omega} = \\
&= \exp\left(-\frac{\hbar\omega}{2k_B T}\right)\frac{1}{1-\exp\left(-\hbar\omega/k_B T\right)} \qquad (6.22)
\end{aligned}$$

Y la energía media del modo de frecuencia ω a la temperatura T viene dada por [3]

$$\begin{aligned}
\langle E_\omega \rangle &= k_B T^2 \frac{\partial \ln Z_\omega}{\partial T} = \frac{1}{2}\hbar\omega + \frac{1}{\exp\left(\hbar\omega/k_B T\right)-1}\hbar\omega = \\
&= \left[\frac{1}{\exp\left(\hbar\omega/k_B T\right)-1} + \frac{1}{2}\right]\hbar\omega \equiv \left[\langle n_\omega(T)\rangle + \frac{1}{2}\right]\hbar\omega \qquad (6.23)
\end{aligned}$$

---

[1]El término "fonón" (phonon) fue introducido por Yakov Il'ich Frenkel (Jacov Frenkel) en 1932 [2] para describir el cuanto del campo acústico (o cuanto elástico de Igor Tamm) de un sólido. Proviene de la palabra griega que significa "voz" (phone). Por su parte, el término "fotón" también proviene de la palabra griega que significa "luz", y fue acuñado por Gilbert N. Lewis en 1926 para describir el cuanto de luz que Albert Einstein introdujo en 1905.

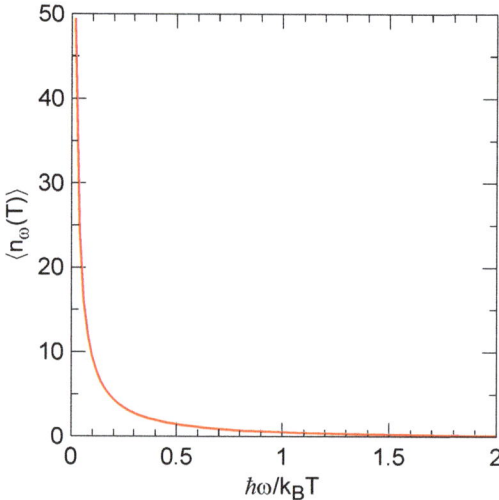

Figura 6.1. Número medio de fonones de frecuencia ω en función de $\hbar\omega/k_BT$. Para energías de vibración $\hbar\omega$ mayores que k_BT el número de fonones tiende rápidamente a 0.

donde $\langle n_\omega(T)\rangle$ es el número medio de fonones con frecuencia ω a la temperatura T, dado por

$$\langle n_\omega(T)\rangle = \frac{1}{\exp(\hbar\omega/k_BT) - 1} \tag{6.24}$$

No hay que confundir los valores permitidos del número cuántico n_ω en la expresión (6.21) con el valor medio que, a cada temperatura T, tiene $\langle n_\omega(T)\rangle$ (6.24).

La expresión (6.24) es la función de distribución de Planck, idéntica a la ley de distribución de fotones en una cavidad en equilibrio térmico a la temperatura T. La función de Planck es un caso particular de la distribución cuántica de Bose-Einstein para bosones (partículas de espín nulo o entero) cuando el número de ocupación de los diferentes estados no está especificado. La función de distribución de Bose-Einstein es de la forma

$$\langle n_\omega(T)\rangle_{BE} = \frac{1}{\exp\left[\dfrac{\hbar\omega - \mu(T)}{k_BT}\right] - 1} \tag{6.25}$$

donde $\mu(T)$ es el potencial químico a la temperatura T, que viene determinado por el número total de partículas. En el caso de fonones, el potencial químico $\mu(T) = 0$ ya que la función de partición (6.22) es independiente del número de partículas. Con $\mu = 0$, la función de Bose-Einstein (6.25) se reduce a la función de Planck (6.24). Por este motivo, los fonones se consideran cuasipartículas bosónicas.

La función de Planck se muestra en la Figura 6.1 en función de $\hbar\omega/k_BT$, es decir, en función de la razón entre la energía de vibración del modo $\hbar\omega$ y la energía térmica accesible a una temperatura T. Se observa que los modos con energía $\hbar\omega$ pequeña comparada con k_BT están muy excitados; dicho de otra forma, el número medio de fonones con esa frecuencia es muy alto. Por el contrario, si la energía de vibración del modo es alta comparada con $k_B T$, el modo está muy poco excitado, con una contribución prácticamente nula a la energía del sólido.

6.3 Energía media de vibración a una temperatura T

La energía media de vibración del sistema reticular a la temperatura T viene dada por la contribución de los $3pN$ modos (6.23), resultando

$$
\begin{aligned}
\langle E_{vib}(T) \rangle &= \sum_{i=1}^{3pN} \langle E_{\omega_i}(T) \rangle = \sum_{i=1}^{3pN} \left(\langle n_{\omega_i} \rangle + \frac{1}{2} \right) \hbar \omega_i = \\
&= \int_0^{\omega_{max}} D(\omega) \, d\omega \left(\langle n_\omega \rangle + \frac{1}{2} \right) \hbar \omega = \\
&= \int_0^{\omega_{max}} D(\omega) \left[\frac{1}{\exp(\hbar\omega/k_B T) - 1} + \frac{1}{2} \right] \hbar\omega \, d\omega = \\
&= \frac{1}{2} \int_0^{\omega_{max}} D(\omega) \, \hbar\omega \, d\omega + \int_0^{\omega_{max}} D(\omega) \frac{\hbar\omega}{\exp(\hbar\omega/k_B T) - 1} d\omega = \\
&= E_{vib}^o + \langle E_{vib}^T(T) \rangle
\end{aligned}
\tag{6.26}
$$

donde se ha sustituido el sumatorio discreto sobre los $3pN$ modos por una integral sobre la función $D(\omega)$. El primer término en (6.26) es la energía de vibración del punto cero E_{vib}^o —de acuerdo con el principio de incertidumbre de Heisenberg—, y la segunda contribución $\langle E_{vib}^T(T) \rangle$ es dependiente de la temperatura. Dada la complejidad de la función $D(\omega)$ (ver, por ejemplo, la Figura 5.4), hay que recurrir al análisis numérico para determinar la energía media del sistema. La Figura 6.2 muestra esta energía para el argón (su temperatura de fusión es $T_f = 84\,\mathrm{K}$) en la aproximación de muchos vecinos[2]. Se observa la energía del punto cero, con un valor

$$
E_{vib}^o = 0.80 \,\mathrm{kJ/\,mol} = 8.30 \,\mathrm{meV/átomo} \tag{6.27}
$$

que es apreciable comparado con el valor total de la energía. Este resultado no se espera clásicamente ya que debería valer 0 por el teorema de equipartición de la energía. Este teorema clásico establece que cada grado de libertad que aparece en la expresión de la energía de una partícula del sistema con forma cuadrática contribuye con $k_B T/2$ a su energía media; con seis grados de libertad por partícula, resulta una energía clásica de $3k_B T$, que para una mol de partículas vale $3N_{av}k_B T = 3RT$, siendo R la constante de los gases perfectos. También se puede observar en la Figura 6.2 que a medida que aumenta la temperatura, la energía total tiende al valor clásico por partícula de $3k_B T$.

---

[2]El formalismo seguido en el estudio armónico se refiere a celdas unidad primitivas, por lo que la energía media se muestra por mol de celdas unidad primitivas. Es directo pasar a mol de partículas simplemente conociendo el número de partículas de la base estructural.

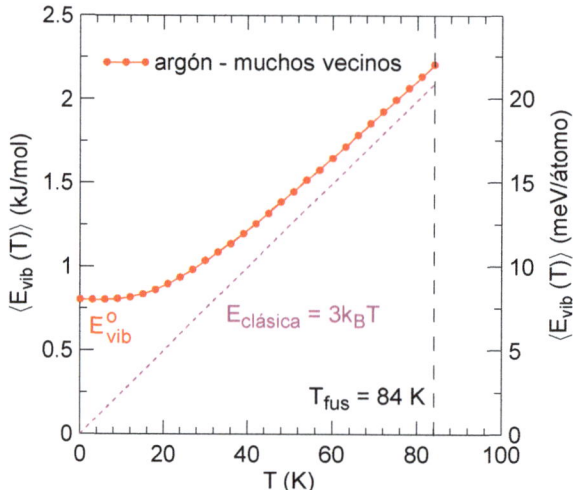

Figura 6.2. Energía media de vibración (por mol de átomos y por átomo) en función de la temperatura en argón en la aproximación armónica de muchos vecinos (la función densidad de modos se muestra en la Figura 5.4). Se compara con la predicción del teorema clásico de equipartición de la energía.

En el caso particular del argón, el sólido funde antes de coincidir ambos resultados.

Para distinguir fácilmente las regiones de baja y alta temperatura, correspondientes a los resultados cuántico y clásico respectivamente, se introduce una temperatura característica del material θ_{car} definida por la frecuencia de vibración máxima ω_{max}, mediante la expresión clásica

$$\hbar\omega_{max} = k_B\theta_{car} \rightarrow \theta_{car} = \frac{\hbar\omega_{max}}{k_B} \tag{6.28}$$

Por ejemplo, para el argón en la aproximación de muchos vecinos (Figura 3.4) se encuentra que

$$\omega_{max} = 1.30 \times 10^{13}\,\mathrm{rad/s} \rightarrow \theta_{car} = 99\,\mathrm{K} \tag{6.29}$$

Es importante notar que la temperatura característica de un material no es una temperatura real. Por su definición, es la temperatura mínima a la que debe encontrarse el sólido para que sus átomos vibren con una energía similar al valor clásico. En el ejemplo concreto del argón, su temperatura de fusión es inferior a su temperatura característica, indicando que el tratamiento clásico no es válido a ninguna temperatura. Esta situación no es la habitual, ya que la mayoría de los sólidos tienen temperaturas características de $200 - 400\,\mathrm{K}$, muy inferiores a su temperatura de fusión.

Por conveniencia para la comparación posterior con modelos simples, E_{vib}^o (6.27) se puede reescribir en función de $k_B\theta_{car}$, resultando

$$E_{vib}^o = 0.97pNk_B\theta_{car} \simeq pNk_B\theta_{car} = pR\theta_{car} \qquad \text{si } N = N_{Av} \tag{6.30}$$

por mol de celdas unidad primitivas (por mol de átomos en argón ya que $p = 1$).

Se pueden obtener fácilmente las expresiones para la energía media de vibración en los límites de altas y bajas temperaturas.

- Límite de altas temperaturas $T \gg \theta_{car} \to k_B T \gg k_B \theta_{car} = \hbar \omega_{max}$

Se tiene de (6.26) que

$$
\begin{aligned}
\langle E_{vib}\left(T \gg \theta_{car}\right)\rangle &= E_{vib}^o + \langle E_{vib}^T\left(T \gg \theta_{car}\right)\rangle \simeq \\
&\simeq E_{vib}^o + \int_0^{\omega_{max}} D\left(\omega\right) \frac{\hbar\omega}{1 + \left(\hbar\omega/k_B T\right) - 1} d\omega = \\
&= E_{vib}^o + k_B T \int_0^{\omega_{max}} D\left(\omega\right) d\omega = pN k_B \theta_{car} + 3pN k_B T \simeq \\
&\simeq 3pN k_B T = 3pRT \qquad \text{si } N = N_{Av} \qquad (6.31)
\end{aligned}
$$

En esta región de altas temperaturas se recupera el resultado clásico, evitando la complejidad del desarrollo armónico.

- Límite de bajas temperaturas $T \ll \theta_{car} \to k_B T \ll k_B \theta_{car} = \hbar \omega_{max}$

Solo los modos de muy baja frecuencia tienen una probabilidad apreciable de excitarse de acuerdo con la función de Planck (6.1). Y estos modos precisamente corresponden a la zona lineal de las ramas acústica (Figura 4.1, por ejemplo), de forma que (6.26) se escribe como

$$
\begin{aligned}
\langle E_{vib}\left(T \ll \theta_{car}\right)\rangle &= E_{vib}^o + \langle E_{vib}^T\left(T \ll \theta_{car}\right)\rangle = \\
&\simeq E_{vib}^o + \int_0^\infty D\left(\omega \ll\right) \frac{\hbar\omega}{\exp\left(\hbar\omega/k_B T\right) - 1} d\omega = \\
&= E_{vib}^o + \frac{3V_{sol}}{2\pi^2} \frac{\hbar}{v_s^3} \int_0^\infty \frac{\omega^3}{\exp\left(\hbar\omega/k_B T\right) - 1} d\omega = \\
&= E_{vib}^o + \frac{3V_{sol}}{2\pi^2} \frac{\hbar}{v_s^3} \left(\frac{k_B T}{\hbar}\right)^4 \int_0^\infty \frac{x^3}{e^x - 1} dx = E_{vib}^o + \frac{3V_{sol}}{2\pi^2} \frac{\hbar}{v_s^3} \left(\frac{k_B T}{\hbar}\right)^4 \frac{\pi^4}{15} = \\
&= E_{vib}^o + \frac{\pi^2}{10} \frac{\hbar V_{sol}}{v_s^3} \left(\frac{k_B T}{\hbar}\right)^4 \qquad (6.32)
\end{aligned}
$$

donde se ha utilizado la densidad de modos a bajas frecuencias (5.8), se ha extendido el límite superior de la integral a ∞ (simplemente se suman ceros a la integral debido al factor $\exp\left(\hbar\omega/k_B T\right)$ en el denominador) y se ha realizado el cambio de variable $x = \hbar\omega/k_B T$. Se observa que en esta región de muy bajas temperaturas la energía de vibración depende de la temperatura como T^4.

En resumen, la aproximación armónica permite sustituir el conjunto de pN partículas reticulares del sólido, que interaccionan entre sí mediante fuerzas elásticas con sus

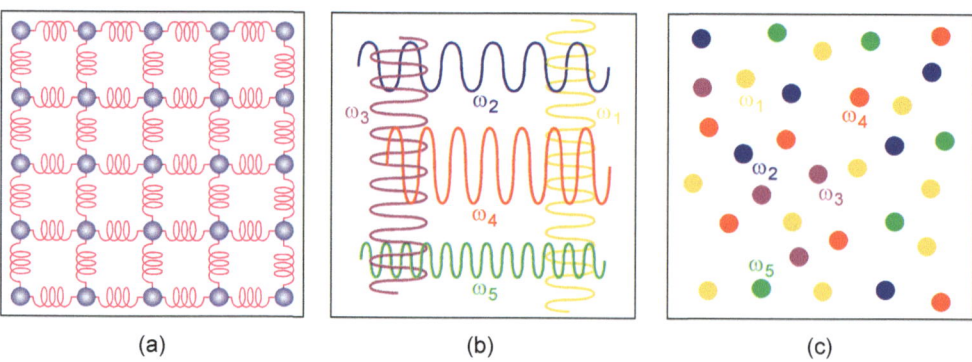

(a)   (b)   (c)

Figura 6.3. (a) Sólido vibrando con pN átomos en interacción mutua (se muestra solo en primeros vecinos por simplicidad). (b) Descripción ondulatoria mediante $3pN$ modos normales en la aproximación armónica. (c) Descripción corpuscular mediante un gas de fonones no interaccionantes entre sí.

primeros, segundos, ... n-ésimos vecinos, por un conjunto de $3pN$ osciladores armónicos —los modos normales— independientes entre sí, cada uno con una frecuencia ω que varía entre 0 y un valor máximo ω_{max}. Cada oscilador corresponde a la vibración colectiva de los pN átomos del sólido con una frecuencia determinada. La cuantización de la energía de los modos de vibración (6.21) permite una descripción corpuscular de los modos armónicos, que es más conveniente que la descripción ondulatoria en el estudio de muchos fenómenos. El conjunto de todas estas cuasipartículas, que no interaccionan entre sí, forma el gas de fonones. La Figura 6.3 muestra un esquema de esta descripción. En una aproximación de orden superior en el desarrollo en serie de la energía potencial de interacción atómica con términos anarmónicos (1.6), los fonones interaccionan entre sí, permitiendo explicar propiedades que quedan fuera del marco de la aproximación armónica (capítulo 26).

Max Karl Ernst Ludwig Planck,
1858 (antiguo Ducado de Holstein) – 1947
(antigua República Federal de Alemania)

Referencias

1. R.M. Eisberg and R. Resnick (1978): *Física cuántica*. México: Limusa.

2. J. Frenkel (1932): *Wave Mechanics. Elementary Theory*. Oxford: Clarendon Press (2ª ed. Dover Publications, 1950).

3. J. de la Rubia Pacheco y J.J. Brey Abalo (1978): *Introducción a la Mecánica Estadística*. Madrid: Ediciones del Castillo.

7. Capacidad calorífica reticular

Una vez determinada la energía de vibración de las partículas reticulares del sólido es posible obtener su contribución a la capacidad calorífica C, que es el calor δQ absorbido o cedido por el sistema cuando su temperatura varía ligeramente en δT

$$C = \lim_{\delta T \to 0} \frac{\delta Q}{\delta T} \tag{7.1}$$

En un proceso reversible, el cambio se puede realizar a presión P o a volumen V constante, de forma que se definen las correspondientes capacidades caloríficas a presión constante C_P y a volumen constante C_V

$$C_P = \left(\frac{\partial Q}{\partial T}\right)_P , \qquad C_V = \left(\frac{\partial Q}{\partial T}\right)_V \tag{7.2}$$

Para encontrar expresiones convenientes de estas dos magnitudes se utilizan los potenciales termodinámicos entalpía H, energía libre de Helmholtz F y energía libre de Gibbs G, dados por

$$H = U + PV , \qquad F = U - TS , \qquad G = F + PV \tag{7.3}$$

donde U es la energía del sistema y S la entropía. Utilizando el Primer principio de la Termodinámica

$$dU = dQ - PdV \tag{7.4}$$

y la entalpía H, se tiene que

$$
\begin{aligned}
C_V &= \left(\frac{\partial Q}{\partial T}\right)_V = \left(\frac{\partial U}{\partial T}\right)_V \\
C_P &= \left(\frac{\partial Q}{\partial T}\right)_P = \left(\frac{\partial U}{\partial T}\right)_P + P\left(\frac{\partial V}{\partial T}\right)_P = \left(\frac{\partial (U + PV)}{\partial T}\right)_P = \left(\frac{\partial H}{\partial T}\right)_P
\end{aligned} \tag{7.5}
$$

Se observa que C_V está relacionada directamente con la energía interna U del sistema, que en el desarrollo armónico es la energía de vibración $\langle E_{vib}(T) \rangle$ (6.26). Por tanto, la comparación de los resultados teóricos de C_V con los experimentales permite confirmar la validez de los potenciales de interacción entre partículas utilizados en el formalismo armónico. Esta comparación presenta, sin embargo, una dificultad: los estudios teóricos conducen a la capacidad calorífica a volumen constante C_V, mientras que los ensayos experimentales determinan la capacidad a presión constante C_P. En la práctica no es posible realizar experimentos manteniendo constante el volumen de un material mientras varía su temperatura ya que se desarrollan fuerzas de dilatación extraordinariamente grandes. Afortunadamente los coeficientes de dilatación de los sólidos son pequeños, de forma que cabe esperar que no haya grandes diferencias entre ambas capacidades, al menos si estamos alejados de la temperatura de fusión. Esta diferencia se analiza más adelante en la sección 7.2. Además, hay que tener en cuenta que la capacidad calorífica total del sólido puede tener otras contribuciones adicionales, normalmente inferiores a la contribución reticular, debidas a los electrones de conducción, defectos cristalinos, efectos magnéticos, etc.

Hay que notar también que estas capacidades son magnitudes extensivas, por lo que hay que expresarlas por unidad de masa (calor específico) o más convenientemente, como se utiliza sistemáticamente aquí, por mol de unidades (bien de celdas unidad primitivas, bien de partículas).

7.1 Capacidad calorífica a volumen constante

La capacidad calorífica reticular a volumen constante viene dada, utilizando (6.26), por

$$C_V(T) = \frac{d\langle E_{vib}(T)\rangle}{dT} = \frac{d}{dT}\left[\int_0^{\omega_{max}} \frac{\hbar\omega}{\exp(\hbar\omega/k_BT)-1}D(\omega)d\omega\right] \qquad (7.6)$$

Nuevamente hay que recurrir al cálculo numérico para desarrollar la integral debido a la complejidad de la función densidad de modos $D(\omega)$. La Figura 7.1(a) muestra el resultado para el argón en la aproximación de muchos vecinos en función de la temperatura absoluta (eje inferior) y de la temperatura reducida (razón entre la temperatura absoluta y la temperatura característica θ_{car}, eje superior). Se observa que a temperaturas altas C_V tiende al valor $3R$ por mol de partículas —derivado directamente del teorema de equipartición de la energía (6.31)—, mientras que a bajas temperaturas tiende a cero como T^3 (Figura 7.1(b)). Esta variación armónica de $C_V(T)$ con T está en excelente acuerdo con los resultados experimentales [1, 2], como se aprecia en la Figura 7.1.

El comportamiento mostrado en la Figura 7.1 es completamente universal en los sólidos, diferenciándose entre ellos en la temperatura característica θ_{car} (6.28) que separa los regímenes de altas y bajas temperaturas. Este hecho se aprecia claramente en la Figura 7.2, donde se recogen valores experimentales para materiales de naturaleza muy diversa: moleculares, metálicos, iónicos y covalentes. Cuando los datos de C_P —la

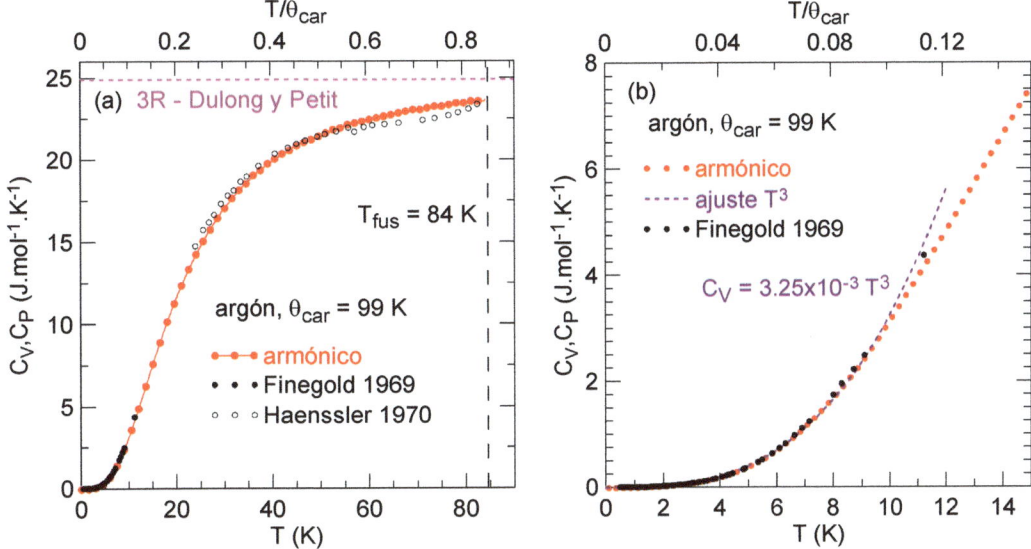

Figura 7.1. (a) Capacidad calorífica del argón (por mol de átomos) en función de la temperatura absoluta y reducida en la aproximación armónica de muchos vecinos. Se muestra el resultado clásico de Dulong y Petit y datos experimentales (Finegold 1969 [1], Haenssler 1970 [2]). (b) Región de bajas temperaturas, mostrando el ajuste de la ley T^3 de Debye

magnitud que realmente se mide— se representan en función de la temperatura reducida T/θ_{car} (la temperatura característica θ_{car} de cada material se ha tomado como su temperatura de Debye, estudiada en el capítulo 10), los valores se agrupan sobre una curva muy bien definida, donde se distinguen los siguientes resultados:

(i) En el estado fundamental $C_V\,(0\,\mathrm{K}) = 0$, de acuerdo con el Tercer principio de la Termodinámica.

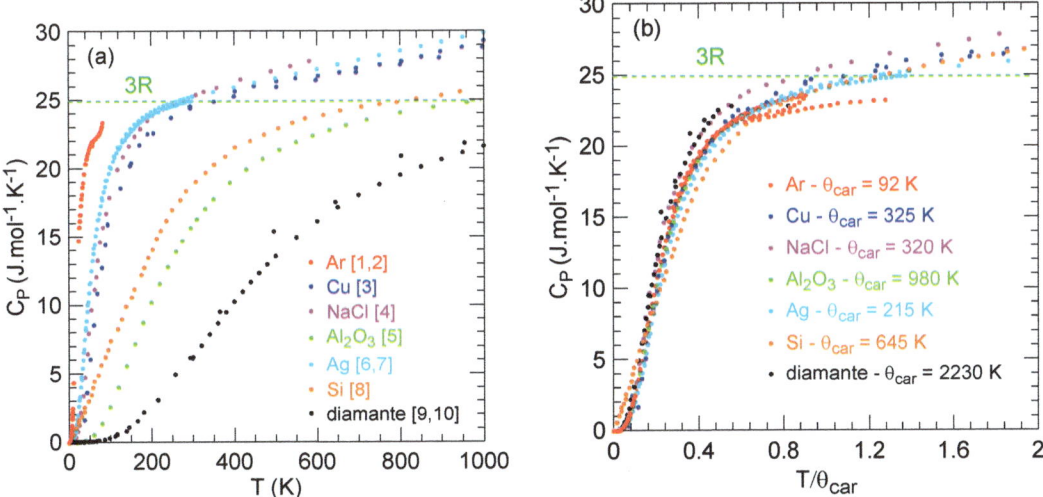

Figura 7.2. Capacidad calorífica a presión constante (por mol de partículas) de diversos sólidos en función de la temperatura (a) absoluta y (b) reducida. Se ha tomado como temperatura característica θ_{car} para cada material su temperatura de Debye.

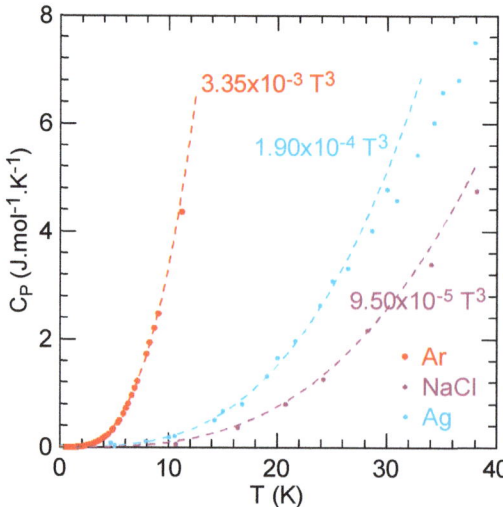

Figura 7.3. Capacidad calorífica a presión constante (por mol de partículas) en el régimen de bajas temperaturas del argón, cloruro sódico y plata. Se muestran los ajustes de la ley T^3.

(ii) Para temperaturas muy bajas (siempre relativas a la temperatura característica θ_{car} del sólido) se encuentra que $C_V(T) \propto T^3$. Este comportamiento se muestra en la Figura 7.3 para varios materiales, y se denomina ley T^3 de Debye en honor de Peter Debye, el primer investigador en explicar este resultado en 1912 (capítulo 10).

(iii) La capacidad calorífica aumenta al aumentar la temperatura tendiendo al valor clásico por partícula de $3k_B$, equivalente a $3N_{Av}k_B = 3R = 24.9\,\mathrm{J\,mol^{-1}\,K^{-1}}$ por mol de partículas (Figura 7.2), que se denomina ley de Dulong y Petit[1] [11]. En el caso del argón (Figura 7.1(a)), el sólido funde antes de alcanzar dicho valor clásico dada la energía de cohesión tan pequeña que tienen los sólidos de tipo van der Waals (2.16). En la mayoría de los sólidos, sin embargo, se entra en el régimen clásico a temperaturas de $200 - 400\,\mathrm{K}$, muy inferiores a su temperatura de fusión.

(iv) La Figura 7.2 muestra que, a las temperaturas más altas, la capacidad calorífica a presión constante excede el valor clásico de Dulong y Petit. Este hecho no es de extrañar ya que los datos experimentales corresponden a medidas a presión constante, mientras que la ley clásica está deducida a volumen constante. Además, cabe esperar que la aproximación armónica pierda validez a las temperaturas más altas (Figura 1.3).

(v) La temperatura característica del sólido separa los regímenes de baja temperatura, que requiere del tratamiento cuántico, y de alta temperatura, donde es válida la ley sencilla de Dulong y Petit.

---

[1] La ley de Dulong y Petit fue enunciada en 1819 sin relación con la constante R, que fue introducida 50 años más tarde.

Como se ha indicado anteriormente, junto a la contribución de las partículas reticulares a la capacidad calorífica del sólido también hay que considerar la contribución de los electrones de conducción en el caso de los metales (junto a otras posibles contribuciones adicionales: magnética, formación de defectos, etc.). Sin embargo, la contribución de los electrones de conducción es extremadamente pequeña y solo se observa a temperaturas muy bajas, por debajo de $5-10\,\mathrm{K}$ (sección 10.4). Aunque despreciable a temperaturas habituales, esta contribución de los electrones supone un éxito de las teorías cuánticas de conducción en sólidos. En semimetales y semiconductores el número de portadores es tan pequeño que no se aprecia su contribución a ninguna temperatura.

De nuevo se pueden obtener expresiones analíticas sencillas de $C_V(T)$ en los intervalos de altas y bajas temperaturas.

- Límite de altas temperaturas $T \gg \theta_{car}$

Utilizando (6.31) se tiene

$$C_V(T \gg \theta_{car}) = \frac{d\langle E_{vib}(T \gg \theta_{car})\rangle}{dT} = 3pNk_B = 3R \qquad (7.7)$$

en el caso de un mol de partículas ($pN = N_{Av}$), reproduciendo la ley de Dulong y Petit.

- Límite de bajas temperaturas $T \ll \theta_{car}$

Utilizando (6.32) se tiene que

$$C_V(T \ll \theta_{car}) = \frac{d\langle E_{vib}(T \ll \theta_{car})\rangle}{dT} = \frac{2\pi^2}{5}\frac{k_B^4 V_{sol}}{\hbar^3 v_s^3}T^3 \qquad (7.8)$$

reproduciendo correctamente la ley experimental T^3 de Debye (Figura 7.3).

La expresión (7.8) permite obtener la velocidad media de las ondas del sonido v_s en el sólido si se conoce su capacidad calorífica a muy bajas temperaturas, que a su vez se puede relacionar con las propiedades elásticas del sólido (4.1). Por ejemplo, para el NaCl (fcc, base diatómica, $a = 5.59\,\text{Å}$ a muy baja temperatura) se encuentra, utilizando el ajuste de la Figura 7.3 y la expresión (7.8), con V_{sol} igual al volumen molar (de partículas) V_m

$$V_m = \frac{N_{Av}a^3}{8} = 1.31 \times 10^{-5}\,\mathrm{m^3/mol} \qquad (7.9)$$

que

$$C_V(T \ll \theta_{car}) = \frac{2\pi^2}{5}\frac{k_B^4 V_m}{\hbar^3 v_s^3}T^3 = 9.50 \times 10^{-5}T^3\,\mathrm{J\,mol^{-1}\,K^{-1}} \qquad \text{(con } T \text{ en K)} \quad (7.10)$$

resultando

$$v_s = 2570 \, \text{m/s} \tag{7.11}$$

Esta velocidad se puede comparar con la obtenida en los ensayos de ultrasonidos, donde se ha encontrado que $v_{sL} = 4500 \, \text{m/s}$ y $v_{sT} = 2600 \, \text{m/s}$ para las ondas longitudinales y transversales, respectivamente, en NaCl policristalino, resultando de (4.7) una velocidad media $v_s = 2890 \, \text{m/s}$. No es de extrañar la diferencia entre ambos valores ya que se han obtenido por métodos diferentes y que, en realidad, corresponden a promedios distintos.

7.2   Capacidad calorífica a presión constante

Las capacidades C_V y C_P (7.5) también se pueden escribir en función de las segundas derivadas de las energías libres F y G. Utilizando las relaciones con la entropía

$$\left(\frac{\partial F}{\partial T}\right)_V = -S\,, \qquad \left(\frac{\partial G}{\partial T}\right)_P = -S \tag{7.12}$$

se tiene que

$$
\begin{aligned}
F &= U - TS = U + T\left(\frac{\partial F}{\partial T}\right)_V \\
G &= F + PV = U - TS + PV = H - TS = H + T\left(\frac{\partial G}{\partial T}\right)_P
\end{aligned} \tag{7.13}
$$

Diferenciando F con respecto a T a volumen constante y G con respecto a T a presión constante, se encuentra

$$
\begin{aligned}
\left(\frac{\partial F}{\partial T}\right)_V &= \left(\frac{\partial U}{\partial T}\right)_V + \left(\frac{\partial F}{\partial T}\right)_V + T\left(\frac{\partial^2 F}{\partial T^2}\right)_V \rightarrow \left(\frac{\partial U}{\partial T}\right)_V = -T\left(\frac{\partial^2 F}{\partial T^2}\right)_V \\
\left(\frac{\partial G}{\partial T}\right)_P &= \left(\frac{\partial H}{\partial T}\right)_P + \left(\frac{\partial G}{\partial T}\right)_P + T\left(\frac{\partial^2 G}{\partial T^2}\right)_P \rightarrow \left(\frac{\partial H}{\partial T}\right)_P = -T\left(\frac{\partial^2 G}{\partial T^2}\right)_P
\end{aligned} \tag{7.14}
$$

de forma que las capacidades vienen dadas por (7.5)

$$
\begin{aligned}
C_V &= \left(\frac{\partial U}{\partial T}\right)_V = -T\left(\frac{\partial^2 F}{\partial T^2}\right)_V \\
C_P &= \left(\frac{\partial H}{\partial T}\right)_P = -T\left(\frac{\partial^2 G}{\partial T^2}\right)_P
\end{aligned} \tag{7.15}
$$

Las expresiones anteriores de C_V y C_P se utilizan dependiendo del formalismo utilizado.

Como se ha indicado, experimentalmente se mide la capacidad calorífica a presión constante ya que la dilatación térmica que acompaña a los cambios de temperatura origina fuerzas extraordinariamente grandes que imposibilitan la medida a volumen constante. Por su parte, los modelos teóricos determinan más fácilmente la energía interna U, que conduce directamente a C_V (7.5). Afortunadamente, la diferencia entre ambas capacidades en los sólidos suele ser pequeña, como se demuestra a continuación.

En primer lugar se escribe la energía interna U en función del volumen V y de la temperatura T. En forma diferencial

$$dU = \left(\frac{\partial U}{\partial V}\right)_T dV + \left(\frac{\partial U}{\partial T}\right)_V dT \tag{7.16}$$

Para la capacidad calorífica interesa la variación con la temperatura a presión constante, de forma que

$$\left(\frac{\partial U}{\partial T}\right)_P = \left(\frac{\partial U}{\partial V}\right)_T \left(\frac{\partial V}{\partial T}\right)_P + \left(\frac{\partial U}{\partial T}\right)_V = \left(\frac{\partial U}{\partial V}\right)_T \left(\frac{\partial V}{\partial T}\right)_P + C_V \tag{7.17}$$

Por otra parte

$$
\begin{aligned}
C_P &= \left(\frac{\partial H}{\partial T}\right)_P = \left(\frac{\partial U}{\partial T}\right)_P + P\left(\frac{\partial V}{\partial T}\right)_P = \left(\frac{\partial U}{\partial V}\right)_T \left(\frac{\partial V}{\partial T}\right)_P + C_V + P\left(\frac{\partial V}{\partial T}\right)_P = \\
&= C_V + \left[\left(\frac{\partial U}{\partial V}\right)_T + P\right]\left(\frac{\partial V}{\partial T}\right)_P
\end{aligned} \tag{7.18}
$$

Por tanto, se tiene que

$$C_P - C_V = \left[\left(\frac{\partial U}{\partial V}\right)_T + P\right]\left(\frac{\partial V}{\partial T}\right)_P \tag{7.19}$$

Utilizando ahora la ecuación de estado para $P = P(V,T)$, que se obtiene de

$$dU = dQ - PdV = TdS - PdV \tag{7.20}$$

y derivando con respecto al volumen a temperatura constante se tiene que

$$\left(\frac{\partial U}{\partial V}\right)_T = T\left(\frac{\partial S}{\partial V}\right)_T - P \tag{7.21}$$

Utilizando también la relación de Maxwell

$$\left(\frac{\partial S}{\partial V}\right)_T = \left(\frac{\partial P}{\partial T}\right)_V \tag{7.22}$$

y sustituyendo las dos expresiones anteriores (7.21) y (7.22) en la diferencia de capacidades (7.19) resulta

$$C_P - C_V = T \left(\frac{\partial P}{\partial T} \right)_V \left(\frac{\partial V}{\partial T} \right)_P \tag{7.23}$$

Con la relación

$$\left(\frac{\partial x}{\partial y} \right)_z = -\frac{(\partial z / \partial y)_x}{(\partial z / \partial x)_y} \tag{7.24}$$

se puede escribir

$$\left(\frac{\partial P}{\partial T} \right)_V = -\frac{(\partial V / \partial T)_P}{(\partial V / \partial P)_T} \tag{7.25}$$

de forma que (7.23) se escribe como

$$C_P - C_V = -T \frac{[(\partial V / \partial T)_P]^2}{(\partial V / \partial P)_T} \tag{7.26}$$

Utilizando finalmente el coeficiente de dilatación en volumen α_V y el coeficiente de compresibilidad isotermo κ_T, que miden respectivamente la variación relativa de volumen del sólido con la temperatura y con la presión

$$\alpha_V = \frac{1}{V} \left(\frac{\partial V}{\partial T} \right)_P , \qquad \kappa_T = -\frac{1}{V} \left(\frac{\partial V}{\partial P} \right)_T \tag{7.27}$$

se encuentra finalmente

$$C_P - C_V = \frac{TV\alpha_V^2}{\kappa_T} = TVB_T\alpha_V^2 \tag{7.28}$$

que se ha escrito también en función del módulo de volumen isotermo B_T, que es el inverso de la compresibilidad

$$B_T = \frac{1}{\kappa_T} = -V \left(\frac{\partial P}{\partial V} \right)_T \tag{7.29}$$

El coeficiente de dilatación suele ser muy pequeño en los sólidos, típicamente de $10^{-5}\,\mathrm{K}^{-1}$ o inferior, de forma que cabe esperar de (7.28) que la diferencia entre la capacidad C_P medida experimentalmente y la capacidad C_V obtenida teóricamente sea pequeña, al menos a temperaturas no muy altas. En el caso particular de un gas ideal la diferencia de capacidades se simplifica a $C_P - C_V = R$, conocida como relación de Mayer.

7.3   Aplicación al cobre

Determinemos la diferencia entre las capacidades a presión y volumen constante (7.28) en el cobre, cuyos datos son bien conocidos a diferentes temperaturas ya que es uno de los materiales más ampliamente utilizados en todos los campos, tanto tradicionales

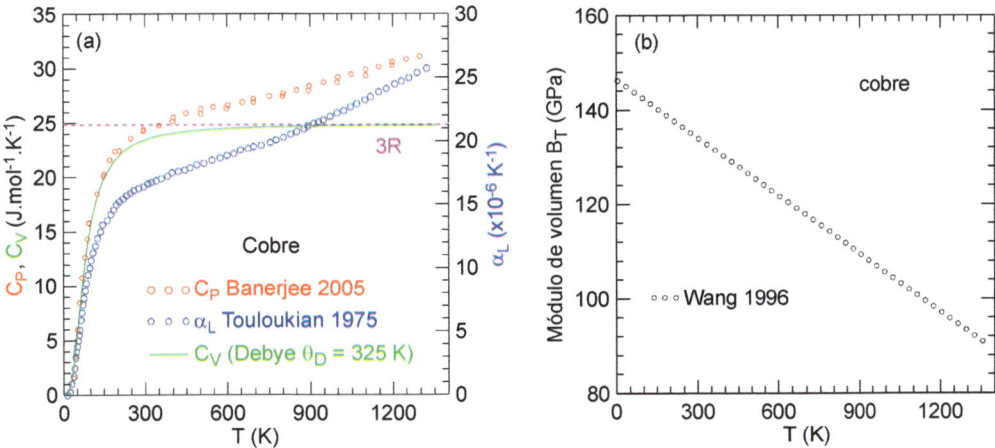

Figura 7.4. Propiedades del cobre en función de la temperatura: (a) capacidad calorífica (por mol de partículas) a presión C_P (Banerjee 2005 [3]) y a volumen C_V constante, y coeficiente de dilatación lineal α_L (Touloukian 1975 [12]); (b) módulo de volumen isotermo B_T (Wang 1996 [13]).

como avanzados. El cobre tiene una red de Bravais fcc de base monoatómica, y su punto de fusión es $T_f = 1358$ K. Se necesitan los valores de la densidad (o del parámetro reticular) para deducir el volumen molar V_m, así como el coeficiente de dilatación α_V y el módulo de volumen B_T. La Figura 7.4 muestra la variación de la capacidad calorífica C_P [3], del coeficiente de dilatación lineal α_L [12] y del módulo de volumen B_T [13] con la temperatura medidos experimentalmente. Como referencia, se muestra también la capacidad calorífica a volumen constante C_V obtenida teóricamente utilizando el modelo de Debye (que se estudia más adelante en el capítulo 10) con una temperatura característica $\theta_D = 325$ K. La relación entre los coeficientes de dilatación en volumen α_V y lineal α_L es simplemente $\alpha_V = 3\alpha_L$ ya que el cobre tiene estructura cúbica. Se observa que C_P supera al valor clásico $C_V = 3R$ por encima de 300 K, creciendo de forma aproximadamente lineal con T.

La Figura 7.5 muestra los valores del parámetro reticular a de la celda unidad fcc deducidos del coeficiente de dilatación lineal α_L (Figura 7.4(a)) y los valores correspondientes del volumen molar V_m. Por su parte, un ajuste del módulo de volumen isotermo con T (Figura 7.4(b)) resulta en

$$B_T(T) = 146.4 - 0.0409T \text{ GPa} \qquad (\text{con } T \text{ en } K) \qquad (7.30)$$

La Figura 7.6(a) muestra la diferencia entre C_P y C_V (7.28) obtenida de los datos anteriores en valor absoluto y en valor relativo. Se observa que la diferencia relativa entre ambas capacidades es inferior al 10% en un intervalo muy amplio de temperaturas, de 0 a 700 K. Por ejemplo, a temperatura ambiente $T = 300$ K se encuentra que $C_P - C_V = 0.66$ J mol^{-1} K^{-1}, que corresponde a una diferencia $\lesssim 3\%$. Cerca de la temperatura de fusión, sin embargo, la diferencia aumenta apreciablemente. Para

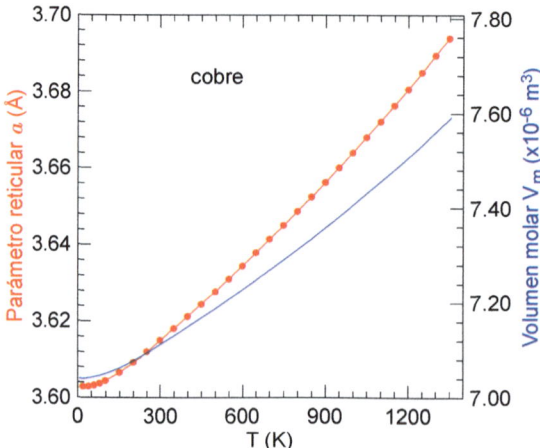

Figura 7.5. Parámetro reticular de la celda fcc (deducido del coeficiente de dilatación) y volumen molar del cobre en función de la temperatura.

otros metales, como el aluminio y la plata, se encuentra que la diferencia relativa a temperatura ambiente es 4 y 2 %, respectivamente.

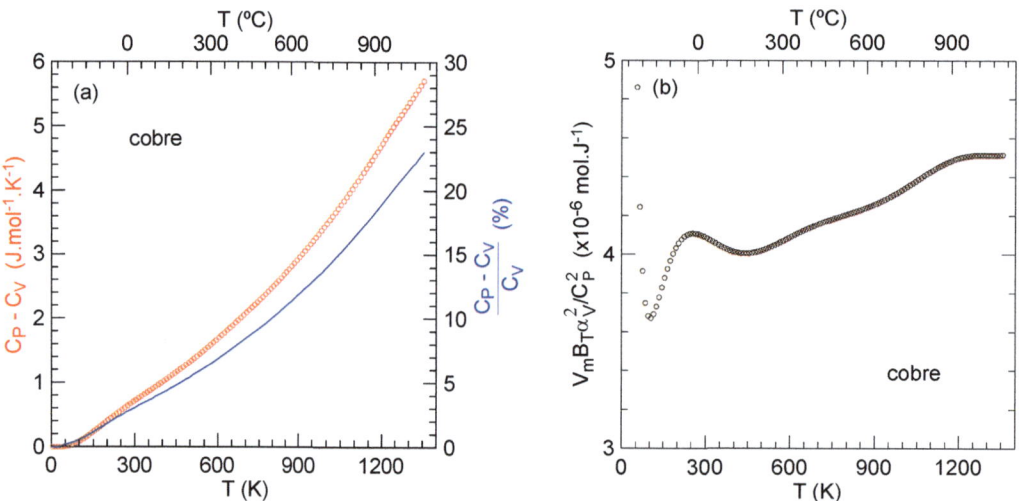

Figura 7.6. (a) Diferencia entre C_P y C_V en cobre en función de la temperatura en valor absoluto (eje izquierdo) y en valor relativo (eje derecho). (b) Valor de A (7.31) en función de la temperatura, resultando un valor aproximado de 4×10^{-6} mol/J en un intervalo muy amplio de temperaturas de interés práctico.

Una forma alternativa de escribir la diferencia (7.28) de capacidades en un sólido es

$$C_P - C_V = AC_P^2 T\, , \qquad \text{con } A = \frac{VB_T\alpha_V^2}{C_P^2} \qquad (7.31)$$

donde se ha encontrado que A es prácticamente independiente de la temperatura en un intervalo muy amplio para muchos materiales; la expresión (7.31) se denomina ecuación de Nernst-Lindemann [14], que data de 1911. Por ejemplo, para el cobre

$A \simeq 4.2 \times 10^{-6}\,\mathrm{mol/J}$ entre 200 y 1200 K (Figura 7.6(b)) y para el wolframio $A \simeq 3.6 \times 10^{-6}\,\mathrm{mol/J}$ entre 300 y 1600 K. En el caso del argón se ha encontrado $A = 1.11 \times 10^{-4}\,\mathrm{mol/J}$ [15]. La ecuación (7.31) permite, por tanto, estimar el valor de la capacidad calorífica a presión constante de un sólido a partir de datos a temperatura ambiente.

Julius Robert von Mayer, 1814 (antiguo
Reino de Wurtemberg) − 1878 (antiguo Imperio Alemán)

Referencias

1. L. Finegold and N.E. Phillips (1969): «Low-Temperature Heat Capacities of Solid Argon and Krypton», *Physical Review*, 177, 1383.

2. F. Haenssler, K. Gamper and B. Serin (1970): «Constant-Volume Specific Heat of Solid Argon», *Journal of Low Temperature Physics*, 3, 23.

3. B. Banerjee (2005): «An evaluation of plastic flow stress models for the simulation of high-temperature and high-strain-rate deformation of metals». DOI: 10.13140/RG.2.1.4289.9285.

4. D.G. Archer (1992): «Thermodynamic Properties of the NaCl+H$_2$O System 1. Thermodynamic Properties of NaCl(cr)», *Journal of Physical and Chemical Reference Data*, 21, 1.

5. G.T. Furukawa, T.B. Douglas, R.E. McCoskey and D.C. Ginnings (1956): «Thermal Properties of Aluminum Oxide From 0° to 1,200° K», *Journal of Research of the National Bureau of Standards*, 57, 67.

6. D. Smith and F.R. Fickett (1995): «Low-Temperature Properties of Silver», *Journal of Research of the National Institute of Standards and Technology*, 100, 119.

7. J.W. Arblaster (2015): «Thermodynamic Properties of Silver», *Journal of Phase Equilibria and Diffusion*, 36, 573.

8. A.S. Okhotin, A.S. Pushkarskii and V.V. Gorbachev (1972): *Thermophysical Properties of Semiconductors*. Moscú: Atom Publ. House.

9. A.C. Victor (1962): «Heat capacity of diamond at high temperatures», *The Journal of Chemical Physics*, 36, 1903.

10. R. Hultgren, P.D. Desai, D.T. Hawkins et al. (1973): *Selected Values of the Thermodynamic Properties of the Elements*. Ohio: American Society for Metals.

11. A-T. Petit et P-L. Dulong (1819): «Recherches sur quelques points importants de la Théorie de la Chaleur», *Annales de Chimie et de Physique*, 10, 395.

12. Y.S. Touloukian, R.K. Kirby, R.E. Taylor and P.D. Desai (1975): *Thermal Expansion: Metallic Elements and Alloys - Thermophysical Properties of Matter vol. 12*. Nueva York: IFI Plenum.

13. K. Wang and R. Reeber (1996): Thermal Expansion of Copper, *High Temperature and Materials Science*, 35, 181.

14. W. Nernst und F.A. Lindemann (1911): «Spezifische Wärme und Quantentheorie», *Zeitschrift für Elektrochemie und angewandte physikalische Chemie*, 17, 817.

15. O.G. Peterson, D.N. Batchelder and R.O. Simmons (1966): «Measurements of X-Ray Lattice Constant, Thermal Expansivity, and Isothermal Compressibility of Argon Crystals», *Physical Review*, 150, 703.

8. Medidas experimentales de las relaciones de dispersión

Las técnicas de espectroscopía donde se intercambia energía y momento entre una radiación incidente —de partículas materiales o bien electromagnética— y las vibraciones atómicas permiten obtener información experimental de las curvas de dispersión $\omega = \omega(\mathbf{q})$ de un sólido. Los métodos más utilizados son la dispersión inelástica de neutrones térmicos (neutrones lentos) y de fotones, normalmente rayos X y luz visible. Los neutrones suministran una información más amplia, extendida a toda la primera zona de Brillouin, que los fotones debido a la forma específica de sus relaciones de energía-momento en comparación con los fonones. Para ambas radiaciones se tiene que

$$
\begin{aligned}
\text{Neutrones:} \quad & E = \frac{p^2}{2m_n} = \frac{\hbar^2 k^2}{2m_n} \\
\text{Fotones:} \quad & E = \hbar\omega = \hbar c k
\end{aligned}
\tag{8.1}
$$

donde $m_n = 1.67 \times 10^{-27}\,\text{kg}$ es la masa del neutrón, c la velocidad de la luz y k el módulo del vector de onda de la partícula correspondiente.

Para que la dispersión de las partículas incidentes sea apreciable —y por tanto fácilmente medible—, el cambio en el vector de onda y en la energía no debe ser muy pequeño comparado con los valores de incidencia. Los fonones tienen frecuencias ω en el intervalo $0 - 10^{14}\,\text{rad/s}$, que corresponden a energías $E = \hbar\omega$ entre 0 y 60 meV, y vectores de onda q en la primera zona de Brillouin variando entre 0 y $\sim \pi/a \simeq 1\,\text{Å}^{-1}$. Estos valores se ajustan muy bien a los neutrones térmicos, que a $T = 300\,\text{K}$ tienen una energía $E = 39\,\text{meV}$, frecuencia $\omega = 1.2 \times 10^{14}\,\text{rad/s}$ y vector de onda $k = 4.3\,\text{Å}^{-1}$.

La situación es muy diferente para la radiación electromagnética. Los fotones visibles tienen una longitud de onda $\lambda \simeq 5 \times 10^3\,\text{Å}$, resultando $k \simeq 10^{-3}\,\text{Å}^{-1}$, $\omega \simeq 10^{15}\,\text{rad/s}$ y $E \simeq 2\,\text{eV}$. Y para rayos X se tiene $\lambda \simeq 1\,\text{Å}$, $k \simeq 5\,\text{Å}^{-1}$, $\omega \simeq 10^{19}\,\text{rad/s}$ y $E \simeq 10^4\,\text{eV}$. Se observa que en el caso de la luz el vector de onda es muy pequeño comparado con el de los fonones, de forma que solo los fonones cercanos al origen de la primera zona de Brillouin pueden participar en el proceso de dispersión. Por su parte, los rayos X tienen energías muy superiores a las de los fonones, lo que dificulta la determinación de los cambios de energía. Sin embargo, el uso de la radiación sincrotrón sí permite resoluciones suficientes para medir las energías fonónicas, como se verá posteriormente.

8.1 Dispersión inelástica de neutrones

Un haz de neutrones que incide sobre un sólido interacciona fuertemente con los núcleos —y muy débilmente con los electrones desapareados a través de su momento magnético— y se dispersa de forma tanto elástica como inelástica. En el primer caso se produce la difracción, que permite el estudio estructural del sólido, y en el segundo caso se obtiene información sobre el espectro de fonones. Si los neutrones incidentes tienen una energía E y un vector de onda $\mathbf{k}$, y los dispersados tienen energía E' y vector de onda $\mathbf{k}'$, en el proceso de dispersión se crean o absorben fonones de energía E_{fon} y vector de onda $\mathbf{q}$, verificándose que

$$E' - E \;=\; \sum_{m=0}^{n} E_{fon}^{m}\left(\omega\left(\mathbf{q},j\right)\right) \tag{8.2a}$$

$$\mathbf{k}' - \mathbf{k} \;=\; \sum_{m=0}^{n} \mathbf{q}^{m}\left(\omega\left(\mathbf{q},j\right)\right) + \mathbf{G}_{hkl} \tag{8.2b}$$

donde el índice m designa el número de fonones (de 0 a n) de frecuencias $\omega\left(\mathbf{q},j\right)$ que participan en el proceso de interacción. La primera expresión (8.2a) es directamente la ley de conservación de la energía. La segunda expresión (8.2b) proviene de la simetría de la interacción neutrón-partícula reticular, que debe ser invariante frente a los vectores de traslación —la red de Bravais— del sólido[1] [1, 2]. Multiplicando (8.2b) por $\hbar$ se tiene

$$\hbar\mathbf{k}' - \hbar\mathbf{k} = \sum_{m=0}^{n} \hbar\mathbf{q}^{m}\left(\omega\left(\mathbf{q},j\right)\right) + \hbar\mathbf{G}_{hkl} \tag{8.3}$$

que recibe el nombre formal de ley de conservación del momento cristalino o ley de conservación del cuasimomento por su parecido con la ley de conservación del momento real de un sistema[2]. Pero a diferencia de esta última, que proviene de la invariancia de traslación completa del espacio, la ley de conservación del cuasimomento proviene de una simetría reducida, la correspondiente a las traslaciones reticulares del sólido. Se puede asociar así un momento $\hbar\mathbf{q}$ a los fonones de vector de onda $\mathbf{q}$. Sin embargo, las vibraciones atómicas no están acompañadas por transferencia de masa (excepto para $\mathbf{q} = 0$, que corresponde a un movimiento de traslación uniforme de todo el sólido) y,

---

[1]Este resultado no debe de extrañar ya que, por las propiedades de periodicidad en el espacio recíproco de las frecuencias de vibración y los desplazamientos atómicos (1.50), los vectores de onda $\mathbf{q}$ de los modos físicamente diferentes están definidos dentro de la primera zona de Brillouin, es decir, dentro de un vector recíproco $\mathbf{G}_{hkl}$ del sólido.

[2]El momento real de una partícula libre de vector de onda $\mathbf{k}$ es $\mathbf{p} = \hbar\mathbf{k}$.

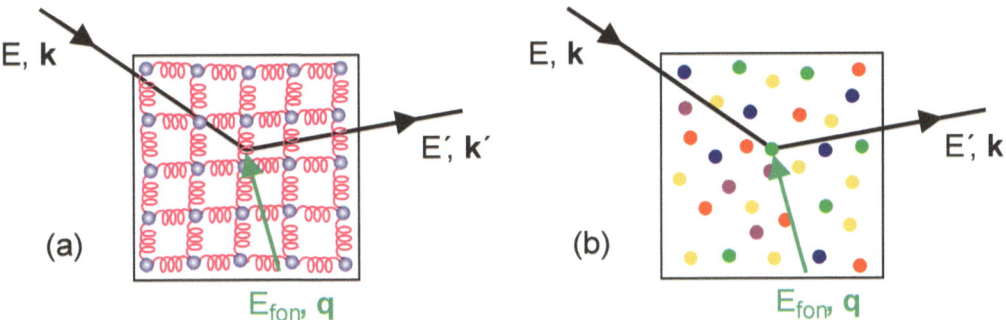

Figura 8.1. (a) Esquema de dispersión inelástica de neutrones. Los neutrones incidentes tienen energía E y vector de onda $\mathbf{k}$, y son dispersados con energía E' y vector de onda $\mathbf{k}'$ al absorber un fonón de energía $E_{fon} = \hbar\omega$ y vector de onda $\mathbf{q}$. (b) Representación corpuscular.

por tanto, el momento real de los fonones es cero. Por este motivo, $\hbar\mathbf{q}$ se denomina momento cristalino o cuasimomento del fonón.

Se pueden distinguir los siguientes casos de dispersión:

• **Dispersión sin participación de fonones**

Se tiene de (8.2) que

$$
\begin{aligned}
E' &= E \\
\hbar\mathbf{k}' - \hbar\mathbf{k} &= \hbar\mathbf{G}_{hkl} \rightarrow \Delta\mathbf{k} = \mathbf{G}_{hkl}
\end{aligned}
\tag{8.4}
$$

Es decir, la dispersión es elástica y se encuentra la condición de Laue de la difracción, permitiendo obtener información sobre la estructura cristalina del sólido de la misma forma que con rayos X.

• **Dispersión por un fonón**

En el caso de interacción de los neutrones con absorción o creación de un fonón del modo normal $(\mathbf{q}, j)$ se tiene de (8.2) que

$$
\begin{aligned}
E' - E &= \pm\hbar\omega\,(\mathbf{q}, j) \\
\hbar\mathbf{k}' - \hbar\mathbf{k} &= \pm\hbar\mathbf{q} + \hbar\mathbf{G}_{hkl}
\end{aligned}
\tag{8.5}
$$

donde el signo $\pm$ corresponde a la absorción/creación del fonón. Este tipo de dispersión monofonónica es la más interesante ya que permite obtener directamente información del espectro de vibración atómico al medir las magnitudes E, E', $\mathbf{k}$ y $\mathbf{k}'$ del experimento de dispersión (Figura 8.1). Variando estas magnitudes se puede muestrear toda la zona de Brillouin, obteniendo los resultados que se muestran en la Figura 3.4, por ejemplo, y permiten validar las curvas fonónicas obtenidas por análisis numérico

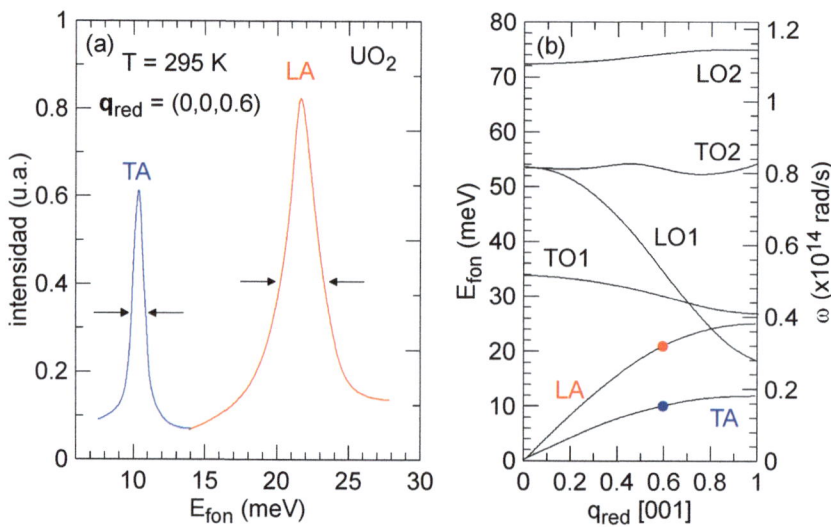

Figura 8.2. (a) Espectro de dispersión inelástica de neutrones en UO$_2$ a temperatura ambiente para un vector de onda fijo. Se muestra el número relativo de neutrones dispersados en función de la variación de energía entre los neutrones dispersados e incidentes. (b) Curvas fonónicas en la dirección [001], mostrando la posición de los fonones absorbidos. (Adaptado de [3], con permiso.)

de los potenciales de interacción interatómicos.

La Figura 8.2(a) muestra el espectro de dispersión inelástica de neutrones en UO$_2$ a temperatura ambiente en función de la variación de energía entre los neutrones dispersados e incidentes para un vector de onda reducido (1.56) fijo de valor $\mathbf{q}_{red} = (0,0,0.6)$ [3]. Se observa la presencia de dos picos bien definidos, que corresponden a la absorción de fonones de energías 10.4 y 21.2 meV. Estos fonones corresponden a las ramas acústica transversal TA y acústica longitudinal LA, respectivamente, como se muestra en la Figura 8.2(b) para la dirección [001]. El óxido de uranio tiene una base estructural de tres iones, por lo que presenta nueve ramas fonónicas, tres acústicas y seis ópticas; en la dirección [001], las ramas transversales acústica TA y ópticas TO1 y TO2 están doblemente degeneradas. Se observa el acuerdo excelente entre los resultados experimentales y numéricos.

La Figura 8.2(a) también muestra que los picos fonónicos están ensanchados, con semianchuras a media altura ΔE de valores 0.5 y 1.5 meV, respectivamente. Cabría esperar que los picos fuesen completamente nítidos ya que se corresponden con la absorción de fonones de una energía determinada. Este sería el caso de un sólido armónico ideal, pero en los sólidos reales tienen lugar procesos de dispersión de los fonones con defectos cristalográficos, electrones y otros fonones (estos mecanismos se estudian con detalle en la sección 26.4), que originan el ensanchamiento de los picos (Figura 8.3). Aún así sigue siendo válido el concepto de fonón, aunque asignándole una vida media finita. La relación de este tiempo medio entre colisiones $\tau(\mathbf{q},j)$ del modo

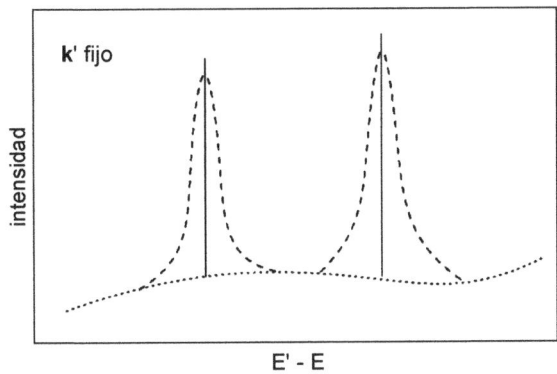

Figura 8.3. Esquema de dispersión inelástica de neutrones para una dirección de dispersión dada. Se muestran picos monofonónicos ideales (líneas continuas) que se ensanchan (líneas discontinuas) en un sólido real debido a la dispersión con defectos (imperfecciones cristalinas, electrones y otros fonones). El fondo continuo (línea punteada) corresponde a dispersión multifonónica.

$(\mathbf{q},j)$ y su semianchura $\Delta E\,(\mathbf{q},j)$ viene dada por el Principio de incertidumbre

$$\tau\,(\mathbf{q},j) \simeq \frac{\hbar}{\Delta E\,(\mathbf{q},j)} = \frac{1}{\Delta\omega\,(\mathbf{q},j)} \tag{8.6}$$

resultando valores de 1.3 ps para el modo TA y 0.44 ps para el LA. El análisis de las anchuras de los picos fonónicos permite estudiar con detalle los mecanismos de dispersión fonón-defecto, fonón-electrón y fonón-fonón, ya que todas estas interacciones contribuyen a ensanchar los picos. Además permite estudiar estas contribuciones en función de la temperatura, ya que usualmente los picos se ensanchan y se desplazan a energías más bajas a medida que aumenta la temperatura [4].

• **Dispersión por varios fonones**

Consideremos el caso particular donde el neutrón incidente de energía E y vector de onda $\mathbf{k}$ absorbe dos fonones de energías $\hbar\omega_1\,(\mathbf{q}_1,j_1)$ y $\hbar\omega_2\,(\mathbf{q}_2,j_2)$ y vectores de onda $\mathbf{q}_1$ y $\mathbf{q}_2$, respectivamente. Las leyes de conservación de la energía y cuasimomento (8.2) requieren que la energía y el vector de onda del neutrón dispersado sean

$$E' = E + \hbar\omega_1\,(\mathbf{q}_1,j_1) + \hbar\omega_2\,(\mathbf{q}_2,j_2) \tag{8.7a}$$

$$\hbar\mathbf{k}' = \hbar\mathbf{k} + \hbar\mathbf{q}_1 + \hbar\mathbf{q}_2 + \hbar\mathbf{G}_{hkl} \tag{8.7b}$$

Se observa que el número de leyes es insuficiente para determinar los modos de vibración participantes en la dispersión. Es más, para cualquier dirección de detección dada, los neutrones dispersados tienen una distribución continua de energías que provienen de las posibles combinaciones de energías de los dos fonones participantes, dando lugar a un fondo continuo en el espectro de dispersión de neutrones (Figura 8.3). Notar que los picos de la Figura 8.2(a) se encuentran sobre este fondo generado por los procesos multifonónicos. Este resultado no está restringido al caso de absorción de dos fonones considerado aquí, siendo válido para cualquier proceso que involucre dos o más fonones.

8.2   Dispersión inelástica de fotones

Las leyes anteriores de conservación de la energía y del momento cristalino se aplican igualmente a la dispersión inelástica de fotones por fonones. Se puede distinguir la dispersión de fotones de rayos X y visibles.

• Dispersión de rayos X

Los rayos X con longitudes de onda comparables a las distancias interatómicas permiten muestrear toda la primera zona de Brillouin. Tienen energías del orden de $10\,\mathrm{keV}$, cinco órdenes de magnitud superiores a las energías fonónicas que, como máximo, son de $100\,\mathrm{meV}$. Este tipo de medidas no es posible con rayos X convencionales ya que su resolución no es mejor que $1\,\mathrm{eV}$. Sin embargo, las fuentes de radiación sincrotrón permiten resoluciones suficientes para estudiar excitaciones de baja energía como es el caso de las vibraciones atómicas.

Como ejemplo, la Figura 8.4(a) muestra este tipo de medidas en grafito, donde se observa la absorción de un fonón LO próximo al origen de la primera zona de Brillouin ($q_{red} = 0.023$) en la dirección ΓK (Figura 8.5) con una energía de $195\,\mathrm{meV}$ [5].

El grafito es altamente anisótropo (sección 19.4), cristalizando con red hexagonal y cuatro átomos por celda unidad. Los vectores básicos son

$$\boldsymbol{a} = a\left(\frac{\sqrt{3}}{2}\mathbf{i} - \frac{1}{2}\mathbf{j}\right)\,, \quad \mathbf{b} = a\mathbf{j}\,, \quad \mathbf{c} = c\mathbf{k}\,, \quad \alpha = \beta = 90^{\circ}\,, \quad \gamma = 120^{\circ} \qquad (8.8)$$

con parámetros $a = 2.46\,\text{Å}$ y and $c = 6.71\,\text{Å}$. La distancia entre primeros vecinos en el plano (a, b) vale $\sqrt{3}a/3 = 1.42\,\text{Å}$ y la distancia entre capas vecinas es $c/2 = 3.35\,\text{Å}$.

Los vectores básicos recíprocos son

$$\boldsymbol{a}^* = \frac{2\sqrt{3}}{3a}\mathbf{i}\,, \quad \mathbf{b}^* = \frac{1}{a}\left(\frac{\sqrt{3}}{3}\mathbf{i} + \mathbf{j}\right)\,, \quad \mathbf{c}^* = \frac{1}{c}\mathbf{k}\,, \quad \alpha^* = \beta^* = 90^{\circ}\,, \quad \gamma^* = 60^{\circ} \quad (8.9)$$

que definen los vectores recíprocos del sólido

$$\mathbf{G}_{hkl} = 2\pi\,(h\boldsymbol{a}^* + k\mathbf{b}^* + l\mathbf{c}^*) = 2\pi\left[\frac{\sqrt{3}}{3a}\,(2h + k)\,\mathbf{i} + \frac{1}{a}k\mathbf{j} + \frac{1}{c}l\mathbf{k}\right]\,, \quad h, k, l \in \mathbb{Z} \quad (8.10)$$

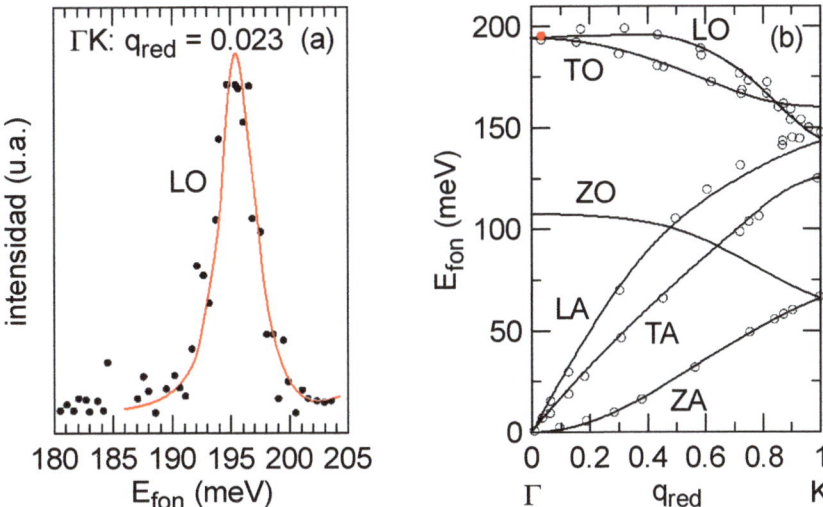

Figura 8.4. (a) Espectro de dispersión inelástica de rayos X en grafito para un vector de onda fijo en la dirección ΓK (adaptado de [5], con permiso). Se muestra el número relativo de fotones dispersados en función de la variación de energía entre fotones incidentes y dispersados. El pico corresponde a la absorción de un fonón óptico longitudinal. (b) Curvas fonónicas en la dirección ΓK del grafito obtenidas por análisis numérico de los potenciales de interacción (líneas continuas), junto con datos experimentales por dispersión inelástica de rayos X (adaptado de [6], con permiso). Se muestra en rojo el modo LO de (a). L y T son los modos longitudinales y transversales en el plano (a, b); Z son los modos perpendiculares al plano.

La Figura 8.5 muestra la primera zona de Brillouin de esta red hexagonal donde se han marcado algunos puntos de alta simetría. Las distancias entre estos puntos son

$$\Gamma K = \frac{4\pi}{3a}, \qquad \Gamma M = \frac{2\pi\sqrt{3}}{3a}, \qquad \Gamma A = \frac{\pi}{c} \tag{8.11}$$

El grafito presenta doce ramas de dispersión, tres acústicas y nueve ópticas, estando la mayoría de ellas doblemente degeneradas. La Figura 8.4(b) muestra estas curvas en la dirección ΓK obtenidas de las constantes de fuerza entre átomos (líneas continuas, donde L, T y Z designan, respectivamente, los modos longitudinales y transversales en

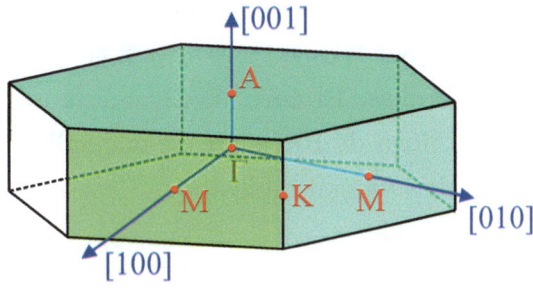

Figura 8.5. Primera zona de Brillouin de una red hexagonal. Se indican algunos puntos de alta simetría de la zona.

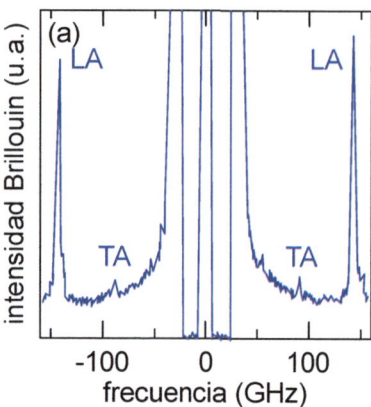
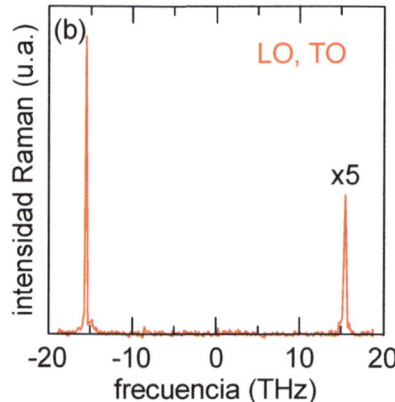

Figura 8.6. Espectros de (a) Brillouin y (b) Raman de silicio a temperatura ambiente. Se representa el número relativo de fotones dispersados frente a la variación de frecuencia de los fotones incidentes. LA, TA, LO y TO representan los modos longitudinal y transversal acústicos y ópticos. Notar la diferencia en frecuencia entre ambos procesos de dispersión. La línea anti-Stokes en (b) está ampliada x5 para una mejor visualización. (Adaptado de [7], con permiso.)

el plano (a, b) y los modos perpendiculares al plano), así como datos experimentales (puntos) obtenidos por rayos X [6]; en rojo se detalla el fonón LO medido en (a). Se observa que el acuerdo entre resultados numéricos y experimentales es excelente.

• Dispersión de fotones visibles

En este caso se tienen resoluciones de energía de hasta 10^{-8} eV, pero debido a su gran longitud de onda $\lambda \sim 5000$ Å solo permite estudiar fonones cercanos al centro de la zona de Brillouin. Si la absorción/emisión de fonones son de tipo acústico de baja frecuencia se denomina dispersión de Brillouin, y dispersión de Raman si los fonones involucrados son acústicos de frecuencia intermedia o bien ópticos.

La Figura 8.6 muestra los espectros de Brillouin y de Raman para el silicio a temperatura ambiente [7], con picos correspondientes a procesos monofonónicos. Si los fotones emitidos tienen una frecuencia ω' menor que los fotones incidentes ω, el proceso corresponde a la creación de un fonón de frecuencia $\omega_{fon} = \omega - \omega'$, y se denomina componente (o línea) de Stokes. En el caso contrario se tiene la absorción de un fonón, y forma la componente anti-Stokes. El caso de $\omega' = \omega$ corresponde a la dispersión elástica de fotones, y forma la línea de Rayleigh. Se encuentra [2] que las intensidades de las líneas Stokes y anti-Stokes vienen dadas por

$$
\begin{aligned}
\text{Stokes:} \quad & I\left(\omega' = \omega - \omega_{fon}\right) \propto \langle n\left(\omega_{fon}, T\right)\rangle + 1 \\
\text{anti-Stokes:} \quad & I\left(\omega' = \omega + \omega_{fon}\right) \propto \langle n\left(\omega_{fon}, T\right)\rangle
\end{aligned} \tag{8.12}
$$

donde $\langle n\left(\omega_{fon}, T\right)\rangle$ es la función de Planck (6.24). La razón entre ambas líneas es

$$\frac{I\left(\omega' = \omega + \omega_{fon}\right)}{I\left(\omega' = \omega - \omega_{fon}\right)} = \exp\left(-\frac{\hbar\omega_{fon}}{k_B T}\right) \tag{8.13}$$

que es menor que la unidad para cualquier temperatura.

El espectro de Brillouin de la Figura 8.6(a) muestra dos picos, que se corresponden con un fonón acústico longitudinal LA en la dirección [110] y un fonón acústico transversal TA en la dirección [001]. En el espectro de Raman (Figura 8.6(b)) se observa un solo pico fonónico correspondiente a modos ópticos LO y TO degenerados cercanos al centro de la zona de Brillouin [7]. La comparación de ambos espectros muestra que la razón entre las líneas de anti-Stokes y Stokes (8.13) es próxima a la unidad para la dispersión de Brillouin y mucho más pequeña para la dispersión de Raman. La diferencia se explica correctamente por las frecuencias tan diferentes de los fonones involucrados en cada proceso de dispersión (notar la diferencia de unidades del eje de abscisas entre ambos espectros), que dan lugar a números de ocupación fonónica $\langle n\left(\omega_{fon}, T\right)\rangle$ también muy diferentes. Así, para los fonones LA de frecuencia $f_{fon} = 142\,\text{GHz}$ del espectro de Brillouin se tiene que $\langle n\left(\omega_{fon}, 300\,\text{K}\right)\rangle = 43.7$, de forma que la diferencia de una unidad en las intensidades de ambas líneas (8.12) no es relevante. O bien directamente de (8.13) se encuentra que $\hbar\omega_{fon} = 9.3 \times 10^{-5}\,\text{eV} \ll k_B T = 2.6 \times 10^{-2}\,\text{eV}$, resultando una razón prácticamente igual a 1. Por su parte, para el fonón de $f = 15.7\,\text{THz}$ del espectro de Raman resulta $\langle n\left(\omega_{fon}, 300\,\text{K}\right)\rangle = 0.089$, de forma que la diferencia de una unidad en las intensidades de ambas líneas es muy apreciable; directamente de (8.13) se encuentra que la razón es 0.082. Estos resultados también indican que los espectros de Brillouin son relativamente independientes de la temperatura, mientras que los de Raman son más sensibles a variaciones de temperatura, lo que permite su utilización como sensores de temperatura local.

Ya que las frecuencias de los fotones visibles son muy superiores a las frecuencias fonónicas $\omega, \omega' \gg \omega_{fon}$, la dispersión es cuasielástica, en el sentido de que los módulos de los vectores de onda de los fotones incidentes y dispersados son prácticamente iguales $k \simeq k'$. Por la ley de conservación del momento cristalino (8.2b), con $\mathbf{G}_{hkl} = 0$ en este caso, se tiene que el módulo del vector de onda del fonón creado o absorbido es (Figura 8.7)

$$q \simeq 2nk\,\text{sen}\,\frac{\phi}{2} = 2\frac{n\omega}{c}\,\text{sen}\,\frac{\phi}{2} \tag{8.14}$$

donde ϕ es el ángulo de dispersión, n el índice de refracción del sólido —ya que el proceso tiene lugar dentro del material—, ω la frecuencia de los fotones incidentes y c la velocidad de la luz. En el caso de dispersión de Brillouin la frecuencia del fonón es proporcional al vector de onda a través de la velocidad del sonido $\omega_{fon} = v_s q$, de forma que

$$\omega_{fon}(\mathbf{q}, j) = 2v_s^j \frac{n\omega}{c}\,\text{sen}\,\frac{\phi}{2}\,, \qquad j = \text{LA,TA1,TA2} \tag{8.15}$$

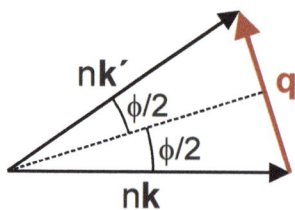

Figura 8.7. Esquema del proceso cuasielástico de dispersión de Brillouin, con $k \simeq k'$, correspondiente a la absorción de un fonón de vector de onda $\mathbf{q}$ (anti-Stokes). Si se invierte $\mathbf{q}$ corresponde a la emisión de un fonón (Stokes).

La dispersión de Brillouin se puede entender fácilmente como una reflexión de Bragg de los fotones incidentes de longitud de onda λ por las ondas acústicas del sólido, cuya velocidad v_s es muy pequeña en comparación la de los fotones (Figura 8.8). En este caso, el espaciado d de esta rejilla efectiva de difracción es su longitud de onda $\lambda_{fon} = 2\pi/q$, de forma que la ley de Bragg se escribe como

$$2\lambda_{fon} \operatorname{sen} \frac{\phi}{2} = \frac{\lambda}{n}$$

$$2\frac{2\pi}{q} \operatorname{sen} \frac{\phi}{2} = \frac{2\pi}{nk} \rightarrow q = 2nk \operatorname{sen} \frac{\phi}{2} \tag{8.16}$$

como se ha obtenido antes (8.14). Y dado que las ondas acústicas se mueven con velocidad v_s, la luz dispersada sufre un desplazamiento Doppler en la frecuencia, exhibiendo un doblete para un ángulo ϕ dado por

$$\omega \pm \omega_{fon} = \omega \pm 2n\omega \frac{v_s}{c} \operatorname{sen} \frac{\phi}{2} \tag{8.17}$$

como se encontró anteriormente (8.15).

La dispersión de Brillouin también permite estudiar otros fenómenos relacionados con

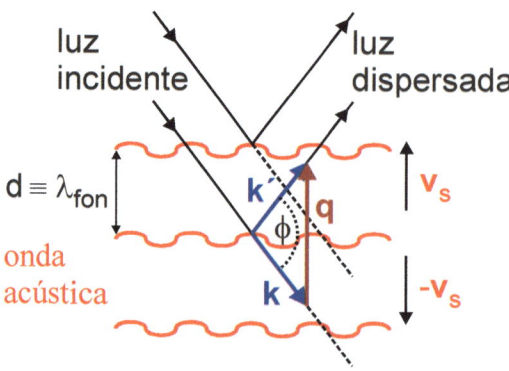

Figura 8.8. Esquema de la difracción de Bragg de fotones incidentes por una rejilla móvil de ondas acústicas de espaciado efectivo d igual a su longitud de onda λ_{fon} y velocidad de propagación $\pm\mathbf{v}_s$.

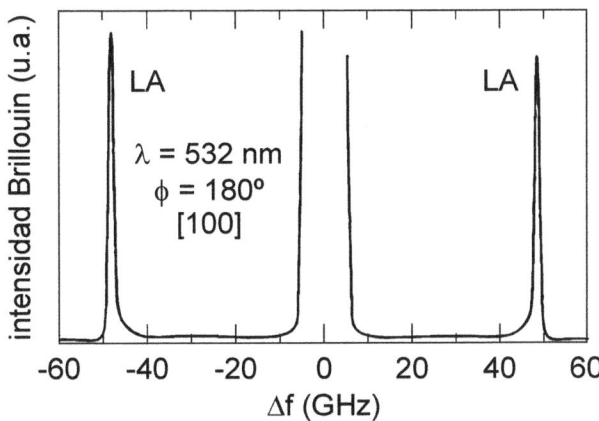

Figura 8.9. Espectro de Brillouin de $PbZrO_3$ dopado con Nb. Los picos corresponden a un modo acústico longitudinal propagándose en la dirección [100]. (Adaptado de [8], con permiso.)

las vibraciones atómicas, como las transiciones de fase ferroeléctricas o las propiedades elásticas. Como ejemplo, la Figura 8.9 muestra el espectro obtenido en circonato de plomo dopado con niobio a $400\,°C$ [8], un material antiferroeléctrico, donde se observa un modo acústico longitudinal de frecuencia $\omega_{fon} = 2\pi f_{fon} = 2\pi \times 48\,\text{GHz} = 3.02 \times 10^{11}\,\text{rad/s}$ propagándose en la dirección [100]. El espectro se obtuvo con fotones retrodispersados ($\phi = 180°$ en (8.14)) con una longitud de onda inicial $\lambda = 532\,\text{nm}$, correspondiente a $k = 1.18 \times 10^{-3}\,\text{Å}^{-1}$. El índice de refracción de este compuesto vale $n = 2.40$, de forma que el vector de onda del fonón absorbido/emitido vale (8.14) $q = 2n\omega/c = 4\pi n/\lambda = 5.67 \times 10^{-3}\,\text{Å}^{-1}$, prácticamente en el centro de la zona de Brillouin (el límite se encuentra en $\simeq 1\,\text{Å}^{-1}$).

Aparte de estudiar la evolución de estos modos con la temperatura para determinar las características de la transición de fase, estos experimentos también permiten estudiar las constantes elásticas efectivas del material (4.8) —y por tanto los módulos elásticos— ya que se puede obtener la velocidad de las ondas acústicas una vez determinados el vector de onda y la frecuencia de los fonones. En concreto, para el ejemplo de la Figura 8.9 se tiene que

$$v_{sL}^{[100]} = \frac{\omega_{fon}}{q_{fon}} = 5330\,\text{m/s} = \sqrt{\frac{C_{11}}{\rho}} \rightarrow C_{11} \simeq 200\,\text{GPa} \tag{8.18}$$

donde se ha utilizado (4.9) y una densidad másica $\rho \simeq 7000\,\text{kg/m}^3$. Variando las condiciones del experimento se obtienen las restantes constantes elásticas necesarias para la determinación de los módulos elásticos (Tabla 4.1).

Chandrasekhara Venkata Raman, 1888 (antigua
India Británica) – 1970 (India)

Referencias

1. N.W. Ashcroft and N.D. Mermin (1976): *Solid State Physics*. Nueva York: Holt, Rinehart and Winston.

2. M. Dove (1993): *Introduction to Lattice Dynamics*. Cambridge: Cambridge University Press.

3. J.W.L. Pang, W.J.L. Buyers, A. Chernatynskiy, M.D. Lumsden, B.C. Larson and S.R. Phillpot (2013): «Phonon Lifetime Investigation of Anharmonicity and Thermal Conductivity of UO_2 by Neutron Scattering and Theory», *Physical Review Letters*, 110, 157401.

4. A. Glensk, B. Grabowski, T. Hickel, J. Neugebauer, J. Neuhaus, K. Hradil, W. Petry and M. Leitner (2019): «Phonon Lifetimes throughout the Brillouin Zone at Elevated Temperatures from Experiment and Ab Initio», *Physical Review Letters*, 123, 235501.

5. J. Maultzsch, S. Reich, C. Thomsen, H. Requardt and P. Ordejón (2004): «Phonon Dispersion in Graphite», *Physical Review Letters*, 92, 075501.

6. M. Mohr, J. Maultzsch, E. Dobardžić, S. Reich, I. Milošević, M. Damnjanović, A. Bosak, M. Krisch and C. Thomsen (2007): «Phonon dispersion of graphite by inelastic x-ray scattering», *Physical Review B*, 76, 035439.

7. K.S. Olsson, N. Klimovich, K. An, S. Sullivan, A. Weathers, L. Shi and X.Li (2015): «Temperature dependence of Brillouin light scattering spectra of acoustic phonons in silicon», *Applied Physics Letters*, 106, 051906.

8. D. Kajewski, S.H. Oh, J.H. Ko, A. Majchrowski, A. Bussmann-Holder, R. Sitko and K. Roleder (2022): «Brillouin light scattering in niobium doped lead zirconate single crystal», *Scientific Reports*, 12, 13066.

9. Modelo de Einstein de vibraciones reticulares

La determinación de las relaciones de dispersión $\omega = \omega_j(\mathbf{q})$ en los sólidos (con $\mathbf{q}$ los vectores de onda permitidos en la primera zona de Brillouin y $j = 1, 2, \dots 3p$ las ramas de dispersión, siendo p el número de partículas de la base estructural) y de las propiedades térmicas asociadas requiere del conocimiento previo de las fuerzas de interacción entre partículas, que generalmente no son fáciles de determinar. Existen dos modelos que utilizan relaciones de dispersión muy simples: el modelo de Einstein (1907) [1], que fue el primero en aplicar la cuantización de Planck de la energía a las vibraciones atómicas y se trata en este capítulo; y el modelo de Debye (1912) [2], ampliamente utilizado hoy en día, que se tratará en el capítulo 10. El modelo de Einstein admite que todos los átomos del sólido vibran de forma independiente en las tres direcciones del espacio con una única frecuencia ω_E, denominada frecuencia de Einstein. A pesar de su extraordinaria simplicidad, este modelo permite comprender y reproducir de una forma relativamente aceptable la variación de la capacidad calorífica de los sólidos, que aumenta desde cero para $T = 0\,\mathrm{K}$ hasta $3pR$ (ley de Dulong y Petit) a temperaturas altas (Figura 7.2); de hecho, fue la primera prueba de las ideas cuánticas aplicadas a sólidos, por lo que Einstein también puede considerarse como uno de los fundadores de la Física del Estado Sólido.

9.1 Densidad de modos

Un sólido con p átomos de base estructural y N celdas unidad primitivas se comporta, en la aproximación armónica, como una colección de $3pN$ modos independientes. En el modelo de Einstein existe una única frecuencia de oscilación ω_E, de forma que la función densidad de modos (5.4) se simplifica a

$$D(\omega) = 3pN\delta(\omega = \omega_E) \tag{9.1}$$

La Figura 9.1 compara las frecuencias permitidas y las densidades de modos de vibración en la aproximación armónica (Figuras 3.4 y 5.4) y en este modelo para el argón sólido, donde se ha tomado $\omega_E = 9.7 \times 10^{12}\,\mathrm{rad/\,s}$. Hay que señalar que no es posible determinar esta frecuencia de Einstein ni experimental ni teóricamente ya que este

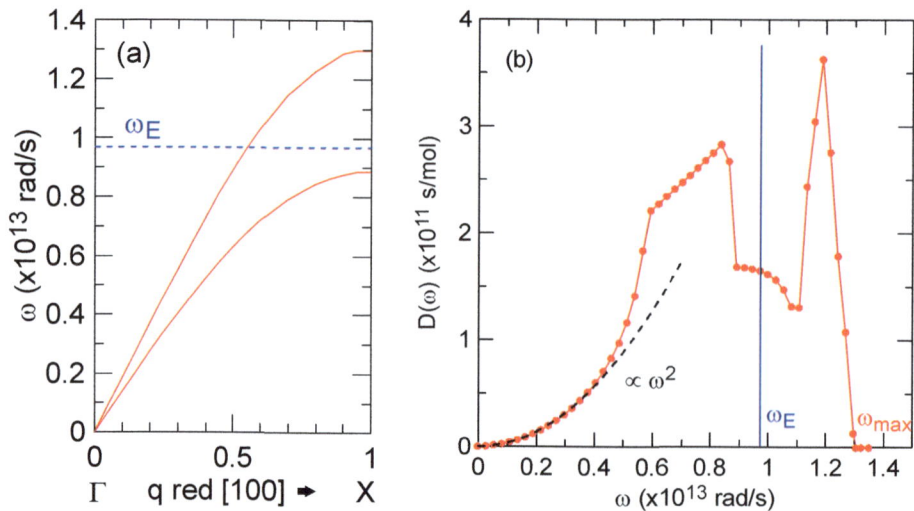

Figura 9.1. Comparación de (a) las relaciones de dispersión y (b) la densidad de modos en argón obtenidas en la aproximación armónica (en rojo) y en el modelo de Einstein (en azul).

modelo no reproduce exactamente ninguna propiedad donde aparezca ω_E. Es habitual asignarle un valor de $0.7 - 0.8$ veces la frecuencia de Debye ω_D (capítulo 10), que sí se puede obtener de forma experimental por diversos métodos.

9.2   Energía y capacidad calorífica reticular

La energía de vibración del sólido en equilibrio térmico a una temperatura T (6.26) se reduce en este modelo a sumar $3pN$ veces la energía media de un oscilador de frecuencia ω_E

$$
\begin{aligned}
\langle E_{vib}(T) \rangle &= \int_0^{\omega_{max}} D(\omega)\hbar\omega \left[\frac{1}{\exp\left(\hbar\omega/k_BT\right) - 1} + \frac{1}{2} \right] d\omega = \\
&= 3pN\hbar\omega_E \left[\frac{1}{\exp\left(\hbar\omega_E/k_BT\right) - 1} + \frac{1}{2} \right] = \\
&= \frac{3}{2}pN\hbar\omega_E + 3pN\frac{\hbar\omega_E}{\exp\left(\hbar\omega_E/k_BT\right) - 1}
\end{aligned}
\tag{9.2}
$$

Es conveniente introducir, igual que se hizo en el estudio armónico (6.28), la temperatura característica de este modelo, la temperatura de Einstein θ_E, definida por

$$
\hbar\omega_E = k_B\theta_E \rightarrow \theta_E = \frac{\hbar\omega_E}{k_B}
\tag{9.3}
$$

Es importante notar nuevamente que no es una temperatura real del sólido, sino la temperatura mínima a la que debe estar el sistema atómico para que su energía de vibración sea similar a su energía clásica. Por tanto, por encima de θ_E —régimen de altas temperaturas— se puede tratar al sólido de forma clásica mediante el teorema de equipartición de la energía; por debajo —régimen de bajas temperaturas— se debe utilizar el tratamiento cuántico. Los valores típicos de θ_E están en el intervalo $150 - 300\,\mathrm{K}$, aunque en algunos casos se encuentran valores mucho más altos; por ejemplo, $515\,\mathrm{K}$ en silicio y $1785\,\mathrm{K}$ en diamante. La Tabla 9.1 muestra los valores de θ_E de algunos materiales.

La energía de vibración (9.2) se escribe en función de esta temperatura característica θ_E como

$$\langle E_{vib}(T)\rangle = \frac{3}{2}pNk_B\theta_E + 3pN\frac{k_B\theta_E}{\exp(\theta_E/T) - 1} = E_{vib}^o + \langle E_{vib}^T(T)\rangle \qquad (9.4)$$

El primer sumando es la energía del punto cero E_{vib}^o

$$E_{vib}^o = \frac{3}{2}pNk_B\theta_E \qquad (9.5)$$

que es muy similar, dentro de un factor $3/2$, a la energía E_{vib}^o del estudio armónico (6.30). Para la plata, por ejemplo, con $\theta_E = 170\,\mathrm{K}$, se tiene para un mol de partículas (que coincide con el número de celdas unidad primitivas ya que $p = 1$)

$$E_{vib}^o = \frac{3}{2}N_{Av}k_B\theta_E = \frac{3}{2}R\theta_E = 2120\,\mathrm{J/\,mol} = 22.0\,\mathrm{meV/part.} \qquad (9.6)$$

Y para el argón, con $\theta_E = 74\,\mathrm{K}$ y $p = 1$ se tiene que

$$E_{vib}^o = \frac{3}{2}N_{Av}k_B\theta_E = \frac{3}{2}R\theta_E = 0.81\,\mathrm{kJ/\,mol} = 8.4\,\mathrm{meV/part.} \qquad (9.7)$$

en excelente acuerdo con el valor armónico (6.27).

El segundo sumando de (9.4) depende de T

$$\langle E_{vib}^T(T)\rangle = 3pN\frac{k_B\theta_E}{\exp(\theta_E/T) - 1} \qquad (9.8)$$

y por tanto contribuye a la capacidad calorífica. Por mol de celdas unidad primitivas se escribe como

$$\langle E_{vib}^T(T)\rangle = 3pR\frac{\theta_E}{\exp(\theta_E/T) - 1} \qquad (9.9)$$

Tabla 9.1. Valores de la temperatura de Einstein para materiales seleccionados. Se ha tomado $\theta_E = 0.8\theta_D$, donde θ_D es la temperatura de Debye (capítulo 10).

	Ar	Cu	NaCl	Al$_2$O$_3$	Ag	Si	grafito	diamante
$\theta_E\,(\mathrm{K})$	74	245	255	785	170	515	330	1785

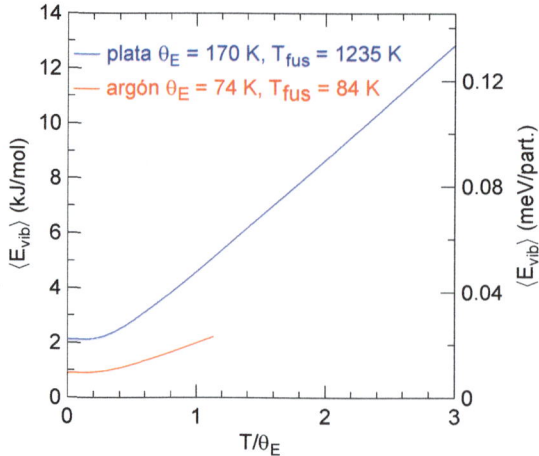

Figura 9.2. Energía media de vibración (por mol de partículas y por partícula) de la plata y el argón en el modelo de Einstein.

La Figura 9.2 muestra la energía de vibración media de Einstein en función de la temperatura reducida T/θ_E para la plata y el argón. Como ya se encontró en la aproximación armónica (6.2), la energía del punto cero tiene una contribución importante a la energía total.

La capacidad calorífica a volumen constante C_V en este modelo es, derivando (9.8) respecto de la temperatura,

$$C_V\left(T\right) = \frac{d\left\langle E_{vib}\left(T\right)\right\rangle}{dT} = 3pNk_B\left(\frac{\theta_E}{T}\right)^2\frac{\exp\left(\theta_E/T\right)}{\left[\exp\left(\theta_E/T\right)-1\right]^2} \qquad (9.10)$$

Puesto que $C_V\left(T\right)$ depende exclusivamente de la razón θ_E/T, su representación es una curva universal cuando se representa en función de la temperatura reducida, como se muestra en la Figura 9.3.

A pesar de la crudeza del modelo, reproduce de forma relativamente adecuada el comportamiento real de los sólidos como se muestra en las Figuras 9.4(a) y (c) para la plata y el argón, respectivamente. Para temperaturas altas, aproximadamente $T/\theta_E \gtrsim 1.5$ (Figura 9.3), la capacidad calorífica es una constante de valor $3R$ por mol de partículas, de acuerdo con la ley clásica de Dulong y Petit. A medida que la temperatura disminuye, C_V también disminuye hasta anularse para $T = 0\,\mathrm{K}$, en contradicción con el resultado clásico. Este comportamiento muestra claramente los efectos cuánticos a bajas temperaturas sobre las propiedades de un sistema. La temperatura de Einstein permite, por tanto, separar el intervalo clásico de altas temperaturas del intervalo cuántico de bajas temperaturas. Sin embargo, la propia simplicidad del modelo, con una frecuencia única de vibración para todos los átomos, no permite reproducir exactamente la ley T^3 de Debye a muy bajas temperaturas, sino que decae mucho más rápidamente, de forma exponencial (Figuras 9.4(b),(d)).

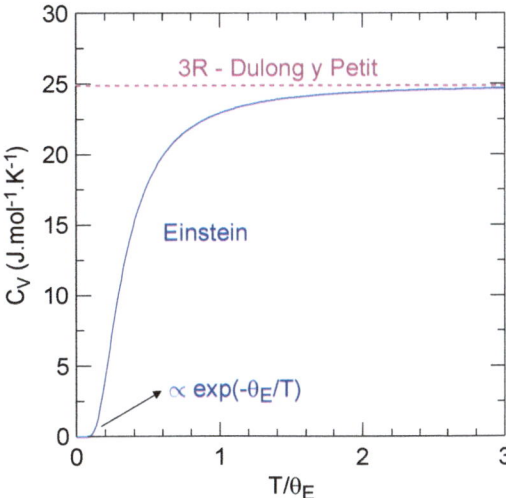

Figura 9.3. Capacidad calorífica a volumen constante por mol de partículas en función de la temperatura reducida en el modelo de Einstein. Es una curva universal, independientemente del sólido. A muy bajas temperaturas $T/\theta_E \lesssim 0.1$ decae como $\exp\left(-\theta_E/T\right)$; a altas temperaturas $T/\theta_E \gtrsim 1.5$ tiende a $3R$.

Se pueden encontrar expresiones sencillas de la energía de vibración (9.4) y de la capacidad calorífica de Einstein (9.10) en los límites de altas y bajas temperaturas.

• Límite de altas temperaturas $T \gg \theta_E \to k_B T \gg k_B \theta_E = \hbar \omega_E$

Simplificando (9.4) se tiene

$$
\begin{aligned}
\langle E_{vib}\left(T \gg \theta_E\right)\rangle &\simeq \frac{3}{2}pNk_B\theta_E + 3pN\frac{k_B\theta_E}{1+(\theta_E/T)-1} = \\
&= 3pNk_B\theta_E\left(\frac{1}{2}+\frac{T}{\theta_E}\right) \simeq 3pNk_BT = 3RT
\end{aligned}
\tag{9.11}
$$

para un mol de partículas ($pN = N_{Av}$), reproduciendo el resultado clásico de equipartición de la energía como cabía esperar. Y la capacidad calorífica es

$$
C_V(T \gg \theta_E) = 3pNk_B = 3R
\tag{9.12}
$$

por mol de partículas, obteniendo la ley de Dulong y Petit.

• Límite de bajas temperaturas $T \ll \theta_E \to k_B T \ll k_B \theta_E = \hbar \omega_E$

En este caso

$$
\langle E_{vib}\left(T \ll \theta_E\right)\rangle \simeq 3pNk_B\theta_E\left[\frac{1}{2}+\exp\left(-\frac{\theta_E}{T}\right)\right]
\tag{9.13}
$$

y la capacidad calorífica viene dada por

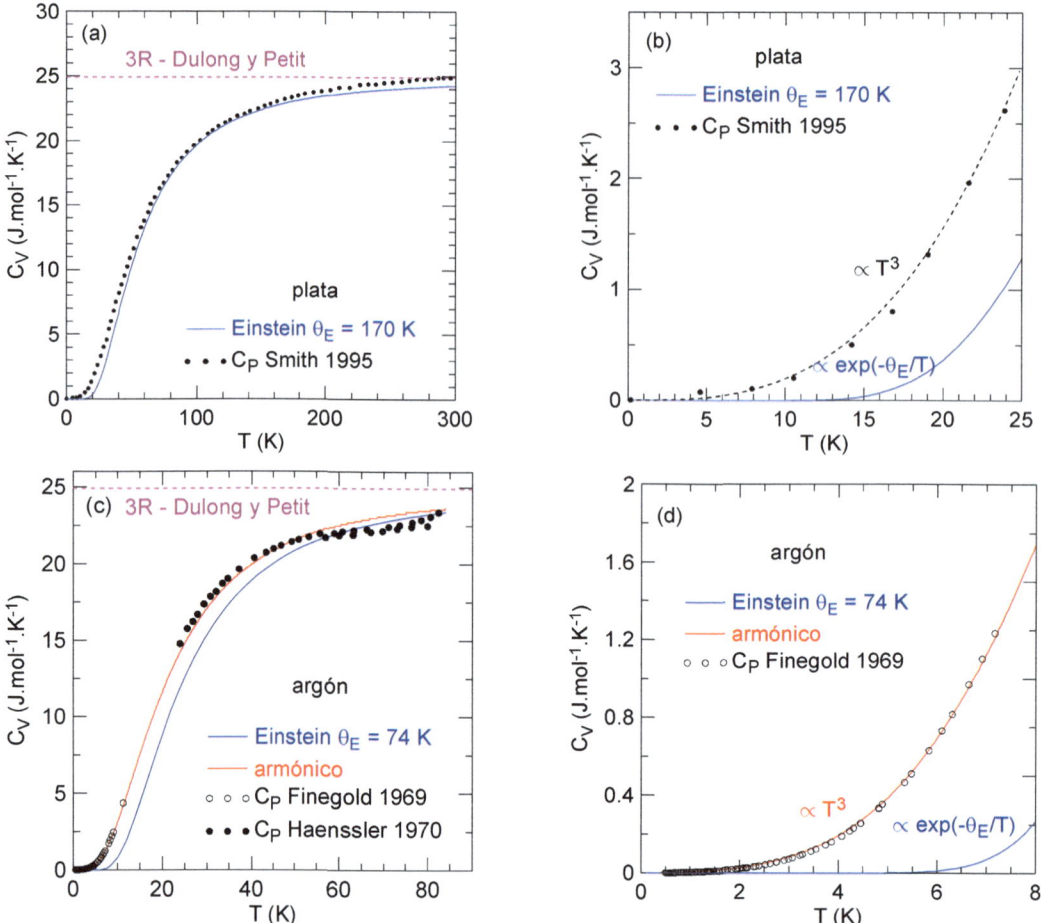

Figura 9.4. Variación de la capacidad calorífica en función de la temperatura: (a) y (b) plata; (c) y (d) argón. Se compara el modelo de Einstein con resultados experimentales (Smith 1995 [3], Finegold 1969 [4], Haenssler 1970 [5]) y con el desarrollo armónico para muchos vecinos en argón. En (b) y (d) se muestra la región de muy bajas temperaturas.

$$C_V\left(T \ll \theta_E\right) \simeq 3pNk_B \left(\frac{\theta_E}{T}\right)^2 \exp\left(-\frac{\theta_E}{T}\right) \tag{9.14}$$

que predice una caída exponencial hacia $C_V \to 0$ cuando $T \to 0$.

Ambos resultados de este modelo, el valor constante de Dulong y Petit a altas temperaturas y la caída exponencial a bajas temperaturas, eran esperables ya que:

(i) A temperaturas suficientemente altas, la contribución media de cada modo de frecuencia ω_E (6.23) a la energía del sólido tiene el mismo valor

$$
\begin{aligned}
\langle E_{\omega_E}\rangle &= \left[\frac{1}{\exp\left(\hbar\omega_E/k_BT\right)-1} + \frac{1}{2}\right]\hbar\omega_E \simeq \left[\frac{1}{1+\left(\hbar\omega_E/k_BT\right)-1} + \frac{1}{2}\right]\hbar\omega_E = \\
&= \left(\frac{k_BT}{\hbar\omega_E} + \frac{1}{2}\right)\hbar\omega_E \simeq k_BT
\end{aligned}
\tag{9.15}
$$

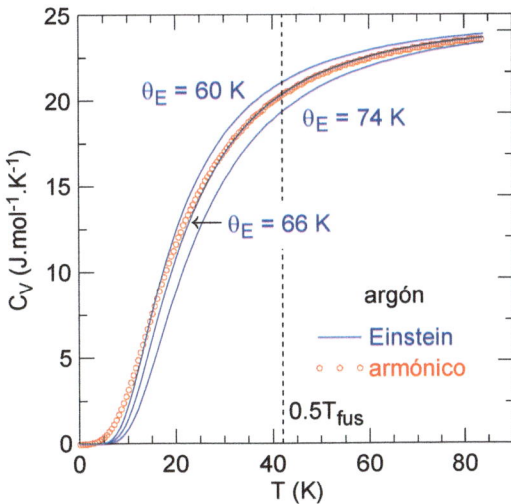

Figura 9.5. Ajuste de la capacidad calorífica del argón al modelo de Einstein a la temperatura $T = 0.5 T_{fus}$.

y la energía total de los $3pN$ modos es simplemente la suma de $3pN$ términos de valor $k_B T$. La capacidad calorífica es, por tanto, independiente de la temperatura e igual a $3pNk_B = 3R$ por mol de partículas.

(ii) A temperaturas suficientemente bajas, la contribución de cada modo es

$$
\begin{aligned}
\langle E_{\omega_E} \rangle &= \left[\frac{1}{\exp\left(\hbar\omega_E / k_B T \right) - 1} + \frac{1}{2} \right] \hbar\omega_E \simeq \left[\exp\left(-\frac{\hbar\omega_E}{k_B T} \right) + \frac{1}{2} \right] \hbar\omega_E = \\
&= \left[\exp\left(-\frac{\theta_E}{T} \right) + \frac{1}{2} \right] k_B \theta_E
\end{aligned}
\tag{9.16}
$$

que decae exponencialmente hasta anularse, quedando solamente el término $k_B\theta_E/2$, que no participa en la capacidad calorífica. En el desarrollo armónico, por el contrario, siempre existen modos de energía inferior a $k_B T$ por muy pequeña que sea la temperatura —precisamente los modos acústicos lineales de gran longitud de onda—, que contribuyen a la energía de vibración y, por tanto, suavizan la caída de la capacidad calorífica hacia cero.

Para determinar la temperatura de Einstein de un sólido es necesario ajustar la predicción de $C_V(T)$ del modelo (9.10) —o de otra propiedad— a una temperatura arbitraria con los resultados experimentales. Como ejemplo, se pueden utilizar de referencia los valores de C_V obtenidos de la teoría armónica en argón (Figura 7.1), que coinciden muy bien con los resultados experimentales (Figura 3.4), y ajustar el modelo a, por ejemplo, $T = T_{fus}/2 = 42\,\mathrm{K}$ como se muestra en la Figura 9.5. Se encuentra el mejor ajuste para $\theta_E = 66\,\mathrm{K}$, que corresponde a una frecuencia de vibración

$$
\omega_E = \frac{k_B \theta_E}{\hbar} = 7.89 \times 10^{12}\,\mathrm{rad/s}
\tag{9.17}
$$

Dada la arbitrariedad de esta elección, lo habitual es asignar a la temperatura de Einstein un valor $\theta_E = 0.7 - 0.8\theta_D$ relativo a la temperatura de Debye, como se verá más adelante (sección 10.3).

Referencias

1. A. Einstein (1907): «Die Plancksche Theorie der Strahlung und die Theorie der spezifischen Wärme», *Annalen der Physik*, 327, 180.

2. P. Debye (1912): «Zur Theorie der spezifischen Wärme», *Annalen der Physik*, 4, 789.

3. D. Smith and F.R. Fickett (1995): «Low-Temperature Properties of Silver», *Journal of Research of the National Institute of Standards and Technology*, 100, 119.

4. L. Finegold and N.E. Phillips (1969): «Low-Temperature Heat Capacities of Solid Argon and Krypton», *Physical Review*, 177, 1383.

5. F. Haenssler, K. Gamper and B. Serin (1970): «Constant-Volume Specific Heat of Solid Argon», *Journal of Low Temperature Physics*, 3, 23.

Albert Einstein, 1878 (antiguo Imperio
Alemán) – 1955 (Estados Unidos)

10. Modelo de Debye de vibraciones reticulares

Este modelo se usa ampliamente hoy en día en el estudio de las propiedades térmicas de los sólidos debido a su simplicidad y a sus aceptables resultados a bajas y altas temperaturas. De hecho, la temperatura característica de este modelo, la temperatura de Debye θ_D, es una referencia esencial en el estudio del comportamiento térmico y de otras propiedades de los materiales. El modelo de Debye (1912) [1] considera que las partículas reticulares vibran de forma colectiva, no independientemente como en el modelo de Einstein (capítulo 9), pero no tiene en cuenta la estructura discreta y ordenada del cristal[1]. El sólido se considera, por tanto, como un medio elástico continuo —es decir, la longitud de onda de las oscilaciones colectivas λ es muy superior a la distancia interatómica— e isótropo, de forma que existen tres relaciones de dispersión no dispersivas (Figura 10.1) correspondientes a la propagación de ondas de gran longitud de onda —las ondas de sonido estudiadas en el capítulo 4— dadas por

$$\omega_L = v_{sL}q \, , \qquad \omega_{T1} = \omega_{T2} = v_{sT}q \tag{10.1}$$

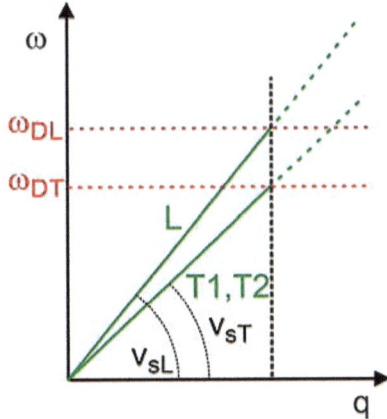

Figura 10.1. Relaciones de dispersión en el modelo de Debye. Las frecuencias de corte son las frecuencias de Debye longitudinal ω_{DL} y transversal ω_{DT}, que se suelen simplificar a un valor común si se considera una velocidad de propagación promedio para los modos L y T.

---

[1]En ese año mismo año Laue y colaboradores [2] descubrieron la difracción de rayos X para caracterizar la estructura cristalina de los sólidos.

donde v_{sL} y v_{sT} son las velocidades longitudinal L y transversal T (doblemente degenerada T1 y T2) del sonido en el sólido, independientes de la dirección de propagación ya que no tiene en cuenta el carácter anisótropo del cristal. Los pN átomos del sólido se sustituyen por un conjunto de $3pN$ modos normales independientes entre sí, con frecuencias variando entre 0 y una frecuencia de corte máxima denominada frecuencia de Debye (Figura 10.1) que garantiza que el número de modos es finito. Como se verá más adelante, la frecuencia de Debye ω_{DL} de los modos longitudinales y la frecuencia de Debye ω_{DT} de los modos transversales se suelen reducir a un solo valor, la frecuencia de Debye ω_D del sólido, utilizando una velocidad de propagación única v_s para ambos tipos de modos (4.7).

La suposición de un medio homogéneo isótropo no afecta a la cuantización de los valores permitidos del vector de onda $\mathbf{q}$ impuesta por las condiciones de contorno, de forma que la distribución y densidad $D(\mathbf{q})$ de vectores de onda permitidos no se altera. De acuerdo con las condiciones de contorno de Born-von Kármán (sección 1.6), los vectores de onda permitidos tienen la forma (1.36)

$$\mathbf{q} = q_x\mathbf{i} + q_y\mathbf{j} + q_z\mathbf{k} = \frac{2\pi}{L_x}m_x\mathbf{i} + \frac{2\pi}{L_y}m_y\mathbf{j} + \frac{2\pi}{L_z}m_z\mathbf{k}\,, \qquad m_x, m_y, m_z \in \mathbb{Z} \qquad (10.2)$$

con L_x, L_y y L_z las dimensiones macroscópicas del sólido, que tiene un volumen $V_{sol} = L_xL_yL_z$. Los vectores de onda permitidos se distribuyen de forma homogénea en el espacio de Fourier ocupando los vértices de paralelepípedos de aristas $2\pi/L_x$, $2\pi/L_y$ y $2\pi/L_z$ (Figura 1.6). El volumen $V_\mathbf{q}$ correspondiente a cada $\mathbf{q}$ permitido es

$$V_\mathbf{q} = \frac{2\pi}{L_x}\frac{2\pi}{L_y}\frac{2\pi}{L_z} = \frac{(2\pi)^3}{V_{sol}} \qquad (10.3)$$

por lo que la densidad de vectores de onda $D(\mathbf{q})$ es

$$D(\mathbf{q}) = \frac{1}{V_\mathbf{q}} = \frac{V_{sol}}{(2\pi)^3} \qquad (10.4)$$

Es muy importante notar que la densidad de vectores de onda permitidos en el espacio de Fourier es una constante, lo que simplifica en gran medida los desarrollos posteriores. También hay que tener en cuenta que a cada vector de onda $\mathbf{q}$ le corresponden tres modos de vibración independientes, uno longitudinal L y dos transversales T1 y T2 (en este caso degenerados), de forma que el volumen asociado a cada modo normal es

$$V_{\mathrm{modo}} = \frac{1}{3}V_\mathbf{q} \qquad (10.5)$$

Dada la forma de las relaciones de dispersión utilizadas por el modelo de Debye (10.1), cabe esperar que a bajas temperaturas se obtengan los resultados del estudio armónico, ya que se corresponde con la parte lineal de las ramas acústicas para $\mathbf{q}$ cercano al origen de la primera zona de Brillouin (Figura 4.1); en particular, cabe esperar que reproduzca la dependencia con T^3 de la capacidad calorífica a muy bajas temperaturas. Y también se espera que a temperaturas suficientemente altas se reproduzcan los resultados clásicos ya que los $3pN$ modos contribuyen con $k_B T$ a la energía de vibración del sólido, independientemente de la forma exacta de la relación de dispersión, como ya se ha visto anteriormente (9.15).

10.1   Densidad de modos

Se van a determinar las expresiones de la energía de vibración y de la capacidad calorífica en este modelo. Para ello es necesario determinar en primer lugar la función densidad de modos $D(\omega)$, cuya expresión general es (5.4)

$$D(\omega) = \frac{V_{sol}}{(2\pi)^3} \int_{S_\omega} \frac{dS_\omega}{|\nabla_{\mathbf{q}} \omega|} \tag{10.6}$$

Las relaciones de dispersión del modelo (10.1) dependen solo del módulo del vector de onda q, no de su dirección, por lo que las superficies de frecuencia constante S_ω son esferas (Figura 5.5). Entonces, la densidad de modos para cada polarización es

$$
\begin{aligned}
D_i(\omega) &= \frac{V_{sol}}{(2\pi)^3} \frac{1}{v_{si}} \int_{S_\omega} dS_\omega = \frac{V_{sol}}{(2\pi)^3} \frac{1}{v_{si}} 4\pi q^2 = \\
&= \frac{V_{sol}}{2\pi^2} \frac{\omega^2}{v_{si}^3}, \qquad i = \text{L,T}(\equiv \text{T1,T2})
\end{aligned}
\tag{10.7}
$$

Y la densidad total de modos es

$$D(\omega) = D_L(\omega) + 2D_T(\omega) = \frac{V_{sol}}{2\pi^2} \left(\frac{1}{v_{sL}^3} + \frac{2}{v_{sT}^3} \right) \omega^2 = \frac{3V_{sol}}{2\pi^2} \frac{\omega^2}{v_s^3} \tag{10.8}$$

donde v_s es una velocidad promedio de los modos longitudinal y transversales (4.7)

$$\frac{1}{v_s^3} = \frac{1}{3} \left(\frac{1}{v_{sL}^3} + \frac{2}{v_{sT}^3} \right) \tag{10.9}$$

La frecuencia máxima de vibración, denominada frecuencia de Debye ω_D, se obtiene considerando que el número total de modos permitidos es igual a $3pN$, de forma que

$$3pN = \int_0^{\omega_D} D(\omega)\, d\omega \tag{10.10}$$

Desarrollando esta expresión con (10.8) se encuentra

$$3pN = \frac{3V_{sol}}{2\pi^2} \frac{1}{v_s^3} \int_0^{\omega_D} \omega^2 d\omega = \frac{V_{sol}}{2\pi^2} \frac{\omega_D^3}{v_s^3}$$

$$\rightarrow \omega_D = \left(6\pi^2 \frac{pN}{V_{sol}} v_s^3\right)^{1/3} = \left(6\pi^2 n_{at}\right)^{1/3} v_s \qquad (10.11)$$

donde $n_{at} = pN/V_{sol}$ es la densidad atómica del sólido. Tomando valores típicos de $n_{at} = 5 \times 10^{28}\,\mathrm{m^{-3}}$ y $v_s = 3000\,\mathrm{m/s}$ se encuentra que $\omega_D \simeq 5 \times 10^{13}\,\mathrm{rad/s}$, similar a las frecuencias máximas encontradas en el estudio armónico (Figura 1.7(a)).

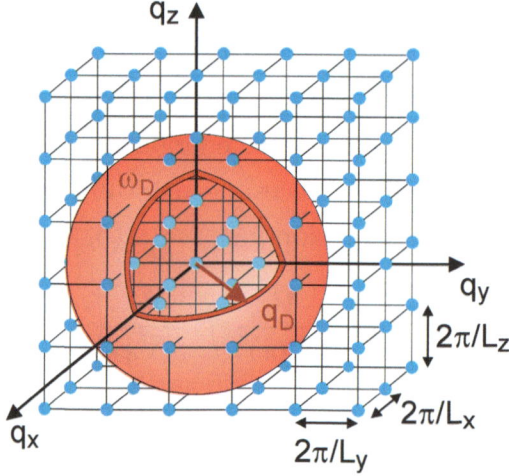

Figura 10.2. Esfera de Debye de frecuencia ω_D y radio q_D que contiene los $3pN$ modos de vibración permitidos. Atención a las escalas, ya que la esfera contiene $\sim 10^{23}$ paralelepípedos.

De forma alternativa, la frecuencia de corte se puede determinar fácilmente mediante consideraciones geométricas. Dado que las superficies de frecuencia constante son esferas, los $3pN$ modos permitidos deben estar contenidos en el interior de una esfera, denominada esfera de Debye, con un radio q_D, el radio de la esfera de Debye, de volumen $V_D = (4/3)\pi q_D^3$ (Figura 10.2). Como cada modo ocupa un volumen $V_{\mathbf{q}}/3$ del espacio de Fourier (10.5), se tiene que

$$3pN = \frac{V_D}{V_{\mathbf{q}}/3} = \frac{\frac{4}{3}\pi q_D^3}{\frac{1}{3}\frac{(2\pi)^3}{V_{sol}}} = \frac{V_{sol}}{2\pi^2} q_D^3$$

$$\rightarrow q_D = \left(6\pi^2 \frac{pN}{V_{sol}}\right)^{1/3} = \left(6\pi^2 n_{at}\right)^{1/3} \qquad (10.12)$$

Y de la relación de dispersión lineal (10.1) se tiene que

$$\omega_D = v_s q_D = \left(6\pi^2 n_{at}\right)^{1/3} v_s \qquad (10.13)$$

como se ha encontrado anteriormente (10.11).

Como ejemplo, se va a determinar la frecuencia de Debye ω_D del argón a partir de las velocidades del sonido. Este sólido presenta una estructura fcc de base monoatómica (Figura 2.1) con parámetro reticular $a = 5.40\,\text{Å}$, de forma que la densidad atómica es

$$n_{at} = \frac{4}{a^3} = 2.54 \times 10^{28}\,\text{m}^{-3} \tag{10.14}$$

Las velocidades longitudinal y transversal en argón a muy bajas temperaturas valen $v_{sL} = 1640\,\text{m/s}$ y $v_{sT} = 944\,\text{m/s}$ [3], resultando una velocidad promedio (10.9) $v_s = 1048\,\text{m/s}$. Sustituyendo en (10.11), se encuentra finalmente que

$$\omega_D = 1.20 \times 10^{13}\,\text{rad/s} \tag{10.15}$$

Este valor es muy próximo al encontrado en el análisis armónico (Figura 3.4).

Como ya se ha comentado, algunos desarrollos del modelo de Debye introducen dos frecuencias de Debye distintas (Figura 10.1), una para los modos longitudinales y otra para los modos transversales, relacionadas con las correspondientes velocidades del sonido (10.1). Esta distinción no aporta ninguna mejora al modelo, por lo que se va a seguir utilizando una única frecuencia de corte para las tres ramas de dispersión.

La densidad de modos (10.8) se escribe en función de ω_D (10.11) como

$$D(\omega) = 9pN\frac{\omega^2}{\omega_D^3}\,, \qquad 0 \leqslant \omega \leqslant \omega_D \tag{10.16}$$

que se representa en la Figura 10.3 junto al modelo de Einstein y la aproximación armónica para el argón. Conviene notar, como ya se ha indicado, que la dependencia cuadrática de $D(\omega)$ con ω en este modelo coincide con la dependencia de $D(\omega)$ armónica a bajas frecuencias (5.8) ya que utilizan el mismo tipo de relación no dispersiva.

Es conveniente introducir la temperatura característica del modelo, la temperatura de Debye θ_D, definida como es habitual por la relación clásica

$$\hbar\omega_D = k_B\theta_D \rightarrow \theta_D = \frac{\hbar\omega_D}{k_B} \tag{10.17}$$

Esta magnitud indica la temperatura a la que se debe encontrar el sólido para que se puedan excitar apreciablemente las vibraciones con la frecuencia máxima ω_D —y, por tanto, todo el conjunto de modos de vibración—. Este parámetro separa el intervalo clásico de alta temperatura del intervalo cuántico de baja temperatura, y presenta valores típicos en el intervalo de $200 - 400\,\text{K}$, aunque con algunas excepciones; por

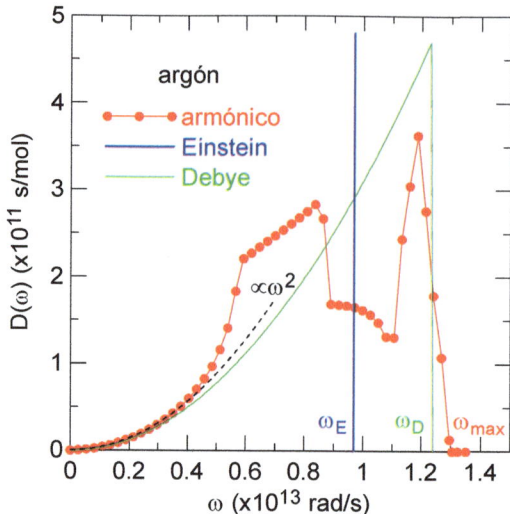

Figura 10.3. Densidad de modos (por mol de átomos) en argón sólido en la aproximación armónica de muchos vecinos, y en los modelos de Einstein y Debye. Se muestran las frecuencias características.

ejemplo, el berilio presenta $\theta_D = 1480\,\mathrm{K}$ y el diamante $\theta_D = 2230\,\mathrm{K}$, aunque en el grafito $\theta_D = 410\,\mathrm{K}$, lo que da idea de la importancia de la naturaleza de los enlaces entre partículas en las propiedades térmicas de los sólidos. La Tabla 10.1 muestra valores de θ_D para diversos materiales seleccionados.

10.2   Energía y capacidad calorífica reticular

Conocida la densidad de modos (10.16) se puede obtener directamente la energía total de vibración del sólido en función de la temperatura. Se tiene de (6.26) y (10.16)

$$
\begin{aligned}
\langle E_{vib}\,(T)\rangle & = \int_0^{\omega_D}\left(\langle n_\omega\rangle + \frac{1}{2}\right)\hbar\omega D(\omega)d\omega = \\
& = \frac{9pN\hbar}{2\omega_D^3}\int_0^{\omega_D}\omega^3 d\omega + \frac{9pN\hbar}{\omega_D^3}\int_0^{\omega_D}\frac{\omega^3}{\exp\left(\hbar\omega/k_BT\right)-1}d\omega = \\
& = \frac{9}{8}pN\hbar\omega_D + 9pN\hbar\frac{1}{\omega_D^3}\int_0^{\omega_D}\frac{\omega^3}{\exp\left(\hbar\omega/k_BT\right)-1}d\omega = \\
& = E_{vib}^o + \left\langle E_{vib}^T\,(T)\right\rangle
\end{aligned}
\tag{10.18}
$$

Tabla 10.1. Temperatura de Debye de materiales seleccionados.

	Ar	Cu	NaCl	Al$_2$O$_3$	Ag	Si	grafito	diamante
$\theta_D\,(\mathrm{K})$	92	325	322	980	215	645	410	2230

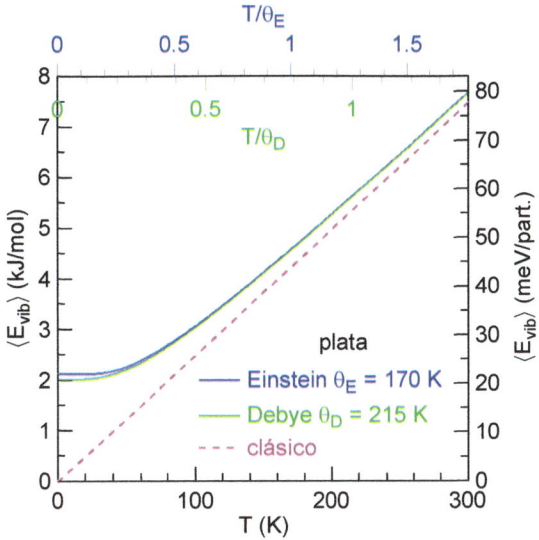

Figura 10.4. Energía media (por mol y por partícula) de la plata en los modelos de Einstein y Debye en función de la temperatura absoluta (eje inferior) y reducida (eje superior). También se muestra el resultado clásico.

donde se han separado las contribuciones de la energía del punto cero y la parte dependiente de T. Utilizando la temperatura de Debye (10.17), la energía del punto cero viene dada por

$$E^o_{vib} = \frac{9}{8}pN\hbar\omega_D = \frac{9}{8}pNk_B\theta_D \simeq pR\theta_D \qquad (10.19)$$

para un mol de celdas unidad primitivas, que es prácticamente igual al resultado armónico (6.30) y al modelo de Einstein (9.5).

Para la parte dependiente de la temperatura es conveniente hacer el cambio de variable $x = \hbar\omega/k_BT$ e introducir la temperatura de Debye, de forma que

$$\left\langle E^T_{vib}(T) \right\rangle = 9pN\hbar \frac{1}{\omega_D^3} \int_0^{\omega_D} \frac{\omega^3}{\exp\left(\hbar\omega/k_BT\right) - 1} d\omega = 9pNk_B \frac{T^4}{\theta_D^3} \int_0^{\theta_D/T} \frac{x^3}{e^x - 1}\, dx$$
$$(10.20)$$

Por tanto, la energía total de vibración del sólido viene dada por

$$\left\langle E_{vib}(T) \right\rangle = \frac{9}{8}pNk_B\theta_D + 9pNk_B \frac{T^4}{\theta_D^3} \int_0^{\theta_D/T} \frac{x^3}{e^x - 1}\, dx \qquad (10.21)$$

Esta energía media total se muestra en la Figura 10.4 para la plata, que tiene una temperatura de Debye $\theta_D = 215\,\mathrm{K}$, en función de la temperatura absoluta (eje inferior) y reducida (eje superior). También se muestra la predicción del modelo de Einstein y el resultado clásico. Se observa un comportamiento similar de ambos modelos, con una diferencia evidente respecto del resultado clásico a bajas temperaturas.

La capacidad calorífica reticular a volumen constante se encuentra derivando (10.21) respecto de la temperatura, encontrando

$$C_V\left(T\right) = \frac{d\left\langle E_{vib}\left(T\right)\right\rangle}{dT} = 9pNk_B\left(\frac{T}{\theta_D}\right)^3\int_0^{\theta_D/T}\frac{x^4e^x}{\left(e^x-1\right)^2}\,dx \qquad (10.22)$$

Para obtener esta expresión es más directo aplicar la regla de Leibnitz de la derivada de una integral a (10.18) y posteriormente realizar el cambio de variable $x = \hbar\omega/k_BT$.

En la Figura 10.5 (copia de la Figura 7.2(b), con $\theta_{car} = \theta_D$) se observa la bondad del modelo de Debye —siempre que se utilice una temperatura de Debye adecuada— para diversos materiales. A altas temperaturas, la desviación respecto del modelo de Debye se debe, entre otros efectos, a que los datos experimentales corresponden a medidas a presión constante y no a volumen constante, como ya se ha indicado anteriormente (sección 7.2), y a la pérdida de validez de la aproximación armónica.

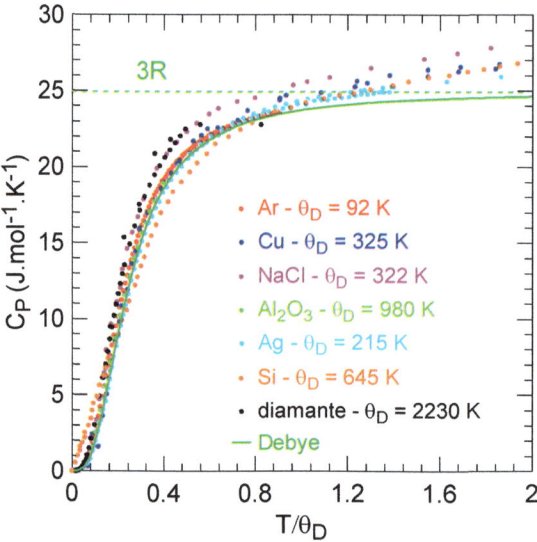

Figura 10.5. Capacidad calorífica (por mol de partículas) de materiales seleccionados en función de la temperatura reducida. Se incluye la predicción universal del modelo de Debye.

La capacidad calorífica de Debye se compara más específicamente para la plata en la Figura 10.6, donde también se incluyen las predicciones del modelo de Einstein y resultados experimentales. Se observa que todos los resultados coinciden entre sí y se aproximan a la ley de Dulong y Petit (una vez corregida la diferencia entre C_P y C_V) a temperaturas suficientemente altas $T \gtrsim 1.5\theta_D$. A bajas temperaturas $T \lesssim 0.1\theta_D$ el modelo de Debye reproduce correctamente los resultados experimentales de $C_V \propto T^3$, mientras que la disminución es más rápida, de tipo exponencial, en el modelo de Einstein. La Figura 10.7 muestra un resultado similar para el caso del argón, donde también se incluye la capacidad armónica en la aproximación de muchos vecinos.

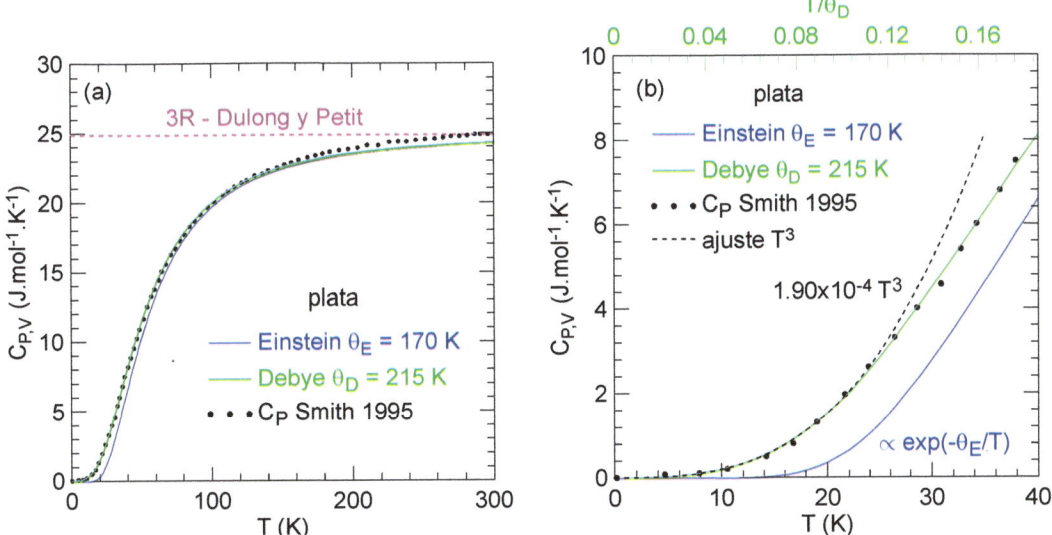

Figura 10.6. (a) Capacidad calorífica (por mol de partículas) en función de la temperatura para la plata en los modelos de Einstein y Debye. (b) Región de muy bajas temperaturas, mostrando el ajuste T^3. Se incluyen los resultados experimentales de Smith 1995 [4].

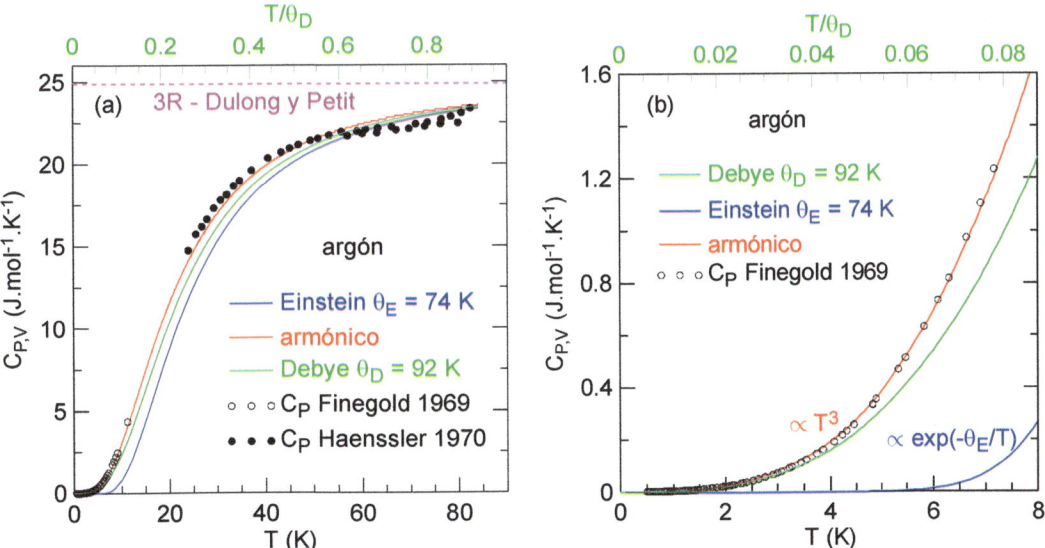

Figura 10.7. (a) Capacidad calorífica (por mol de partículas) del argón sólido en función de la temperatura. (b) Región de muy bajas temperaturas. Se muestran los resultados experimentales de Finegold 1969 [5] y Haenssler 1970 [6], y las predicciones de la teoría armónica y de los modelos de Einstein y Debye.

Se pueden obtener expresiones analíticas simples de la energía de vibración y de la capacidad calorífica del sólido en los límites de bajas y altas temperaturas, igual que en el desarrollo armónico y en el modelo de Einstein.

• Límite de altas temperaturas $T \gg \theta_D \rightarrow k_B T \gg k_B \theta_D = \hbar \omega_D$

Usando directamente la expresión inicial en (10.18) se tiene

$$
\begin{aligned}
\langle E_{vib}\,(T \gg \theta_D)\rangle \;&\simeq\; \int_0^{\omega_D} \left[\frac{1}{1+(\hbar\omega/k_BT)-1}+\frac{1}{2}\right]\hbar\omega D(\omega)d\omega = \\
&=\; \int_0^{\omega_D}\left(\frac{k_BT}{\hbar\omega}+\frac{1}{2}\right)\hbar\omega D(\omega)d\omega \simeq \\
&\simeq\; k_BT\int_0^{\omega_D} D(\omega)d\omega = 3pNk_BT
\end{aligned}
\tag{10.23}
$$

donde se ha utilizado la condición de normalización (10.10). Para un mol de celdas unidad primitivas

$$
\langle E_{vib}\,(T \gg \theta_D)\rangle = 3pN_{Av}k_BT = 3pRT
\tag{10.24}
$$

de acuerdo con el teorema clásico de equipartición de la energía como cabía esperar, ya que todos los modos contribuyen por igual con k_BT a la energía de vibración del sólido. Y la capacidad calorífica por mol de celdas unidad primitivas viene dada directamente por

$$
C_V\,(T \gg \theta_D) = 3pR
\tag{10.25}
$$

• Límite de bajas temperaturas $T \ll \theta_D \rightarrow k_BT \ll k_B\theta_D = \hbar\omega_D$

En la expresión (10.21) se puede extender el límite superior de la integral a ∞ sin introducir errores importantes ya que simplemente se suman ceros, de forma que

$$
\begin{aligned}
\langle E_{vib}\,(T \ll \theta_D)\rangle \;&\simeq\; \frac{9}{8}pNk_B\theta_D + 9pNk_B\frac{T^4}{\theta_D^3}\int_0^{\infty}\frac{x^3}{e^x-1}\,dx = \\
&=\; \frac{9}{8}pNk_B\theta_D + 9pNk_B\frac{T^4}{\theta_D^3}\frac{\pi^4}{15} = \\
&=\; \frac{9}{8}pNk_B\theta_D + \frac{3\pi^4}{5}pNk_B\frac{T^4}{\theta_D^3}
\end{aligned}
\tag{10.26}
$$

La capacidad calorífica es

$$
C_V\,(T \ll \theta_D) = \frac{12\pi^4}{5}pNk_B\left(\frac{T}{\theta_D}\right)^3
\tag{10.27}
$$

que reproduce correctamente la dependencia experimental y armónica (7.8) de T^3 a bajas temperaturas. De aquí proviene la denominación de ley T^3 de Debye en este intervalo de temperaturas. Una forma más correcta de observar la bondad de esta ley T^3 se muestra en la Figura 10.8 para el argón, donde se presentan los datos experimentales de la Figura 10.7(b) pero en una representación log-log. El ajuste conduce a una dependencia $T^{3.05}$, en excelente acuerdo con la ley de Debye.

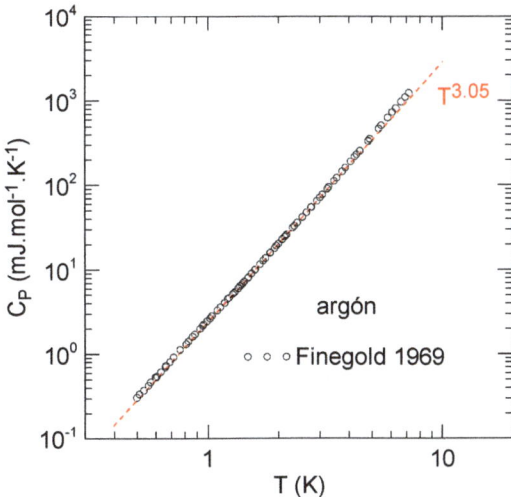

Figura 10.8. Representación log-log de la capacidad calorífica experimental del argón a muy bajas temperaturas (Finegold 1969 [5]). El ajuste para $T \leq 5\,\mathrm{K}$ conduce a una dependencia en excelente acuerdo con la ley T^3 de Debye.

10.3   Determinación de las temperaturas de Debye y Einstein

Es frecuente encontrar en la literatura valores diferentes de la temperatura de Debye para un material dado. Aparte de la incertidumbre propia de cualquier magnitud, la diferencia proviene esencialmente de la técnica experimental utilizada para su determinación. Un método muy habitual es mediante el ajuste de la capacidad calorífica del sólido a muy bajas temperaturas con la ley T^3 de Debye (10.27), que permite obtener directamente θ_D. Este método requiere de equipos de calorimetría sofisticados que trabajen a temperaturas muy bajas. Como ejemplo, se puede utilizar el ajuste de la Figura 10.8 para el argón sólido y compararlo con la predicción del modelo de Debye (10.27), resultando

$$2.51 \times 10^{-3}\,\mathrm{J\,mol^{-1}\,K^{-4}} = \frac{12\pi^4}{5}R\frac{1}{\theta_D^3} \rightarrow \theta_D = 91.8\,\mathrm{K} \tag{10.28}$$

que corresponde a una frecuencia de Debye

$$\omega_D = \frac{k_B \theta_D}{\hbar} = 1.21 \times 10^{13}\,\mathrm{rad/s} \tag{10.29}$$

Esta frecuencia de Debye es esencialmente la misma que la encontrada anteriormente mediante el uso de las velocidades de propagación del sonido (10.15).

De igual forma, del ajuste de C_V de la plata a bajas temperaturas[2] (Figura 10.6(b))

---

[2]La contribución de los electrones de conducción a la capacidad calorífica de los metales es dominante a muy bajas temperaturas, típicamente $T \lesssim 5\,\mathrm{K}$ (sección 10.4).

se encuentra

$$1.90 \times 10^{-4}\,\mathrm{J\,mol^{-1}\,K^{-4}} = \frac{12\pi^4}{5} R \frac{1}{\theta_D^3} \rightarrow \theta_D = 217\,\mathrm{K} \qquad (10.30)$$

que corresponde a una frecuencia máxima de vibración de los átomos de

$$\omega_D = \frac{k_B \theta_D}{\hbar} = 2.85 \times 10^{13}\,\mathrm{rad/s} \qquad (10.31)$$

Sin embargo, utilizando las velocidades del sonido $v_{sL} = 3650\,\mathrm{m/s}$ y $v_{sT} = 1610\,\mathrm{m/s}$ medidas por resonancia de ultrasonidos a temperatura ambiente en la plata [4] (fcc, base monoatómica, parámetro reticular $a = 4.08\,\text{Å}$) se encuentra de (10.11)

$$
\begin{aligned}
n_{at} &= \frac{4}{a^3} = 5.89 \times 10^{28}\,\mathrm{m^{-3}} \\
\frac{1}{v_s^3} &= \frac{1}{3}\left(\frac{1}{v_{sL}^3} + \frac{2}{v_{sT}^3} \right) \rightarrow v_s = 1570\,\mathrm{m/s} \\
\omega_D &= \left(6\pi^2 n_{at}\right)^{1/3} v_s = 2.38 \times 10^{13}\,\mathrm{rad/s} \\
&\rightarrow \theta_D = \frac{\hbar \omega_D}{k_B} = 182\,\mathrm{K}
\end{aligned}
\qquad (10.32)
$$

que en este caso es inferior al valor obtenido por medidas calorimétricas.

En el caso del NaCl, la velocidad media obtenida de las relaciones de dispersión muestreando la región próxima al origen de la primera zona de Brillouin vale $v_s = 3030\,\mathrm{m/s}$. La frecuencia y la temperatura de Debye vienen dadas por

$$\omega_D = \left(6\pi^2 n_{at}\right)^{1/3} v_s = \left(6\pi^2 \frac{8}{a^3} \right)^{1/3} v_s = 4.19 \times 10^{13}\,\mathrm{rad/s} \rightarrow \theta_D = 319\,\mathrm{K} \qquad (10.33)$$

con $a = 5.64\,\text{Å}$. Este valor de θ_D está de acuerdo con los dados en la literatura, que varían entre 310 y 320 K.

También es posible determinar la temperatura de Debye ajustando la expresión general del modelo (10.22) al valor experimental de $C_V\left(T\right)$ a una temperatura dada, de forma que se obtiene una temperatura de Debye dependiente de la temperatura $\theta_D = \theta_D\left(T\right)$. La Figura 10.9 muestra la variación de θ_D con T necesaria para ajustar punto a punto los datos de la capacidad calorífica del argón (obtenidos de la teoría armónica en este caso) (Figura 10.7) y de la plata (Figura 10.6) con la expresión general de Debye $C_V\left(T\right)$ (10.22). Esta variación de θ_D con T pone de manifiesto la dificultad de intentar describir cuantitativamente una propiedad física con un solo parámetro. Otros métodos para obtener la temperatura de Debye incluyen la difracción de rayos X (a partir de los factores de Debye-Waller, sección 21.6), medidas elásticas y mecánicas, etc.

En cuanto a la temperatura de Einstein, ya se ha comentado que no es posible obtener

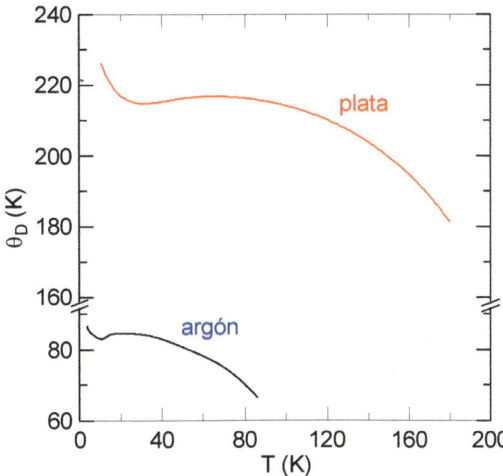

Figura 10.9. Variación de θ_D con T en el argón y en la plata obtenida del ajuste de la capacidad calorífica de cada material a la ecuación general de Debye (10.22) a distintas temperaturas.

un valor de manera correcta por comparación con medidas experimentales. Lo habitual es asignarle un valor de $\theta_E = 0.7 - 0.8\theta_D$. Esta relación proviene de considerar que la frecuencia de Einstein ω_E es un promedio adecuado del intervalo $0 - \omega_D$ del modelo de Debye. Por ejemplo, teniendo en cuenta la distribución de frecuencias $D(\omega)$ de Debye (10.16) se tiene

$$\omega_E = \frac{\displaystyle\int_0^{\omega_D} \omega D(\omega)\,d\omega}{\displaystyle\int_0^{\omega_D} D(\omega)\,d\omega} = \frac{3}{4}\omega_D \rightarrow \theta_E = 0.75\theta_D \tag{10.34}$$

Otras alternativas son también posibles para relacionar ambas temperaturas características, por ejemplo, que los dos modelos se igualen en algún intervalo de temperatura seleccionado. En todo caso, la temperatura de Debye es el parámetro por excelencia en el estudio de las propiedades térmicas de los sólidos.

10.4 Contribución electrónica a la capacidad calorífica

Hasta ahora se ha considerado solo la contribución de las vibraciones atómicas a la capacidad calorífica del sólido. En un sólido conductor es necesario considerar también la contribución de los electrones de conducción —aparte de otras contribuciones, por ejemplo, la formación de defectos reticulares— que en un metal es de la forma [7]

$$C_V^{el}(T) = \beta N_{el} k_B \frac{T}{T_F} \tag{10.35}$$

donde β es una constante ($= \pi^2/2$ en el modelo simple de electrones libres de Sommerfeld), N_{el} el número de electrones de conducción y T_F la temperatura de Fermi del metal. En la aproximación de Born-Oppenheimer (sección 1.3), la capacidad total viene dada por la suma de las contribuciones de las vibraciones reticulares y de los electrones de conducción

$$C_V(T) = C_V^{fon}(T) + C_V^{el}(T) = C_V^{fon}(T) + \beta N_{el} k_B \frac{T}{T_F} \tag{10.36}$$

Utilizando el modelo de Debye para la contribución reticular, los intervalos de alta (10.25) y baja (10.27) temperatura vienen dados por

$$C_V(T \gg \theta_D) = 3pNk_B + \beta N_{el} k_B \frac{T}{T_F} \tag{10.37a}$$

$$C_V(T \ll \theta_D) = \frac{12\pi^4}{5} pNk_B \left(\frac{T}{\theta_D}\right)^3 + \beta N_{el} k_B \frac{T}{T_F} \tag{10.37b}$$

Dado que en un metal $T_F \simeq 5 \times 10^4$ K y el número de iones es similar al de electrones de conducción $pN \simeq N_{el}$, se observa que la contribución electrónica es despreciable frente a la reticular excepto a temperaturas muy bajas (10.37b), donde el término lineal en T predomina sobre el cúbico.

Consideremos por ejemplo el cobre, un metal monovalente con una temperatura de fusión $T_f = 1350$ K y temperaturas características $\theta_D = 325$ K y $T_F = 81200$ K. Para un mol de átomos $pN = N_{Av}$, y por tanto, un mol de electrones de conducción $N_{el} = N_{Av}$, se tiene

$$C_V(T \gg \theta_D) = 3R + \beta R \frac{T}{T_F} \simeq 3R \tag{10.38a}$$

$$C_V(T \ll \theta_D) = \frac{12\pi^4}{5} R \left(\frac{T}{\theta_D}\right)^3 + \beta R \frac{T}{T_F} = AT^3 + BT \tag{10.38b}$$

donde las constantes A y B son

$$A = \frac{12\pi^4}{5} \frac{R}{\theta_D^3}, \qquad B = \beta R \frac{1}{T_F} \tag{10.39}$$

La parte electrónica no es importante a altas temperaturas ya que incluso a la temperatura de fusión contribuye un 2.7 % a la capacidad total. A bajas temperaturas se puede determinar la temperatura crítica T_{crit} por debajo de la cual dominan los electrones simplemente igualando los dos términos del segundo miembro en (10.38b)

$$\frac{12\pi^4}{5} R \left(\frac{T_{crit}}{\theta_D}\right)^3 = \beta R \frac{T_{crit}}{T_F}$$

$$\rightarrow \quad T_{crit} = \left(\frac{5\beta\theta_D^3}{12\pi^4 T_F}\right)^{1/2} = 3.0 \text{ K} \tag{10.40}$$

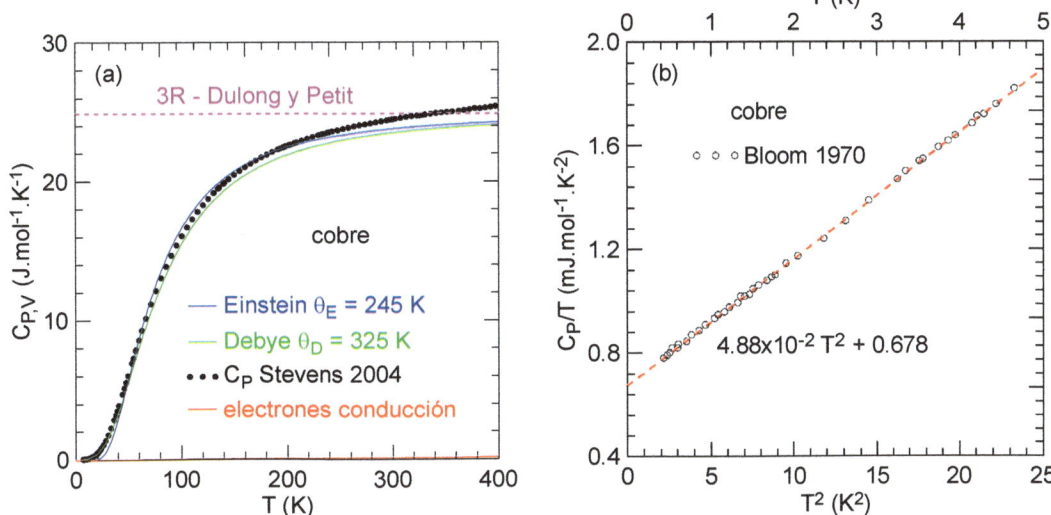

Figura 10.10. (a) Capacidad calorífica (por mol de partículas) del cobre en función de la temperatura. Se incluyen los datos experimentales de Stevens 2004 [8] y las predicciones de Debye y Einstein, así como la del modelo de electrones libres de conducción (prácticamente se confunde con el eje de abscisas). (b) Datos experimentales de Bloom 1970 [9] en la región de muy bajas temperaturas en una representación C_P/T vs. T^2, que permite separar fácilmente las contribuciones fonónica y electrónica.

donde se ha tomado $\beta = \pi^2/2$. Solo por debajo de esta temperatura, que no es de interés tecnológico usualmente, la contribución electrónica domina a la fonónica. En el caso de un semimetal o semiconductor el número de portadores es muy inferior al de un metal, por lo que se puede despreciar la contribución electrónica a todas las temperaturas.

El estudio de la capacidad calorífica del cobre muestra la bondad de las expresiones anteriores. La Figura 10.10(a) presenta datos experimentales [8] para el cobre entre 0 y 400 K, junto con las predicciones de Einstein y Debye así como del modelo de electrones libres de conducción (10.35). La diferencia entre C_P (experimental) y C_V (teórica) se aprecia a las temperaturas más altas, como ya es conocido. Se observa también el buen acuerdo del modelo de Debye con los resultados experimentales, y que el modelo de Einstein decae más rápido a bajas temperaturas debido a la ausencia de modos acústicos de baja energía en este modelo. La componente electrónica es extremadamente pequeña en comparación con la reticular excepto a temperaturas muy bajas.

La Figura 10.10(b) muestra la región de bajas temperaturas, entre 0 y 5 K, en una representación muy útil de C_P/T frente a T^2, que permite separar directamente las contribuciones fonónica y electrónica. Utilizando (10.38b) se tiene

$$\frac{C_V\,(T \ll \theta_D)}{T} = AT^2 + B \tag{10.41}$$

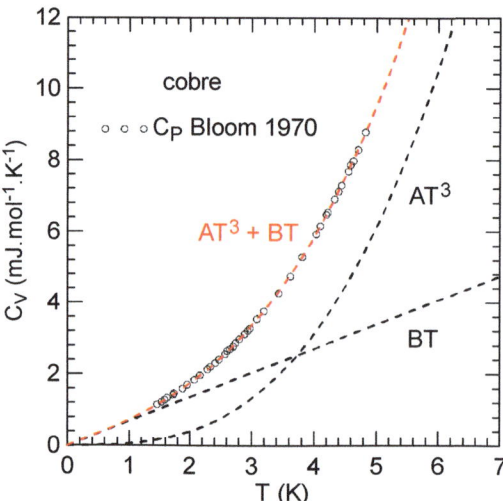

Figura 10.11. Contribuciones individuales fonónica y electrónica a la capacidad calorífica del cobre (por mol de partículas) a muy bajas temperaturas deducidas de los datos experimentales de Bloom 1970 [9].

El ajuste lineal de los datos experimentales en esta representación (Figura 10.10(b)) conduce a

$$\frac{C_V\,(T \ll \theta_D)}{T} =$$
$$= \;4.88 \times 10^{-2}T^2 + 0.678 \;\; \text{mJ}\,\text{mol}^{-1}\,\text{K}^{-2} \qquad (\text{con } T \text{ en } K) \qquad (10.42)$$

permitiendo encontrar tanto la temperatura de Debye θ_D como la constante β del modelo de Sommerfeld (10.35)

$$A \;=\; \frac{12\pi^4}{5}\frac{R}{\theta_D^3} = 4.88 \times 10^{-2}\,\text{mJ}\,\text{mol}^{-1}\,\text{K}^{-4} \to \theta_D = 341\,\text{K}$$

$$B \;=\; \beta R\frac{1}{T_F} = 0.678\,\text{mJ}\,\text{mol}^{-1}\,\text{K}^{-2} \to \beta = 6.62 \qquad (10.43)$$

Nuevamente se puede observar que el valor de θ_D encontrado utilizando un intervalo tan pequeño de temperaturas $(0 - 5\,\text{K})$ es diferente del valor usualmente tabulado $\theta_D = 325\,\text{K}$ (Tabla 10.1) que se encuentra utilizando un intervalo más amplio. Por otra parte, el valor experimental de $\beta = 6.62$ es comparable al valor teórico $\pi^2/2 = 4.93$ del modelo de electrones libres de Sommerfeld. Dada la simplicidad del modelo, el resultado se puede considerar muy razonable, y constituye uno de sus grandes éxitos. La Figura 10.11 muestra finalmente las contribuciones individuales de los fonones y electrones de conducción deducidas de los datos experimentales.

10.5   Consideraciones sobre los modelos de capacidad calorífica reticular

Las conclusiones esenciales que se pueden obtener de los resultados previos son:

(i) La aproximación armónica predice correctamente la variación de la capacidad calorífica de los sólidos con la temperatura.

(ii) Para la mayoría de los sólidos la temperatura característica de vibración atómica, por ejemplo la temperatura de Debye θ_D, está próxima o por debajo de la temperatura ambiente. Este resultado es muy importante ya que permite obtener directamente la capacidad calorífica de un sólido en condiciones usuales mediante la ley de Dulong y Petit, sin recurrir a la gran complejidad del estudio armónico.

(iii) Cualquier modelo de vibraciones atómicas a temperaturas suficientemente altas conduce al resultado clásico de Dulong y Petit, con la condición de que el número de modos esté limitado, ya que todos los modos contribuyen con una energía media $k_B T$ a la energía del sólido.

(iv) A bajas temperaturas, cualquier modelo basado en la parte lineal de las ramas acústicas (Debye, por ejemplo) conduce a la dependencia correcta T^3 de la capacidad calorífica, ya que solo los modos de baja energía tienen una probabilidad no despreciable de estar presentes.

(v) A temperaturas intermedias es necesario conocer con detalle la función densidad de modos de vibración de un sólido para determinar su capacidad calorífica, lo que requiere la determinación completa del espectro de frecuencias permitidas.

Referencias

1. P. Debye (1912): «Zur Theorie der spezifischen Wärme», *Annalen der Physik*, 4, 789.

2. W. Friedrich, P. Knipping und M. von Laue (1912): «Interferenz-Erscheinungen bei Röntgenstrahlen», *Sitzungsberichte der Königlich-Bayerischen Akademie der Wissenschaften, Mathematisch-physikalischen Klasse*, 303.

3. O.G. Peterson, D.N. Batchelder and R.O. Simmons (1966): «Measurements of X-Ray Lattice Constant, Thermal Expansivity, and Isothermal Compressibility of Argon Crystals», *Physical Review*, 150, 703.

4. D. Smith and F.R. Fickett (1995): «Low-Temperature Properties of Silver»,

Journal of Research of the National Institute of Standards and Technology, 100, 119.

5. L. Finegold and N.E. Phillips (1969): «Low-Temperature Heat Capacities of Solid Argon and Krypton», *Physical Review*, 177, 1383.

6. F. Haenssler, K. Gamper and B. Serin (1970): «Constant-volume specific heat of solid argon», *Journal of Low Temperature Physics*, 3, 23.

7. S. Elliot (1998): *The Physics and Chemistry of Solids*. Nueva York: John Wiley and Sons Ltd.

8. R. Stevens and J. Boerio-Goates (2004): «Heat capacity of copper on the ITS-90 temperature scale using adiabatic calorimetry», *The Journal of Chemical Thermodynamics*, 36, 857.

9. D.W. Bloom, D.H. Lowndes Jr. and L. Finegold (1970): «Low Temperature Specific Heat of Copper: Comparison of Two Samples of High Purity», *Review of Scientific Instruments*, 41, 690.

Petrus (Peter) Josephus Wilhelmus Debye,
1884 (Países Bajos) – 1966 (Estados Unidos)

11. Modelos de Einstein y Debye en sólidos de D dimensiones

A continuación se van a obtener las expresiones de la energía de vibración y de la capacidad calorífica reticular en sólidos 1D y 2D en los modelos de Einstein y Debye. Aparte del interés académico, el progreso en la fabricación de nanomateriales y nanoestructuras 1D y 2D hace necesario este tipo de análisis. Se va a admitir que el sólido de dimensión D está formado por N celdas unidad primitivas y con base de p partículas, de forma que el número total de partículas es pN.

11.1 Modelo de Einstein

El modelo de Einstein considera que todos los átomos vibran con la misma frecuencia ω_E, denominada frecuencia de Einstein. Por tanto, en el sólido existen DpN modos normales, todos vibrando con la misma frecuencia. La densidad de estados es una delta de Dirac centrada sobre esta frecuencia

$$D(\omega_E) = DpN\delta(\omega = \omega_E) \qquad (11.1)$$

La energía media de vibración total del sólido a una temperatura T se obtiene considerando todos los modos permitidos de vibración con su factor de excitación (6.26)

$$
\begin{aligned}
\langle E_{vib}(T) \rangle &= \sum_{i=1}^{DpN} \left[\frac{1}{\exp(\hbar\omega_i/k_BT) - 1} + \frac{1}{2} \right] \hbar\omega_j = \\
&= \int_0^{\omega_{max}} D(\omega) \left[\frac{1}{\exp(\hbar\omega/k_BT) - 1} + \frac{1}{2} \right] \hbar\omega \, d\omega
\end{aligned}
\qquad (11.2)
$$

donde se convertido el sumatorio sobre los DpN modos en una integral sobre las frecuencias permitidas. Sustituyendo la densidad de modos de Einstein (11.1) se tiene

$$\langle E_{vib}(T) \rangle = DpN \left[\frac{1}{\exp(\hbar\omega_E/k_BT) - 1} + \frac{1}{2} \right] \hbar\omega_E \qquad (11.3)$$

Utilizando la temperatura de Einstein θ_E definida por

$$\hbar\omega_E = k_B\theta_E \rightarrow \theta_E = \frac{\hbar\omega_E}{k_B} \qquad (11.4)$$

la energía media total (11.3) se escribe como

$$\langle E_{vib}(T) \rangle = DpNk_B\theta_E \left[\frac{1}{\exp(\theta_E/T)-1} + \frac{1}{2}\right] =$$

$$= \frac{1}{2}DpNk_B\theta_E + DpNk_B\theta_E \left[\frac{1}{\exp(\theta_E/T)-1}\right] = E_{vib}^o + \langle E_{vib}^T(T) \rangle \quad (11.5)$$

El primer término

$$E_{vib}^o = \frac{1}{2}DpNk_B\theta_E \qquad (11.6)$$

es la energía del punto cero, que tiene un valor por partícula y dimensión de

$$\frac{E_{vib}^o}{DpN} = \frac{1}{2}k_B\theta_E \sim 10^{-21}\,\text{J part.}^{-1}\,D^{-1} \simeq 0.01\,\text{eV part.}^{-1}\,D^{-1} \qquad (11.7)$$

para un valor típico de $\theta_E = 300\,\text{K}$.

El segundo término de (11.5) es la componente de la energía de vibración dependiente de la temperatura

$$\langle E_{vib}^T(T) \rangle = DpNk_B\theta_E \left[\frac{1}{\exp(\theta_E/T)-1}\right] \qquad (11.8)$$

que vale 0 para $T = 0\,\text{K}$ y es lineal con T para temperaturas altas comparadas con θ_E.

La energía total $\langle E_{vib}(T) \rangle$ en este modelo se muestra en la Figura 11.1(a), donde se compara con la energía de vibración clásica de los átomos. Se observa que para $T \gtrsim \theta_E$ ambos conjuntos de resultados son similares, como se esperaba.

La capacidad calorífica se encuentra derivando (11.5)

$$C_V(T) = \frac{d\langle E_{vib}(T) \rangle}{dT} = DpNk_B \left(\frac{\theta_E}{T}\right)^2 \frac{\exp(\theta_E/T)}{[\exp(\theta_E/T)-1]^2} \qquad (11.9)$$

La Figura 11.1(a) muestra la variación de $C_V(T)$ con la temperatura reducida, que aumenta exponencialmente desde 0 hasta alcanzar el valor constante de Dulong y Petit.

Se pueden obtener expresiones simplificadas de $\langle E_{vib}(T) \rangle$ y $C_V(T)$ en función de la temperatura tomando como referencia la temperatura de Einstein.

- Altas temperaturas $T \gg \theta_E \rightarrow k_BT \gg k_B\theta_E = \hbar\omega_E$

Se tiene que

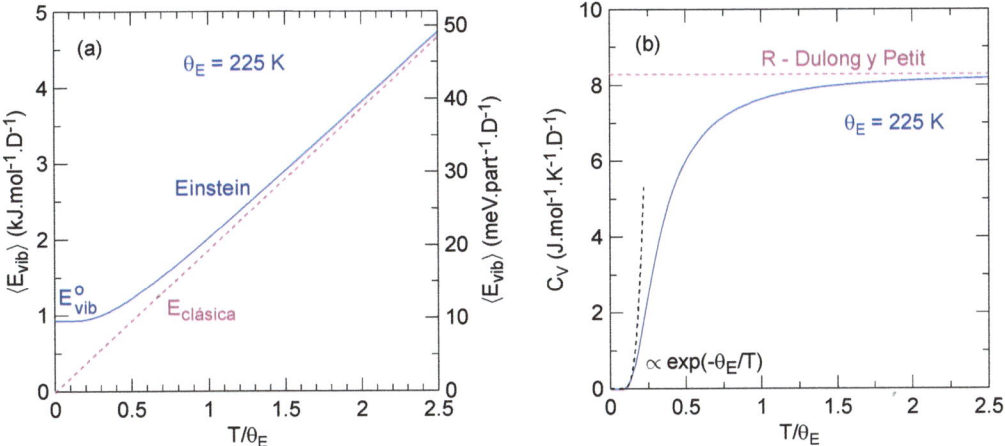

Figura 11.1. (a) Energía de vibración media (por mol de partículas y por partícula, y por dimensión) y (b) capacidad calorífica (por mol de partículas y por dimensión) en función de la temperatura reducida (se ha tomado la temperatura de Einstein $\theta_E = 225K$ de la plata) para sólidos 1D, 2D y 3D. Se comparan con los resultados clásicos.

$$
\begin{aligned}
\langle E_{vib}\left(T \gg \theta_E\right)\rangle & \simeq DpNk_B\theta_E \left[\frac{1}{1+\theta_E/T-1}+\frac{1}{2}\right] = \\
& = DpNk_B\theta_E \left(\frac{T}{\theta_E}+\frac{1}{2}\right) \simeq DpNk_BT
\end{aligned}
\tag{11.10}
$$

Y la capacidad calorífica resulta

$$
C_V\left(T \gg \theta_E\right) \simeq DpNk_B \left(\frac{\theta_E}{T}\right)^2 \frac{1}{\left[1+(\theta_E/T)-1\right]^2} = DpNk_B
\tag{11.11}
$$

recuperándose los resultados clásicos.

- Bajas temperaturas $T \ll \theta_E \to k_BT \ll k_B\theta_E = \hbar\omega_E$

En este caso se tiene que

$$
\begin{aligned}
\langle E_{vib}\left(T \ll \theta_E\right)\rangle & \simeq DpNk_B\theta_E \left[\exp\left(-\frac{\theta_E}{T}\right)+\frac{1}{2}\right] = \\
& = E_{vib}^o + DpNk_B\theta_E \exp\left(-\frac{\theta_E}{T}\right)
\end{aligned}
\tag{11.12}
$$

A medida que la temperatura disminuye, la contribución dependiente de la temperatura disminuye de forma exponencial, anulándose para $T = 0\,K$ y quedando solo la energía del punto cero. La capacidad viene dada por

$$
C_V\left(T \ll \theta_E\right) \simeq DpNk_B \left(\frac{\theta_E}{T}\right)^2 \exp\left(-\frac{\theta_E}{T}\right)
\tag{11.13}
$$

que decae exponencialmente hacia 0, como se muestra en la Figura 11.1(b).

11.2 Modelo de Debye

Como ya se indicó, este modelo se utiliza ampliamente hoy en día por su sencillez y resultados realmente aceptables en la mayoría de los sólidos. El modelo de Debye supone que el sólido se comporta como un sistema lineal elástico e isótropo. Admite, por tanto, que todos los modos de vibración son acústicos de baja frecuencia, correspondientes a la propagación de las ondas de sonido en el material. Y también admite que todas las direcciones son equivalentes, de forma que por cada vector de onda q existen $D\,(=1,2,3)$ modos de desplazamientos atómicos (polarizaciones), uno longitudinal L y $D-1$ transversales T (degenerados en el caso 3D), con la relación de dispersión

$$\omega_i = v_{si}q\,, \qquad i = \mathrm{L,T} \tag{11.14}$$

con v_{si} la velocidad del sonido correspondiente a la polarización i. La Figura 10.1 muestra un esquema de estas relaciones de dispersión en 3D; la pendiente de cada rama es la velocidad longitudinal y transversal del sonido en el material. Dado que el número de átomos en el sólido es finito, también lo es el número de modos, de forma que existen dos frecuencias máximas (de corte), denominadas frecuencias de Debye, una para la polarización longitudinal ω_{DL} y otra para las polarizaciones transversales ω_{DT}. Estas frecuencias limitan el número de modos longitudinales y transversales a pN y $(D-1)\,pN$, respectivamente. Sin embargo, como ya se indicó en el capítulo 10, esta distinción no mejora conceptualmente el modelo, por lo que se va a introducir una única frecuencia de corte ω_D para las D ramas de dispersión, que se obtiene limitando el número total de modos a DpN. Este criterio implica que en las expresiones finales va a aparecer una única velocidad del sonido v_s, correspondiente a un promedio adecuado de las velocidades longitudinal y transversal (4.7).

En el capítulo 5 se obtuvieron las expresiones generales de la función densidad de modos $D\,(\omega)$ en 1D, 2D y 3D, que se muestran a continuación

$$
\begin{aligned}
D_i^{3D}\,(\omega) &= \frac{V_{sol}}{(2\pi)^3}\int_{S_\omega}\frac{dS_\omega}{|\boldsymbol{\nabla}_q\omega|}\,, \qquad i = \mathrm{L,T1,T2}\\[2mm]
D_i^{2D}\,(\omega) &= \frac{S_{sol}}{(2\pi)^2}\int_{S_\omega}\frac{dl_\omega}{|\boldsymbol{\nabla}_q\omega|}\,, \qquad i = \mathrm{L,T}\\[2mm]
D_i^{1D}\,(\omega) &= \frac{L_{sol}}{2\pi}\frac{2}{|\boldsymbol{\nabla}_q\omega|}\,, \qquad i = \mathrm{L}
\end{aligned}
\tag{11.15}
$$

donde V_{sol}, S_{sol} y L_{sol} son, respectivamente, el volumen, la superficie y la longitud del sólido.

En el modelo de Debye las superficies de frecuencia constante son esferas en 3D, circunferencias en 2D y dos puntos en 1D, de forma que (11.15) se simplifica a

$$
\begin{aligned}
D_i^{3D}(\omega) &= \frac{V_{sol}}{(2\pi)^3}\frac{1}{v_{si}}\int_{S_\omega} dS_\omega = \frac{V_{sol}}{(2\pi)^3}\frac{1}{v_{si}}4\pi q^2 = \\
&= \frac{V_{sol}}{2\pi^2}\frac{1}{v_{si}^3}\omega^2 , \qquad i = \text{L,T1} = \text{T2} \\
D_i^{2D}(\omega) &= \frac{S_{sol}}{(2\pi)^2}\frac{1}{v_{si}}\int_{l_\omega} dl_\omega = \frac{S_{sol}}{(2\pi)^2}\frac{1}{v_{si}}2\pi q = \frac{S_{sol}}{2\pi}\frac{1}{v_{si}^2}\omega , \qquad i = \text{L,T} \\
D_i^{1D}(\omega) &= \frac{L_{sol}}{\pi}\frac{1}{v_{si}} , \qquad i = \text{L}
\end{aligned}
\tag{11.16}
$$

Y las densidades totales de modos son

$$
\begin{aligned}
D^{3D}(\omega) &= D_L(\omega) + 2D_T(\omega) = \frac{V_{sol}}{2\pi^2}\left(\frac{1}{v_{sL}^2}+\frac{2}{v_{sT}^2}\right)\omega^2 = \frac{3V_{sol}}{2\pi^2}\frac{1}{v_s^3}\omega^2 \\
D^{2D}(\omega) &= D_L(\omega) + D_T(\omega) = \frac{S_{sol}}{2\pi}\left(\frac{1}{v_{sL}^2}+\frac{1}{v_{sT}^2}\right)\omega = \frac{S_{sol}}{\pi}\frac{1}{v_s^2}\omega \\
D^{1D}(\omega) &= \frac{L_{sol}}{\pi}\frac{1}{v_s}
\end{aligned}
\tag{11.17}
$$

donde se ha utilizado una velocidad media del sonido en el sólido definida por (4.7)

$$
\begin{aligned}
\left.\frac{1}{v_s^3}\right|_{3D} &= \frac{1}{3}\left(\frac{1}{v_{sL}^3}+\frac{2}{v_{sT1}^3}\right) \\
\left.\frac{1}{v_s^2}\right|_{2D} &= \frac{1}{2}\left(\frac{1}{v_{sL}^2}+\frac{1}{v_{sT}^2}\right) \\
\left.\frac{1}{v_s}\right|_{1D} &= \frac{1}{v_{sL}}
\end{aligned}
\tag{11.18}
$$

Se puede determinar ya la frecuencia de Debye, bien por normalización, bien mediante la razón entre el volumen (superficie en 2D, longitud en 1D) ocupado por los modos permitidos y el tamaño asociado a cada modo. Mediante normalización se tiene que

$$
\begin{aligned}
3D \quad &: \quad 3pN = \int_0^{\omega_D} D^{3D}(\omega)\,d\omega = \frac{V_{sol}}{2\pi^2}\frac{1}{v_s^3}\omega_D^3 \\
&\to \quad \omega_D = \left(\frac{6\pi^2 pN v_s^3}{V_{sol}}\right)^{1/3} = \left(6\pi^2 n_{at}\right)^{1/3} v_s \\
2D \quad &: \quad 2pN = \int_0^{\omega_D} D^{2D}(\omega)\,d\omega = \frac{S_{sol}}{2\pi v_s^2}\omega_D^2 \\
&\to \quad \omega_D = \left(\frac{4\pi pN v_s^2}{S_{sol}}\right)^{1/2} = \left(4\pi n_{at}\right)^{1/2} v_s \\
1D \quad &: \quad pN = \int_0^{\omega_D} D^{1D}(\omega)\,d\omega = \frac{Na}{\pi}\frac{1}{v_s}\omega_D \\
&\to \quad \omega_D = \frac{\pi p v_s}{a} = \pi n_{at} v_s
\end{aligned}
\tag{11.19}
$$

donde $n_{at}\,(= pN/V_{sol}, pN/S_{sol}, pN/L_{sol})$ es la densidad de partículas en el sólido.

Con (11.19), la densidad de modos (11.17) queda en forma compacta como

$$
\begin{aligned}
D^{3D}\left(\omega\right) &= \frac{9pN}{\omega_D^3}\omega^2 \\[1em]
D^{2D}\left(\omega\right) &= \frac{4pN}{\omega_D^2}\omega \\[1em]
D^{1D}\left(\omega\right) &= \frac{pN}{\omega_D}, \qquad 0 \le \omega \le \omega_D
\end{aligned}
\tag{11.20}
$$

Alternativamente, se puede obtener la frecuencia de Debye de consideraciones geométricas en el espacio de Fourier. Los DpN modos permitidos están distribuidos uniformemente, de acuerdo con la condiciones de contorno periódicas, en una esfera (3D), un círculo (2D) y un segmento (1D) del espacio de Fourier de radio q_D, denominado radio de Debye (Figura 11.2). Se cumple entonces que

$$
3D \quad : \quad 3pN = \frac{\frac{4}{3}\pi q_D^3}{\frac{1}{3}\frac{2\pi}{L_x}\frac{2\pi}{L_y}\frac{2\pi}{L_z}} = \frac{L_x L_y L_z}{2\pi^2}q_D^3 = \frac{V_{sol}}{2\pi^2}q_D^3
$$

$$
\rightarrow \quad q_D = \left(\frac{6\pi^2 pN}{V_{sol}}\right)^{1/3} = \left(6\pi^2 n_{at}\right)^{1/3}
$$

$$
2D \quad : \quad 2pN = \frac{\pi q_D^2}{\frac{1}{2}\frac{2\pi}{L_x}\frac{2\pi}{L_y}} = \frac{L_x L_y}{2\pi}q_D^2 = \frac{S_{sol}}{2\pi}q_D^2
$$

$$
\rightarrow \quad q_D = \left(\frac{4\pi pN}{S_{sol}}\right)^{1/2} = \left(4\pi n_{at}\right)^{1/2}
$$

$$
1D \quad : \quad pN = \frac{2q_D}{\frac{2\pi}{L_{sol}}} = \frac{L_{sol}}{\pi}q_D
$$

$$
\rightarrow \quad q_D = \frac{\pi pN}{L_{sol}} = \frac{\pi pN}{Na} = \pi n_{at}
\tag{11.21}
$$

con a la longitud de la celda unidad en 1D. Finalmente, de la relación de dispersión se tiene que

$$
\begin{aligned}
3D \quad &: \quad \omega_D = v_s q_D = \left(6\pi^2 n_{at}\right)^{1/3} v_s \\
2D \quad &: \quad \omega_D = v_s q_D = \left(4\pi n_{at}\right)^{1/2} v_s \\
1D \quad &: \quad \omega_D = v_s q_D = \pi n_{at} v_s
\end{aligned}
\tag{11.22}
$$

como se encontró antes (11.19).

Se introduce la temperatura característica del modelo, la temperatura de Debye θ_D,

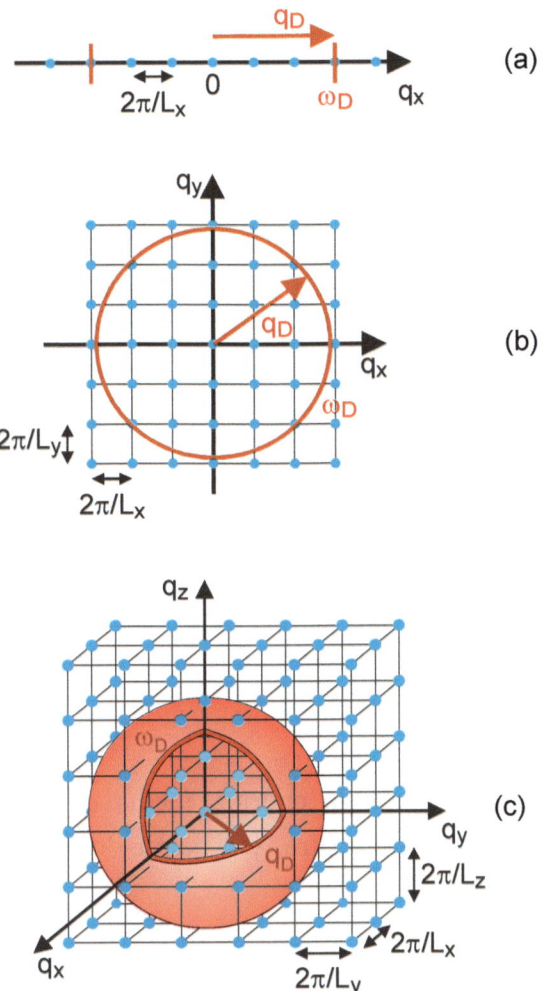

Figura 11.2. Superficies de isofrecuencia ω_D para sólidos de D dimensiones. (a) 1D: la superficie se reduce a dos puntos situados en $\pm q_D$. (b) 2D: la superficie es una circunferencia de radio q_D. (c) 3D: la superficie es una esfera de radio q_D. Atención a las escalas: el segmento (1D), círculo (2D) y esfera (3D) contienen $DpN \sim 10^{23}$ modos.

mediante la expresión clásica

$$\hbar\omega_D = k_B\theta_D \rightarrow \theta_D = \frac{\hbar\omega_D}{k_B\theta_D} \tag{11.23}$$

La Figura 11.3 muestra la dependencia de la densidad de modos de Debye $D(\omega)$ con la frecuencia para sólidos 1D, 2D y 3D; se compara también con la densidad de modos de Einstein. Se ha tomado una temperatura típica $\theta_D = 300\,\mathrm{K}$ y $\theta_E = 0.75\theta_D = 225\,\mathrm{K}$, independientemente de la dimensión D del sólido. Es importante notar que $D^D(\omega) \propto \omega^{D-1}$ en este modelo (11.20) (y, por tanto, también a muy bajas temperaturas en la teoría armónica), que va a modificar notablemente las propiedades térmicas de los sólidos con distinta dimensión a bajas temperaturas.

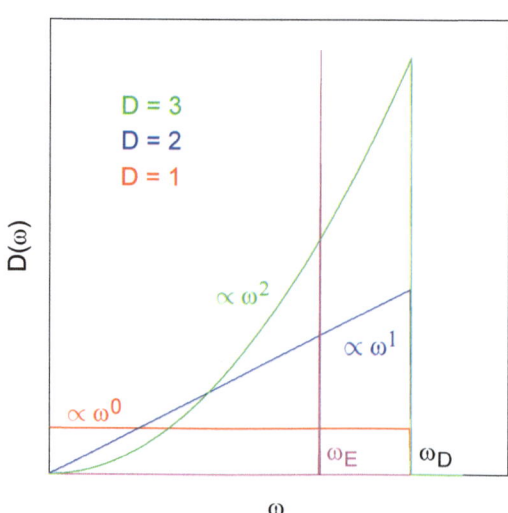

Figura 11.3. Densidad de modos de Debye en función de la frecuencia para sólidos 1D, 2D y 3D (se ha considerado una única frecuencia de Debye ω_D). También se muestra la densidad de modos para el modelo de Einstein (con $\omega_E = 0.75\omega_D$).

Se va a determinar a continuación la energía media de vibración del sólido de D dimensiones en función de la temperatura, y a partir de ella su capacidad calorífica a volumen constante.

11.2.1. Sólidos 1D

Se tiene de (11.2) y (11.17)

$$
\begin{aligned}
\langle E_{vib}(T) \rangle &= \int_0^{\omega_{max}} D(\omega)\left[\frac{1}{\exp(\hbar\omega/k_BT)-1}+\frac{1}{2}\right]\hbar\omega\,d\omega = \\
&= \frac{pN}{2\omega_D}\int_0^{\omega_D}\hbar\omega\,d\omega + \frac{pN}{\omega_D}\int_0^{\omega_D}\frac{\hbar\omega}{\exp(\hbar\omega/k_BT)-1}\,d\omega = \\
&= \frac{1}{4}pN\hbar\omega_D + \frac{pN}{\omega_D}\int_0^{\omega_D}\frac{\hbar\omega}{\exp(\hbar\omega/k_BT)-1}\,d\omega = \\
&= E_{vib}^o + \langle E_{vib}^T(T) \rangle
\end{aligned}
\tag{11.24}
$$

El primer término del segundo miembro es la energía del punto cero E_{vib}^o, dada por

$$
E_{vib}^o = \frac{pN}{4}\hbar\omega_D = \frac{1}{4}pNk_B\theta_D
\tag{11.25}
$$

que tiene un valor muy similar a energía del punto cero de Einstein (11.6). Y el término $\langle E_{vib}^T(T) \rangle$ dependiente de la temperatura se escribe, con el cambio de variable $x = \hbar\omega/k_BT$, como

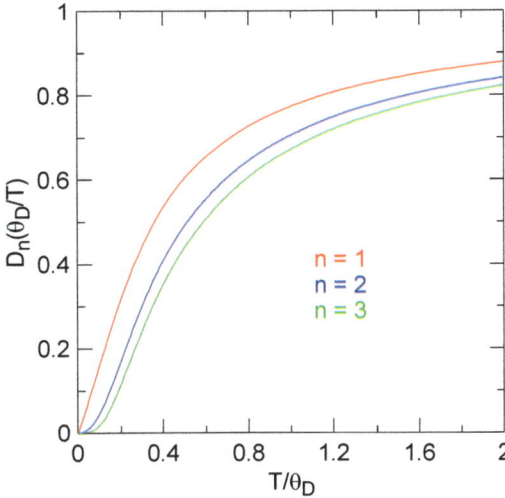

Figura 11.4. Funciones de Debye de orden $n = 1, 2, 3$ en función de la temperatura reducida.

$$
\begin{aligned}
\langle E_{vib}^{T}(T) \rangle &= \frac{pN}{\omega_D} \frac{(k_B T)^2}{\hbar} \int_0^{x_D} \frac{x}{e^x - 1} dx = pN \frac{k_B T^2}{\theta_D} \int_0^{\theta_D/T} \frac{x}{e^x - 1} dx = \\
&= pN k_B T \left[\left(\frac{T}{\theta_D} \right) \int_0^{\theta_D/T} \frac{x}{e^x - 1} dx \right]
\end{aligned}
\tag{11.26}
$$

donde

$$
x_D = \frac{\hbar \omega_D}{k_B T} = \frac{k_B \theta_D}{k_B T} = \frac{\theta_D}{T}
\tag{11.27}
$$

La expresión entre corchetes en (11.26) se denomina primera función de Debye

$$
D_1 \left(\frac{\theta_D}{T} \right) = \left(\frac{T}{\theta_D} \right) \int_0^{\theta_D/T} \frac{x}{e^x - 1} dx
\tag{11.28}
$$

y se muestra en la Fig. 11.4 en función de la temperatura reducida. Vale 0 para $T = 0\,\mathrm{K}$, y tiende a 1 para valores grandes de la temperatura.

La energía media total se escribe ahora

$$
\langle E_{vib}(T) \rangle = \frac{1}{4} pN k_B \theta_D + pN k_B T \left[\left(\frac{T}{\theta_D} \right) \int_0^{\theta_D/T} \frac{x}{e^x - 1} dx \right]
\tag{11.29}
$$

que se muestra en la Figura 11.5 para una temperatura de Debye típica de 300 K. Parte de la energía del punto cero y crece linealmente con T a altas temperaturas, recuperándose el resultado clásico de equipartición de la energía.

La capacidad calorífica viene dada por

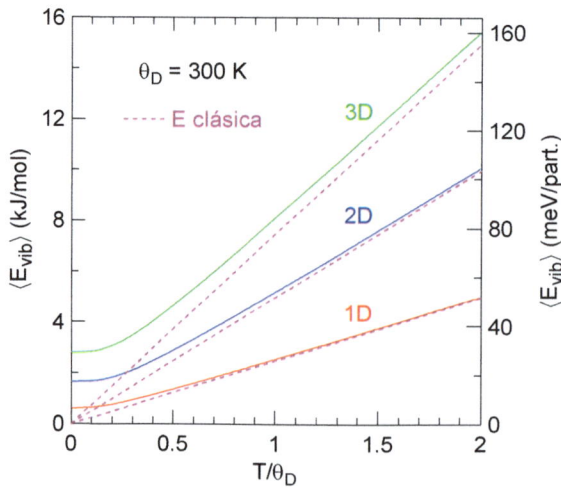

Figura 11.5. Energía de vibración de Debye (por mol de partículas y por partícula) en función de la temperatura reducida en 1D, 2D y 3D. Se compara con la energía clásica.

$$C_V\left(T\right) = \frac{d\left\langle E_{vib}\left(T\right)\right\rangle}{dT} = \frac{d\left\langle E_{vib}^T\left(T\right)\right\rangle}{dT} \tag{11.30}$$

Para realizar esta derivada es más conveniente aplicar la regla de Leibnitz de la derivada de una integral a la expresión (11.24) y posteriormente realizar el cambio de variable $x = \hbar\omega/k_B T$. Se tiene así que

$$
\begin{aligned}
C_V\left(T\right) &= \frac{pN}{\omega_D}\frac{\hbar^2}{k_B T^2}\int_0^{\omega_D}\frac{\omega^2\exp\left(\hbar\omega/k_B T\right)}{\left[\exp\left(\hbar\omega/k_B T\right)-1\right]^2}d\omega = \\
&= pNk_B\left(\frac{T}{\theta_D}\right)\int_0^{\theta_D/T}\frac{x^2 e^x}{\left(e^x-1\right)^2}dx
\end{aligned} \tag{11.31}
$$

Esta magnitud se muestra en la Figura 11.6(a) en función de la temperatura reducida. Se encuentra el resultado clásico de Dulong y Petit a temperaturas suficientemente altas, y que C_V varía linealmente con T a muy bajas temperaturas (Figura 11.6(b)).

Las expresiones anteriores de la energía de vibración y de la capacidad calorífica se simplifican fácilmente para los intervalos de alta y baja temperatura en comparación con la temperatura de Debye.

- Altas temperaturas $T \gg \theta_D \to k_B T \gg k_B\theta_D = \hbar\omega_D$. Resulta

$$
\begin{aligned}
\left\langle E_{vib}\left(T \gg \theta_D\right)\right\rangle &\simeq \int_0^{\omega_D}\hbar\omega\left[\frac{1}{1+\hbar\omega/k_B T - 1}+\frac{1}{2}\right]D\left(\omega\right)d\omega = \\
&= \int_0^{\omega_D}\hbar\omega\left[\frac{k_B T}{\hbar\omega}+\frac{1}{2}\right]D\left(\omega\right)d\omega \simeq \\
&\simeq k_B T\int_0^{\omega_D}D\left(\omega\right)d\omega = pNk_B T
\end{aligned} \tag{11.32}
$$

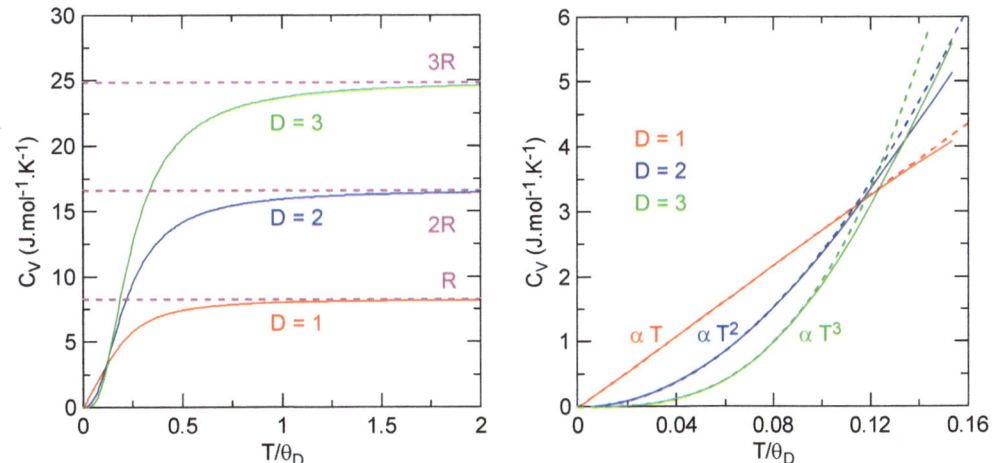

Figura 11.6. (a) Capacidad calorífica (por mol de partículas) de Debye en función de la temperatura reducida para sólidos 1D, 2D y 3D. A temperaturas suficientemente altas se recupera el resultado clásico de Dulong y Petit. (b) Región de muy bajas temperaturas, donde C_V tiende a cero como T^D (líneas discontinuas).

Se encuentra de nuevo el resultado clásico de equipartición de la energía. Y la capacidad calorífica es una constante en este intervalo de temperaturas, dada por

$$C_V\left(T \gg \theta_D\right) = pNk_B \tag{11.33}$$

que vale R para un mol de partículas ($pN = N_{Av}$).

Es importante señalar que dos modelos tan diferentes como los de Einstein y Debye conducen al resultado clásico a temperaturas suficientemente altas, igual que la teoría armónica. Este es un hecho completamente general: cualquier modelo de vibraciones cuántico, independientemente de la forma que tenga la relación de dispersión $\omega\left(\mathbf{q}\right)$, se simplifica al caso clásico a temperaturas muy superiores a la temperatura característica de vibración, en este caso θ_D. Igual ocurre en el estudio de los electrones de conducción en metales: el tratamiento cuántico se reduce al clásico a temperaturas suficientemente altas comparadas con la temperatura característica de los electrones T_F, la temperatura de Fermi. La diferencia fundamental es que T_F es del orden de 10^4 K, muy superior a la temperatura de fusión de los sólidos, de forma que es obligatorio el tratamiento cuántico en el estudio del sistema electrónico en metales[1].

• Bajas temperaturas $T \ll \theta_D \rightarrow k_B T \ll k_B \theta_D = \hbar \omega_D$. Se puede extender el límite de la integral a ∞ sin introducir errores apreciables ya que simplemente se suman ceros en la integral. Se tiene que

---

[1]La situación es diferente en semiconductores ya que el número de portadores de carga es muy pequeño en comparación con los metales.

$$\langle E_{vib}\left(T \ll \theta_D\right)\rangle \simeq \frac{pN}{4}k_B\theta_D + pNk_BT\left[\left(\frac{T}{\theta_D}\right)\int_0^\infty \frac{x}{e^x-1}dx\right] =$$

$$= \frac{pN}{4}k_B\theta_D + pNk_B\frac{T^2}{\theta_D}\frac{\pi^2}{6} = \frac{pN}{4}k_B\theta_D + \frac{\pi^2}{6}pNk_B\frac{T^2}{\theta_D} \qquad (11.34)$$

Y la capacidad calorífica es

$$C_V\left(T \ll \theta_D\right) = \frac{\pi^2}{3}pNk_B\frac{T}{\theta_D} \qquad (11.35)$$

Se observa que la capacidad calorífica tiende a 0 linealmente con T al disminuir la temperatura, a diferencia del modelo de Einstein donde la caída es más acentuada, de tipo exponencial.

11.2.2. Sólidos 2D

Se tiene de (11.2) y (11.17) que

$$\begin{aligned}
\langle E_{vib}\left(T\right)\rangle &= \int_0^{\omega_D}\hbar\omega\left[\frac{1}{\exp\left(\hbar\omega/k_BT\right)-1}+\frac{1}{2}\right]D\left(\omega\right)d\omega = \\
&= \frac{4pN}{\omega_D^2}\int_0^{\omega_D}\hbar\omega^2\left[\frac{1}{\exp\left(\hbar\omega/k_BT\right)-1}+\frac{1}{2}\right]d\omega = \\
&= \frac{2}{3}pN\hbar\omega_D + \frac{4pN}{\omega_D^2}\hbar\int_0^{\omega_D}\frac{\omega^2}{\exp\left(\hbar\omega/k_BT\right)-1}d\omega = \\
&= E_{vib}^o + \left\langle E_{vib}^T\left(T\right)\right\rangle \qquad (11.36)
\end{aligned}$$

La energía del punto cero de Debye viene dada por

$$E_{vib}^o = \frac{2}{3}pN\hbar\omega_D = \frac{2}{3}pNk_B\theta_D \qquad (11.37)$$

El segundo término de (11.36) es la contribución dependiente de la temperatura

$$\left\langle E_{vib}^T\left(T\right)\right\rangle = \frac{4pN}{\omega_D^2}\hbar\int_0^{\omega_D}\frac{\omega^2}{\exp\left(\hbar\omega/k_BT\right)-1}d\omega = 4pNk_B\frac{T^3}{\theta_D^2}\int_0^{\theta_D/T}\frac{x^2}{e^x-1}dx \quad (11.38)$$

con el cambio de variable $x = \hbar\omega/k_BT$. Se reescribe esta energía como

$$\left\langle E_{vib}^T\left(T\right)\right\rangle = 2pNk_BT\left[2\left(\frac{T}{\theta_D}\right)^2\int_0^{\theta_D/T}\frac{x^2}{e^x-1}dx\right] \qquad (11.39)$$

donde la expresión entre corchetes es la segunda función de Debye

$$D_2\left(\frac{\theta_D}{T}\right) = 2\left(\frac{T}{\theta_D}\right)^2 \int_0^{\theta_D/T} \frac{x^2}{e^x - 1} \tag{11.40}$$

que se muestra en la Figura 11.4, y tiene un comportamiento muy similar a la primera función de Debye. La energía media total (11.36) se muestra en la Figura 11.5.

Para obtener la expresión analítica de la capacidad calorífica es más conveniente utilizar la expresión (11.36). Aplicando la regla de Leibnitz de la derivada de una integral y realizando el cambio de variable $x = \hbar\omega/k_B T$ se encuentra que

$$
\begin{aligned}
C_V\left(T\right) &= \frac{d\left\langle E_{vib}\left(T\right)\right\rangle}{dT} = \frac{4pN}{\omega_D^2}\hbar \int_0^{\omega_D} \frac{\hbar}{k_B T^2} \frac{\omega^3 \exp\left(\hbar\omega/k_B T\right)}{\left[\exp\left(\hbar\omega/k_B T\right) - 1\right]^2} d\omega = \\
&= 4pNk_B \left(\frac{T}{\theta_D}\right)^2 \int_0^{\theta_D/T} \frac{x^3 e^x}{\left(e^x - 1\right)^2} dx
\end{aligned}
\tag{11.41}
$$

Esta expresión se muestra en la Figura 11.6, resultando una constante igual a $2R$ por mol de partículas a temperaturas suficientemente altas, y se acerca a 0 como T^2 a temperaturas bajas (Figura 11.6(b)).

Las expresiones analíticas de la energía media y de la capacidad calorífica reticular en estos límites son:

- Altas temperaturas $T \gg \theta_D \rightarrow k_B T \gg k_B \theta_D = \hbar\omega_D$

$$
\begin{aligned}
\left\langle E_{vib}\left(T \gg \theta_D\right)\right\rangle &\simeq \int_0^{\omega_D} \hbar\omega \left[\frac{1}{1 + \left(\hbar\omega/k_B T\right) - 1} + \frac{1}{2}\right] D\left(\omega\right) d\omega = \\
&= \int_0^{\omega_D} \hbar\omega \left(\frac{k_B T}{\hbar\omega} + \frac{1}{2}\right) D\left(\omega\right) d\omega = \\
&\simeq k_B T \int_0^{\omega_D} D\left(\omega\right) d\omega = 2pNk_B T = 2pRT
\end{aligned}
\tag{11.42}
$$

$$C_V\left(T \gg \theta_D\right) = 2pNk_B \tag{11.43}$$

reproduciendo los resultados clásicos.

- Bajas temperaturas $T \ll \theta_D \rightarrow k_B T \ll k_B \theta_D = \hbar\omega_D$

$$
\begin{aligned}
\left\langle E_{vib}\left(T \ll \theta_D\right)\right\rangle &\simeq \frac{2}{3}pNk_B\theta_D + 4pNk_B\frac{T^3}{\theta_D^2} \int_0^\infty \frac{x^2}{e^x - 1} dx = \\
&= \frac{2}{3}pNk_B\theta_D + 4pNk_B\frac{T^3}{\theta_D^2} \times 2.40 = \frac{2}{3}pNk_B\theta_D + 9.60pNk_B\frac{T^3}{\theta_D^2}
\end{aligned}
\tag{11.44}
$$

$$C_V\left(T \ll \theta_D\right) = 28.80pNk_B\frac{T^2}{\theta_D^2} \tag{11.45}$$

La capacidad calorífica tiende a cero como T^2 en este caso.

11.2.3. Sólidos 3D

Ya se determinó la energía de vibración y la capacidad calorífica de un sólido 3D en
el capítulo 10, pero se repiten aquí los principales resultados por unificar el estudio en
función de la dimensión D del sólido. Usando (11.2)

$$
\begin{aligned}
\langle E_{vib}\left(T\right)\rangle &= \int_0^{\omega_D} \hbar\omega \left[\frac{1}{\exp\left(\hbar\omega/k_BT\right)-1}+\frac{1}{2}\right] D\left(\omega\right) d\omega = \\
&= \frac{9pN}{\omega_D^3} \int_0^{\omega_D} \hbar\omega^3 \left[\frac{1}{\exp\left(\hbar\omega/k_BT\right)-1}+\frac{1}{2}\right] d\omega = \\
&= \frac{9}{8}pN\hbar\omega_D + \frac{9pN}{\omega_D^3}\hbar \int_0^{\omega_D} \frac{\omega^3}{\exp\left(\hbar\omega/k_BT\right)-1} d\omega = \\
&= E_{vib}^o + \langle E_{vib}^T\left(T\right)\rangle
\end{aligned}
\tag{11.46}
$$

donde la energía del punto cero de Debye viene dada por

$$
E_{vib}^o = \frac{9}{8}pN\hbar\omega_D = \frac{9}{8}pNk_B\theta_D
\tag{11.47}
$$

El término dependiente de la temperatura es

$$
\langle E_{vib}^T\left(T\right)\rangle = \frac{9pN}{\omega_D^3}\hbar \int_0^{\omega_D} \frac{\omega^3}{\exp\left(\hbar\omega/k_BT\right)-1} d\omega = 9pNk_B\frac{T^4}{\theta_D^3} \int_0^{\theta_D/T} \frac{x^3}{e^x-1} dx
\tag{11.48}
$$

con el cambio de variable $x = \hbar\omega/k_BT$. Esta energía se reescribe como

$$
\langle E_{vib}^T\left(T\right)\rangle = 3pNk_BT \left[3\left(\frac{T}{\theta_D}\right)^3 \int_0^{\theta_D/T} \frac{x^3}{e^x-1} dx\right] = 3pNk_BTD_3\left(\frac{\theta_D}{T}\right)
\tag{11.49}
$$

donde $D_3\left(\theta_D/T\right)$ es la función tercera de Debye

$$
D_3\left(\frac{\theta_D}{T}\right) = 3\left(\frac{T}{\theta_D}\right)^3 \int_0^{\theta_D/T} \frac{x^3}{e^x-1} dx
\tag{11.50}
$$

que se presenta en la Figura 11.4, y muestra un comportamiento similar a las otras
dos funciones de Debye aunque requiere temperaturas más altas para saturarse. La
energía de vibración total media en este modelo es

$$
\langle E_{vib}\left(T\right)\rangle = \frac{9}{8}pNk_B\theta_D + 3pNk_BT \left[3\left(\frac{T}{\theta_D}\right)^3 \int_0^{\theta_D/T} \frac{x^3}{e^x-1} dx\right]
\tag{11.51}
$$

Utilizando la regla de Leibnitz con la expresión (11.46) se encuentra que la capacidad
calorífica vale

$$C_V(T) = \frac{d\langle E_{vib}(T)\rangle}{dT} = \frac{9pN}{\omega_D^3}\hbar \int_0^{\omega_D} \frac{\hbar}{k_B T^2}\frac{\omega^4 \exp(\hbar\omega/k_B T)}{[\exp(\hbar\omega/k_B T)-1]^2}d\omega =$$
$$= 9pNk_B \left(\frac{T}{\theta_D}\right)^3 \int_0^{\theta_D/T} \frac{x^4 e^x}{(e^x-1)^2}dx \qquad (11.52)$$

que se compara en la Figura 11.6 con las expresiones para 1D y 2D. Tiende a un valor constante e igual a $3R$ (por mol de partículas) a altas temperaturas, y a 0 como T^3 a muy bajas temperaturas.

Las expresiones analíticas de la energía y de la capacidad calorífica en función de la temperatura en estos dos intervalos son:

- Altas temperaturas $T \gg \theta_D \to k_B T \gg k_B \theta_D = \hbar\omega_D$

$$\langle E_{vib}(T \gg \theta_D)\rangle \simeq \int_0^{\omega_D} \hbar\omega\left[\frac{1}{1+(\hbar\omega/k_B T)-1}+\frac{1}{2}\right]D(\omega)\,d\omega =$$
$$= \int_0^{\omega_D} \hbar\omega\left[\frac{k_B T}{\hbar\omega}+\frac{1}{2}\right]D(\omega)\,d\omega \simeq k_B T \int_0^{\omega_D} D(\omega)\,d\omega = 3pNk_B T \quad (11.53)$$

$$C_V(T \gg \theta_D) = 3pNk_B \qquad (11.54)$$

- Bajas temperaturas $T \ll \theta_D \to k_B T \ll k_B \theta_D = \hbar\omega_D$

$$\langle E_{vib}(T \ll \theta_D)\rangle \simeq \frac{9}{8}pNk_B\theta_D + 9pNk_B\frac{T^4}{\theta_D^3}\int_0^{\infty}\frac{x^3}{e^x-1}dx =$$
$$= \frac{9}{8}pNk_B\theta_D + 9pNk_B\frac{T^4}{\theta_D^3}\times\frac{\pi^4}{15} = \frac{9}{8}pNk_B\theta_D + \frac{3\pi^4}{5}pNk_B\frac{T^4}{\theta_D^3} \qquad (11.55)$$

$$C_V(T \ll \theta_D) = \frac{12\pi^4}{5}pNk_B\left(\frac{T}{\theta_D}\right)^3 \qquad (11.56)$$

La Figura 11.7(a) muestra la variación experimental de la capacidad calorífica a presión constante en un amplio intervalo de temperatura de tres sólidos de referencia: cobre, cloruro de sodio y óxido de aluminio. Se observa la bondad del modelo de Debye (que predice la capacidad calorífica a volumen constante). A bajas temperaturas la diferencia entre C_P y C_V no es relevante (sección 7.2), y el ajuste con la ley T^3 para $T \lesssim 0.10\theta_D$ (Figura 11.7(b)) es excelente.

Es importante notar que para un sólido de dimensión D y con relaciones de dispersión $\omega \propto q^n$ a muy bajas temperaturas, la capacidad calorífica en este intervalo es de la forma $C_V(T) \propto T^{D/n}$. Este resultado es muy útil para el estudio de las propiedades de nuevos materiales con carácter lineal 1D y plano 2D que se están desarrollando actualmente.

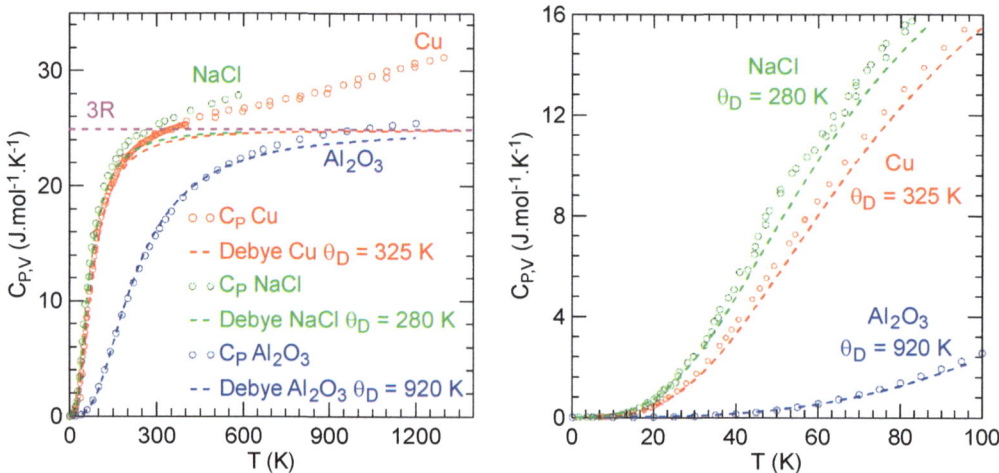

Figura 11.7. (a) Capacidad calorífica (por mol de partículas) experimental y de Debye en función de la temperatura para Cu [1,2], NaCl [3] y Al_2O_3 [4]. (b) Región de bajas temperaturas, mostrando los ajustes de la ley T^3 de Debye.

Pierre Louis Dulong,
1785 – 1838 (Francia)

Referencias

1. R. Stevens and J. Boerio-Goates (2004): «Heat capacity of copper on the ITS-90 temperature scale using adiabatic calorimetry», *The Journal of Chemical Thermodynamics*, 36, 857.

2. B. Banerjee (2005): «An evaluation of plastic flow stress models for the simulation of high-temperature and high-strain-rate deformation of metals». DOI: 10.13140/RG.2.1.4289.9285.

3. D.G. Archer (1992): «Thermodynamic Properties of the NaCl+H$_2$O System 1. Thermodynamic Properties of NaCl(cr)», *Journal of Physical and Chemical Reference Data*, 21, 1.

4. G.T. Furukawa, T.B. Douglas, R.E. Mccoskey and D.C. Ginnings (1956): «Thermal properties of aluminum oxide from 0 to 1200 K», *Journal of Research of the National Bureau of Standards*, 57, 67.

12. Vibraciones atómicas en un sólido 1D monoatómico

En los siguientes capítulos se van a determinar las relaciones de dispersión fonónicas en casos muy sencillos donde es posible obtener expresiones analíticas, bien resolviendo directamente las ecuaciones de movimiento o bien utilizando la matriz dinámica. En primer lugar se va a considerar un sólido lineal de base monoatómica (Figura 12.1), con los átomos interaccionando entre sí mediante un potencial de Lennard-Jones 6-12; es el equivalente al caso del argón 3D estudiado en los capítulos 2 y 3. Consideramos que el sólido es estrictamente monodimensional, es decir, solo se permiten las vibraciones longitudinales sobre la cadena de átomos.

Determinemos en primer lugar el parámetro reticular a del sólido. La energía de interacción de una pareja de átomos separados una distancia R es

$$W\left(R\right) = -\frac{A}{R^6} + \frac{B}{R^{12}} \tag{12.1}$$

donde A y B son constantes. Consideramos que los átomos tienen de masa $M = 40.0\,\mathrm{u}$ y que las constantes valen $A = 1.30 \times 10^{-16}\,\mathrm{J\,\mathring{A}}^6$ y $B = 2.70 \times 10^{-13}\,\mathrm{J\,\mathring{A}}^{12}$.

En el sólido con N átomos, la energía potencial de un átomo dado con sus vecinos viene dada por

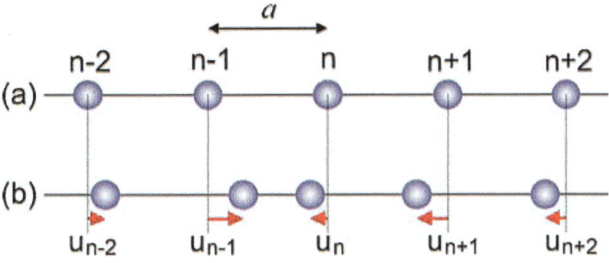

Figura 12.1. Sólido 1D monoatómico de parámetro reticular a. (a) Sólido rígido. (b) Sólido con los átomos vibrando sobre las posiciones de equilibrio; los desplazamientos u_n son muy pequeños comparados con a ($< 10\,\%$).

$$U_{at}(R) = 2W(R) + 2W(2R) + 2W(3R) + \ldots = 2\sum_{n=1}^{N/2} W(nR) \qquad (12.2)$$

siendo R la distancia entre átomos y n el orden de vecino: primero, segundo, etc. Sustituyendo la expresión de la energía potencial (12.1) y teniendo en cuenta que el número de átomos es muy elevado, se tiene que

$$
\begin{aligned}
U_{at}(R) &= 2\sum_{n=1}^{N/2}\left[-\frac{A}{(nR)^6} + \frac{B}{(nR)^{12}}\right] \simeq \\
&\simeq -\frac{2A}{R^6}\sum_{n=1}^{\infty}\frac{1}{n^6} + \frac{2B}{R^{12}}\sum_{n=1}^{\infty}\frac{1}{n^{12}} = \\
&= -\frac{2.034A}{R^6} + \frac{2.000B}{R^{12}} \simeq 2W(R) \qquad (12.3)
\end{aligned}
$$

Se observa que la aproximación de primeros vecinos es muy adecuada debido al alcance tan corto de las interacciones atractiva y repulsiva, y a que el número de vecinos es siempre dos para cualquier orden de vecindad (en 2D y 3D va aumentando con la distancia).

La energía potencial del sólido con N átomos es entonces

$$U(R) = \frac{N}{2}U_{at}(R) = N\left(-\frac{A}{R^6} + \frac{B}{R^{12}}\right) \qquad (12.4)$$

donde el factor 1/2 se introduce para no contar dos veces la interacción de una misma pareja de átomos. Minimizando esta energía para obtener la distancia de equilibrio R_o entre átomos —el parámetro reticular a en este caso—, resulta

$$\left.\frac{dU}{dR}\right|_{R_o} = N\left(\frac{6A}{R_o^7} - \frac{12B}{R_o^{13}}\right) = 0 \rightarrow B = \frac{A}{2}R_o^6 \qquad (12.5)$$

encontrando

$$R_o \equiv a = \left(\frac{2B}{A}\right)^{1/6} = 4.01\,\text{Å} \qquad (12.6)$$

La energía de cohesión viene dada, utilizando (12.5), por

$$U_{coh} \equiv U(R_o) = N\left(-\frac{A}{R_o^6} + \frac{B}{R_o^{12}}\right) = -N\frac{A}{R_o^6}\left(1 - \frac{1}{2}\right) = -N\frac{A}{2R_o^6} \qquad (12.7)$$

que por partícula vale

$$
\begin{aligned}
U(R_o)/N &= -\frac{A}{2R_o^6} = -\frac{A^2}{4B} = \\
&= -1.56\times 10^{-20}\,\text{J/part.} = -97.8\,\text{meV/part.} \qquad (12.8)
\end{aligned}
$$

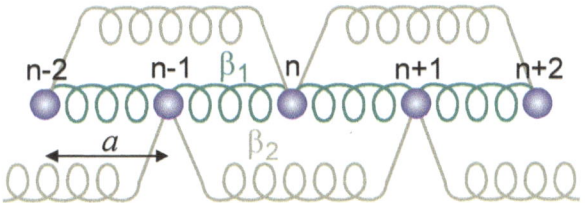

Figura 12.2. Constantes de fuerza β_1 y β_2 de un átomo de referencia n con sus primeros y segundos vecinos en la aproximación armónica.

12.1   Relación de dispersión

La posición instantánea $R_n(t)$ del átomo de la celda n en un instante t (Figura 12.1(b)) se escribe como

$$R_n(t) = t_n + u_n(t) = na + u_n(t) \tag{12.9}$$

donde t_n es su posición de equilibrio (el vector de traslación). La constante de fuerza entre los átomos n y m, dada por (2.5), se simplifica en 1D a

$$\Phi_n^m = -W''(|(m-n)R_o|) = -W''(jR_o) \tag{12.10}$$

donde el índice $j = 1, 2, 3, ...$ indica el orden de vecino del átomo m respecto del átomo n. La primera y segunda derivadas de $W(R)$ son

$$W'(R) = \frac{6A}{R^7} - \frac{12B}{R^{13}} \ , \qquad W''(R) = -\frac{42A}{R^8} + \frac{156B}{R^{14}} \tag{12.11}$$

Sustituyendo en (12.10) para las posiciones de equilibrio de los átomos, la constante de fuerza entre un átomo y su j-ésimo vecino es

$$\Phi_j = -W''(jR_o) = \frac{42A}{(jR_o)^8} - \frac{156B}{(jR_o)^{14}} \equiv -\beta_j \tag{12.12}$$

donde se ha renombrado la constante de fuerza por β_j como es más habitual. Para primeros, segundos y terceros vecinos (Figura 12.2) se tiene

$$\beta_1 = -\frac{42A}{R_o^8} + \frac{156B}{R_o^{14}} = 7.01\,\text{N}/\text{m}$$

$$\beta_2 = -\frac{42A}{(2R_o)^8} + \frac{156B}{(2R_o)^{14}} = -3.10 \times 10^{-2}\,\text{N}/\text{m}$$

$$\beta_3 = -\frac{42A}{(3R_o)^8} + \frac{156B}{(3R_o)^{14}} = -1.24 \times 10^{-3}\,\text{N}/\text{m} \tag{12.13}$$

Se observa que las constantes disminuyen rápidamente con el orden de vecino, como cabía esperar del corto alcance del potencial.

La ecuación de movimiento del átomo n es

$$
\begin{aligned}
M\frac{d^2 u_n\left(t\right)}{dt^2} &= F_n = \beta_1(u_{n+1} - u_n) - \beta_1\left(u_n - u_{n-1}\right) + \\
&\quad +\beta_2(u_{n+2} - u_n) - \beta_2\left(u_n - u_{n-2}\right) + \ldots = \\
&= -\beta_1(2u_n - u_{n+1} - u_{n-1}) - \beta_2\left(2u_n - u_{n+2} - u_{n-2}\right) + \ldots = \\
&= -\sum_{j=1}^{N/2} \beta_j\left(2u_n - u_{n+j} - u_{n-j}\right)
\end{aligned}
\tag{12.14}
$$

Las soluciones de esta ecuación vienen dadas por las funciones de Bloch (1.29)

$$
u_n\left(t\right) = \frac{1}{\sqrt{M}} A \exp\left(iqt_n - i\omega t\right)
\tag{12.15}
$$

donde A es la amplitud del desplazamiento, q el vector de onda (un escalar en este caso 1D) y ω la frecuencia de vibración. Los valores permitidos del vector de onda vienen dadas por la condiciones de contorno del problema. Utilizando las condiciones de Born-von Kármán se tiene que (1.35)

$$
q_m = \frac{2\pi}{L} m = \frac{2\pi}{Na} m\,, \qquad m \in \mathbb{Z}
\tag{12.16}
$$

Derivando la solución (12.15) y sustituyéndola en la ecuación de movimiento (12.14) resulta

$$
-M\omega^2 \exp\left(iqt_n\right) = -\sum_j \beta_j\left[2\exp\left(iqt_n\right) - \exp\left(iqt_{n+j}\right) - \exp\left(iqt_{n-j}\right)\right]
\tag{12.17}
$$

Simplificando términos

$$
\begin{aligned}
\omega^2 &= \frac{1}{M} \sum_j \beta_j\left\{2 - \exp\left[iq\left(t_{n+j} - t_n\right)\right] - \exp\left[iq\left(t_{n-j} - t_n\right)\right]\right\} = \\
&= \frac{1}{M} \sum_j \beta_j\left[2 - 2\cos\left(qja\right)\right] = \frac{4}{M} \sum_j \beta_j \operatorname{sen}^2\left(\frac{qja}{2}\right)
\end{aligned}
\tag{12.18}
$$

Finalmente, la relación de dispersión $\omega = \omega\left(q\right)$ es

$$
\omega\left(q\right) = \frac{2}{M^{1/2}} \left[\sum_{j=1}^{N/2} \beta_j \operatorname{sen}^2\left(\frac{qja}{2}\right)\right]^{1/2}
\tag{12.19}
$$

Por ejemplo, en la aproximación de primeros vecinos se tiene que

$$
\omega\left(q\right) = \left(\frac{4\beta_1}{M}\right)^{1/2} \operatorname{sen}\left|\frac{qa}{2}\right| = \omega_{max} \operatorname{sen}\left|\frac{qa}{2}\right|
\tag{12.20}
$$

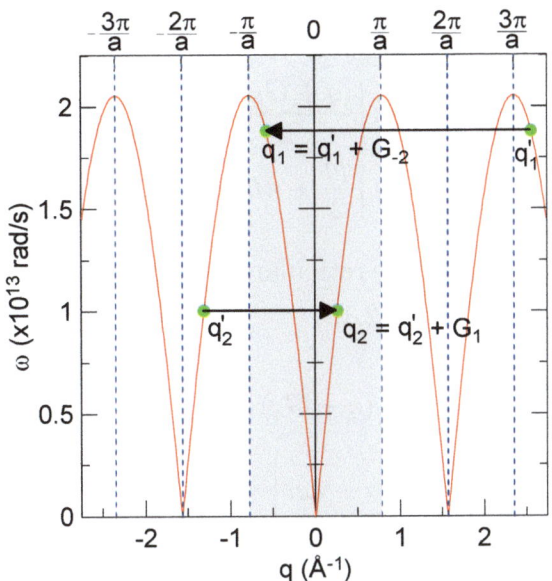

Figura 12.3. Relación de dispersión $\omega(q)$ de una cadena monoatómica en primeros vecinos. Las frecuencias permitidas son periódicas con los vectores recíprocos $G_h = 2\pi(h/a)$ del sólido. Se muestra la primera zona de Brillouin (región sombreada).

donde ω_{max} es la frecuencia máxima permitida, que vale

$$\omega_{max} = \left(\frac{4\beta_1}{M}\right)^{1/2} = 2.05 \times 10^{13}\,\mathrm{rad/s} \tag{12.21}$$

La Figura 12.3 muestra esta relación de dispersión $\omega = \omega(q)$. Se deben notar algunos hechos característicos, ya comentados en el caso 3D (sección 1.8).

(i) A cada vector de onda permitido q le corresponde una frecuencia de vibración $\omega(q)$. Cada una de estas frecuencias permitidas corresponde a un modo colectivo de vibración de los N átomos del sólido de acuerdo con la solución de Bloch (12.15), con los átomos desfasados entre sí en un factor $\exp(iqt_n)$ que depende tanto de la posición de la celda unidad del átomo como del vector de onda q.

(ii) Las frecuencias se distribuyen de forma cuasicontinua, sin saltos abruptos, formando una sola rama.

(iii) Se observa directamente en la Figura 12.3 que las frecuencias son periódicas en el espacio de Fourier con los vectores del espacio recíproco, que en 1D son escalares de la forma

$$G_h = \frac{2\pi}{a}h\,, \qquad h \in \mathbb{Z} \tag{12.22}$$

De forma analítica, utilizando la relación de dispersión (12.20), se encuentra que

$$\omega\left(q+G_h\right) = \omega_{max}\,\text{sen}\left|\frac{\left(q+G_h\right)a}{2}\right| = \omega_{max}\,\text{sen}\left|\frac{qa+2\pi h}{2}\right| =$$

$$= \omega_{max}\,\text{sen}\left|\frac{qa}{2}+\pi h\right| \equiv \omega\left(q\right) \tag{12.23}$$

(iv) Igualmente, los desplazamientos reticulares también son periódicos con los vectores del espacio recíproco. Utilizando (12.15)

$$u_n\left(q+G_h\right) = \frac{1}{\sqrt{M}}A\exp\left[i\left(q+G_h\right)t_n-i\omega t\right] =$$

$$= \frac{1}{\sqrt{M}}A\exp\left[i\left(q+\frac{2\pi}{a}h\right)na-i\omega t\right] = \frac{1}{\sqrt{M}}A\exp\left[i\left(qna+2\pi hn\right)-i\omega t\right] =$$

$$= \frac{1}{\sqrt{M}}A\exp\left(iqna-i\omega t\right) \equiv u_n\left(q\right) \tag{12.24}$$

La Figura 12.4 muestra los desplazamientos de los átomos en las celdas n, $n+1$, $n-1$, ... en un instante dado en un modo normal de frecuencia ω. Por facilidad visual, los desplazamientos se representan perpendiculares a la cadena de átomos. Se muestran dos ondas (de las infinitas posibles) con diferentes longitudes de onda, λ (en rojo) y λ' (en azul), que caracterizan el mismo movimiento atómico. La diferencia entre ambas es que el vector de onda vale $q=2\pi/\lambda$ para la onda en rojo y $q'=2\pi/\lambda'=q+G_1=q+(2\pi/a)$ para la onda en azul (12.24). Las otras infinitas posibilidades corresponden a vectores de onda $q'=q+G_2$, $q+G_3$, ..., con longitudes de onda cada vez más pequeñas. Por tanto, el movimiento atómico viene especificado por solo una de estas ondas. La elección natural y más conveniente es escoger la más sencilla: la de mayor longitud de onda posible (Figura 12.4), que corresponde al vector de onda más pequeño y que se encuentra dentro de la primera zona de Brillouin.

(v) No es necesario, por tanto, estudiar todo el espacio de Fourier, solo la primera zona de Brillouin. Esta zona es la celda primitiva de Wigner-Seitz del espacio recíproco con toda la simetría puntual del cristal, que en un sólido 1D varía entre $-\pi/a$ y π/a (Figura 12.3). El número de vectores de onda permitidos viene dado por el cociente entre la longitud de la primera zona y la longitud asociada a cada vector de onda (12.16)

$$N^o\ q\ \text{permitidos} = \frac{2\pi/a}{2\pi/Na} = N \tag{12.25}$$

es decir, es igual al número de celdas unidad del sólido, que en este caso coincide con el número de átomos.

(vi) La relación de dispersión es simétrica respecto del origen del espacio de Fourier

$$\omega\left(q\right) = \omega\left(-q\right) \tag{12.26}$$

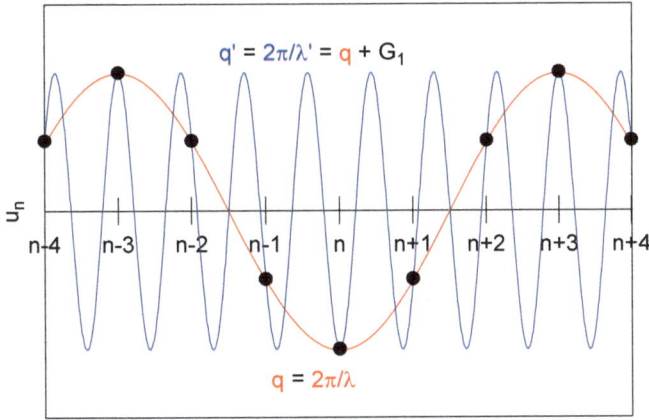

Figura 12.4. Posiciones de los átomos en un instante dado para un modo normal de frecuencia ω (se representan los desplazamientos verticalmente por simplicidad). Las dos ondas, roja y azul, caracterizan el mismo movimiento atómico, pero sus vectores de onda difieren en un vector recíproco $G_1 = 2\pi/a$.

de forma que es habitual representar solo la parte positiva.

(vii) La curva $\omega = \omega(q)$ se muestra continua, pero en rigor es discreta ya que los vectores de onda están cuantizados (12.16). Como el número de frecuencias permitidas es tan alto, del orden del número de Avogadro, la representación continua es adecuada.

(viii) La rama de dispersión tiende linealmente a 0 cuando $q \to 0$ (Figura 12.5). Por ello este tipo de rama se denomina acústica, ya que los modos de vibración con q pequeño (respecto del límite de la zona de Brillouin) tienen una longitud de onda λ muy superior a la distancia entre átomos

$$q = \frac{2\pi}{\lambda} \ll \frac{\pi}{a} \to \lambda \gg a \tag{12.27}$$

de forma que el sólido se puede aproximar por un medio continuo elástico donde se propagan las ondas de sonido. La frecuencia de estos modos con q cercanos al origen, en la aproximación de primeros vecinos (12.20), es

$$\omega(q \ll) \simeq \omega_{max} \left| \frac{qa}{2} \right| = \left(\frac{\beta_1 a^2}{M} \right)^{1/2} |q| \equiv v_s |q| \tag{12.28}$$

siendo la constante de proporcionalidad v_s la velocidad de propagación de las ondas sonoras en el sólido (Figura 12.5). En este caso de primeros vecinos vale

$$v_s = \left(\frac{\beta_1 a^2}{M} \right)^{1/2} = 4120 \, \text{m/s} \tag{12.29}$$

A partir de esta velocidad se pueden determinar diversas propiedades elásticas del sólido (sección 4.1), como el módulo elástico $E = \rho v_s^2$ (4.18).

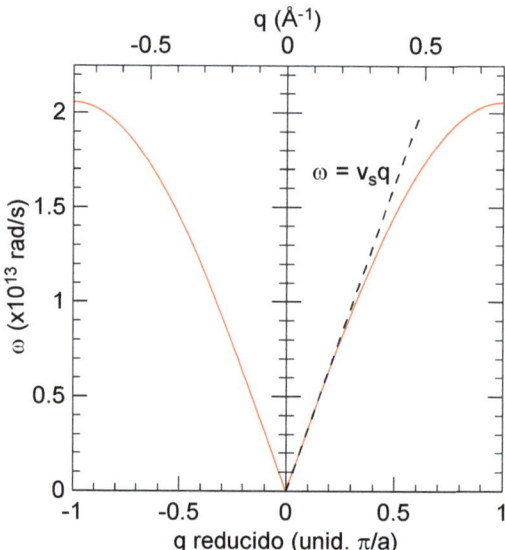

Figura 12.5. Relación de dispersión $\omega = \omega(q)$ de un sólido 1D de base monoatómica en primeros vecinos en función del vector de onda reducido (eje inferior) y absoluto (eje superior), representada en la primera zona de Brillouin. Las frecuencias tienden linealmente a 0 en el centro de la zona de Brillouin; la pendiente es la velocidad del sonido en el sólido.

Esta región de bajas frecuencias es no dispersiva, por lo que la velocidad de fase de las ondas coincide con su velocidad de grupo v

$$v\,(q \ll) = \frac{d\omega}{dq} = \frac{\omega}{q} = v_{fase} \equiv v_s \tag{12.30}$$

(ix) A medida que q aumenta y se acerca al límite de zona, la relación $\omega = \omega(q)$ deja de ser lineal (Figura 12.5), entrando en la región dispersiva. Ahora la velocidad de grupo no coincide con la velocidad de fase, resultando

$$v\,(q) = \frac{\omega_{max}a}{2} \cos \frac{qa}{2} \tag{12.31}$$

Justo en el límite de la primera zona de Brillouin se tiene que

$$v\left(q = \pm\frac{\pi}{a}\right) = 0 \tag{12.32}$$

correspondiendo a ondas estacionarias. Es importante notar que en este límite se tiene que

$$q_{max} = \pm\frac{\pi}{a} \rightarrow \lambda_{min} = \frac{2\pi}{q_{max}} = 2a \tag{12.33}$$

Es decir, esta longitud de onda es la más pequeña que se puede propagar en el sólido; longitudes de onda inferiores ya están contempladas por la periodicidad en el espacio recíproco (Figura 12.4).

(x) La rama de dispersión alcanza una frecuencia máxima de vibración ω_{max} del orden de 10^{13} rad/ s, que corresponde a una energía de vibración por partícula $E = \hbar\omega \sim$ 0.01 eV/part. Teniendo en cuenta que la energía térmica a temperatura ambiente $T =$ 300 K es $k_B T \simeq 0.03$ eV, este resultado indica que todos los modos se excitan fácilmente a temperatura ambiente y superiores, contribuyendo a la energía de vibración del sólido.

(xi) La rama de dispersión obtenida aquí aumenta de frecuencia continuamente de 0 hasta su valor máximo ω_{max} en el límite de zona. Este comportamiento es particular del modelo utilizado y de la aproximación de primeros vecinos, pudiendo encontrarse el máximo en otro punto distinto de la zona de Brillouin (ver Figuras 1.7 y 12.8(a), por ejemplo), dependiendo de los detalles del estudio realizado.

12.2   Desplazamientos atómicos

Se puede determinar fácilmente el movimiento relativo entre átomos vecinos en cada modo. Utilizando las soluciones de Bloch (12.15) se tiene

$$\frac{u_{n+1}(t)}{u_n(t)} = \frac{\exp(iqt_{n+1})}{\exp(iqt_n)} = \exp(iqa) \tag{12.34}$$

Para modos con q muy cercanos al origen $q \simeq 0$ se encuentra que

$$\frac{u_{n+1}(t)}{u_n(t)} \simeq 1 \tag{12.35}$$

Es decir, los átomos de celdas contiguas vibran en fase, como cabía esperar en un modo acústico de gran longitud de onda. Y para modos cercanos al límite de la zona de Brillouin $q \simeq \pi/a$ se tiene que

$$\frac{u_{n+1}(t)}{u_n(t)} \simeq -1 \tag{12.36}$$

de forma que los átomos contiguos vibran en contrafase. Es importante señalar que, exceptuando estos casos muy particulares, el movimiento de los átomos en un modo dado no está en fase ni en contrafase.

Una vez determinado el movimiento de los átomos en cada modo normal de frecuencia $\omega(q)$ (12.15), la solución general es, teniendo en cuenta los N modos presentes

$$u_n(t) = \sum_q \frac{1}{\sqrt{M}} A(q) \exp[i(qt_n - \omega(q)t)] \tag{12.37}$$

donde el sumatorio se extiende a todos los modos q permitidos dentro de la primera

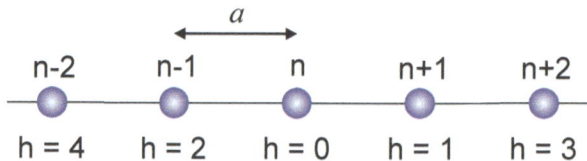

Figura 12.6. Renumeración de los átomos con el índice h de vecino respecto de un átomo cualquiera de referencia etiquetado como 0.

zona de Brillouin y $A\,(q)$ es la amplitud de movimiento de cada modo q, que está cuantizada y depende de la temperatura (capítulo 21). Se comprende que, en general, el movimiento resultante es extraordinariamente complejo debido a la contribución de los distintos modos de vibración.

12.3   Matriz dinámica

Es instructivo determinar de nuevo la relación de dispersión $\omega\,(q)$ de la cadena monoatómica (12.20) utilizando el formalismo de la matriz dinámica (sección 1.7). Por conveniencia se renumeran los átomos de la Figura 12.1 cambiando el subíndice n que designa a la celda unidad por el subíndice h que caracteriza a los átomos vecinos de un átomo cualquiera de referencia, que designamos por 0 (Figura 12.6).

La matriz dinámica $D\,(q)$ (1.41) es

$$D(q) = \sum_h \frac{1}{M} \Phi_0^h \exp\left(iqt_h\right) \tag{12.38}$$

donde $h = 0, 1, 2, \dots$ es el número del átomo vecino, t_h es el vector de traslación (un escalar en este caso) de la celda unidad donde se encuentra dicho átomo respecto de la celda 0 y Φ_0^h es la constante de fuerza con el átomo de referencia 0, que viene dada por (12.10)

$$\Phi_0^h = -W''(hR_o)\,, \qquad h \neq 0 \tag{12.39}$$

En primeros vecinos se consideran los átomos $h = 1$ y $h = 2$ (Figura 12.6), con constantes de fuerza (12.13)

$$\Phi_0^1 = \Phi_0^2 = -\beta_1 \tag{12.40}$$

y vectores de traslación $t_1 = a$ y $t_2 = -a$. Sustituyendo en la matriz dinámica (12.38) —hay que recordar que en este formalismo el término $h = 0$, denominado autotérmino, está incluido en el sumatorio— se tiene

$$D(q) = \sum_{h=0,1,2} \frac{1}{M} \Phi_0^h \exp\left(iqt_h\right) = \frac{1}{M}\left[\Phi_0^0 + \Phi_0^1 \exp\left(iqa\right) + \Phi_0^2 \exp\left(-iqa\right)\right] \tag{12.41}$$

Utilizando la regla de las sumas (1.24) para determinar el autotérmino

$$\sum_{h=0,1,2} \Phi_0^h = 0 \rightarrow \Phi_0^0 + \Phi_0^1 + \Phi_0^2 = 0 \rightarrow \Phi_0^0 = -\left(\Phi_0^1 + \Phi_0^2\right) = 2\beta_1 \qquad (12.42)$$

resulta finalmente

$$\begin{aligned} D(q) &= \frac{\beta_1}{M}\left[2 - \exp\left(iqa\right) - \exp\left(-iqa\right)\right] = \frac{\beta_1}{M}\left[2 - 2\cos\left(qa\right)\right] = \\ &= \frac{4\beta_1}{M}\operatorname{sen}^2\left(\frac{qa}{2}\right) \end{aligned} \qquad (12.43)$$

Utilizando (1.42), la relación de dispersión es directamente

$$\omega^2\left(q\right) = \frac{4\beta_1}{M}\operatorname{sen}^2\left(\frac{qa}{2}\right) \qquad (12.44)$$

como se obtuvo anteriormente (12.20).

Se pueden considerar más vecinos, por ejemplo hasta el segundo orden de vecindad ($h = 3$ y 4 en la Figura 12.6), para ver el procedimiento seguido. Resulta de (12.13)

$$\Phi_0^1 = \Phi_0^2 = -\beta_1, \qquad \Phi_0^3 = \Phi_0^4 = -\beta_2 \qquad (12.45)$$

con los vectores de traslación $t_3 = 2a$ y $t_4 = -2a$. Sustituyendo en la matriz dinámica (12.38) resulta

$$\begin{aligned} D(q) &= \sum_{h=0}^{4}\frac{1}{M}\Phi_0^h \exp\left(iqt_h\right) = \frac{1}{M}\left[\Phi_0^0 + \Phi_0^1\exp\left(iqa\right) + \Phi_0^2\exp\left(-iqa\right) + \right. \\ &\left. + \Phi_0^3\exp\left(i2qa\right) + \Phi_0^4\exp\left(-i2qa\right)\right] \end{aligned} \qquad (12.46)$$

Utilizando de nuevo la regla de las sumas para determinar el autotérmino

$$\begin{aligned} \sum_{h}\Phi_0^h &= 0 \rightarrow \Phi_0^0 + \Phi_0^1 + \Phi_0^2 + \Phi_0^3 + \Phi_0^4 = 0 \\ &\rightarrow \Phi_0^0 = -2\left(\Phi_0^1 + \Phi_0^3\right) = 2\left(\beta_1 + \beta_2\right) \end{aligned} \qquad (12.47)$$

se tiene que

$$\begin{aligned} D(q) &= \frac{1}{M}\left[2\left(\beta_1 + \beta_2\right) - 2\beta_1\cos\left(iqa\right) - 2\beta_2\cos\left(i2qa\right)\right] = \\ &= \frac{2}{M}\left\{\beta_1\left[1 - \cos\left(iqa\right)\right] + \beta_2\left[1 - \cos\left(i2qa\right)\right]\right\} = \\ &= \frac{4}{M}\left[\beta_1\operatorname{sen}^2\left(\frac{qa}{2}\right) + \beta_2\operatorname{sen}^2\left(\frac{2qa}{2}\right)\right] \end{aligned} \qquad (12.48)$$

Y las frecuencias permitidas son

$$\omega\left(q\right) = \left(\frac{4}{M}\right)^{1/2} \left[\beta_1 \operatorname{sen}^2\left(\frac{qa}{2}\right) + \beta_2 \operatorname{sen}^2\left(\frac{2qa}{2}\right)\right]^{1/2} \qquad (12.49)$$

como se obtuvo anteriormente (12.19). Se puede observar que este formalismo de la matriz dinámica es muy sencillo de implementar en rutinas numéricas una vez que se conocen las constantes de fuerzas entre las partículas reticulares.

12.4 Densidad de modos

Los N modos permitidos se distribuyen uniformemente en la primera zona de Brillouin del sólido desde $-\pi/a$ hasta $+\pi/a$. En el caso presente de un sólido 1D monoatómico en la aproximación de primeros vecinos es posible encontrar una expresión analítica sencilla para $D\left(\omega\right)$. Utilizando la densidad $D\left(\omega\right)$ en 1D (5.10) se tiene que

$$D\left(\omega\right) = \frac{L_{sol}}{2\pi}\frac{2}{|\nabla_q\omega|} = \frac{Na}{2\pi}\frac{2}{\frac{\omega_{max}a}{2}\cos\frac{qa}{2}} = \frac{2N}{\pi\omega_{max}}\frac{1}{\left(1 - \operatorname{sen}^2\frac{qa}{2}\right)^{1/2}} =$$

$$= \frac{2N}{\pi\omega_{max}}\frac{1}{\left[1 - \left(\omega/\omega_{max}\right)^2\right]^{1/2}} = \frac{2N}{\pi}\frac{1}{\left(\omega_{max}^2 - \omega^2\right)^{1/2}}, \quad 0 \leq \omega \leq \omega_{max} \qquad (12.50)$$

con $\omega_{max} = 2.05 \times 10^{13}\,\mathrm{rad/s}$ (12.21). La Figura 12.7 muestra esta función, que tiene un valor relativamente constante a bajas frecuencias

$$D\left(\omega \ll \omega_{max}\right) = \frac{2N}{\pi\omega_{max}} = 1.86 \times 10^{10}\,\mathrm{s/mol} \qquad (12.51)$$

por mol de átomos.

La función $D\left(\omega\right)$ presenta una singularidad en $\omega = \omega_{max}$, que es integrable ya que el número total de modos es finito e igual a N, como se comprueba fácilmente

$$\int_0^{\omega_{max}} D(\omega)d\omega = \int_0^{\omega_{max}} \frac{2N}{\pi}\frac{1}{\left(\omega_{max}^2 - \omega^2\right)^{1/2}}d\omega = \frac{2N}{\pi}\arcsin\frac{\omega}{\omega_{max}}\Big|_0^{\omega_{max}} = N \quad (12.52)$$

Se puede comparar $D\left(\omega\right)$ con las densidades de Debye $D_D\left(\omega\right)$ y Einstein $D_E\left(\omega\right)$. En el primer caso, de (11.17) se tiene que

$$D_D\left(\omega\right) = \frac{N}{\omega_D}, \qquad 0 \leq \omega \leq \omega_D \qquad (12.53)$$

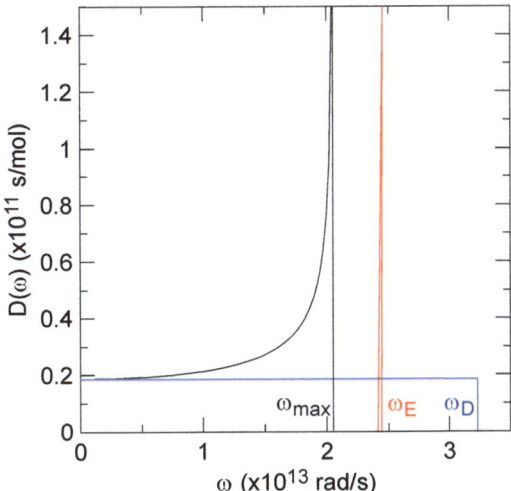

Figura 12.7. Densidad de modos (por mol de partículas) en un sólido 1D monoatómico en la aproximación armónica de primeros vecinos (en negro), junto con las densidades de Debye (en azul) y Einstein (en rojo).

La frecuencia y la temperatura de Debye vienen dadas por (11.19)

$$\omega_D = \frac{\pi v_s}{a} = 3.23 \times 10^{13}\,\mathrm{rad/s} \rightarrow \theta_D = \frac{\hbar \omega_D}{k_B} = 246\,\mathrm{K} \qquad (12.54)$$

con $v_s = 4120\,\mathrm{m/s}$ (12.29) y $a = 4.01\,\mathrm{\AA}$ (12.6). Se tiene finalmente que

$$D_D(\omega) = 1.86 \times 10^{10}\,\mathrm{s/mol}\,, \qquad 0 \le \omega \le \omega_D \qquad (12.55)$$

La densidad de modos de Einstein viene dada por (11.1)

$$D_E(\omega) = N\delta(\omega = \omega_E) \qquad (12.56)$$

donde la frecuencia de Einstein se ha tomado como (10.34)

$$\omega_E = 0.75\omega_D = 2.42 \times 10^{13}\,\mathrm{rad/s} \rightarrow \theta_E = \frac{\hbar \omega_E}{k_B} = 184\,\mathrm{K} \qquad (12.57)$$

Estas funciones se comparan en la Figura 12.7. Se observa que el modelo de Debye (12.55) coincide con el desarrollo armónico a bajas frecuencias (12.51), como cabía esperar de la igualdad de las relaciones de dispersión en ambos casos.

La inclusión de un mayor número de vecinos en el caso estudiado no modifica de forma esencial los resultados previos de primeros vecinos, ya que por una parte el potencial interatómico es de muy corto alcance, y por otra parte siempre el número de vecinos adicionales es dos, independientemente de su distancia al átomo de referencia. En dos y tres dimensiones la situación es diferente ya que el número de vecinos crece continuamente con la distancia.

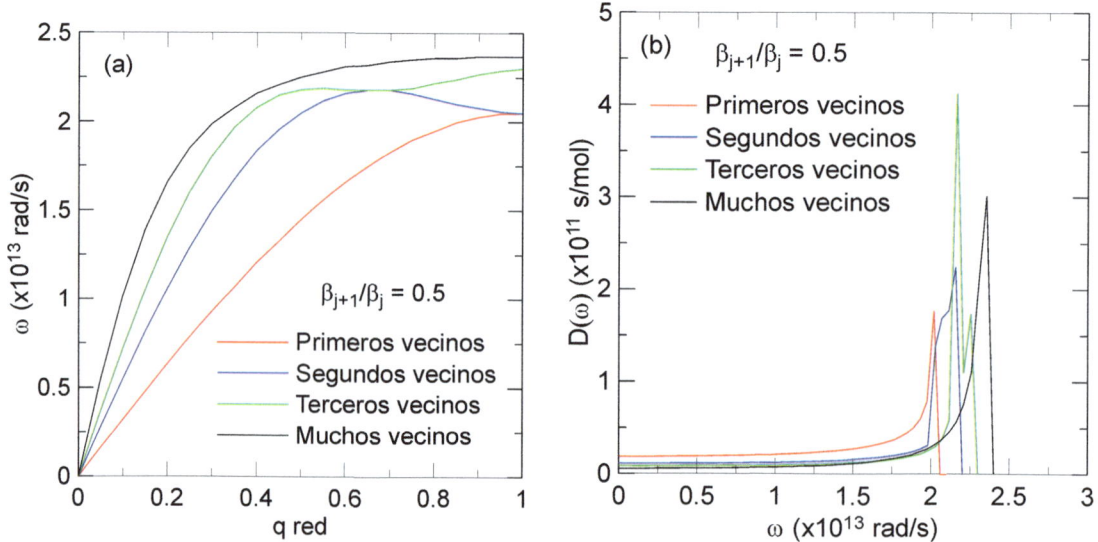

Figura 12.8. (a) Relaciones de dispersión y (b) densidades de modos de un sólido 1D de base monoatómica con constantes de fuerza que disminuyen en un factor 0.5 con el orden de vecino.

Para observar el efecto del número de vecinos sobre la relación de dispersión se ha tomado un caso sencillo donde las constantes de fuerza disminuyen geométricamente en un factor 0.5 con el orden j de vecino, es decir, $\beta_{j+1}/\beta_j = 0.5$. La Figura 12.8 muestra las curvas $\omega = \omega(q)$ y las densidades de modos $D(\omega)$ obtenidas numéricamente en la aproximación de n-vecinos en estas condiciones. Se observa que se modifica la forma de las curvas de dispersión —que puede dar lugar a modos degenerados como en el caso de considerar segundos y terceros vecinos—, que aumenta la frecuencia máxima de vibración y que también aumenta la velocidad de propagación de las ondas de sonido, como consecuencia del aumento de las constantes de fuerza interatómicas.

12.5   Energía y capacidad calorífica reticular

A una temperatura T dada, la energía media $\langle E_\omega(T) \rangle$ de un modo normal de frecuencia $\omega(q)$ viene dada por (6.23)

$$\langle E_\omega(T) \rangle = \left[\langle n_\omega(T) \rangle + \frac{1}{2} \right] \hbar\omega(q) \qquad (12.58)$$

donde $\langle n_\omega(T) \rangle$ es el número medio de fonones de frecuencia ω dado por la función de Planck (6.24)

$$\langle n_\omega(T) \rangle = \frac{1}{\exp(\hbar\omega/k_B T) - 1} \qquad (12.59)$$

Si la energía térmica $k_B T$ es inferior a la energía de vibración $\hbar\omega$ del modo, el número medio de fonones es pequeño, y por tanto su contribución a la energía total del sólido también es pequeña, resultando

$$\langle n_\omega \left(\hbar\omega \gg k_B T \right) \rangle \simeq \exp\left(-\frac{\hbar\omega}{k_B T} \right) \rightarrow \langle E_\omega \left(T \right) \rangle \simeq \frac{1}{2}\hbar\omega \qquad (12.60)$$

Por el contrario, si la energía térmica es mayor que la energía del modo su probabilidad de excitación será muy alta, resultando

$$\langle n_\omega \left(\hbar\omega \ll k_B T \right) \rangle \simeq \frac{1}{1 + \left(\hbar\omega/k_B T \right) - 1} = \frac{k_B T}{\hbar\omega}$$

$$\rightarrow \langle E_\omega \left(T \right) \rangle \simeq \left(\frac{k_B T}{\hbar\omega} + \frac{1}{2} \right) \hbar\omega \simeq k_B T \qquad (12.61)$$

que es independiente de la frecuencia. Por tanto, a temperaturas altas todos los modos contribuyen a la energía media de vibración del sólido con $k_B T$, recuperándose el resulta clásico de equipartición de la energía.

La energía media de vibración total de la cadena monoatómica a una temperatura T es (6.26)

$$\langle E_{vib} \left(T \right) \rangle = \sum_{i=1}^{N} \left[\frac{1}{\exp\left(\hbar\omega_i/k_B T \right) - 1} + \frac{1}{2} \right] \hbar\omega_i \qquad (12.62)$$

donde el sumatorio se entiende a los N modos permitidos. Es más conveniente sumar sobre las frecuencias permitidas utilizando la función $D\left(\omega \right)$, de forma que

$$
\begin{aligned}
\langle E_{vib} \left(T \right) \rangle &= \int_0^{\omega_{max}} D\left(\omega \right) \left[\frac{1}{\exp\left(\hbar\omega/k_B T \right) - 1} + \frac{1}{2} \right] \hbar\omega \; d\omega = \\
&= \frac{1}{2} \int_0^{\omega_{max}} D(\omega)\hbar\omega \; d\omega + \int_0^{\omega_{max}} D(\omega)\frac{\hbar\omega}{\exp\left(\hbar\omega/k_B T \right) - 1} d\omega = \\
&= E_{vib}^o + \langle E_{vib}^T \left(T \right) \rangle \qquad (12.63)
\end{aligned}
$$

El término E_{vib}^o es la energía de vibración del punto cero y $\langle E_{vib}^T \left(T \right) \rangle$ es la contribución a una temperatura no nula. La energía interna total del sólido es, por tanto, la suma de la energía de vibración (12.63) y de su energía de cohesión (12.8) (sin considerar otros posibles términos adicionales debidos a los defectos reticulares, efectos magnéticos, etc.).

Para la energía del punto cero se tiene, usando (12.50)

$$
\begin{aligned}
E_{vib}^o &= \frac{1}{2} \int_0^{\omega_{max}} \frac{2N}{\pi} \frac{\hbar\omega}{\left(\omega_{max}^2 - \omega^2 \right)^{1/2}} d\omega = \frac{N\hbar}{\pi} \int_0^{\omega_{max}} \frac{\omega}{\left(\omega_{max}^2 - \omega^2 \right)^{1/2}} d\omega = \\
&= \frac{N\hbar\omega_{max}}{\pi} = \frac{Nk_B\theta_{car}}{\pi} = 416 \, \text{J}/\,\text{mol} = 4.31 \, \text{meV/part.} \qquad (12.64)
\end{aligned}
$$

donde se ha introducido la temperatura característica de vibración del sistema atómico

$$\theta_{car} = \hbar\omega_{max}/k_B = 157\,\text{K} \tag{12.65}$$

Para la parte de la energía dependiente de la temperatura resulta

$$
\begin{aligned}
\left\langle E_{vib}^T\left(T\right)\right\rangle &= \frac{2N}{\pi}\int_0^{\omega_{max}}\frac{\hbar\omega}{\left(\omega_{max}^2-\omega^2\right)^{1/2}}\frac{1}{\exp\left(\hbar\omega/k_BT\right)-1}d\omega = \\
&= \frac{2N}{\pi}\int_0^{\omega_{max}}\frac{\hbar\omega}{\left(\omega_{max}^2-\omega^2\right)^{1/2}}\frac{1}{\exp\left(\hbar\omega/k_BT\right)-1}d\omega = \\
&= \frac{2Nk_BT}{\pi}\int_0^{x_{max}}\frac{x}{\left(x_{max}^2-x^2\right)^{1/2}}\frac{1}{\exp\left(x\right)-1}dx \tag{12.66}
\end{aligned}
$$

donde se ha introducido la variable $x = \hbar\omega/k_BT$, con $x_{max} = \hbar\omega_{max}/k_BT = \theta_{car}/T$. Esta integral se obtiene fácilmente de forma numérica.

La Figura 12.9(a) muestra la energía media de vibración $\left\langle E_{vib}\left(T\right)\right\rangle$ del sólido lineal en función de T. Se observa que a bajas temperaturas tiene un valor próximo a E_{vib}^o, y crece de forma aproximadamente lineal con T a medida que aumenta la temperatura, tendiendo al resultado clásico de k_BT por partícula. En la Figura 12.9(a) también se incluyen los modelos de Debye (11.29) y Einstein (11.5)

$$
\begin{aligned}
\left\langle E_{vib}\left(T\right)\right\rangle_D &= \frac{1}{4}Nk_B\theta_D + Nk_BT\left[\left(\frac{T}{\theta_D}\right)\int_0^{\theta_D/T}\frac{x}{e^x-1}dx\right] \\
\left\langle E_{vib}\left(T\right)\right\rangle_E &= \frac{1}{2}Nk_B\theta_E + Nk_B\theta_E\left[\frac{1}{\exp\left(\theta_E/T\right)-1}\right] \tag{12.67}
\end{aligned}
$$

donde se ha utilizado $\theta_D = 246\,\text{K}$ (12.54) y $\theta_E = 0.75\theta_D = 184\,\text{K}$ (12.57). Se observa que todos los resultados coinciden para temperaturas $T \gtrsim \theta_{car} = 157\,\text{K}$.

La capacidad calorífica a volumen constante viene dada por

$$
\begin{aligned}
C_V\left(T\right) &= \frac{d\left\langle E_{vib}\left(T\right)\right\rangle}{dT} = \\
&= \frac{d}{dT}\left[\frac{2N}{\pi}\int_0^{\omega_{max}}\frac{\hbar\omega}{\left(\omega_{max}^2-\omega^2\right)^{1/2}}\frac{1}{\exp\left(\hbar\omega/k_BT\right)-1}d\omega\right] = \\
&= \frac{2N}{\pi}\int_0^{\omega_{max}}\frac{\hbar^2\omega^2}{k_BT^2}\frac{1}{\left(\omega_{max}^2-\omega^2\right)^{1/2}}\frac{\exp\left(\hbar\omega/k_BT\right)}{\left[\exp\left(\hbar\omega/k_BT\right)-1\right]^2}d\omega \tag{12.68}
\end{aligned}
$$

donde se ha usado como en ocasiones anteriores la regla de Leibnitz de la derivada de una integral. Con $x = \hbar\omega/k_BT$ se tiene

$$C_V\left(T\right) = \frac{2Nk_B}{\pi}\int_0^{x_{max}}\frac{x^2}{\left(x_{max}^2-x^2\right)^{1/2}}\frac{e^x}{\left(e^x-1\right)^2}dx \tag{12.69}$$

con $x_{max} = \theta_{car}/T$. Esta expresión se muestra en la Figura 12.9(b) y se compara con las

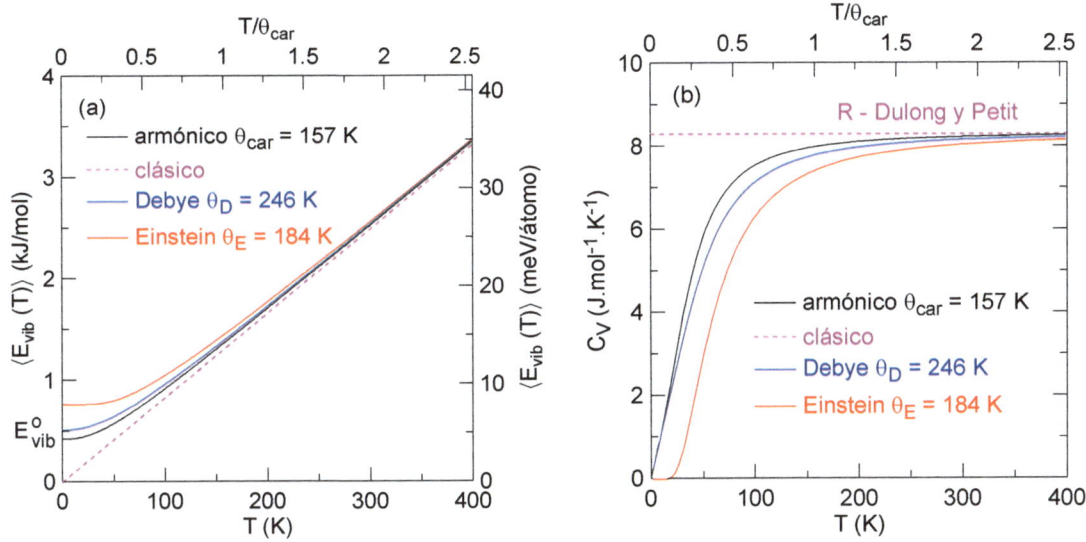

Figura 12.9. (a) Energía media de vibración y (b) capacidad calorífica molar de un sólido 1D monoatómico en función de la temperatura absoluta T (eje inferior) y de la temperatura reducida (eje superior). Se comparan los resultados del desarrollo armónico con los modelos clásico, de Einstein y de Debye.

predicciones de los modelos de Debye, Einstein y clásico. A temperaturas altas todos los resultados coinciden, mientras que a bajas temperaturas el modelo de Debye se ajusta al resultado armónico pero el modelo de Einstein decae demasiado rápidamente, como ya es conocido[1].

Se pueden obtener expresiones sencillas de $\left\langle E_{vib}^{T}\left(T\right)\right\rangle$ y $C_V\left(T\right)$ en los límites de altas y bajas temperaturas. El concepto de "alta" y "baja" temperatura está referido, como siempre, a la temperatura característica del sólido θ_{car}.

- Altas temperaturas $T \gg \theta_{car} \rightarrow k_B T \gg k_B \theta_{car} = \hbar\omega_{max}$

El argumento de la exponencial de la función de Planck es muy pequeño para todas las frecuencias de integración, de forma que

$$\left\langle E_{vib}\left(T \gg \theta_{car}\right)\right\rangle = E_{vib}^{o} + \left\langle E_{vib}^{T}\left(T \gg \theta_{car}\right)\right\rangle \simeq$$

$$\simeq \frac{Nk_B\theta_{car}}{\pi} + \frac{2N}{\pi}\int_{0}^{\omega_{max}}\frac{\hbar\omega}{\left(\omega_{max}^2 - \omega^2\right)^{1/2}}\frac{1}{1 + \hbar\omega/k_B T - 1}d\omega =$$

$$= \frac{Nk_B\theta_{car}}{\pi} + \frac{2N}{\pi}k_B T\int_{0}^{\omega_{max}}\frac{1}{\left(\omega_{max}^2 - \omega^2\right)^{1/2}}d\omega =$$

$$= \frac{Nk_B\theta_{car}}{\pi} + \frac{2N}{\pi}k_B T \arcsen\left.\frac{\omega}{\omega_{max}}\right|_{0}^{\omega_{max}} =$$

$$= \frac{Nk_B\theta_{car}}{\pi} + Nk_B T \simeq Nk_B T \tag{12.70}$$

---

[1]Es posible "mejorar" el modelo de Einstein para que se aproxime más al resultado armónico cambiando artificialmente el valor de θ_E (ver la Figura 9.5), pero la caída de $C_V \rightarrow 0$ sigue siendo más rápida.

Y la capacidad calorífica molar resulta

$$C_V\left(T \gg \theta_{car}\right) = N_{Av}k_B = R \tag{12.71}$$

de acuerdo con los resultados clásicos.

• Bajas temperaturas $T \ll \theta_{car} \to k_BT \ll k_B\theta_{car} = \hbar\omega_{max}$

Solo las frecuencias para las que $\hbar\omega \lesssim k_BT \ll \hbar\omega_{max} \to \omega \ll \omega_{max}$ contribuyen con un valor apreciable a la energía del sólido, siendo la función de Planck prácticamente nula para las restantes frecuencias hasta ω_{max}. Por tanto, el límite superior de la integral en $\left\langle E_{vib}^T\left(T\right)\right\rangle$ se puede extender a ∞ sin introducir ningún error significativo, resultando

$$
\begin{aligned}
\left\langle E_{vib}^T\left(T \ll \theta_{car}\right)\right\rangle &\simeq \frac{2N}{\pi}\int_0^\infty \frac{\hbar\omega}{\left(\omega_{max}^2 - \omega^2\right)^{1/2}}\frac{1}{\exp\left(\hbar\omega/k_BT\right)-1}d\omega = \\
&= \frac{2N}{\pi\omega_{max}}\int_0^\infty \frac{\hbar\omega}{\left[1-\left(\omega/\omega_{max}\right)^2\right]^{1/2}}\frac{1}{\exp\left(\hbar\omega/k_BT\right)-1}d\omega \simeq \\
&\simeq \frac{2N}{\pi\omega_{max}}\int_0^\infty \left[1+\frac{1}{2}\left(\frac{\omega}{\omega_{max}}\right)^2\right]\frac{\hbar\omega}{\exp\left(\hbar\omega/k_BT\right)-1}d\omega = \\
&= \frac{2N}{\pi\omega_{max}}\int_0^\infty \frac{\hbar\omega}{\exp\left(\hbar\omega/k_BT\right)-1}d\omega + \\
&\quad +\frac{N}{\pi\omega_{max}^3}\int_0^\infty \frac{\hbar\omega^3}{\exp\left(\hbar\omega/k_BT\right)-1}d\omega
\end{aligned}
\tag{12.72}
$$

Realizando el cambio $x = \hbar\omega/kT$ se tiene que

$$
\begin{aligned}
\left\langle E_{vib}^T\left(T \ll \theta_{car}\right)\right\rangle &= \frac{2N}{\pi\omega_{max}}\frac{\left(k_BT\right)^2}{\hbar}\int_0^\infty \frac{x}{e^x-1}dx + \\
&\quad +\frac{N}{\pi\omega_{max}^3}\frac{\left(k_BT\right)^4}{\hbar^3}\int_0^\infty \frac{x^3}{e^x-1}dx = \\
&= \frac{2N}{\pi\omega_{max}}\frac{\left(k_BT\right)^2}{\hbar}\frac{\pi^2}{6} + \frac{N}{\pi\omega_{max}^3}\frac{\left(k_BT\right)^4}{\hbar^3}\frac{\pi^4}{15} = \\
&= \frac{\pi Nk_B}{3}\frac{T^2}{\theta_{car}} + \frac{\pi^3 Nk_B}{15}\frac{T^4}{\theta_{car}^3}
\end{aligned}
\tag{12.73}
$$

A muy bajas temperaturas domina el término en T^2, de forma que la energía media total es

$$\left\langle E_{vib}\left(T \ll \theta_{car}\right)\right\rangle = E_{vib}^o + \left\langle E_{vib}^T\left(T \ll \theta_{car}\right)\right\rangle = \frac{Nk_B\theta_{car}}{\pi} + \frac{\pi Nk_B}{3}\frac{T^2}{\theta_{car}} \tag{12.74}$$

Y la capacidad calorífica resulta

$$C_V\left(T \ll \theta_{car}\right) \simeq \frac{2\pi}{3}Nk_B\frac{T}{\theta_{car}} \tag{12.75}$$

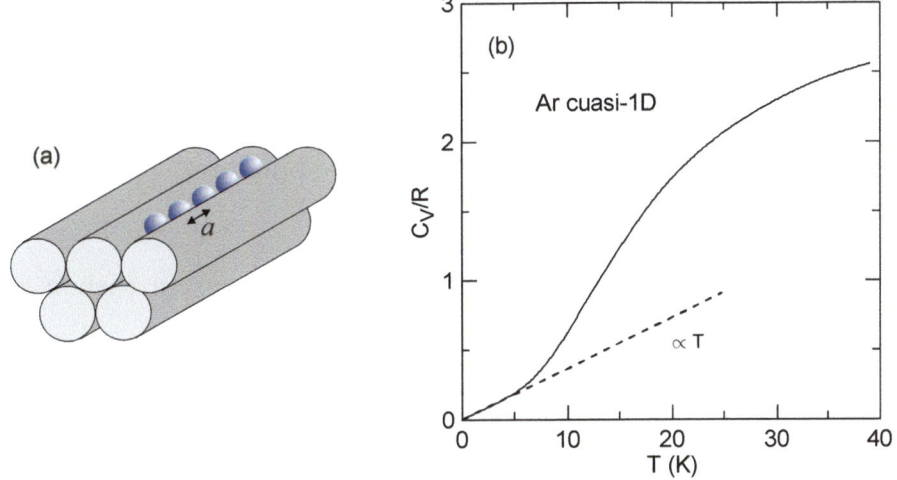

Figura 12.10. (a) Esquema de un cristal cuasi-1D de parámetro reticular a formado por adsorción sobre los surcos de unión de nanotubos de carbón. (b) Capacidad calorífica a volumen constante (en unidades de R) de argón cuasi-1D (Siber 2002 [1]). A temperaturas $T < 6K$ depende linealmente con T debido a la presencia de los modos longitudinales.

mostrando una dependencia lineal con la temperatura (Figura 12.9(b)). Este resultado es esencialmente el mismo obtenido en el modelo de Debye, donde se encontró que (11.35)

$$C_V (T \ll \theta_D) = \frac{\pi^2}{3} N k_B \frac{T}{\theta_D} \tag{12.76}$$

Los resultados anteriores se pueden comparar con los cálculos teóricos realizados en sólidos con carácter cuasi-1D como el que se muestra en la Figura 12.10(a), donde una cadena lineal de átomos de gas noble se dispone sobre los surcos de unión de nanotubos de carbón, con una interacción muy débil entre las partículas del adsorbato y el sustrato [1]. En este estudio se encontraron tres ramas de dispersión, una longitudinal y dos transversales, y se determinó la correspodiente capacidad calorífica, que se muestra en la Figura 12.10(b) para el argón. Se observa que a muy bajas temperaturas aparece una región lineal con la temperatura —de acuerdo con (12.75)— que proviene de las vibraciones longitudinales. Y a medida que aumenta la temperatura comienzan a contribuir los modos transversales, de forma que la capacidad calorífica tiende al valor $3R$ como en los sólidos 3D monoatómicos. La comparación de C_V en la región de muy baja temperatura (por debajo de 6 K) con (12.76) permite determinar la temperatura de Debye de este sólido cuasi-1D, resultando $\theta_D = 94$ K. La temperatura de Debye para el argón 3D es $\theta_D = 92$ K (Tabla 10.1), en aparente muy buen acuerdo. Sin embargo, hay que tener precaución en esta comparación debido a la naturaleza tan diferente de los cristales estudiados. Por su parte, la capacidad calorífica a bajas temperaturas de los nanotubos aislados varía aproximadamente como T^2 [2], lo que permite separar las contribuciones de ambos nanomateriales.

Referencias

1. A. Šiber (2002): «Phonons and specific heat of linear dense phases of atoms physisorbed in the grooves of carbon nanotube bundles», *Physical Review B*, 66, 235414.

2. M.S. Dresselhaus and P.C. Eklund (2000): «Phonons in carbon nanotubes», *Advances in Physics*, 49, 705.

Dorothy Mary Crowfoot Hodgkin,
1910 (Egipto, antiguo Imperio Británico) – 1994 (Reino Unido)

13. Vibraciones atómicas en un sólido 1D diatómico de átomos iguales

Se estudia ahora el caso de un sólido 1D de parámetro reticular a y base diatómica de átomos iguales —el equivalente en 1D al silicio, por ejemplo—, como se muestra en la Figura 13.1. Los átomos del motivo están situados en 0 y $b \neq a/2$; en el caso de $b = a/2$ sería simplemente un sólido de base monoatómica y parámetro reticular $a' = a/2$, ya estudiado en el capítulo 12. En primer lugar se van a obtener las frecuencias permitidas resolviendo directamente las ecuaciones de movimiento, y posteriormente en el formalismo de la matriz dinámica.

13.1 Relaciones de dispersión

En primer lugar se plantean las ecuaciones de movimiento de los dos átomos, de masa M, de la celda n cuyos desplazamientos respecto de las posiciones de equilibrio son $u_n(t)$ y $v_n(t)$ (Figura 13.1). En la aproximación de primeros vecinos se tiene

$$
\begin{aligned}
M\frac{d^2 u_n(t)}{dt^2} &= \beta_1(v_n - u_n) - \beta_2(u_n - v_{n-1}) \\
M\frac{d^2 v_n(t)}{dt^2} &= \beta_2(u_{n+1} - v_n) - \beta_1(v_n - u_n)
\end{aligned}
\tag{13.1}
$$

donde β_1 y β_2 son las constantes de fuerza entre átomos de la misma celda y entre átomos de celdas contiguas, respectivamente. Utilizando las soluciones de Bloch (1.29)

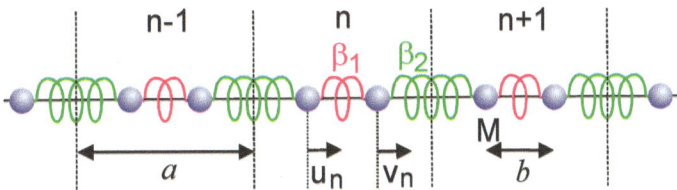

Figura 13.1. Sólido 1D diatómico de átomos iguales con constantes de fuerza β_1 entre los átomos de la base y β_2 entre los átomos de celdas contiguas. Los átomos de la base están separados una distancia $b \neq a/2$.

con amplitudes diferentes para cada uno de los dos átomos de la celda n resulta

$$u_n\left(t\right) = A\left(q\right) e^{iqna} e^{-i\omega t}\,, \qquad v_n\left(t\right) = B\left(q\right) e^{iqna} e^{-i\omega t} \tag{13.2}$$

donde q es el vector de onda (número de onda en 1D) y ω la frecuencia de vibración de los átomos de la cadena. La razón entre A y B determina la amplitud y fase relativas de la vibración de los dos átomos de la celda unidad.

Las condiciones periódicas de Born-von Kármán (1.35), que permiten considerar un sólido de tamaño finito preservando al mismo tiempo la simetría de traslación completa, conducen a que los vectores de onda permitidos son

$$q = \frac{2\pi}{Na} m\,, \qquad m \in \mathbb{Z} \tag{13.3}$$

donde N es el número de celdas unidad del sólido. El número de valores permitidos de q en la primera zona de Brillouin viene dado por la razón entre la longitud de esta zona y la longitud asociada a cada q

$$N^\circ \text{ q permitidos} = \frac{L_{1zB}}{L_q} = \frac{2\pi/a}{2\pi/Na} = N \tag{13.4}$$

que es igual al número de celdas unidad.

Sustituyendo las soluciones (13.2) en las ecuaciones de movimiento (13.1) se tiene

$$\begin{aligned}
-M\omega^2 A &= \beta_1\left(B - A\right) - \beta_2\left(A - Be^{-iqa}\right) \\
-M\omega^2 B &= \beta_2\left(Ae^{iqa} - B\right) - \beta_1\left(B - A\right)
\end{aligned} \tag{13.5}$$

Reordenando términos resulta

$$\begin{aligned}
\left(\beta_1 + \beta_2 - M\omega^2\right) A - \left(\beta_1 + \beta_2 e^{-iqa}\right) B &= 0 \\
\left(\beta_1 + \beta_2 e^{iqa}\right) A - \left(\beta_1 + \beta_2 - M\omega^2\right) B &= 0
\end{aligned} \tag{13.6}$$

Las soluciones a estas dos ecuaciones acopladas se encuentran anulando el determinante de los coeficientes, de forma que

$$-\left(\beta_1 + \beta_2 - M\omega^2\right)^2 + \left(\beta_1 + \beta_2 e^{-iqa}\right)\left(\beta_1 + \beta_2 e^{iqa}\right) = 0$$
$$M^2\omega^4 - 2\left(\beta_1 + \beta_2\right) M\omega^2 + 4\beta_1\beta_2^2 \,\mathrm{sen}\,\frac{qa}{2} = 0 \tag{13.7}$$

Las soluciones de esta ecuación son

$$\omega^2 = \frac{\beta_1 + \beta_2}{M} \pm \frac{\left[\left(\beta_1 + \beta_2\right)^2 - 4\beta_1\beta_2 \,\mathrm{sen}^2\,\dfrac{qa}{2}\right]^{1/2}}{M} \tag{13.8}$$

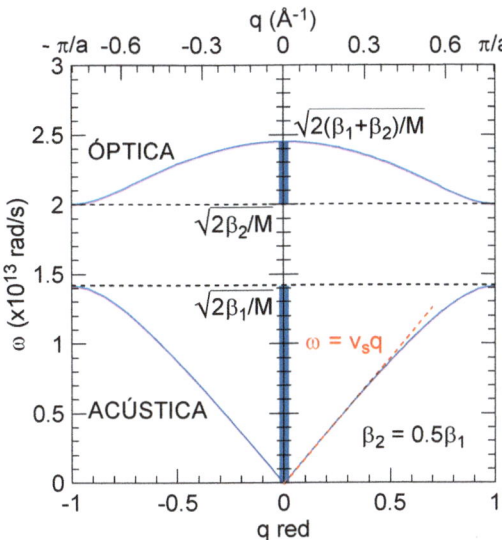

Figura 13.2. Relaciones de dispersión de un sólido 1D diatómico de átomos iguales con interacciones de primeros vecinos en función del vector de onda reducido (eje inferior) y absoluto (eje superior), dentro de la primera zona de Brillouin.

Se observa que aparecen dos frecuencias diferentes $\omega_+(q)$ y $\omega_-(q)$ para cada valor del vector de onda q (Figura 13.2), como cabía esperar. Dado que existen N valores de q permitidos en la primera zona de Brillouin, existen en total $2N$ modos de vibración independientes distribuidos en dos ramas, acústica y óptica.

Se pueden desarrollar las relaciones de dispersión para observar su comportamiento en el centro y en los extremos de la primera zona de Brillouin.

- En el centro de la zona $q \to 0$, de forma que

$$
\begin{aligned}
\omega^2 &\simeq \frac{\beta_1 + \beta_2}{M} \pm \frac{\left[(\beta_1 + \beta_2)^2 - \beta_1\beta_2 a^2 q^2\right]^{1/2}}{M} = \\
&= \frac{\beta_1 + \beta_2}{M} \pm \frac{\beta_1 + \beta_2}{M}\left[1 - \frac{\beta_1\beta_2 a^2}{(\beta_1 + \beta_2)^2}q^2\right]^{1/2} \simeq \\
&\simeq \frac{\beta_1 + \beta_2}{M}\left[1 \pm \left(1 - \frac{\beta_1\beta_2 a^2}{2(\beta_1 + \beta_2)^2}q^2\right)\right]
\end{aligned}
\tag{13.9}
$$

Para la rama óptica (signo positivo) solo se necesita retener el primer sumando del paréntesis en (13.9), encontrando que la frecuencia máxima ω_{max} es

$$
\omega_+ = \left[\frac{2(\beta_1 + \beta_2)}{M}\right]^{1/2} \equiv \omega_{max}
\tag{13.10}
$$

Para la rama acústica (signo negativo)

$$\omega_- = \left[\frac{\beta_1\beta_2 a^2}{2M(\beta_1+\beta_2)}\right]^{1/2} q = \left(\frac{\beta_{red} a^2}{2M}\right)^{1/2} q \qquad (13.11)$$

donde se ha introducido la constante de fuerza reducida

$$\frac{1}{\beta_{red}} = \frac{1}{\beta_1} + \frac{1}{\beta_2} \qquad (13.12)$$

Se observa que ω_- tiende linealmente a 0 cuando q tiende a 0. La pendiente de esta parte lineal de la rama acústica (Figura 13.2) es la velocidad de propagación de las ondas de sonido en este sólido (capítulo 4), dada por

$$\omega_-(q \ll) = v_s q \rightarrow v_s = \left(\frac{\beta_{red} a^2}{2M}\right)^{1/2} \qquad (13.13)$$

• En el extremo de la zona de Brillouin $q = \pm\pi/a$, de forma que

$$\omega^2 = \frac{\beta_1+\beta_2}{M} \pm \frac{\left[(\beta_1+\beta_2)^2 - 4\beta_1\beta_2\right]^{1/2}}{M} = \frac{\beta_1+\beta_2}{M} \pm \frac{\beta_1-\beta_2}{M} \qquad (13.14)$$

encontrando para los dos signos

$$\omega_+ = \left(\frac{2\beta_1}{M}\right)^{1/2}, \qquad \omega_- = \left(\frac{2\beta_2}{M}\right)^{1/2} \qquad (13.15)$$

La Figura 13.2 muestra esta relación de dispersión para los valores de $\beta_1 = 10.0\,\mathrm{N/m}$, $\beta_2 = 0.5\beta_1$, $a = 4.0\,\text{Å}$ y $M = 30.0\,\mathrm{u}$. Se observa que las frecuencias permitidas varían de 0 a $(2\beta_2/M)^{1/2} = 1.42\times 10^{13}\,\mathrm{rad/s}$ para los modos acústicos, y de $(2\beta_1/M)^{1/2} = 2.00\times 10^{13}\,\mathrm{rad/s}$ a $\omega_{max} = [2(\beta_1+\beta_2)/M]^{1/2} = 2.45 \times 10^{13}\,\mathrm{rad/s}$ para los modos ópticos, estando las demás frecuencias prohibidas. La velocidad de propagación del sonido en el sólido (13.13) vale $v_s = 2310\,\mathrm{m/s}$. La presencia de un intervalo de frecuencias prohibidas entre las ramas acústica y óptica es específica del modelo estudiado, y se puede presentar o no en un caso general. En este sentido, y como ya se indicó en el Prefacio, el desarrollo de materiales de baja dimensión está impulsando extraordinariamente el campo de la Fonónica [1, 2], permitiendo modificar de una forma controlada el espectro de frecuencias de vibración permitidas y prohibidas en estructuras artificiales de carácter cuasi-1D [3] y 2D (capítulo 19), lo que a su vez permite ajustar la velocidad de las ondas sonoras y la anchura de la banda prohibida de frecuencias para una gran variedad de aplicaciones termoeléctricas, electrónicas y fotónicas.

La razón entre las amplitudes de movimiento A/B se obtiene directamente de una de las ecuaciones (13.1) sustituyendo las soluciones de Bloch (13.2)

$$\left[\beta_1 + \beta_2 \exp\left(qa\right)\right] A + \left[\beta_1^2 + \beta_2^2 + 2\beta_1\beta_2 \cos\left(qa\right)\right]^{1/2} B = 0$$

$$\frac{A}{B} = \mp \frac{\left[\beta_1^2 + \beta_2^2 + 2\beta_1\beta_2 \cos\left(qa\right)\right]^{1/2}}{\beta_1 + \beta_2 \exp\left(qa\right)} = \mp \frac{\left|\beta_1 + \beta_2 \exp\left(qa\right)\right|}{\beta_1 + \beta_2 \exp\left(qa\right)} \qquad (13.16)$$

En los casos límites se tiene:

- Centro de la zona de Brillouin: para $q = 0$ se encuentra que

$$\frac{A}{B} = \begin{cases} +1 : & \text{modos acústicos} \\ -1 : & \text{modos ópticos} \end{cases} \qquad (13.17)$$

indicando que los dos átomos de la celda unidad se mueven en fase en los modos acústicos y en contrafase en los modos ópticos. En ambos casos el movimiento de los átomos es idéntico en todas las celdas ya que

$$\text{rama acústica:} \quad u_n = v_n = u_{n+1} = v_{n+1}$$

$$\text{rama óptica:} \quad u_n = -v_n = u_{n+1} = -v_{n+1} \qquad (13.18)$$

Se observa que el centro de masas de la base permanece constante en los modos ópticos

$$X_n^{CM} = \frac{Mu_n + M\left(b + v_n\right)}{2M} = \frac{Mu_n + M\left(b - u_n\right)}{2M} = \frac{b}{2} \qquad (13.19)$$

siendo b la separación entre los dos átomos de la base estructural (Figura 13.1).

- Límites de la zona: para $q = \pm\pi/a$ se tiene que

$$\frac{A}{B} = \begin{cases} +1 : & \text{modos acústicos} \\ -1 : & \text{modos ópticos} \end{cases} \qquad (13.20)$$

indicando que los dos átomos de la celda unidad también se mueven en fase y contrafase en los modos acústicos y ópticos, respectivamente. Pero ahora el movimiento cambia en π de celda a celda ya que

$$\text{rama acústica:} \quad u_n = v_n = -u_{n+1} = -v_{n+1}$$

$$\text{rama óptica:} \quad u_n = -v_n = -u_{n+1} = v_{n+1} \qquad (13.21)$$

Ahora también permanece constante el centro de masas de las celdas en el modo óptico. Es interesante notar que para ambos modos en este límite de la zona solo un tipo de "muelle" se deforma. Si los dos tipos de muelles fuesen iguales, no habría diferencias entre ambos movimientos.

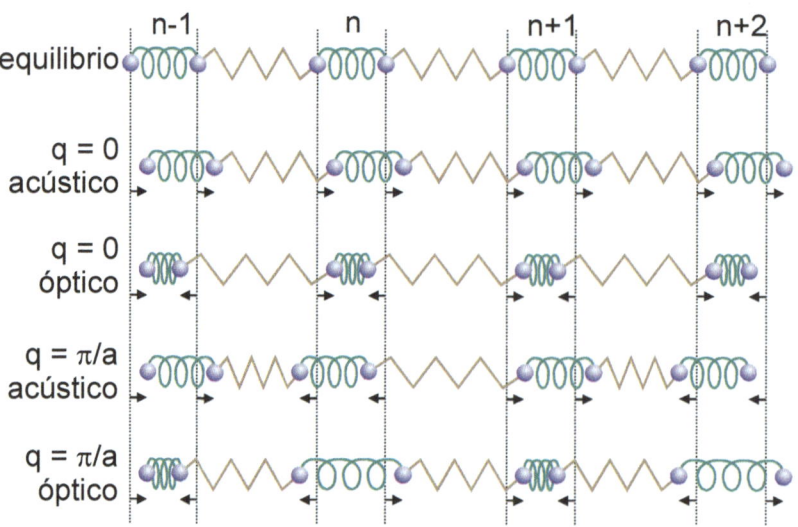

Figura 13.3. Posición instantánea de los átomos de un sólido 1D diatómico de átomos iguales en diferentes condiciones: en equilibrio, modos acústico y óptico en el centro de la zona de Brillouin, y modos acústico y óptico en el límite de zona.

La Figura 13.3 ilustra estos movimientos en un instante dado. Es importante recordar que este tipo de movimiento solo aparece en las condiciones indicadas; en un caso general, el movimiento atómico es muy complejo.

13.2 Matriz dinámica

Determinemos de nuevo la relación de dispersión $\omega(q)$, pero esta vez utilizando el formalismo de la matriz dinámica $\mathbf{D}$ para profundizar en su manejo. Por comodidad se renumeran las celdas unidad con el índice $h = 0, 1, 2, \ldots$ tomando una celda cualquiera de referencia, y los átomos de la base estructural como $\alpha = 1, 2$ (Figura 13.4). Para este sólido, $\mathbf{D}$ es una matriz de dos filas y columnas de componentes (1.41)

$$D_{\alpha}^{\alpha'}(q) = \sum_h \frac{1}{\sqrt{M_\alpha M_{\alpha'}}} \Phi_{0\alpha}^{h\alpha'} \exp\left(iqt_h\right) = \frac{1}{M} \sum_h \Phi_{0\alpha}^{h\alpha'} \exp\left(iqt_h\right) \qquad (13.22)$$

donde t_h es el vector de traslación de la celda h respecto de la celda 0, $\alpha, \alpha' = 1, 2$ y $\Phi_{0\alpha}^{h\alpha'}$ es la fuerza por unidad de longitud que ejerce el átomo α' de la celda h sobre el átomo α de la celda 0 de referencia. Utilizando la aproximación de primeros vecinos para obtener resultados analíticos sencillos, las constantes de fuerza no nulas son (2.6)

$$\begin{aligned} \Phi_{01}^{02} &= -\beta_1, & \Phi_{01}^{22} &= -\beta_2 \\ \Phi_{02}^{01} &= -\beta_1, & \Phi_{02}^{11} &= -\beta_2 \end{aligned} \qquad (13.23)$$

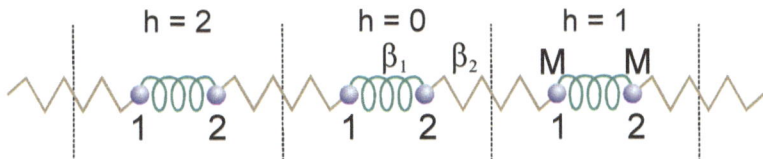

Figura 13.4. Renumeración de las celdas unidad con el índice $h = 0, 1, 2, \ldots$ respecto de una celda de referencia; los átomos de la base estructural se denotan como 1 y 2 .

con los autotérminos dados por la regla de las sumas (1.23)

$$
\begin{aligned}
\Phi_{01}^{01} + \Phi_{01}^{02} + \Phi_{01}^{22} &= \Phi_{01}^{01} - \beta_1 - \beta_2 = 0 \rightarrow \Phi_{01}^{01} = \beta_1 + \beta_2 \\
\Phi_{02}^{02} + \Phi_{02}^{01} + \Phi_{02}^{11} &= \Phi_{02}^{02} - \beta_1 - \beta_2 = 0 \rightarrow \Phi_{02}^{02} = \beta_1 + \beta_2
\end{aligned}
\tag{13.24}
$$

Los vectores de traslación correspondientes son $t_1 = a$ y $t_2 = -a$. Se procede de forma ordenada para encontrar las componentes de la matriz dinámica.

• Elemento 11: interacciones de los átomos 1 sobre el átomo 1 de la celda de referencia $h = 0$

$$
D_1^1(q) = \frac{1}{M} \left(\Phi_{01}^{01} \right) = \frac{1}{M} \left(\beta_1 + \beta_2 \right)
\tag{13.25}
$$

• Elemento 12: interacciones de los átomos 2 sobre el átomo 1 de la celda de referencia

$$
D_1^2(q) = \frac{1}{M} \left[\Phi_{01}^{02} + \Phi_{01}^{22} \exp\left(-iqa\right) \right] = -\frac{1}{M} \left[\beta_1 + \beta_2 \exp\left(-iqa\right) \right]
\tag{13.26}
$$

• Elemento 21: interacciones de los átomos 1 sobre el átomo 2 de la celda de referencia. No hace falta determinarlo, ya que por el carácter hermítico de $\mathbf{D}$ se tiene que

$$
D_2^1(q) = \left[D_1^2(q) \right]^* = -\frac{1}{M} \left[\beta_1 + \beta_2 \exp\left(iqa\right) \right]
\tag{13.27}
$$

• Elemento 22: interacciones de los átomos 2 sobre el átomo 2 de la celda de referencia

$$
D_2^2(q) = \frac{1}{M} \left(\Phi_{02}^{02} \right) = \frac{1}{M} \left(\beta_1 + \beta_2 \right)
\tag{13.28}
$$

que tampoco hace falta determinarlo por la simetría del problema.

La matriz dinámica $\mathbf{D}$ queda en la forma

$$
\mathbf{D} = \frac{1}{M} \begin{pmatrix} \beta_1 + \beta_2 & -\left[\beta_1 + \beta_2 \exp\left(-iqa\right) \right] \\ -\left[\beta_1 + \beta_2 \exp\left(iqa\right) \right] & \beta_1 + \beta_2 \end{pmatrix}
\tag{13.29}
$$

que permite obtener las frecuencias de vibración permitidas de (1.42)

$$
\left|
\begin{array}{cc}
\dfrac{1}{M}(\beta_1+\beta_2)-\omega^2 & -\dfrac{1}{M}[\beta_1+\beta_2\exp(-iqa)] \\[2mm]
-\dfrac{1}{M}[\beta_1+\beta_2\exp(iqa)] & \dfrac{1}{M}(\beta_1+\beta_2)-\omega^2
\end{array}
\right| = 0
\tag{13.30}
$$

cuyas soluciones son

$$
\omega^2 = \frac{\beta_1+\beta_2}{M} \pm \frac{\left[(\beta_1+\beta_2)^2-4\beta_1\beta_2\,\mathrm{sen}^2\left(\dfrac{qa}{2}\right)\right]^{1/2}}{M}
\tag{13.31}
$$

como se encontró anteriormente (13.8).

13.3 Densidad de modos

La función densidad de modos de un sólido 1D de longitud $L_{sol}=Na$ es (5.10)

$$
D(\omega) = \frac{L_{sol}}{2\pi}\frac{2}{|\nabla_q\omega|}
\tag{13.32}
$$

que en este caso requiere del cálculo numérico por comodidad. Esta función se ha determinado en la aproximación de primeros vecinos que se está estudiando y también considerando muchos vecinos, con constantes de fuerza que disminuyen en la forma $\beta_{j+1}/\beta_j=0.5$. La Figura 13.5 muestra las relaciones de dispersión en ambas aproximaciones y las correspondientes densidades de modos. Hay que notar el cambio cuantitativo en la forma de las curvas, en particular que las frecuencias son superiores en el caso de muchos vecinos, y que la rama óptica se aplana considerablemente.

Para N celdas unidad primitivas, el área total bajo la curva de $D(\omega)$ es $2N$, N correspondiente a los modos acústicos y N a los ópticos. Se observa que la densidad de modos es muy constante para valores bajos de la frecuencia (zona acústica de q pequeño), como en el caso 1D monoatómico (Figura 12.7). Para primeros vecinos se encuentra con (13.11) que

$$
D(\omega\ll) \simeq \frac{Na}{2\pi}\frac{2}{\left[\dfrac{\beta_1\beta_2 a^2}{2M(\beta_1+\beta_2)}\right]^{1/2}} = \frac{N}{\pi}\left(\frac{2M}{\beta_{red}}\right)^{1/2}
\tag{13.33}
$$

que por mol de celdas unidad vale

$$
D(\omega\ll) = 3.31\times10^{10}\,\mathrm{s/\,mol}_{cu}
\tag{13.34}
$$

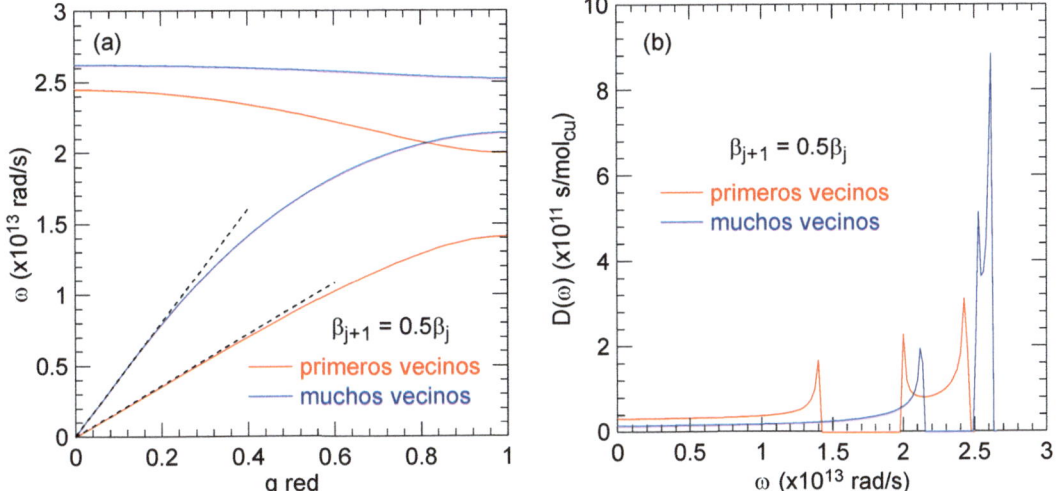

Figura 13.5. (a) Relaciones de dispersión y (b) densidad de modos (por mol de celdas unidad) de un sólido 1D de base diatómica de átomos iguales en las aproximaciones de primeros y muchos vecinos, con constantes de fuerza que disminuyen geométricamente en un factor 0.5 con el orden de vecino.

13.4   Modelo de Debye

La densidad de modos para muy bajas frecuencias (13.33) se corresponde precisamente con la densidad de modos del modelo de Debye ya que en ambos casos se utiliza la relación lineal $\omega = v_s q$. Se puede encontrar fácilmente este resultado partiendo de la densidad de Debye (11.20)

$$D_D\left(\omega\right) = \frac{pN}{\omega_D} \tag{13.35}$$

donde $p = 2$ es el número de átomos de la base y ω_D es la frecuencia de Debye, dada por (11.19)

$$\omega_D = \pi n_{at} v_s \tag{13.36}$$

La densidad de átomos en el sólido lineal vale

$$n_{at} = pN/L_{sol} = pN/Na = p/a = 2/a \tag{13.37}$$

y la velocidad del sonido (en la aproximación de primeros vecinos) viene dada por (13.13), de forma que la frecuencia de Debye es

$$\omega_D = \pi \left(\frac{2\beta_{red}}{M}\right)^{1/2} = 3.63 \times 10^{13}\,\text{rad/s} \tag{13.38}$$

Finalmente, la densidad de modos de Debye (13.35) resulta

$$D_D\left(\omega\right) = \frac{N}{\pi}\left(\frac{2M}{\beta_{red}}\right)^{1/2}, \qquad 0 \leq \omega \leq \omega_D \tag{13.39}$$

como ya se obtuvo del análisis armónico a muy bajas frecuencias (13.33).

La Figura 13.6(a) compara las relaciones de dispersión en primeros vecinos con los modelos de Debye y Einstein (en este caso se ha tomado $\omega_E = 0.75\omega_D = 2.72 \times 10^{13}\,\mathrm{rad/s}$). Las relaciones se limitan a la primera zona de Brillouin en el desarrollo armónico, situada en $\pm\pi/a = \pm0.79\,\text{Å}^{-1}$, mientras que en el modelo de Debye se extiende hasta el radio de Debye q_D (11.21) (Figura 11.2(a)) dado por

$$\omega_D = v_s q_D \rightarrow q_D = \frac{\omega_D}{v_s} = \frac{\pi\left(\dfrac{2\beta}{M}\right)^{1/2}}{\left(\dfrac{\beta a^2}{2M}\right)^{1/2}} = \frac{2\pi}{a} = 1.57\,\text{Å}^{-1} \tag{13.40}$$

Este cálculo no era necesario ya que q_D debe ser el doble del límite de la primera zona de Brillouin π/a para contener el mismo número de modos $2N$ en una sola rama (Figura 13.6(a)). En la Figura 13.6(b) se comparan las respectivas densidades de modos.

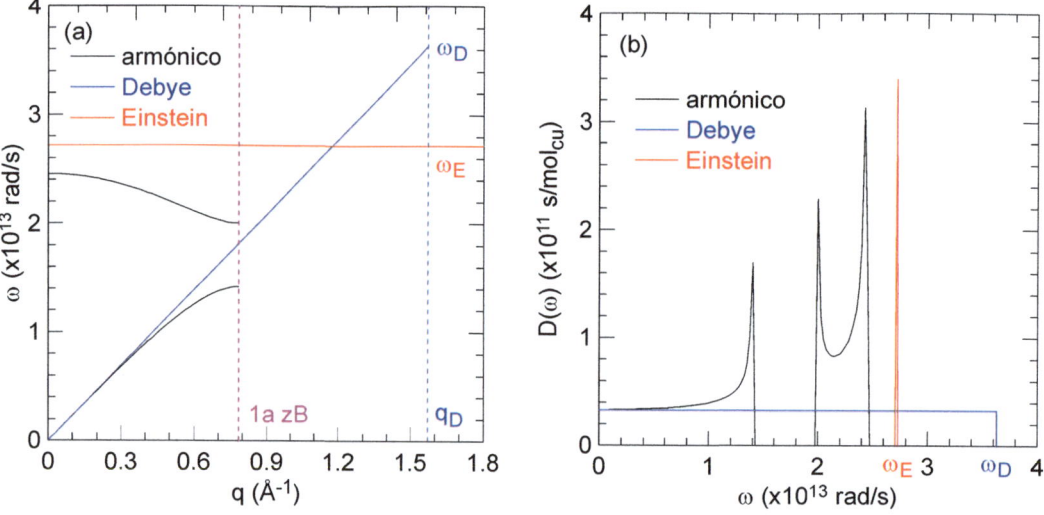

Figura 13.6. Comparación de la aproximación armónica en primeros vecinos de un sólido 1D diatómico de átomos iguales con los modelos de Debye y Einstein. (a) Relaciones de dispersión en función del vector de onda; y (b) densidades de modos (por mol de celdas unidad). Las relaciones de dispersión armónicas se extienden hasta el límite de la primera zona de Brillouin situado en π/a, y la relación de Debye hasta el radio (longitud) de Debye $q_D = 2\pi/a$.

13.5 Casos particulares

Es interesante estudiar dos casos particulares en este sólido: cuando las constantes de fuerza entre primeros vecinos son iguales y cuando la constante de fuerza entre los átomos de la base es muy superior a la constante interbase.

- Caso de $\beta_1 = \beta_2$. Se encuentra de (13.15) que el intervalo prohibido entre las ramas

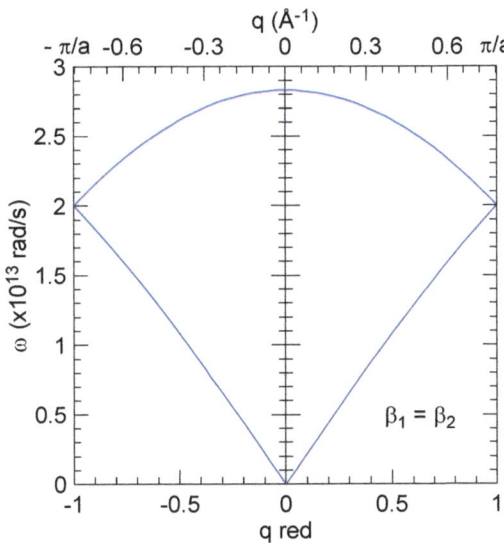

Figura 13.7. Relación de dispersión de un sólido 1D de parámetro reticular a y base de dos átomos iguales situados en 0 y 1/2. La representación es incorrecta ya que el parámetro reticular real es $a/2$, y por tanto la primera zona de Brillouin se extiende entre $\pm\pi/(a/2) = \pm 2\pi/a$.

acústica y óptica desaparece, como se muestra en la Figura 13.7. El resultado es muy lógico ya que en realidad no existen dos ramas; solo está presente la rama acústica porque este sólido tiene realmente base monoatómica, con un parámetro reticular $a' = a/2$ y no a. Por tanto, la primera zona de Brillouin correcta se extiende entre $\pm\pi/a' = \pm 2\pi/a$ y no entre $\pm\pi/a$. Pero en la Figura 13.7 se representa —incorrectamente— la relación de dispersión solo en la mitad de la zona de Brillouin, aparentando que existe una rama óptica. Cuando se utiliza la representación correcta aparece una rama de dispersión acústica, que se extiende desde 0 hasta $\pm\pi/a'$, como se muestra en la Figura 13.8. Estos resultados provienen de la periodicidad de las relaciones de dispersión con los vectores recíprocos (1.50a).

• Caso de $\beta_1 \gg \beta_2$. Corresponde a moléculas formadas por dos átomos que interaccionan fuertemente entre ellos y débilmente con las moléculas vecinas. Utilizando (13.8) se encuentra que

$$\omega^2 \simeq \frac{\beta_1}{M} \pm \frac{\left(\beta_1^2 - 4\beta_1\beta_2 \operatorname{sen}^2 \dfrac{qa}{2}\right)^{1/2}}{M} \tag{13.41}$$

de forma que la rama acústica tiende a desaparecer

$$\omega_- \simeq \left(\frac{2\beta_2}{M}\right)^{1/2} \simeq 0 \tag{13.42}$$

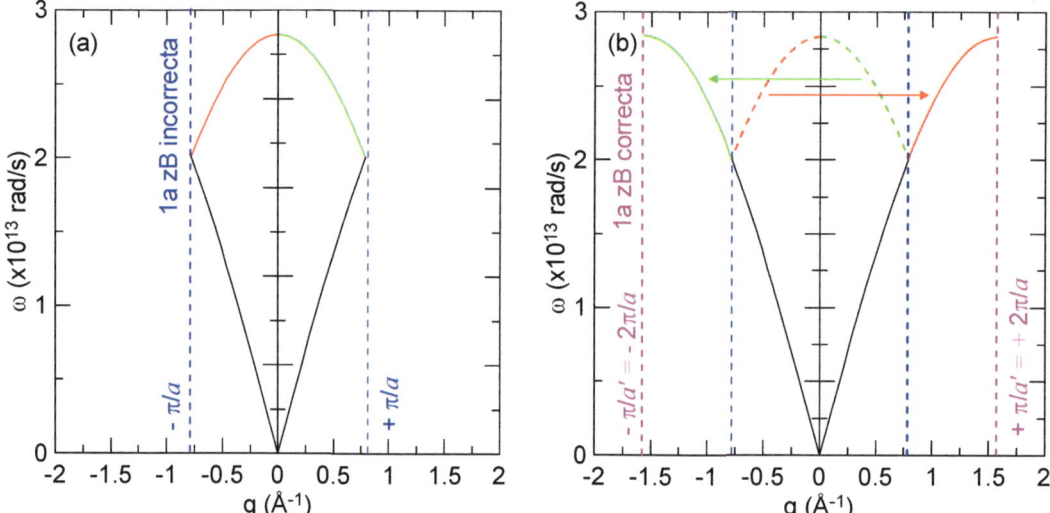

Figura 13.8. Relación de dispersión de un falso sólido lineal de parámetro reticular a y base de dos átomos iguales situados en 0 y 1/2. (a) Representación incorrecta de la primera zona de Brillouin. (b) Representación correcta, con parámetro reticular $a' = a/2$.

y la rama óptica tiende a un valor constante

$$\omega_+ \simeq \left(\frac{2\beta_1}{M}\right)^{1/2} \tag{13.43}$$

Esta ω_+ corresponde a la frecuencia de vibración molecular ω_{mol}. Por ejemplo, el O_2 tiene una frecuencia $\omega_{mol} = 3.0 \times 10^{14}\,\text{rad/s}$, resultando una constante de fuerza entre átomos $\beta_1 = M\omega_{mol}^2/2 = 1200\,\text{N/m}$.

13.6   Energía y capacidad calorífica reticular

Considerando los $2N$ modos, cada uno con su factor de excitación, la energía media de vibración es (6.26)

$$
\begin{aligned}
\langle E_{vib}(T)\rangle &= \sum_{q\,j}\left\{\frac{1}{\exp\left[\hbar\omega_j(q)/k_BT\right]-1}+\frac{1}{2}\right\}\hbar\omega_j(q) = \\
&= \int_0^{\omega_{max}} D(\omega)\left[\frac{1}{\exp(\hbar\omega/k_BT)-1}+\frac{1}{2}\right]\hbar\omega\;d\omega = \\
&= \frac{1}{2}\int_0^{\omega_{max}} D(\omega)\hbar\omega\;d\omega + \int_0^{\omega_{max}} D(\omega)\frac{\hbar\omega}{\exp(\hbar\omega/k_BT)-1}d\omega = \\
&= E_{vib}^o + \langle E_{vib}^T(T)\rangle
\end{aligned}
\tag{13.44}
$$

donde se ha sustituido el sumatorio sobre los modos por la integral sobre las frecuencias permitidas utilizando la función $D(\omega)$. En la aproximación de primeros vecinos la

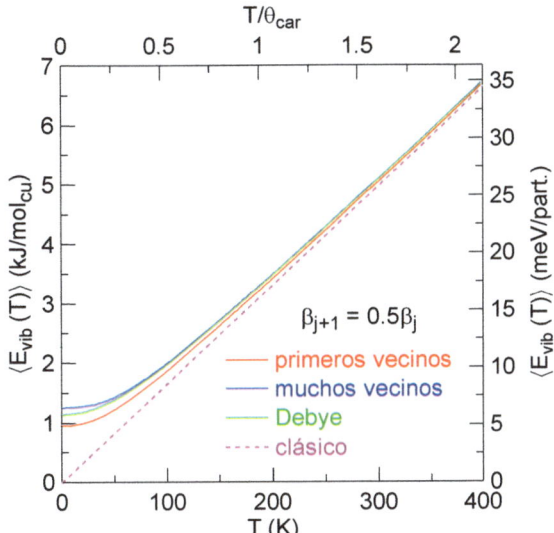

Figura 13.9. Energía media de vibración reticular (por mol de celdas unidad y por partícula) de un sólido 1D con base de dos átomos iguales en función de la temperatura. El eje superior muestra la temperatura reducida tomando como referencia el valor de la temperatura característica armónica en primeros vecinos. También se muestran las predicciones clásica y de Debye (con $\theta_D = 276\,\text{K}$).

frecuencia máxima viene dada por (13.10) (Figura 13.2)

$$\omega_{max} = 2.45 \times 10^{13}\,\text{rad/s} \rightarrow \theta_{car} = \frac{\hbar\omega_{max}}{k_B} = 187\,\text{K} \tag{13.45}$$

donde se ha introducido la temperatura característica de este sólido.

No es fácil obtener analíticamente E_{vib}^o y $\left\langle E_{vib}^T(T) \right\rangle$ en la aproximación armónica ya que la función $D(\omega)$ tampoco tiene una expresión simple. Mediante análisis numérico se encuentra el resultado de la Figura 13.9, que muestra la energía media en la aproximación de primeros y muchos vecinos; en el eje superior se ha utilizado la temperatura característica de primeros vecinos $\theta_{car} = 187\,\text{K}$, aunque la θ_{car} de muchos vecinos es ligeramente superior (Figura 13.5). Se observa que a bajas temperaturas la energía en la aproximación de muchos vecinos es más alta ya que la frecuencia máxima es superior. Pero a medida que aumenta la temperatura se igualan ambas energías dado que los $2N$ modos contribuyen por igual a la energía, independientemente de su frecuencia, como se ha encontrado en diversas ocasiones anteriormente. La Figura 13.9 también incluye la predicción del modelo de Debye, dada por (11.29) con $p = 2$ y con $\omega_D = 3.63 \times 10^{13}\,\text{rad/s}$ (13.38), que corresponde a una temperatura de Debye $\theta_D = 276\,\text{K}$.

La capacidad calorífica reticular del sólido se obtiene por derivación numérica de la energía de vibración. El resultado se muestra en la Figura 13.10, donde nuevamente se presenta el análisis armónico de primeros y muchos vecinos, así como las predicciones

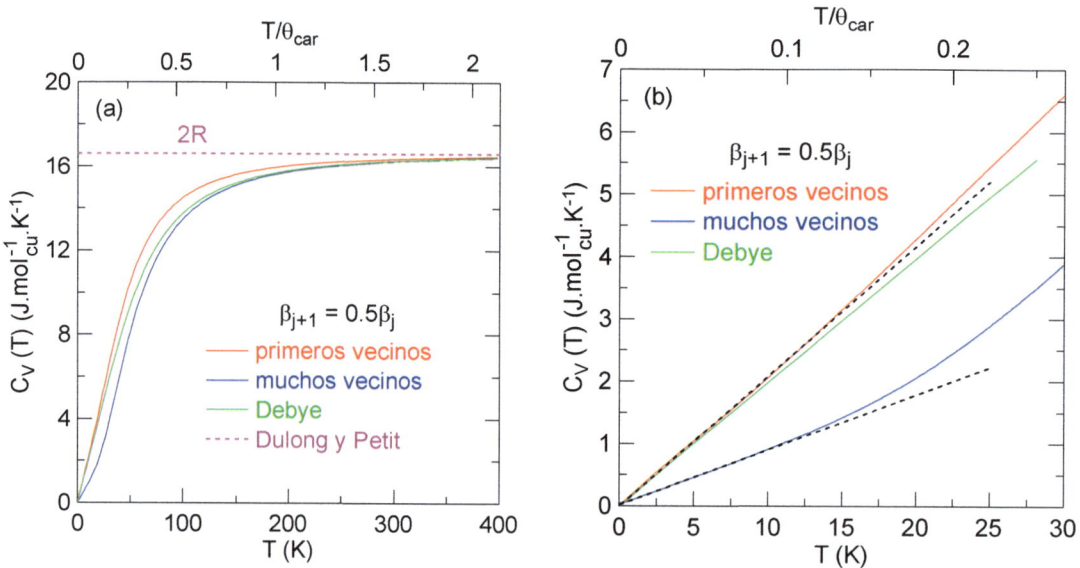

Figura 13.10. (a) Capacidad calorífica (por mol de celdas unidad) en función de la temperatura para un sólido 1D con base de dos átomos iguales en la aproximación armónica y en los modelos clásico y de Debye. (b) Región de muy bajas temperaturas mostrando la dependencia lineal con T.

clásica y de Debye (11.31).

Se pueden obtener expresiones analíticas de $\langle E_{vib}(T) \rangle$ y $C_V(T)$ a altas y bajas temperaturas.

- Altas temperaturas $T \gg \theta_{car} \rightarrow k_B T \gg k_B \theta_{car} = \hbar \omega_{max}$. Se tiene que

$$\langle E_{vib}(T \gg \theta_{car}) \rangle \simeq \int_0^{\omega_{max}} D(\omega) \left(\frac{k_B T}{\hbar \omega} + \frac{1}{2} \right) \hbar \omega \, d\omega \simeq$$

$$\simeq k_B T \int_0^{\omega_{max}} D(\omega) \, d\omega = 2N k_B T = 2RT \qquad (13.46)$$

por mol de celdas unidad, recuperándose el caso clásico (Figura 13.9). Y la capacidad calorífica es

$$C_V(T \gg \theta_{car}) = 2R \qquad (13.47)$$

de acuerdo con la ley de Dulong y Petit (Figura 13.10(a)).

- Bajas temperaturas $T \ll \theta_{car} \rightarrow k_B T \ll k_B \theta_{car} = \hbar \omega_{max}$. Se encuentra que el término dependiente de la temperatura $\langle E_{vib}^T(T) \rangle$ en (13.44) se simplifica a

$$\langle E_{vib}^T(T \ll \theta_{car}) \rangle \simeq \int_0^{\infty} D(\omega \ll) \frac{\hbar \omega}{\exp(\hbar \omega / k_B T) - 1} d\omega =$$

$$= \frac{N}{\pi} \left(\frac{2M}{\beta_{red}} \right)^{1/2} \frac{(k_B T)^2}{\hbar} \int_0^{\infty} \frac{x}{e^x - 1} dx =$$

$$= \frac{N}{\pi} \left(\frac{2M}{\beta_{red}} \right)^{1/2} \frac{(k_B T)^2}{\hbar} \frac{\pi^2}{6} = \frac{\pi N}{6\hbar} \left(\frac{2M}{\beta_{red}} \right)^{1/2} k_B^2 T^2 \qquad (13.48)$$

donde se ha utilizado la densidad $D(\omega)$ a bajas frecuencias (13.33). Y la capacidad calorífica resulta

$$C_V (T \ll \theta_{car}) = \frac{\pi N}{3\hbar} \left(\frac{2M}{\beta_{red}} \right)^{1/2} k_B^2 T \qquad (13.49)$$

que se muestra en la Figura 13.10(b). En particular, se observa que la zona lineal en T es más reducida en la aproximación de muchos vecinos respecto de primeros vecinos ya que la correspondiente región lineal de la rama acústica también es más reducida (Figura 13.5(a)). Se puede reescribir (13.49) en términos de la temperatura de Debye utilizando (13.38)

$$\theta_D = \frac{\hbar \omega_D}{k_B} = \frac{\pi \hbar}{k_B} \left(\frac{2\beta_{red}}{M} \right)^{1/2} \qquad (13.50)$$

de forma que

$$C_V (T \ll \theta_{car}) = \frac{2\pi^2 N}{3} k_B \frac{T}{\theta_D} \qquad (13.51)$$

Esta expresión es precisamente la capacidad calorífica de Debye a bajas temperaturas (11.35) ya que utiliza la misma densidad de modos.

La Figura 13.10(b) muestra claramente uno de los resultados ya comentados con anterioridad. Si se compara la expresión (13.51) con los ajustes armónicos de primeros y muchos vecinos a muy bajas temperaturas resultan valores de θ_D muy diferentes, $260\,\text{K}$ y $620\,\text{K}$ respectivamente, lo que explica en parte la diferencia de valores de θ_D que se encuentran en la literatura para un mismo material.

Felix Bloch, 1905 – 1983 (Suiza)

Referencias

1. M. Maldovan (2013): «Sound and heat revolutions in phononics», *Nature*, 503, 209.

2. M. Nomura, R. Anufriev, Z. Zhang, J. Maire, Y. Guo, R. Yanagisawa and S. Volz (2022): «Review of thermal transport in phononic crystals», *Materials Today Physics*, 22, 100613.

3. R. Anufriev, J. Maire and M. Nomura (2021): «Review of coherent phonon and heat transport control in one-dimensional phononic crystals at nanoscale», *APL Materials*, 9, 070701.

14. Vibraciones atómicas en un sólido 1D diatómico de átomos distintos

Consideremos ahora un sólido 1D de parámetro reticular a con una base formada por dos átomos de diferente masa M_1 y M_2, como se muestra en la Figura 14.1. Se van a obtener las relaciones de dispersión en la aproximación de segundos vecinos mediante el formalismo de la matriz dinámica, admitiendo que se conocen las constantes de fuerza entre átomos.

14.1 Matriz dinámica

Se numera cada átomo del sólido con dos índices. El primero $h = 0, 1, 2, \dots$ se refiere a la celda unidad donde se encuentra, tomando una celda cualquiera de referencia que se designa como 0. Y el segundo índice $\alpha = 1, 2$ se refiere al tipo de átomo en la base estructural, M_1 y M_2 (Figura 14.1). Así, el átomo 01 es el átomo de masa M_1 situado en la celda 0.

La matriz dinámica $\mathbf{D}$ de este sólido tiene dos filas y columnas de componentes (1.41)

$$D_\alpha^{\alpha'}(q) = \sum_h \frac{1}{\sqrt{M_\alpha M_{\alpha'}}} \Phi_{0\alpha}^{h\alpha'} \exp\left(iqt_h\right) \tag{14.1}$$

donde t_h es el vector de traslación de la celda h respecto de la celda 0, $\alpha, \alpha' = 1, 2$ y $\Phi_{0\alpha}^{h\alpha'}$ es la fuerza por unidad de longitud que ejerce el átomo α' de la celda h sobre el átomo α de la celda 0 de referencia.

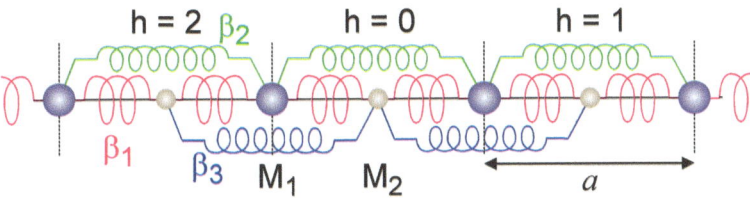

Figura 14.1. Sólido 1D de base diatómica con interacciones hasta segundos vecinos.

Sea β_1 la constante elástica entre los átomos de la base M_1 y M_2, β_2 entre los átomos vecinos M_1 y M_1, y β_3 entre los átomos vecinos M_2 y M_2 (Figura 14.1). Se tiene que (2.6)

$$
\begin{aligned}
\Phi_{01}^{02} &= \Phi_{01}^{22} = \Phi_{02}^{01} = \Phi_{02}^{11} = -\beta_1 \\
\Phi_{01}^{11} &= \Phi_{01}^{21} = -\beta_2 \\
\Phi_{02}^{12} &= \Phi_{02}^{22} = -\beta_3
\end{aligned}
\tag{14.2}
$$

Estas constantes de fuerza se determinan a partir de la energía potencial de interacción entre las partículas, que en el caso simple de fuerzas por pares vienen dadas por (2.6). Los autotérminos se encuentran a partir de la regla de las sumas (1.24), resultando

$$
\begin{aligned}
\Phi_{01}^{01} + \Phi_{01}^{02} + \Phi_{01}^{22} + \Phi_{01}^{11} + \Phi_{01}^{21} &= 0 \rightarrow \Phi_{01}^{01} = 2\left(\beta_1 + \beta_2\right) \\
\Phi_{02}^{02} + \Phi_{02}^{11} + \Phi_{02}^{01} + \Phi_{02}^{12} + \Phi_{02}^{22} &= 0 \rightarrow \Phi_{02}^{02} = 2\left(\beta_1 + \beta_3\right)
\end{aligned}
\tag{14.3}
$$

Los vectores de traslación correspondientes son $t_1 = a$ y $t_2 = -a$. Los elementos de la matriz dinámica quedan entonces:

• Elemento $D_1^1(q)$: interacciones de los átomos de masa M_1 sobre el átomo de masa M_1 de la celda de referencia $h = 0$

$$
D_1^1(q) = \frac{1}{M_1} \sum_h \Phi_{01}^{h1} \exp\left(iqha\right) = \frac{1}{M_1} \left[\Phi_{01}^{01} + \Phi_{01}^{11} \exp\left(iqa\right) + \Phi_{01}^{21} \exp\left(-iqa\right)\right] \quad (14.4)
$$

• Elemento $D_1^2(q)$: interacciones de los átomos de masa M_2 sobre el átomo de masa M_1 de la celda de referencia

$$
D_1^2(q) = \frac{1}{\sqrt{M_1 M_2}} \sum_h \Phi_{01}^{h2} \exp\left(iqha\right) = \frac{1}{\sqrt{M_1 M_2}} \left[\Phi_{01}^{02} + \Phi_{01}^{22} \exp\left(-iqa\right)\right] \tag{14.5}
$$

• Elemento $D_2^1(q)$: interacciones de los átomos de masa M_1 sobre el átomo de masa M_2 de la celda de referencia. No hace falta determinarlo ya que por el carácter hermítico de $\mathbf{D}$ se tiene que

$$
D_2^1(q) = \left[D_1^2(q)\right]^* = \frac{1}{\sqrt{M_1 M_2}} \left[\Phi_{01}^{02} + \Phi_{01}^{22} \exp\left(iqa\right)\right] \tag{14.6}
$$

• Elemento $D_2^2(q)$: interacciones de los átomos de masa M_2 sobre el átomo de masa M_2 de la celda de referencia

$$
D_2^2(q) = \frac{1}{M_2} \sum_h \Phi_{02}^{h2} \exp\left(iqha\right) = \frac{1}{M_2} \left[\Phi_{02}^{02} + \Phi_{02}^{12} \exp\left(iqa\right) + \Phi_{02}^{22} \exp\left(-iqa\right)\right] \quad (14.7)
$$

Tampoco era necesario determinar este término ya que es igual a (14.4) pero referido a los átomos de masa M_2.

Sustituyendo las constantes de fuerza, las componentes de la matriz dinámica son

$$
\begin{aligned}
D_1^1(q) &= \frac{1}{M_1}\left[2\left(\beta_1 + \beta_2\right) - \beta_2 \exp\left(iqa\right) - \beta_2 \exp\left(-iqa\right)\right] = \\
&= \frac{2}{M_1}\left\{\beta_1 + \beta_2\left[1 - \cos\left(qa\right)\right]\right\} \\
D_1^2(q) &= \frac{1}{\sqrt{M_1 M_2}}\left[-\beta_1 - \beta_1 \exp\left(-iqa\right)\right] = -\frac{\beta_1}{\sqrt{M_1 M_2}}\left[1 + \exp\left(-iqa\right)\right] \\
D_2^1(q) &= \left[D_1^2(q)\right]^* = -\frac{\beta_1}{\sqrt{M_1 M_2}}\left[1 + \exp\left(iqa\right)\right] \\
D_2^2(q) &= \frac{1}{M_2}\left[2\left(\beta_1 + \beta_3\right) - \beta_3 \exp\left(iqa\right) + \beta_3 \exp\left(-iqa\right)\right] = \\
&= \frac{2}{M_2}\left\{\beta_1 + \beta_3\left[1 - \cos\left(qa\right)\right]\right\}
\end{aligned} \tag{14.8}
$$

Y la matriz dinámica $D\left(q\right)$ queda en la forma

$$
\mathbf{D} = \begin{pmatrix}
\dfrac{2}{M_1}\left\{\beta_1 + \beta_2\left[1 - \cos\left(qa\right)\right]\right\} & -\dfrac{\beta_1}{\sqrt{M_1 M_2}}\left[1 + \exp\left(-iqa\right)\right] \\
-\dfrac{\beta_1}{\sqrt{M_1 M_2}}\left[1 + \exp\left(iqa\right)\right] & \dfrac{2}{M_2}\left\{\beta_1 + \beta_3\left[1 - \cos\left(qa\right)\right]\right\}
\end{pmatrix} \tag{14.9}
$$

14.2   Relaciones de dispersión

Las frecuencias permitidas se obtienen resolviendo el determinante (1.42)

$$
\begin{vmatrix}
D_1^1\left(q\right) - \omega^2 & D_1^2\left(q\right) \\
D_2^1\left(q\right) & D_2^2\left(q\right) - \omega^2
\end{vmatrix} = 0 \tag{14.10}
$$

Resulta una ecuación de cuarto grado con dos soluciones ω para cada q, igual que se obtuvo en el sólido 1D con base de dos átomos iguales (13.30). La Figura 14.2 muestra los resultados numéricos encontrados para los valores particulares de $M_1 = 50.0\,\text{u}$, $M_2 = 30.0\,\text{u}$, $\beta_1 = 10.0\,\text{N/m}$, $\beta_2 = \beta_3 = 2.0\,\text{N/m}$ y $a = 4.0\,\text{Å}$ en función del vector de onda reducido $q_{red} = q/(\pi/a)$ (eje inferior) y del vector de onda absoluto q (eje superior). Como cabía esperar, aparecen dos ramas, una acústica y otra óptica, separadas por un intervalo prohibido de frecuencias. A bajas frecuencias la relación de dispersión es lineal, con una pendiente igual a la velocidad de propagación de las ondas de sonido en el sólido.

Se pueden determinar fácilmente los valores superior e inferior de las ramas resolviendo

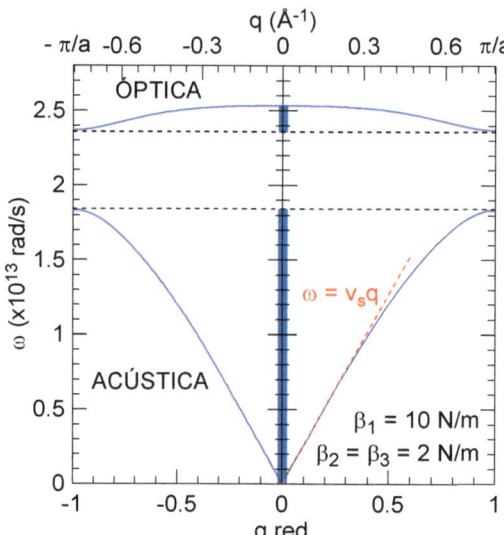

Figura 14.2. Relaciones de dispersión de un sólido 1D con base de dos átomos distintos, con interacciones hasta segundos vecinos.

directamente el determinante (14.10) en los límites apropiados.

- Centro de la zona de Brillouin $q = 0$: se tiene que

$$\left(\frac{2\beta_1}{M_1} - \omega^2\right)\left(\frac{2\beta_1}{M_2} - \omega^2\right) - \left(\frac{2\beta_1}{\sqrt{M_1 M_2}}\right)^2 = 0$$

$$\omega^4 - 2\left(\frac{1}{M_1} + \frac{1}{M_2}\right)\beta_1\omega^2 = 0 \qquad (14.11)$$

resultando

$$\text{acústica} \quad : \quad \omega_-\left(q = 0\right) = 0$$

$$\text{óptica} \quad : \quad \omega_+\left(q = 0\right) = \left[2\left(\frac{1}{M_1} + \frac{1}{M_2}\right)\beta_1\right]^{1/2} =$$

$$= \left(\frac{2\beta_1}{M_{red}}\right)^{1/2} = 2.53 \times 10^{13}\,\text{rad/s} \qquad (14.12)$$

donde se ha introducido la masa reducida de la base estructural $M_{red} = 18.8\,\text{u}$. El valor de la rama óptica en el centro de la zona es la frecuencia máxima de vibración ω_{max}, que permite definir una temperatura característica $\theta_{car} = \hbar\omega_{max}/k_B = 193\,\text{K}$.

La velocidad de propagación del sonido en este sólido se encuentra desarrollando la matriz dinámica (14.9) para $q \ll \pi/a \to qa \ll 1$, que queda en la forma

$$\mathbf{D}\left(qa \ll 1\right) = \begin{pmatrix} \dfrac{2\beta_1}{M_1} & -\dfrac{\beta_1}{\sqrt{M_1 M_2}}\left(2 - iqa\right) \\[2ex] -\dfrac{\beta_1}{\sqrt{M_1 M_2}}\left(2 + iqa\right) & \dfrac{2\beta_1}{M_2} \end{pmatrix} \qquad (14.13)$$

Las frecuencias permitidas en estas condiciones son, resolviendo el determinante (14.10)

$$
\begin{aligned}
\omega^2 &= \frac{\beta_1}{M_1 M_2} \left[M_1 + M_2 \pm \sqrt{M_1 M_2 a^2 q^2 + (M_1 + M_2)^2} \right] \simeq \\
&\simeq \frac{\beta_1}{M_1 M_2} \left\{ M_1 + M_2 \pm (M_1 + M_2) \left[1 + \frac{1}{2} \frac{M_1 M_2}{(M_1 + M_2)^2} a^2 q^2 \right] \right\}
\end{aligned} \tag{14.14}
$$

La velocidad del sonido se obtiene de la rama acústica (signo negativo), resultando

$$
\begin{aligned}
\omega_- (qa \ll 1) &= \left[\frac{\beta_1}{2(M_1 + M_2)} \right]^{1/2} aq \equiv v_s q \\
\rightarrow v_s &= \left[\frac{\beta_1}{2(M_1 + M_2)} \right]^{1/2} a = 2450 \, \mathrm{m/s}
\end{aligned} \tag{14.15}
$$

Esta velocidad permite determinar la temperatura de Debye del sólido utilizando (11.19), resultando

$$
\omega_D = \pi n_{at} v_s \rightarrow \theta_D = \frac{\hbar \omega_D}{k_B} = \frac{\pi \hbar n_{at} v_s}{k_B} = \frac{2\pi \hbar v_s}{a k_B} = 293 \, \mathrm{K} \tag{14.16}
$$

• Límite de la primera zona de Brillouin $q = \pm \pi / a$: se tiene que

$$
\left[\frac{2}{M_1} (\beta_1 + 2\beta_2) - \omega^2 \right] \left[\frac{2}{M_2} (\beta_1 + 2\beta_3) - \omega^2 \right] = 0
$$

$$
\omega^4 - \left[\frac{2}{M_1} (\beta_1 + 2\beta_2) + \frac{2}{M_2} (\beta_1 + 2\beta_3) \right] \omega^2 + \frac{2}{M_1} (\beta_1 + 2\beta_2) \frac{2}{M_2} (\beta_1 + 2\beta_3) = 0 \tag{14.17}
$$

Considerando como antes que $\beta_2 = \beta_3$ por simplicidad, resulta

$$
\begin{aligned}
\omega^4 &- 2(\beta_1 + 2\beta_2) \left(\frac{1}{M_1} + \frac{1}{M_2} \right) \omega^2 + \frac{4}{M_1 M_2} (\beta_1 + 2\beta_2)^2 = 0 \\
\omega^2 &= (\beta_1 + 2\beta_2) \left(\frac{M_1 + M_2}{M_1 M_2} \pm \frac{M_1 - M_2}{M_1 M_2} \right)
\end{aligned} \tag{14.18}
$$

cuyas soluciones son

$$
\begin{aligned}
\text{óptica} \quad &: \quad \omega_+ (q = \pm \pi / a) = 2 \frac{\beta_1 + 2\beta_2}{M_2} = 2.37 \times 10^{13} \, \mathrm{rad/s} \\
\text{acústica} \quad &: \quad \omega_- (q = \pm \pi / a) = 2 \frac{\beta_1 + 2\beta_2}{M_1} = 1.84 \times 10^{13} \, \mathrm{rad/s}
\end{aligned} \tag{14.19}
$$

En el capítulo 20 se estudian específicamente las relaciones de dispersión en cristales iónicos, encontrando que las frecuencias de los modos ópticos longitudinales y transversales de gran longitud de onda —es decir, en el centro de la zona de Brillouin— están desdoblados (Figura 1.7(b)). Este desdoblamiento, que no tiene lugar en los sólidos

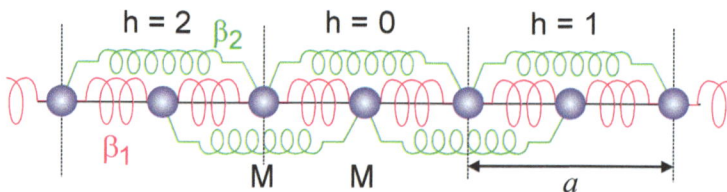

Figura 14.3. Sólido 1D diatómico de parámetro a con átomos de igual masa M situados en 0 y $1/2$. En realidad es un sólido 1D monoatómico de parámetro $a' = a/2$.

covalentes homopolares, proviene de los dipolos eléctricos fluctuantes generados por el desplazamiento en contrafase de los iones de la base estructural, que modifican las constantes de fuerza. En estructuras polares cuasi-1D (cadenas atómicas y nanotubos de BN, nanohilos de GaAs y polímeros) [1] y 2D (monocapas de MoS_2, In_2S_2 y BN) [2] se ha encontrado que este desdoblamiento depende fuertemente del carácter dimensional del sólido, un efecto que se puede explotar en la caracterización espectroscópica de nanomateriales y en dispositivos optoelectrónicos.

Volviendo al sólido 1D diatómico en estudio, si consideramos como caso particular que los dos átomos tienen la misma masa $M_1 = M_2 = M$ (Figura 14.3), se encuentra de (14.19) que desaparece el intervalo prohibido entre las ramas acústica y óptica, como se muestra en la Figura 14.4.

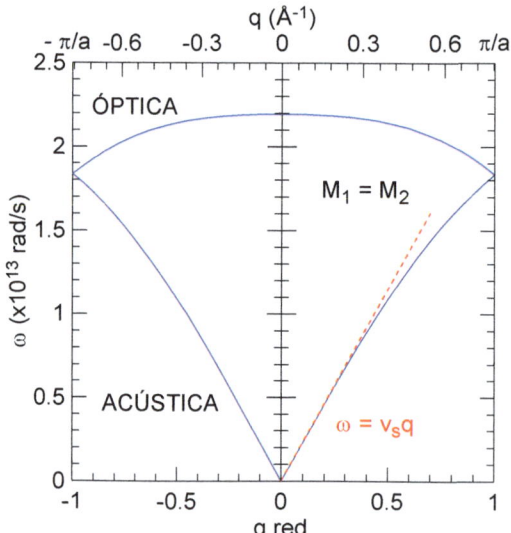

Figura 14.4. Relación de dispersión de un sólido 1D de parámetro reticular a y base de dos átomos iguales situados en 0 y $1/2$. La representación es incorrecta ya que el parámetro reticular real es $a/2$, y por tanto la primera zona de Brillouin se extiende entre $\pm\pi/(a/2) = \pm 2\pi/a$.

Este resultado ya se obtuvo anteriormente en el estudio del sólido lineal con base diatómica de átomos iguales (Figura 13.8). En realidad solo existe una rama de tipo acústico, ya que este sólido es de base monoatómica con un parámetro reticular $a' = a/2$ y no a (Figura 14.4). Por tanto, la representación de las relaciones de dispersión se debe realizar entre los límites correctos de la primera zona de Brillouin de este sólido, es decir, entre $\pm\pi/a' = \pm 2\pi/a$ y no entre $\pm\pi/a$. Pero en la Figura 14.4 se representan las curvas fonónicas solo en la mitad de la zona de Brillouin correcta. La rama óptica aparente de la Figura 14.4 corrresponde en realidad a la continuación de la rama acústica, igual que en el caso mostrado en la Figura 13.8.

A partir de las relaciones de dispersión $\omega = \omega(q)$ se determina numéricamente la densidad de modos $D(\omega)$, que tiene una forma similar a la dada en la Figura 13.6 de un sólido 1D con base de dos átomos iguales. Y de esta función es inmediato determinar la energía media de vibración y la capacidad calorífica del sólido. Se encuentran los resultados ya conocidos: a altas temperaturas se recupera la ley de Dulong y Petit, resultando $C_V(T \gg \theta_{car}) = 2R$ (por mol de celdas unidad), y a bajas temperaturas se encuentra que $C_V(T \ll \theta_{car}) \propto T$.

En este límite de bajas temperaturas se encuentra que la densidad de modos viene dada por (5.14)

$$D(\omega \ll) = \frac{L_{sol}}{\pi}\frac{1}{v_s} = \frac{Na}{\pi}\frac{1}{v_s} = 3.13 \times 10^{10}\, \text{s/ mol}_{cu} \qquad (14.20)$$

por mol de celdas unidad, donde se han usado los datos anteriores $a = 4.0\,\text{Å}$ y $v_s = 2450\,\text{m/ s}$. Esta expresión es precisamente la densidad de modos de Debye (11.16).

Léon Nicolas Brillouin, 1889 (Francia) –
1969 (Estados Unidos)

Referencias

1. N. Rivano, N. Marzari and T. Sohier (2023): «Infrared-active phonons in one-dimensional materials and their spectroscopic signatures», *npj Computational Materials*, 9, 194.

2. T. Sohier, M. Gibertini, M. Calandra, F. Mauri and N. Marzari (2017): «Breakdown of Optical Phonons' Splitting in Two-Dimensional Materials», *Nano Letters*, 17, 3758.

15. Vibraciones atómicas en un sólido 1D de base triatómica

Para finalizar el estudio de los sólidos 1D se va a analizar a continuación un sólido lineal con base de tres átomos utilizando el formalismo de la matriz dinámica. Consideramos que la base está formada por dos átomos iguales de masa M_1 y un tercer átomo de masa M_2, dispuestos como se indica en la Figura 15.1, con parámetro reticular a. La constante de fuerza entre los átomos de la base estructural es β_1, y entre celdas contiguas es β_2. Consideramos solamente la interacción entre primeros vecinos por simplicidad.

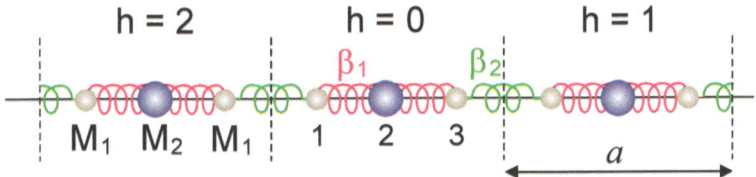

Figura 15.1. Sólido 1D con base triatómica y parámetro reticular a, con interacciones entre primeros vecinos.

15.1 Relaciones de dispersión

Por claridad se numera cada átomo del sólido con dos índices. El primero $h = 0, 1, 2, ...$ se refiere a la celda unidad donde se encuentra el átomo (respecto de una celda cualquiera de referencia que se designa como 0). Y el segundo índice $\alpha = 1, 2, 3$ corresponde a su posición dentro de la celda (Figura 15.1). Así, por ejemplo, los átomos de la celda $h = 0$ son, comenzando de izquierda a derecha, 01, 02 y 03.

La matriz dinámica $\mathbf{D}$ tiene tres filas y columnas, con elementos de la forma (1.41)

$$D_\alpha^{\alpha'}(q) = \sum_h \frac{1}{\sqrt{M_\alpha M_{\alpha'}}} \Phi_{0\alpha}^{h\alpha'} \exp\left(iqt_h\right) \tag{15.1}$$

donde t_h es el vector de traslación de la celda h respecto de la celda de referencia 0,

$\alpha, \alpha' = 1, 2, 3$ y $\Phi_{0\alpha}^{h\alpha'}$ es la fuerza por unidad de longitud que ejerce el átomo α' de la celda h sobre el átomo α de la celda 0. Estas constantes de fuerza en primeros vecinos (2.6) son (Figura 15.1)

$$\begin{aligned} \Phi_{01}^{02} &= \Phi_{02}^{01} = \Phi_{02}^{03} = \Phi_{03}^{02} = -\beta_1 \\ \Phi_{01}^{23} &= \Phi_{03}^{11} = -\beta_2 \end{aligned} \tag{15.2}$$

Los autotérminos se determinan por la regla de las sumas (1.24), resultando

$$\begin{aligned} \Phi_{01}^{01} + \Phi_{01}^{02} + \Phi_{01}^{23} &= 0 \rightarrow \Phi_{01}^{01} = \beta_1 + \beta_2 \\ \Phi_{02}^{02} + \Phi_{02}^{01} + \Phi_{02}^{03} &= 0 \rightarrow \Phi_{02}^{02} = 2\beta_1 \\ \Phi_{03}^{03} + \Phi_{03}^{11} + \Phi_{03}^{02} &= 0 \rightarrow \Phi_{03}^{03} = \beta_1 + \beta_2 \end{aligned} \tag{15.3}$$

Los elementos de la matriz dinámica son de la forma

- D_1^1: elemento de las interacciones de todos los átomos de tipo 1 sobre el átomo 1 de la celda 0. Solo contiene el autotérmino, de forma que

$$D_1^1 = \frac{1}{M_1} \Phi_{01}^{01} = \frac{\beta_1 + \beta_2}{M_1} \tag{15.4}$$

- D_1^2: elemento de las interacciones de todos los átomos de tipo 2 sobre el átomo 1 de la celda 0. Resulta

$$D_1^2 = \frac{1}{\sqrt{M_1 M_2}} \Phi_{01}^{02} = -\frac{\beta_1}{\sqrt{M_1 M_2}} \tag{15.5}$$

- D_1^3: elemento de las interacciones de todos los átomos de tipo 3 sobre el átomo 1 de la celda 0. Se tiene

$$D_1^3 = \frac{1}{M_1} \Phi_{01}^{23} \exp(-iqa) = -\frac{\beta_2}{M_1} \exp(-iqa) \tag{15.6}$$

Y así sucesivamente, encontrando

$$D_2^1 = \left(D_1^2\right)^* = -\frac{\beta_1}{\sqrt{M_1 M_2}}$$

$$D_2^2 = \frac{1}{M_2} \Phi_{02}^{02} = \frac{2\beta_1}{M_2}$$

$$D_2^3 = \frac{1}{\sqrt{M_1 M_2}} \Phi_{02}^{03} = -\frac{\beta_1}{\sqrt{M_1 M_2}}$$

$$D_3^1 = \left(D_1^3\right)^* = -\frac{\beta_2}{M_1} \exp(iqa)$$

$$D_3^2 = \left(D_2^3\right)^* = -\frac{\beta_1}{\sqrt{M_1 M_2}}$$

$$D_3^3 = \frac{1}{M_1} \Phi_{03}^{03} = \frac{\beta_1 + \beta_2}{M_1} \tag{15.7}$$

La matriz dinámica completa tiene la forma

$$
\mathbf{D} = \begin{pmatrix}
\dfrac{\beta_1 + \beta_2}{M_1} & -\dfrac{\beta_1}{\sqrt{M_1 M_2}} & -\dfrac{\beta_2}{M_1}\exp\left(-iqa\right) \\[2ex]
-\dfrac{\beta_1}{\sqrt{M_1 M_2}} & \dfrac{2\beta_1}{M_2} & -\dfrac{\beta_1}{\sqrt{M_1 M_2}} \\[2ex]
-\dfrac{\beta_2}{M_1}\exp\left(iqa\right) & -\dfrac{\beta_1}{\sqrt{M_1 M_2}} & \dfrac{\beta_1 + \beta_2}{M_1}
\end{pmatrix}
\tag{15.8}
$$

que permite obtener las frecuencias permitidas de (1.42)

$$
\det\left[\mathbf{D}\left(q\right) - \omega^2 \mathbf{I}\right] = 0
\tag{15.9}
$$

La resolución analítica de esta ecuación es muy tediosa, por lo que se ha resuelto de forma numérica con los siguientes valores: $M_1 = 30.0\,\text{u}$, $M_2 = 50.0\,\text{u}$, $\beta_1 = 10.0\,\text{N/m}$, $\beta_2 = \beta_1/2 = 5.0\,\text{N m}^{-1}$ y $a = 4.0\,\text{Å}$. Como se espera, se obtienen tres ramas fonónicas, una acústica A y dos ópticas O1 y O2, que se muestran en la Figura 15.2(a), con una frecuencia máxima $\omega_{max} = 2.36 \times 10^{13}\,\text{rad/s}$. En este caso simple hay intervalos de frecuencias prohibidas entre las ramas A y O1 y también entre O1 y O2.

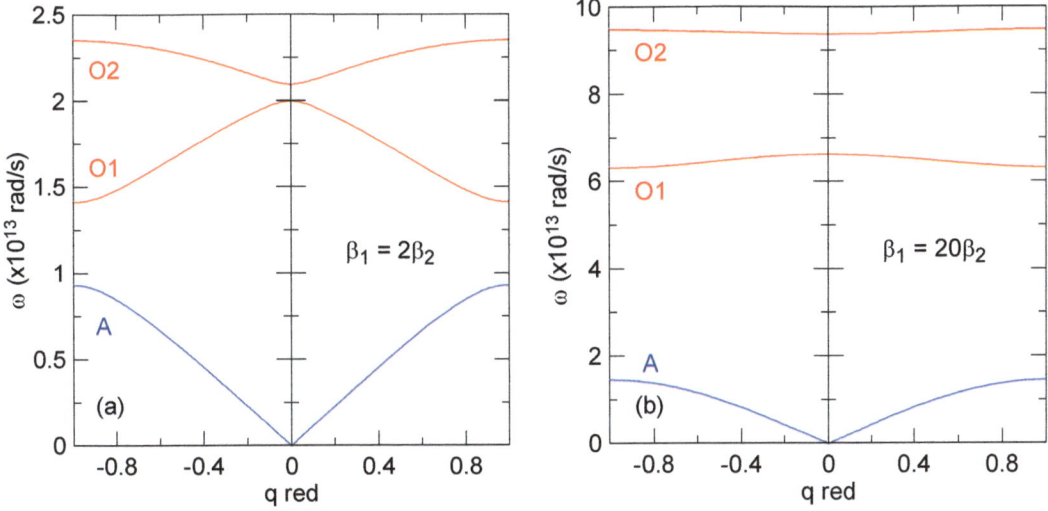

Figura 15.2. Relaciones de dispersión de un sólido 1D triatómico: (a) caso general; y (b) caso particular con constante de fuerza intrabase muy superior a la constante interbase.

Moy et al. [1] han determinado la velocidad del sonido en cristales unidimensionales con un número arbitrario de átomos en la base partiendo de la igualdad de las energías cinética y potencial de una onda lineal, y extendieron el desarrollo a cristales cuasiperiódicos (como los basados en la secuencia de Fibonacci, que tiene múltiples aplicaciones en líneas de transmisión artificiales). Recientemente se ha publicado una analogía eléctrica de la cadena lineal con base triatómica utilizando software libre y un simulador de circuitos [2], que permite modificar rápidamente la configuración de la cadena y obtener las correspondientes frecuencias sin necesidad de desarrollos analíticos.

15.2   Desplazamientos atómicos

Los desplazamientos de los átomos respecto de sus posiciones de equilibrio son muy interesantes de observar en este caso. La Figura 15.3 muestra estos movimientos en los modos A, O1 y O2 en los casos límites de $q = 0$ y $q = \pi/a$; los desplazamientos se muestran transversalmente a la cadena lineal por facilidad visual.

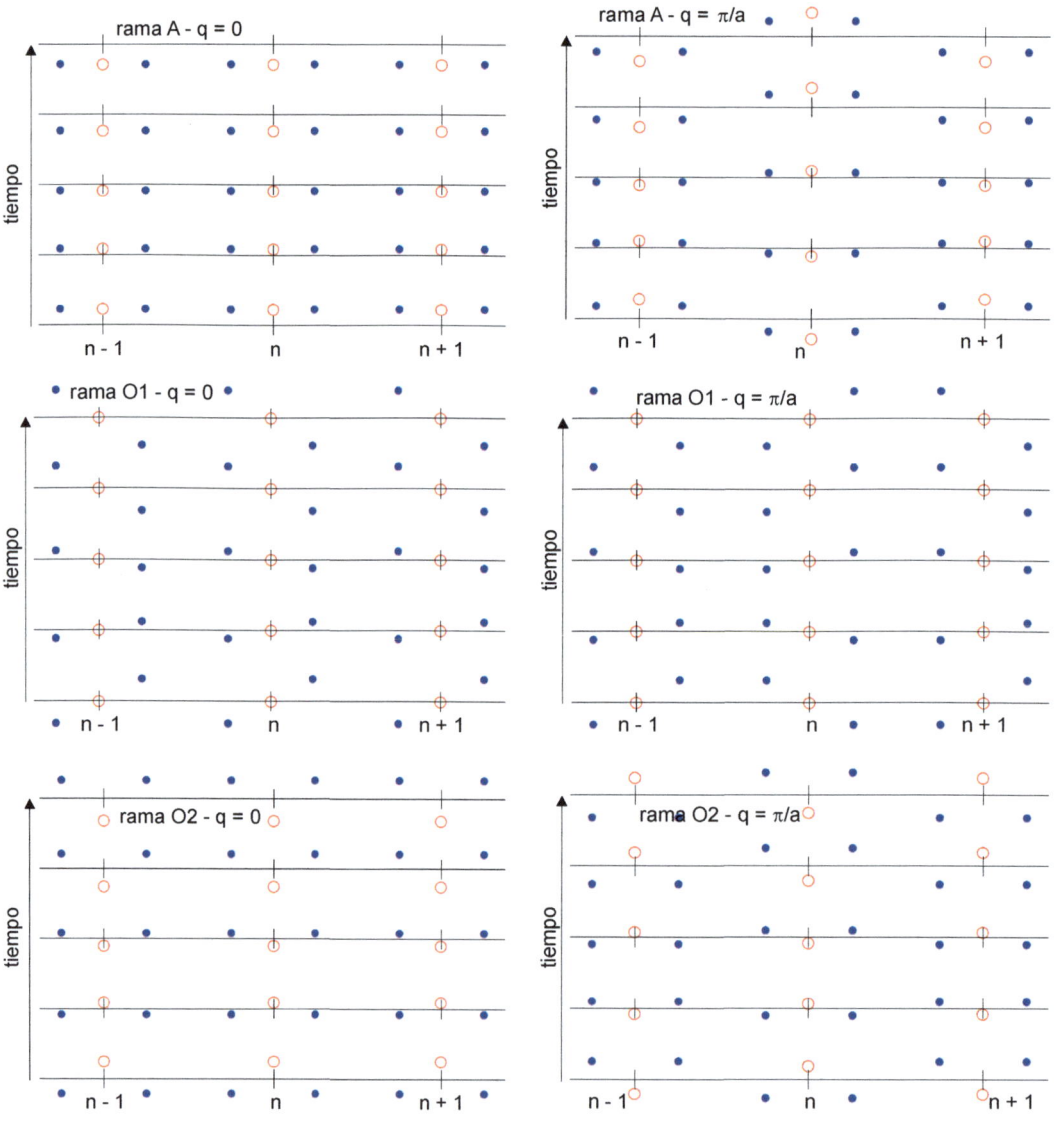

Figura 15.3. Desplazamientos atómicos en tres celdas unidad contiguas en función del tiempo para las ramas acústica A y ópticas O1 y O2, para los vectores de onda $q = 0$ y $q = \pi/a$. Los desplazamientos se muestran transversales a la línea de átomos.

• Centro de la zona de Brillouin: $q = 0$. En el modo acústico A los tres átomos de todas las celdas se mueven en fase, como corresponde a la propagación de una onda de gran longitud de onda en un medio continuo elástico. En el modo O1 los dos átomos laterales de una celda unidad se mueven en contrafase y el átomo central está fijo, de forma que el centro de masas de la base permanece en reposo; y todas las celdas unidad realizan el mismo movimiento. Y en el modo O2 los dos átomos laterales de una celda unidad vibran en fase entre ellos y en contrafase con el átomo central, estando en reposo el centro de masas de la base; todas las celdas unidad realizan también el mismo movimiento.

• Límite de zona: $q = \pm\pi/a$. En el modo acústico A los tres átomos de una celda unidad se mueven en fase, pero están en contrafase de celda a celda. En el modo O1 el átomo central de una celda unidad está fijo y los dos átomos laterales vibran en contrafase, estando también las celdas contiguas en contrafase. Por último, en el modo O2 los dos átomos laterales vibran en fase entre sí y en contrafase con el átomo central, igual que en el modo O2 para $q = 0$, pero en este caso las celdas contiguas vibran en contrafase.

Para un valor arbitrario de q el movimiento es muy complejo en los tres modos A, O1 y O2, y no se puede clasificar de forma sencilla. Un ejemplo se muestra en la Figura 15.4 para el vector de onda reducido $q_{red} = 0.5$.

A partir de las relaciones de dispersión se determina la densidad de modos, y de aquí la energía media de vibración y la capacidad calorífica del sólido por integración numérica. Se encuentran los resultados esperados: la capacidad calorífica tiende al valor $3R$ (por mol de celdas unidad, o bien R por mol de partículas) a altas temperaturas, mientras que a bajas temperaturas varía linealmente con T.

Se puede simular el caso donde la constante de fuerza intramolecular β_1 es muy superior a la constante intermolecular β_2. La Figura 15.2(b) muestra el resultado, encontrando que las ramas ópticas tienden a ser planas con frecuencias que caracterizan al movimiento de la molécula triatómica.

Referencias

1. B.T. Moy, J. Koch and A. Garg (2020): «Low-frequency dispersion of phonons in one-dimensional chains», *European Journal of Physics*, 41, 035801.

2. R.A. Ferreyra and A. Juan (2023): «Simulations of Lattice Vibrations in a One-Dimensional Triatomic Network», *Physchem*, 3, 440.

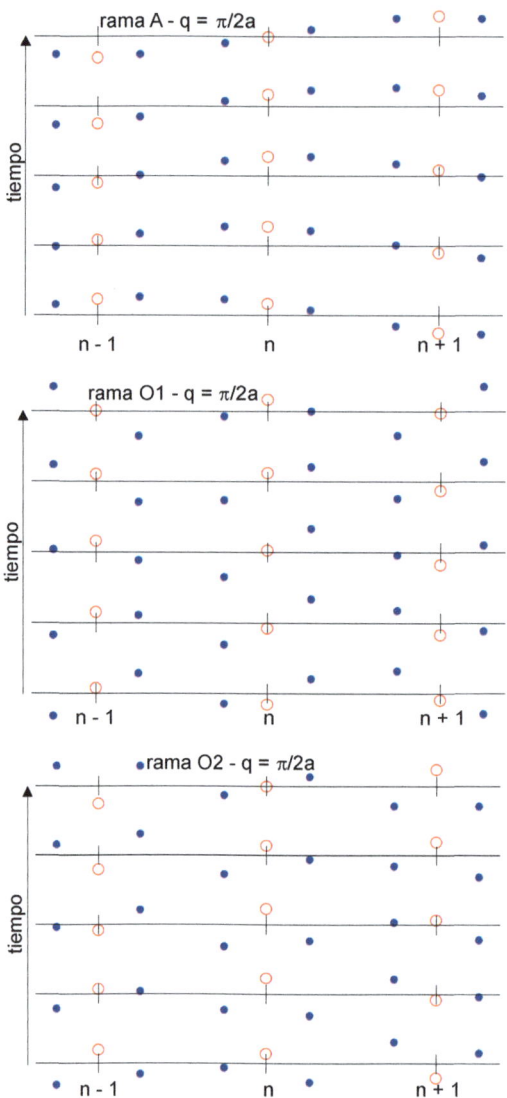

Figura 15.4. Igual que la Figura 15.3 para el vector de onda reducido $q = 0.5$.

Yakov Il'ich Frenkel, 1894 (antiguo Imperio de
Rusia) – 1952 (antigua Unión Soviética)

16. Vibraciones atómicas en un sólido 2D monoatómico de red cuadrada

En los siguientes capítulos se van a determinar las relaciones de dispersión de sólidos 2D con diferentes redes de Bravais y bases estructurales. En concreto, en este capítulo se estudian las características de vibración de un sólido 2D monoatómico de red de Bravais cuadrada utilizando el formalismo de la matriz dinámica. Se considera que el sólido es estrictamente bidimensional, es decir, las vibraciones reticulares tienen lugar exclusivamente en el plano del sólido, no estando permitidas las vibraciones fuera del plano. La masa de los átomos es M y el parámetro reticular de la red es a (Figura 16.1), y se van a considerar interacciones hasta segundos vecinos. Como se encuentra más adelante, el sólido no es estable frente a determinados modos de vibración si solo se consideran las interacciones con primeros vecinos.

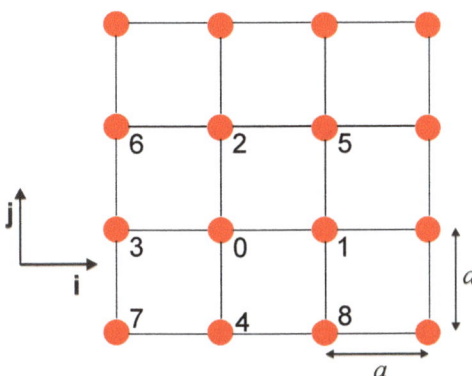

Figura 16.1. Sólido 2D monoatómico de red cuadrada de parámetro reticular a. Los átomos se han numerado a partir de uno de referencia marcado como 0.

16.1 Relaciones de dispersión

En la Figura 16.1 se han numerado los átomos con el índice h a partir de un átomo 0 de referencia; este índice $h = 0, 1, \dots 8$ también designa a la celda unidad correspondiente. El objetivo de este estudio es mostrar el número y la forma de las ramas fonónicas que aparecen, por lo que se va a considerar por simplicidad que las constantes elásticas de interacción del átomo de referencia con sus primeros y segundos vecinos son β_1 y β_2, respectivamente, y que las constantes de fuerza vienen dadas por (2.19)

$$\Phi_{0i}^{hj} = -e_i \beta_n e_j \, , \qquad h \neq 0 \, , \quad i, j = x, y \, , \quad n = 1, 2 \tag{16.1}$$

Φ_{0i}^{hj} es la fuerza por unidad de longitud sobre el átomo 0 en la dirección i cuando el átomo h se desplaza en la dirección j, y $\mathbf{e} = (e_x, e_y)$ es el vector unitario a lo largo de la dirección que conecta a los dos átomos. Estos vectores unitarios son (Figura 16.1)

$$\begin{aligned}
\mathbf{e}_1 &= (1, 0) & \mathbf{e}_2 &= (0, 1) & \mathbf{e}_3 &= (-1, 0) & \mathbf{e}_4 &= (0, -1) \\
\mathbf{e}_5 &= \tfrac{\sqrt{2}}{2}(1, 1) & \mathbf{e}_6 &= \tfrac{\sqrt{2}}{2}(-1, 1) & \mathbf{e}_7 &= \tfrac{\sqrt{2}}{2}(-1, -1) & \mathbf{e}_8 &= \tfrac{\sqrt{2}}{2}(1, -1)
\end{aligned} \tag{16.2}$$

Se encuentra que las matrices Φ_0^h vienen dadas por

$$\Phi_0^1 = \Phi_0^3 = \begin{pmatrix} -\beta_1 & 0 \\ 0 & 0 \end{pmatrix} \, , \qquad \Phi_0^2 = \Phi_0^4 = \begin{pmatrix} 0 & 0 \\ 0 & -\beta_1 \end{pmatrix}$$

$$\Phi_0^5 = \Phi_0^7 = \begin{pmatrix} -\dfrac{1}{2}\beta_2 & -\dfrac{1}{2}\beta_2 \\ -\dfrac{1}{2}\beta_2 & -\dfrac{1}{2}\beta_2 \end{pmatrix} \, , \qquad \Phi_0^6 = \Phi_0^8 = \begin{pmatrix} -\dfrac{1}{2}\beta_2 & \dfrac{1}{2}\beta_2 \\ \dfrac{1}{2}\beta_2 & -\dfrac{1}{2}\beta_2 \end{pmatrix}$$

$$\Phi_0^0 = \begin{pmatrix} 2(\beta_1 + \beta_2) & 0 \\ 0 & 2(\beta_1 + \beta_2) \end{pmatrix} \tag{16.3}$$

La matriz dinámica, de dos filas y columnas, tiene la forma (1.41)

$$D_i^j(\mathbf{q}) = \sum_{h=0}^{8} \frac{1}{M} \Phi_{0i}^{hj} \exp\left(i\mathbf{q} \cdot \mathbf{t}_h\right) \tag{16.4}$$

donde el vector de traslación es $\mathbf{t}_h = a\mathbf{e}_h$. Sustituyendo términos resulta

$$\begin{aligned}
D_x^x(\mathbf{q}) =\ & \frac{1}{M}\Big\{ \Phi_{0x}^{0x} + \Phi_{0x}^{1x} \exp(iq_x a) + \Phi_{0x}^{2x} \exp(iq_y a) + \\
& + \Phi_{0x}^{3x} \exp(-iq_x a) + \Phi_{0x}^{4x} \exp(-iq_y a) + \\
& + \Phi_{0x}^{5x} \exp[i(q_x + q_y)a] + \Phi_{0x}^{6x} \exp[i(-q_x + q_y)a] + \\
& + \Phi_{0x}^{7x} \exp[-i(q_x + q_y)a] + \Phi_{0x}^{8x} \exp[i(q_x - q_y)a] \Big\} = \\
=\ & \frac{1}{M}\Big\{ 2(\beta_1 + \beta_2) - \beta_1 \exp(iq_x a) - \beta_1 \exp(-iq_x a) - \frac{\beta_2}{2}\exp[i(q_x + q_y)a] - \\
& - \frac{\beta_2}{2}\exp[i(-q_x + q_y)a] - \frac{\beta_2}{2}\exp[-i(q_x + q_y)a] - \frac{\beta_2}{2}\exp[i(q_x - q_y)a] \Big\} = \\
=\ & \frac{1}{M}\{ 2(\beta_1 + \beta_2) - 2\beta_1 \cos(q_x a) - \beta_2 \cos[(q_x + q_y)a] - \beta_2 \cos[(q_x - q_y)a] \} = \\
=\ & \frac{2}{M}\{ \beta_1[1 - \cos(q_x a)] + \beta_2[1 - \cos(q_x a)\cos(q_y a)] \} \tag{16.5}
\end{aligned}$$

Igualmente

$$
\begin{aligned}
D_x^y(\mathbf{q}) &= \frac{1}{M}\left\{\Phi_{0x}^{0y} + \Phi_{0x}^{1y}\exp\left(iq_xa\right) + \Phi_{0x}^{2y}\exp\left(iq_ya\right) + \Phi_{0x}^{3y}\exp\left(-iq_xa\right) + \right.\\
&\quad +\Phi_{0x}^{4y}\exp\left(-iq_ya\right) + \Phi_{0x}^{5y}\exp\left[i\left(q_x+q_y\right)a\right] + \Phi_{0x}^{6y}\exp\left[i\left(-q_x+q_y\right)a\right] +\\
&\quad \left.+\Phi_{0x}^{7y}\exp\left[-i\left(q_x+q_y\right)a\right] + \Phi_{0x}^{8y}\exp\left[i\left(q_x-q_y\right)a\right]\right\} =\\
&= \frac{1}{M}\left\{-\frac{\beta_2}{2}\exp\left[i\left(q_x+q_y\right)a\right] + \frac{\beta_2}{2}\exp\left[i\left(-q_x+q_y\right)a\right] - \right.\\
&\quad \left.-\frac{\beta_2}{2}\exp\left[-i\left(q_x+q_y\right)a\right] + \frac{\beta_2}{2}\exp\left[i\left(q_x-q_y\right)a\right]\right\} =\\
&= -\frac{\beta_2}{M}\left\{\cos\left[\left(q_x+q_y\right)a\right] - \cos\left[\left(q_x-q_y\right)a\right]\right\} =\\
&= \frac{2\beta_2}{M}\operatorname{sen}\left(q_xa\right)\operatorname{sen}\left(q_ya\right)
\end{aligned}
\tag{16.6}
$$

No es necesario determinar el elemento $D_y^x(\mathbf{q})$ dado que

$$
D_y^x(\mathbf{q}) = \left[D_x^y(\mathbf{q})\right]^* = \frac{2\beta_2}{M}\operatorname{sen}\left(q_xa\right)\operatorname{sen}\left(q_ya\right)
\tag{16.7}
$$

Y tampoco el elemento $D_y^y(\mathbf{q})$ ya que es simétrico a $D_x^x(\mathbf{q})$ intercambiando x por y

$$
D_y^y(\mathbf{q}) = \frac{2}{M}\left\{\beta_1\left[1-\cos\left(q_ya\right)\right] + \beta_2\left[1-\cos\left(q_xa\right)\cos\left(q_ya\right)\right]\right\}
\tag{16.8}
$$

Las frecuencias permitidas se obtienen resolviendo la ecuación

$$
\begin{vmatrix}
D_x^x(\mathbf{q}) - \omega^2 & D_x^y(\mathbf{q})\\
D_y^x(\mathbf{q}) & D_y^y(\mathbf{q}) - \omega^2
\end{vmatrix} = 0
\tag{16.9}
$$

Basta sustituir los valores de $\mathbf{q}$ de la primera zona de Brillouin en este determinante para obtener las frecuencias permitidas.

Por ejemplo, para la dirección [10] se tiene que $q_y = 0$, de forma que $\mathbf{q} = q_x\mathbf{i} + q_y\mathbf{j} = q_x\mathbf{i} \rightarrow q = q_x$. Sustituyendo en los elementos de la matriz dinámica resulta

$$
\begin{aligned}
D_x^x([10]) &= \frac{2}{M}\left\{\beta_1\left[1-\cos\left(qa\right)\right] + \beta_2\left[1-\cos\left(qa\right)\right]\right\} =\\
&= \frac{4\left(\beta_1+\beta_2\right)}{M}\operatorname{sen}^2\left(\frac{qa}{2}\right)\\
D_x^y([10]) &= D_y^x([10]) = 0\\
D_y^y([10]) &= \frac{2\beta_2}{M}\left[1-\cos\left(qa\right)\right] = \frac{4\beta_2}{M}\operatorname{sen}^2\left(\frac{qa}{2}\right)
\end{aligned}
\tag{16.10}
$$

Resolviendo el determinante (16.9) se encuentra, como se espera, dos ramas de vibración acústicas, una longitudinal L y otra transversal T, de frecuencias

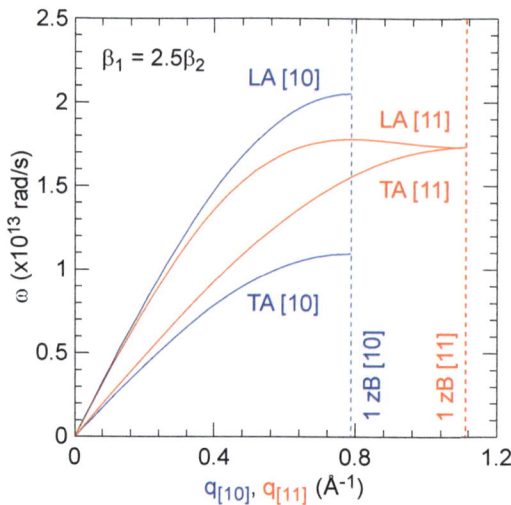

Figura 16.2. Relaciones de dispersión de un sólido 2D monoatómico de red cuadrada en las direcciones [10] y [11] en la aproximación de segundos vecinos.

$$\omega_{LA}^{[10]}(q) = \left[\frac{4\left(\beta_1 + \beta_2\right)}{M}\right]^{1/2} \operatorname{sen}\left|\frac{qa}{2}\right| \rightarrow \text{L: polarización } [10]$$

$$\omega_{TA}^{[10]}(q) = \left(\frac{4\beta_2}{M}\right)^{1/2} \operatorname{sen}\left|\frac{qa}{2}\right| \rightarrow \text{T: polarización } [01] \tag{16.11}$$

Estas dos ramas se muestran en la Figura 16.2 para $a = 4.0\,\text{Å}$, $M = 40.0\,\text{u}$, $\beta_1 = 5.0\,\text{N/m}$ y $\beta_2 = 2.0\,\text{N/m}$ dentro de la primera zona de Brillouin, que en la dirección [10] varía entre $q = 0$ y $q = \pi/a = 0.79\,\text{Å}^{-1}$ (puntos Γ y X, Figura 16.3). La frecuencia máxima se encuentra en el límite de zona, con un valor $\omega_{max} = 2.05 \times 10^{13}\,\text{rad/s}$. Las relaciones de dispersión son lineales con q a bajas frecuencias, resultando que las velocidades del sonido longitudinal y transversal en este sólido en la dirección [10] valen

$$\omega_{LA}^{[10]}(q \ll) \simeq \left[\frac{4\left(\beta_1 + \beta_2\right)}{M}\right]^{1/2} \frac{a}{2}q \rightarrow v_{sLA}^{[10]} = \left(\frac{\beta_1 + \beta_2}{M}\right)^{1/2} a = 4110\,\text{m/s}$$

$$\omega_{TA}^{[10]}(q \ll) \simeq \left(\frac{4\beta_2}{M}\right)^{1/2} \frac{a}{2}q \rightarrow v_{sTA}^{[10]} = \left(\frac{\beta_2}{M}\right)^{1/2} a = 2190\,\text{m/s} \tag{16.12}$$

Mediante el mismo procedimiento se obtienen las ramas de dispersión en cualquier otra dirección, aunque el desarrollo analítico es bastante más tedioso. Por ejemplo, la Figura 16.2 también muestra las relaciones $\omega = \omega\left(\mathbf{q}\right)$ en la dirección [11] dentro de la primera zona de Brillouin, que es este caso varía entre $q = 0$ y $q = \sqrt{2}\pi/a = 1.11\,\text{Å}^{-1}$ (puntos Γ y L, Figura 16.3).

En este caso 2D se pueden representar las relaciones de dispersión a lo largo de distintas

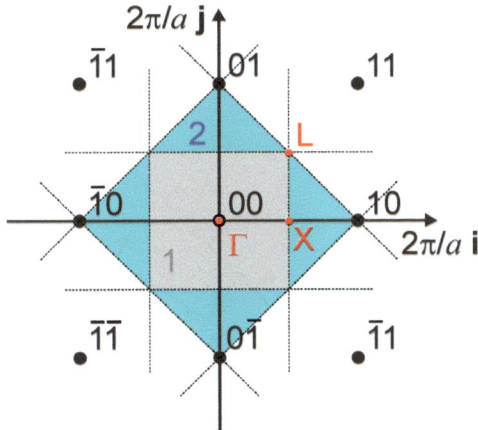

Figura 16.3. Primera y segunda zona de Brillouin de una red de Bravais cuadrada de parámetro reticular a. Se muestra los primeros nudos recíprocos.

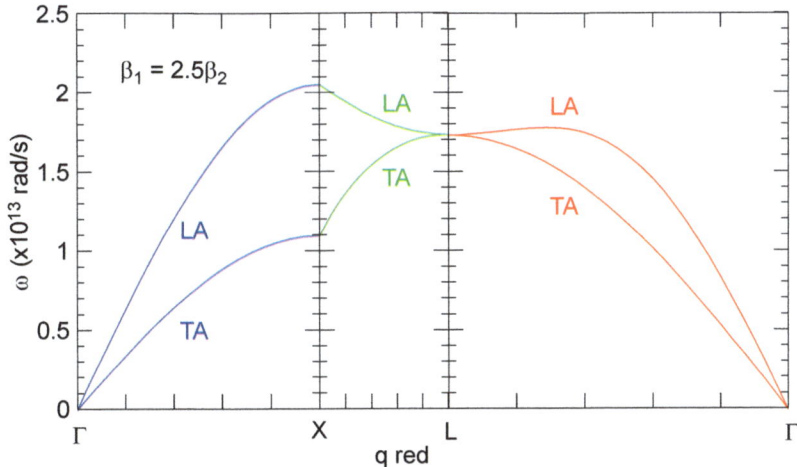

Figura 16.4. Relaciones de dispersión $\omega = \omega\,(\mathbf{q})$ en un sólido 2D monoatómico de red cuadrada en la aproximación de segundos vecinos a lo largo de la trayectoria del plano de Fourier $\Gamma \to X \to L \to \Gamma$.

direcciones en una sola gráfica, como en el caso 3D (Figura 1.10). La Figura 16.4 muestra estas relaciones para la trayectoria $\Gamma \to X \to L \to \Gamma$ en función del módulo del vector de onda reducido (escalado con sus valores absolutos).

En diversas ocasiones se ha indicado que los modos son puramente longitudinales L y transversales T solo en direcciones de alta simetría. Como ejemplo, la Figura 16.5 muestra las direcciones de polarización L (en azul) y T (en rojo) de los modos en direcciones de propagación seleccionadas (se presenta en 1/8 de la zona de Brillouin por la simetría del problema). Estas direcciones de polarización corresponden a los autovectores de (16.9) para los distintos valores de $\mathbf{q}$. Se observa que a lo largo de las direcciones [10] y [11] los modos L y T son puros, mientras que en las otras direcciones son mixtos, dependiendo tanto de la dirección de propagación como del valor

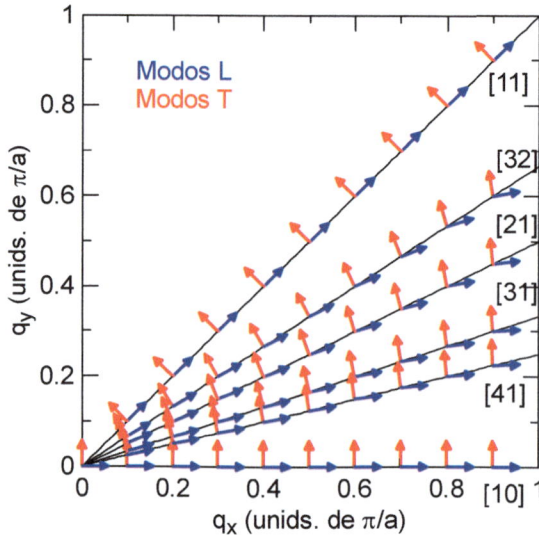

Figura 16.5. Direcciones de polarización longitudinal L (en azul) y transversal T (en rojo) de los modos de vibración en las direcciones de propagación indicadas.

concreto del vector de onda. En todo caso, los modos se siguen denominando L y T independientemente de la dirección de propagación por simplicidad.

16.2   Superficies de dispersión

Las relaciones de dispersión se pueden representar en todas las direcciones de la primera zona de Brillouin en una gráfica 3D como se muestra en la Figura 16.6: la superficie en azul corresponde a las frecuencias permitidas longitudinales y en rojo a las transversales. Ambos tipos de modos están degenerados en los vértices de la zona de Brillouin (puntos L, Figura 16.3), como ya hemos visto anteriormente (Figuras 16.2 y 16.4). Se observa claramente que las superficies de dispersión presentan la simetría cuadrada del sólido.

También es muy ilustrativo representar de forma individual los modos longitudinales y transversales junto con sus correspondientes contornos de frecuencia constante, como se muestra en la Figura 16.7. Las curvas de isofrecuencia para frecuencias bajas son circunferencias, dando validez al modelo de Debye para temperaturas muy bajas.

Utilizando la región de bajas frecuencias de estas superficies se calculan las velocidades medias longitudinal y transversal del sonido sin más que promediar en todas las direcciones del plano (4.6); en realidad, basta muestrear 1/8 de la zona de Brillouin por la simetría del problema (Figura 16.3). Resulta $v_{sL} = 4010\,\mathrm{m/s}$ y $v_{sT} = 2320\,\mathrm{m/s}$, que son valores similares a los encontrados para la dirección [10] (16.12). Y la velocidad

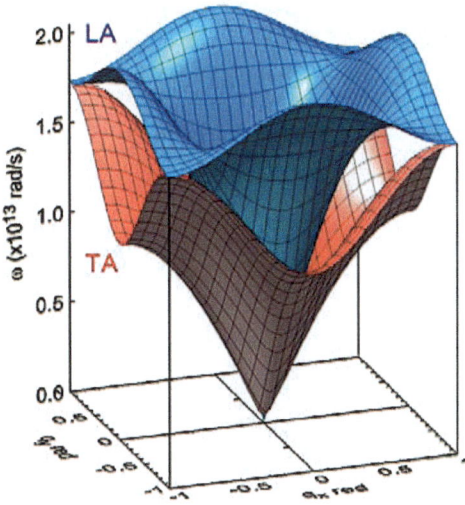

Figura 16.6. Superficies de dispersión de un sólido 2D monoatómico de red cuadrada en la primera zona de Brillouin: longitudinal acústica LA (azul) y transversal acústica TA (rojo).

total promedio es (5.13)

$$v_s^2 = 2\left(\frac{1}{v_{sL}^2} + \frac{1}{v_{sT}^2}\right)^{-1} \to v_s = 2840\,\mathrm{m/s} \qquad (16.13)$$

16.3   Densidad de modos

La densidad de modos de vibración en este sólido se ha obtenido mediante análisis numérico, que se muestra en la Figura 16.8. La frecuencia máxima de vibración y la

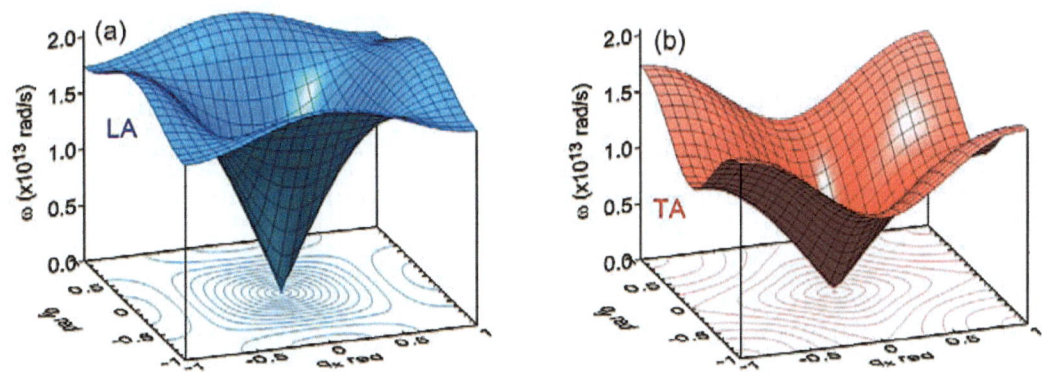

Figura 16.7. Superficies de dispersión en la primera zona de Brillouin de los modos (a) longitudinales y (b) transversales de un sólido 2D de red cuadrada y base monoatómica. También se muestran los contornos de frecuencia constante.

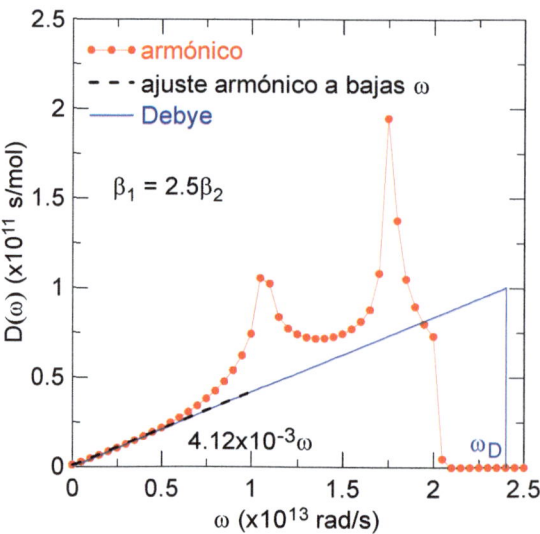

Figura 16.8. Densidad de modos de vibración por mol de partículas en un sólido 2D de red cuadrada y base monoatómica en la aproximación de segundos vecinos. Se compara con la densidad de modos de Debye. También se muestra el ajuste de la densidad armónica a bajas frecuencias.

temperatura característica son

$$\omega_{max} = 2.05 \times 10^{13}\,\mathrm{rad/s}$$
$$\rightarrow \quad \theta_{car} = \frac{\hbar\omega_{max}}{k_B} = 156\,\mathrm{K} \tag{16.14}$$

Se observa que la densidad de modos $D(\omega)$ varía linealmente con ω a bajas frecuencias (Figura 16.8), como se espera de la relación $\omega \propto q$ (5.12). Un ajuste de esta región de bajas frecuencias conduce a

$$D(\omega \ll) = 4.12 \times 10^{-3}\omega \; \mathrm{s/mol} \qquad (\text{con } \omega \text{ en rad/s}) \tag{16.15}$$

por mol de celdas unidad (por mol de partículas en este sólido monoatómico). Se puede obtener la velocidad media total de propagación de las ondas de sonido en el sólido comparando la expresión anterior con la correspondiente a bajas frecuencias en sólidos 2D (5.12), resultando

$$\frac{S_{sol}}{\pi}\frac{1}{v_s^2} = \frac{N_{Av}a^2}{\pi}\frac{1}{v_s^2} = 4.12 \times 10^{-3}\,\mathrm{s^2/mol}$$
$$\rightarrow \quad v_s = 2730\,\mathrm{m/s} \tag{16.16}$$

que es similar al valor encontrando anteriormente promediando sobre todas las direcciones del plano de Fourier (16.13).

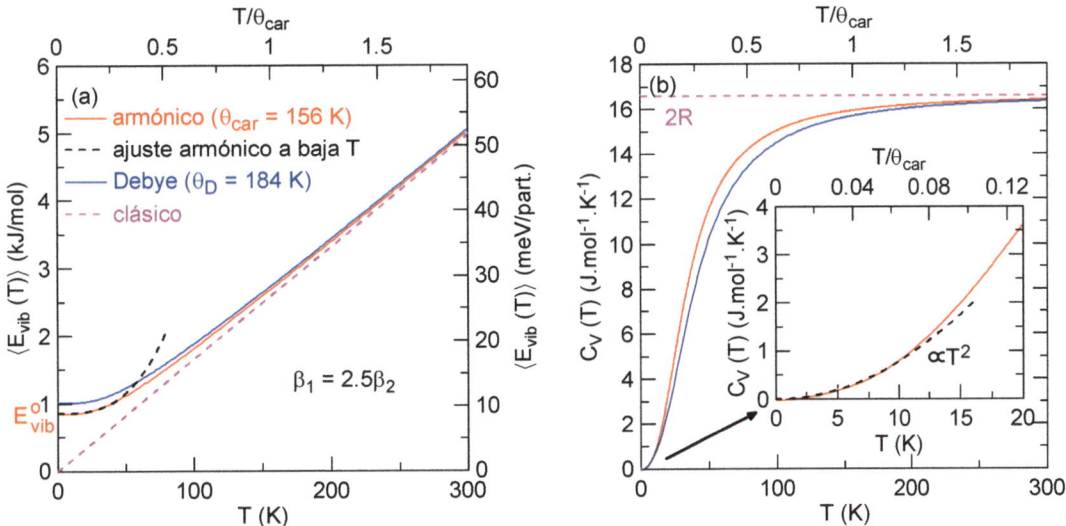

Figura 16.9. (a) Energía media de vibración y (b) capacidad calorífica reticular de un sólido 2D de red cuadrada y base monoatómica; el inserto muestra el ajuste de la región de bajas temperaturas. Se comparan con los modelos clásico y de Debye.

16.4 Energía y capacidad calorífica reticular

Por integración numérica de la densidad de modos se encuentra la energía media de vibración reticular (6.26), que se muestra en la Figura 16.9(a). Y de esta energía se deriva la capacidad calorífica reticular, dada en la Figura 16.9(b). Como se espera, se encuentra que $C_V(T) \propto T^2$ a bajas temperaturas y tiende a $2R$ a altas temperaturas. Es posible encontrar expresiones simplificadas de la capacidad calorífica en estos límites de temperatura.

• Bajas temperaturas $T \ll \theta_{car} \to k_B T \ll k_B \theta_{car} = \hbar\omega_{max}$. La densidad de modos (16.15) es válida en este caso ya que solo se excitan las vibraciones acústicas de baja frecuencia. La contribución dependiente de la temperatura a la energía media de vibración $\langle E_{vib}^T(T) \rangle$ queda entonces en la forma

$$
\begin{aligned}
\langle E_{vib}^T(T \ll \theta_{car}) \rangle &\simeq \int_0^\infty D(\omega \ll) \frac{\hbar\omega}{\exp(\hbar\omega/k_B T) - 1} d\omega = \\
&= 4.12 \times 10^{-3} \int_0^\infty \frac{\hbar\omega^2}{\exp(\hbar\omega/k_B T) - 1} d\omega = \\
&= 4.12 \times 10^{-3} \frac{k_B^3 T^3}{\hbar^2} \int_0^\infty \frac{x^2}{e^x - 1} dx = \\
&= 2.40 \times 4.12 \times 10^{-3} \frac{k_B^3 T^3}{\hbar^2} = \\
&= 2.36 \times 10^{-6} T^3 \, \text{kJ/mol} \qquad (\text{con } T \text{ en K}) \qquad (16.17)
\end{aligned}
$$

por mol de partículas. Esta contribución armónica a bajas temperaturas se muestra en la Figura 16.9(a) (curva discontinua en negro). Por su parte, la energía del punto cero requiere del cálculo numérico, resultando

$$E_{vib}^o = \frac{1}{2} \int_0^{\omega_{max}} D(\omega)\, \hbar\omega\, d\omega = 0.86 \,\mathrm{kJ/\,mol} = 8.93 \,\mathrm{meV/part.} \tag{16.18}$$

Finalmente, la capacidad calorífica viene dada por

$$
\begin{aligned}
C_V(T \ll \theta_{car}) &= \frac{d\left\langle E_{vib}^T(T \ll \theta_{car})\right\rangle}{dT} = \\
&= 7.08 \times 10^{-6} T^2 \,\mathrm{kJ\,mol^{-1}\,K^{-1}} \quad (\text{con } T \text{ en } \mathrm{K}) \tag{16.19}
\end{aligned}
$$

que reproduce la ley T^2 de bajas temperaturas de un sólido 2D (Figura 16.9(b)).

- Altas temperaturas $T \gg \theta_{car} \rightarrow k_B T \gg k_B \theta_{car} = \hbar\omega_{max}$. Se tiene que

$$
\begin{aligned}
\left\langle E_{vib}^T(T \gg \theta_{car})\right\rangle &\simeq \int_0^{\omega_{max}} D(\omega) \frac{\hbar\omega}{1 + (\hbar\omega/k_B T) - 1} d\omega = \\
&= k_B T \int_0^{\omega_{max}} D(\omega)\, d\omega = 2N k_B T = 2RT \tag{16.20}
\end{aligned}
$$

y

$$C_V(T \gg \theta_{car}) = 2R \tag{16.21}$$

por mol de partículas, reproduciendo la ley de Dulong y Petit (Figura 16.9(b)).

16.5   Modelo de Debye

Se pueden comparar los resultados anteriores con las predicciones del modelo de Debye. La densidad de modos de Debye varía linealmente con ω (11.20), encontrando para $p = 1$ que

$$D_D(\omega) = \frac{4N}{\omega_D^2}\omega\,, \qquad 0 \le \omega \le \omega_D \tag{16.22}$$

La frecuencia de Debye se encuentra, por ejemplo, igualando esta expresión con (16.15), resultando

$$\frac{4N_{Av}}{\omega_D^2} = 4.12 \times 10^{-3}\,\mathrm{s^2} \rightarrow \omega_D = 2.42 \times 10^{13}\,\mathrm{rad/\,s} \rightarrow \theta_D = \frac{\hbar\omega_D}{k_B} = 184\,\mathrm{K} \tag{16.23}$$

donde θ_D es la temperatura de Debye. Esta densidad de modos de Debye (16.22) se compara con el resultado armónico en la Figura 16.8.

La energía media de vibración atómica en este modelo viene dada por (11.36), (11.37) y (11.39)

$$\left\langle E_{vib}(T)\right\rangle = E_{vib}^o + \left\langle E_{vib}^T(T)\right\rangle \tag{16.24}$$

con

$$E_{vib}^{o} = \frac{2}{3}Nk_B\theta_D = 1.02\,\text{kJ}/\,\text{mol} = 10.6\,\text{meV/part.} \tag{16.25}$$

y

$$\langle E_{vib}^{T}(T)\rangle = 2Nk_BT\left[2\left(\frac{T}{\theta_D}\right)^2\int_0^{\theta_D/T}\frac{x^2}{e^x - 1}dx\right] \tag{16.26}$$

donde la expresión entre corchetes es la segunda función de Debye (Figura 11.4). Y la capacidad calorífica es (11.41)

$$C_V(T) = 4Nk_B\left(\frac{T}{\theta_D}\right)^2\int_0^{\theta_D/T}\frac{x^3e^x}{(e^x - 1)^2}dx \tag{16.27}$$

Estas expresiones se comparan con los resultados armónicos en la Figura 16.9, mostrando que el modelo de Debye es muy adecuado prácticamente a todas las temperaturas.

Como ya se ha comentado en diversas ocasiones, la temperatura de Debye se puede determinar de varias formas, además de la utilizada en (16.23). Por ejemplo, se puede utilizar la expresión de la frecuencia de Debye (11.19) $\omega_D = (4\pi n_{at})^{1/2}v_s$, donde n_{at} es la densidad de partículas reticulares en el sólido

$$n_{at} = \frac{1}{a^2} = 6.25 \times 10^{18}\,\text{part.}/\,\text{m}^2 \tag{16.28}$$

y v_s es la velocidad media de propagación del sonido. Con el valor medio encontrado anteriormente $v_s = 2840\,\text{m}/\,\text{s}$ (16.13), se tiene que

$$\omega_D = 2.52 \times 10^{13}\,\text{rad}/\,\text{s} \rightarrow \theta_D = \frac{\hbar\omega_D}{k_B} = 192\,\text{K} \tag{16.29}$$

También se puede utilizar la expresión de la capacidad calorífica de Debye a muy bajas temperaturas (11.45)

$$C_V(T \ll \theta_D) = 28.80Nk_B\frac{T^2}{\theta_D^2} \tag{16.30}$$

y compararla con el ajuste de $C_V(T)$ armónico a bajas temperaturas (16.19) (inserto de la Figura 16.9(b)), resultando

$$28.80R\frac{1}{\theta_D^2} = 7.08 \times 10^{-3}\,\text{J}\,\text{mol}^{-1}\,\text{K}^{-3} \rightarrow \theta_D = 184\,\text{K} \tag{16.31}$$

Las distintas determinaciones de θ_D realizadas aquí se derivan del estudio armónico, pero experimentalmente corresponderían a medidas espectroscópicas con neutrones (función densidad de modos), medidas mecánicas o de ultrasonidos (velocidad del sonido), y medidas calorimétricas (capacidad calorífica).

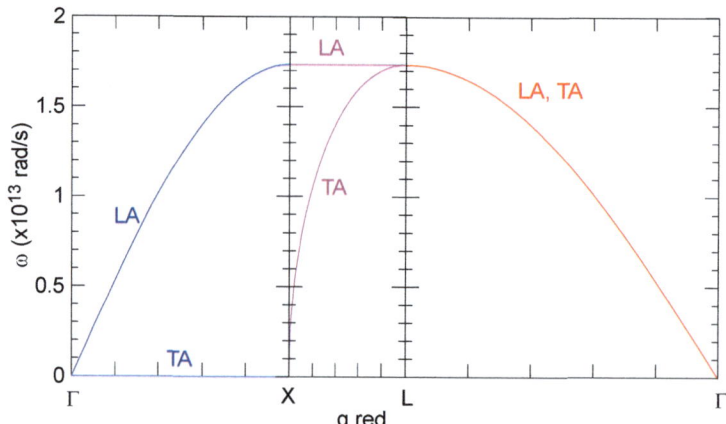

Figura 16.10. Relaciones de dispersión de un sólido monoatómico de red cuadrada en la aproximación de primeros vecinos a lo largo de la trayectoria $\Gamma \to X \to L \to \Gamma$. El sólido no es estable para determinados modos de vibración. Comparar con la Figura 16.4.

16.6   Aproximación de primeros vecinos

Es conveniente estudiar el mismo problema pero considerando solo las interacciones con primeros vecinos, es decir, con $\beta_2 = 0$. La matriz dinámica (16.5 – 16.8) resulta

$$
\begin{aligned}
D_x^x(\mathbf{q}) &= \frac{2\beta_1}{M}\left[1 - \cos\left(q_x a\right)\right] \\
D_x^y(\mathbf{q}) &= D_y^x(\mathbf{q}) = 0 \\
D_y^y(\mathbf{q}) &= \frac{2\beta_1}{M}\left[1 - \cos\left(q_y a\right)\right]
\end{aligned}
\tag{16.32}
$$

y las frecuencias permitidas vienen dadas directamente por

$$
\left|
\begin{array}{cc}
\dfrac{4\beta_1}{M}\operatorname{sen}^2\left(\dfrac{q_x a}{2}\right) - \omega^2 & 0 \\[2ex]
0 & \dfrac{4\beta_1}{M}\operatorname{sen}^2\left(\dfrac{q_y a}{2}\right) - \omega^2
\end{array}
\right| = 0
$$

$$
\omega = \left(\frac{4\beta_1}{M}\right)^{1/2}\operatorname{sen}\left|\frac{q_x a}{2}\right| , \qquad
\omega = \left(\frac{4\beta_1}{M}\right)^{1/2}\operatorname{sen}\left|\frac{q_y a}{2}\right|
\tag{16.33}
$$

Por ejemplo, para la dirección [10] se tiene que $q_y = 0$ y $q_x = q$, resultando

$$
\omega_{LA}^{[10]}(q) = \left(\frac{4\beta_1}{M}\right)^{1/2}\operatorname{sen}\left|\frac{qa}{2}\right| , \qquad
\omega_{TA}^{[10]}(q) = 0
\tag{16.34}
$$

que muestra que el sólido no es estable frente a las oscilaciones atómicas transversales en esta dirección, resultando una frecuencia de vibración nula (Figura 16.10).

Para la dirección [11] se tiene que $q_x = q_y = \sqrt{2}q/2$, encontrando que las ramas longitudinal y transversal están degeneradas

$$\omega_{LA}(q) = \omega_{TA}(q) = \left(\frac{4\beta_1}{M}\right)^{1/2} \text{sen} \left|\frac{\sqrt{2}qa}{4}\right| \tag{16.35}$$

La Figura 16.10 muestra las relaciones de dispersión en algunas direcciones de alta simetría, que se puede comparar con la Figura 16.4.

16.7 Potencial de Lennard-Jones 6-12

Con objeto de obtener una expresión analítica para la constante de fuerza β_1 se considera ahora el caso sencillo de interacciones entre primeros vecinos —aún sabiendo que el sólido no es estructuralmente estable en estas condiciones— con un potencial de Lennard-Jones 6-12. En este caso, la energía de interacción de una pareja de átomos separados una distancia R es

$$W(R) = -\frac{A}{R^6} + \frac{B}{R^{12}} \tag{16.36}$$

donde A y B son constantes que dependen de la naturaleza de los átomos. Consideramos que los átomos tienen una masa $M = 40.0\,\text{u}$ y que las constantes del potencial son $A = 5.0 \times 10^{-17}\,\text{J\,Å}^6$ y $B = 1.0 \times 10^{-13}\,\text{J\,Å}^{12}$.

La energía potencial de un átomo dado con sus primeros vecinos viene dada por (Figura 16.1)

$$U_{at}(R) = 4W(R) = 4\left(-\frac{A}{R^6} + \frac{B}{R^{12}}\right) \tag{16.37}$$

Y la energía del sólido con N átomos es

$$U(R) = \frac{N}{2}U_{at}(R) = 2N\left(-\frac{A}{R^6} + \frac{B}{R^{12}}\right) \tag{16.38}$$

Minimizando esta energía para obtener la distancia de equilibrio R_o entre átomos —el parámetro reticular a en este caso— se encuentra

$$\left.\frac{dU}{dR}\right|_{R_o} = 2N\left(\frac{6A}{R_o^7} - \frac{12B}{R_o^{13}}\right) = 0$$

$$\frac{12B}{R_o^{13}} = \frac{6A}{R_o^7} \rightarrow R_o \equiv a = \left(\frac{2B}{A}\right)^{1/6} = 3.98\,\text{Å} \tag{16.39}$$

Y la energía de cohesión es, utilizando (16.38) y con ayuda de (16.39)

$$U_{coh} \equiv U(R_o) = 2N\left(-\frac{A}{R_o^6} + \frac{B}{R_o^{12}}\right) = 2N\left(-\frac{A}{R_o^6} + \frac{A}{2R_o^6}\right)$$

$$= -N\frac{A}{R_o^6} = -7.53\,\mathrm{kJ/mol} = -78.1\,\mathrm{meV/part.} \qquad (16.40)$$

Las correspondientes matrices de fuerza vienen dadas por (2.5)

$$\Phi_{0i}^{hj} = -\left\{\frac{W'(R)}{R}\delta_{ij} + e_i\left[W''(R) - \frac{W'(R)}{R}\right]e_j\right\}_{R_o} , \quad h \neq 0 , \quad i,j = x,y \qquad (16.41)$$

La primera y segunda derivadas de $W(R)$ son

$$W'(R) = \frac{6A}{R^7} - \frac{12B}{R^{13}} , \qquad W''(R) = -\frac{42A}{R^8} + \frac{156B}{R^{14}} \qquad (16.42)$$

de forma que a la distancia de equilibrio R_o resulta, utilizando (16.39)

$$W'(R_o) = \frac{6A}{R_o^7} - \frac{12B}{R_o^{13}} = 0$$

$$W''(R_o) = -\frac{42A}{R_o^8} + \frac{156B}{R_o^{14}} = \frac{36A}{R_o^8} = 2.83\,\mathrm{N/m} \equiv \beta_1 \qquad (16.43)$$

En esta aproximación de primeros vecinos la matriz de constantes de fuerza se simplifica a

$$\Phi_{0i}^{hj} = -e_i W''(R_o)e_j , \qquad h \neq 0 , \qquad i,j = x,y \qquad (16.44)$$

de forma que

$$\Phi_0^1 = \Phi_0^3 = \begin{pmatrix} -\beta_1 & 0 \\ 0 & 0 \end{pmatrix} , \quad \Phi_0^2 = \Phi_0^4 = \begin{pmatrix} 0 & 0 \\ 0 & -\beta_1 \end{pmatrix} , \quad \Phi_0^0 = \begin{pmatrix} 2\beta_1 & 0 \\ 0 & 2\beta_1 \end{pmatrix} \qquad (16.45)$$

tal como se obtuvo anteriormente (16.3) con $\beta_2 = 0$. Es importante notar que solo en este caso de primeros vecinos las constantes de fuerza vienen dadas por la segunda derivada de la energía potencial (16.44) ya que la primera derivada es nula (16.43), como ya se encontró en el estudio del argón 3D en primeros vecinos (sección 2.1). En cualquier otro caso no se anula la primera derivada y la expresión (16.41) resulta bastante más complicada de manejar analíticamente.

Aquí se ha desarrollado un ejemplo de estructura muy simple, de red cuadrada y base monoatómica, con un potencial de Lennard-Jones 6-12 que describe de forma aproximada la interacción de van der Waals entre partículas. Este tipo de interacción tiene actualmente una importancia fundamental en los sólidos de carácter cuasi-2D formados por estructuras cristalinas laminadas, donde existe una interacción muy fuerte entre los átomos de una capa y de tipo van der Waals entre distintas capas —en la literatura se suelen denominar materiales de van der Waals [1, 2]—. En estas estructuras el espectro fonónico se puede modificar más fácilmente que en los correspondientes sólidos 3D.

Referencias

1. P. Ajayan, P. Kim and K. Banerjee (2016): «Two-dimensional van der Waals materials», *Physics Today*, 69, 38.

2. K.S. Novoselov, A. Mishchenko, A. Carvalho and A.H. Castro Neto (2016): «2D materials and van der Waals heterostructures», *Science*, 353, 461.

Johannes Diderik van der Waals,
1837 – 1923 (Países Bajos)

17. Vibraciones atómicas en un sólido 2D diatómico de red cuadrada

Se va a ampliar el estudio anterior de un sólido 2D monoatómico (capítulo 16) para obtener las relaciones de dispersión de un sólido 2D de celda unidad cuadrada y base diatómica, como se muestra en la Figura 17.1. Correspondería a una aleación metálica binaria o a un sólido iónico binario, por ejemplo. Consideramos que el sólido contiene N celdas unidad y que los átomos, de masas M_1 y M_2, están situados respectivamente en las posiciones $(0,0)$ y $(1/2, 1/2)$ de la celda de parámetro reticular a. Se consideran interacciones entre primeros y segundos vecinos ya que sabemos que solo en primeros vecinos las oscilaciones en el sólido no son estables (sección 16.6). También consideramos que las vibraciones están estrictamente restringidas al plano del sólido.

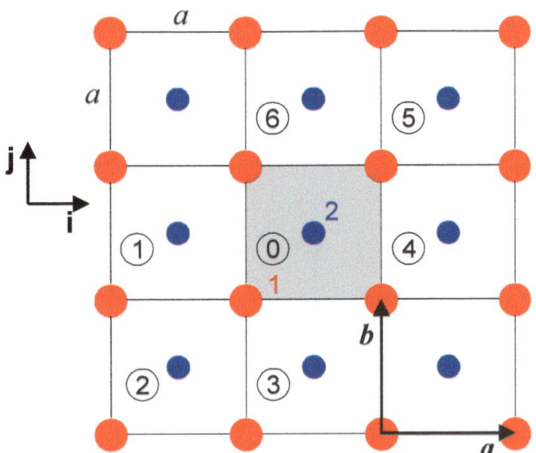

Figura 17.1. Sólido 2D de celda unidad cuadrada con parámetro reticular a y base diatómica. Se numeran los átomos de la base con el índice $\alpha = 1, 2$ y las celdas unidad con $h = 0, 1, \ldots 6$ (en círculos) hasta segundos vecinos.

17.1 Relaciones de dispersión

Se numeran los átomos con dos índices, el primero $h = 0, 1, \ldots 6$ indica la celda unidad en que se encuentran y el segundo $\alpha = 1, 2$ el tipo de átomo de la base, como se muestra en la Figura 17.1. Por ejemplo, el átomo 02 es de tipo 2 situado en la celda unidad 0. Los vectores unitarios interatómicos son

$$\mathbf{e}_{01}^{02} = \tfrac{\sqrt{2}}{2}\,(1,1) \qquad \mathbf{e}_{01}^{12} = \tfrac{\sqrt{2}}{2}\,(-1,1) \qquad \mathbf{e}_{01}^{22} = -\tfrac{\sqrt{2}}{2}\,(1,1) \qquad \mathbf{e}_{01}^{32} = \tfrac{\sqrt{2}}{2}\,(1,-1)$$

$$\mathbf{e}_{01}^{41} = (1,0) \qquad \mathbf{e}_{01}^{61} = (0,1) \qquad \mathbf{e}_{01}^{11} = (-1,0) \qquad \mathbf{e}_{01}^{31} = (0,-1)$$

$$\mathbf{e}_{02}^{01} = -\tfrac{\sqrt{2}}{2}\,(1,1) \qquad \mathbf{e}_{02}^{41} = \tfrac{\sqrt{2}}{2}\,(1,-1) \qquad \mathbf{e}_{02}^{51} = \tfrac{\sqrt{2}}{2}\,(1,1) \qquad \mathbf{e}_{02}^{61} = \tfrac{\sqrt{2}}{2}\,(-1,1)$$

$$\mathbf{e}_{02}^{42} = (1,0) \qquad \mathbf{e}_{02}^{62} = (0,1) \qquad \mathbf{e}_{02}^{12} = (-1,0) \qquad \mathbf{e}_{02}^{32} = (0,-1) \tag{17.1}$$

Igual que en el capítulo 16, se va a considerar por simplicidad que las constantes elásticas de interacción entre el átomo de referencia con sus primeros y segundos vecinos son β_1 y β_2, respectivamente, y que las correspondientes constantes de fuerza son de la forma (16.1)

$$\Phi_{0\alpha i}^{h\alpha' j} = -e_i \beta_n e_j \,, \qquad h \neq 0 \text{ y } \alpha \neq \alpha' \,, \quad i,j = x,y \,, \quad n = 1,2 \tag{17.2}$$

donde h es el número de la celda unidad, α y α' el tipo de átomo de la base estructural y $\mathbf{e} = (e_x, e_y)$ el vector unitario a lo largo de la dirección que conecta la partícula (0α) con la partícula $(h\alpha')$. Así, las constantes de fuerza del átomo 1 de la celda 0 con el átomo 2 de la misma celda vienen dadas por

$$\Phi_{01x}^{02x} = -\tfrac{\sqrt{2}}{2}\beta_1\tfrac{\sqrt{2}}{2} = -\beta_1/2 \qquad \Phi_{01x}^{02y} = -\tfrac{\sqrt{2}}{2}\beta_1\tfrac{\sqrt{2}}{2} = -\beta_1/2$$

$$\Phi_{01y}^{02x} = \Phi_{01x}^{02y} = -\beta_1/2 \qquad \Phi_{01y}^{02y} = -\tfrac{\sqrt{2}}{2}\beta_1\tfrac{\sqrt{2}}{2} = -\beta_1/2 \tag{17.3}$$

Operando de igual forma para las demás constantes de fuerza, se encuentra para el átomo 1 de la celda unidad 0

$$\Phi_{01}^{02} = \Phi_{01}^{22} = \frac{1}{2}\begin{pmatrix} -\beta_1 & -\beta_1 \\ -\beta_1 & -\beta_1 \end{pmatrix} \qquad \Phi_{01}^{32} = \Phi_{01}^{12} = \frac{1}{2}\begin{pmatrix} -\beta_1 & \beta_1 \\ \beta_1 & -\beta_1 \end{pmatrix}$$

$$\Phi_{01}^{41} = \Phi_{01}^{11} = \begin{pmatrix} -\beta_2 & 0 \\ 0 & 0 \end{pmatrix} \qquad \Phi_{01}^{31} = \Phi_{02}^{61} = \begin{pmatrix} 0 & 0 \\ 0 & -\beta_2 \end{pmatrix}$$

$$\Phi_{01}^{01} = \begin{pmatrix} 2(\beta_1 + \beta_2) & 0 \\ 0 & 2(\beta_1 + \beta_2) \end{pmatrix} \tag{17.4}$$

donde Φ_{01}^{01} es el autotérmino. De la misma manera, para el átomo 2 de la celda 0

$$\Phi_{02}^{01} = \Phi_{02}^{51} = \frac{1}{2}\begin{pmatrix} -\beta_1 & -\beta_1 \\ -\beta_1 & -\beta_1 \end{pmatrix} \qquad \Phi_{02}^{41} = \Phi_{02}^{61} = \frac{1}{2}\begin{pmatrix} -\beta_1 & \beta_1 \\ \beta_1 & -\beta_1 \end{pmatrix}$$

$$\Phi_{02}^{42} = \Phi_{02}^{12} = \begin{pmatrix} -\beta_2 & 0 \\ 0 & 0 \end{pmatrix} \qquad \Phi_{02}^{32} = \Phi_{02}^{62} = \begin{pmatrix} 0 & 0 \\ 0 & -\beta_2 \end{pmatrix}$$

$$\Phi_{02}^{02} = \begin{pmatrix} 2(\beta_1 + \beta_2) & 0 \\ 0 & 2(\beta_1 + \beta_2) \end{pmatrix} \tag{17.5}$$

Se puede determinar ya la matriz dinámica (1.41), que tiene cuatro filas y columnas con términos de la forma

$$D_{\alpha i}^{\alpha' j}(\mathbf{q}) = \sum_h \frac{1}{\sqrt{M_\alpha M_{\alpha'}}} \Phi_{0\alpha i}^{h\alpha' j} \exp\left(i\mathbf{q}\cdot\mathbf{t}_h\right), \quad i,j = x,y \qquad (17.6)$$

Los distintos términos son

$$\begin{aligned}
D_{1x}^{1x} &= \frac{1}{M_1}\left[\Phi_{01x}^{01x} + \Phi_{01x}^{41x}\exp\left(iq_x a\right) + \Phi_{01x}^{11x}\exp\left(-iq_x a\right) + \Phi_{01x}^{31x}\exp\left(-iq_y a\right) + \right. \\
&\quad \left. +\Phi_{01x}^{61x}\exp\left(iq_y a\right)\right] = \\
&= \frac{1}{M_1}\left[2\left(\beta_1 + \beta_2\right) - \beta_2\exp\left(-iq_y a\right) - \beta_2\exp\left(iq_x a\right)\right] = \\
&= \frac{2}{M_1}\left[\beta_1 + 2\gamma\,\mathrm{sen}^2\left(\frac{q_x a}{2}\right)\right] \\
D_{1x}^{1y} &= \frac{1}{M_1}\left[\Phi_{01x}^{01y} + \Phi_{01x}^{41y}\exp\left(iq_x a\right) + \Phi_{01x}^{11y}\exp\left(-iq_x a\right) + \Phi_{01x}^{31y}\exp\left(-iq_y a\right) + \right. \\
&\quad \left. +\Phi_{01x}^{61y}\exp\left(iq_y a\right)\right] = 0 \\
D_{1x}^{2x} &= \frac{1}{\sqrt{M_1 M_2}}\left\{\Phi_{01x}^{02x} + \Phi_{01x}^{22x}\exp\left[-i\left(q_x + q_y\right)a\right] + \Phi_{01x}^{32x}\exp\left(-iq_y a\right) + \right. \\
&\quad \left. +\Phi_{01x}^{12x}\exp\left(-iq_x a\right)\right\} = \\
&= \frac{1}{\sqrt{M_1 M_2}}\left\{-\beta_2 - \beta_2\exp\left[-i\left(q_x + q_y\right)a\right] - \beta_2\exp\left(-iq_y a\right) - \right. \\
&\quad \left. -\beta_2\exp\left(-iq_x a\right)\right\} = \\
&= -\frac{\beta_2}{\sqrt{M_1 M_2}}\left\{1 + \exp\left[-i\left(q_x + q_y\right)a\right] + \exp\left(-iq_x a\right) + \exp\left(-iq_y a\right)\right\} \\
D_{1x}^{2y} &= \frac{1}{\sqrt{M_1 M_2}}\left\{\Phi_{01x}^{02y} + \Phi_{01x}^{22y}\exp\left[-i\left(q_x + q_y\right)a\right] + \Phi_{01x}^{32y}\exp\left(-iq_y a\right) + \right. \\
&\quad \left. +\Phi_{01x}^{12y}\exp\left(-iq_x a\right)\right\} = \\
&= \frac{1}{\sqrt{M_1 M_2}}\left\{-\beta_2 - \beta_2\exp\left[-i\left(q_x + q_y\right)a\right] + \beta_2\exp\left(-iq_y a\right) + \right. \\
&\quad \left. +\beta_2\exp\left(-iq_x a\right)\right\} = \\
&= -\frac{\beta_2}{\sqrt{M_1 M_2}}\left\{1 + \exp\left[-i\left(q_x + q_y\right)a\right] - \exp\left(-iq_x a\right) - \exp\left(-iq_y a\right)\right\} \\
D_{1y}^{1x} &= \left(D_{1x}^{1y}\right)^* = 0 \\
D_{1y}^{1y} &= \frac{1}{M_1}\left[\Phi_{01y}^{01y} + \beta_{01y}^{41y}\exp\left(iq_x a\right) + \Phi_{01y}^{11y}\exp\left(-iq_x a\right) + \Phi_{01y}^{31y}\exp\left(-iq_y a\right) + \right. \\
&\quad \left. +\Phi_{10y}^{61y}\exp\left(iq_y a\right)\right] = \\
&= \frac{1}{M_1}\left[2\left(\beta_1 + \beta_2\right) - \beta_2\exp\left(-iq_y a\right) - \beta_2\exp\left(iq_y a\right)\right] = \\
&= \frac{2}{M_1}\left[\beta_1 + 2\gamma\,\mathrm{sen}^2\left(\frac{q_y a}{2}\right)\right] \\
D_{1y}^{2x} &= \frac{1}{\sqrt{M_1 M_2}}\left\{\Phi_{01y}^{02x} + \Phi_{01y}^{22x}\exp\left[-i\left(q_x + q_y\right)a\right] + \Phi_{01y}^{32x}\exp\left(-iq_y a\right) + \right.
\end{aligned}$$

$$+\Phi_{01y}^{12x}\exp\left(-iq_x a\right)\} =$$

$$= -\frac{\beta_2}{\sqrt{M_1 M_2}}\left\{1+\exp\left[-i\left(q_x+q_y\right)a\right]-\exp\left(-iq_x a\right)-\exp\left(-iq_y a\right)\right\}$$

$$D_{1y}^{2y} = \frac{1}{\sqrt{M_1 M_2}}\left\{\Phi_{01y}^{02y}+\Phi_{01y}^{22y}\exp\left[-i\left(q_x+q_y\right)a\right]+\Phi_{01y}^{32y}\exp\left(-iq_y a\right)+\right.$$

$$+\Phi_{01y}^{12y}\exp\left(-iq_x a\right)\Big\} =$$

$$= -\frac{\beta_2}{\sqrt{M_1 M_2}}\left\{1+\exp\left[-i\left(q_x+q_y\right)a\right]+\exp\left(-iq_x a\right)+\exp\left(-iq_y a\right)\right\}$$

$$D_{2x}^{1x} = \left(D_{1x}^{2x}\right)^* = -\frac{\beta_2}{\sqrt{M_1 M_2}}\left\{1+\exp\left[i\left(q_x+q_y\right)a\right]+\exp\left(iq_x a\right)+\exp\left(iq_y a\right)\right\}$$

$$D_{2x}^{1y} = \left(D_{1y}^{2x}\right)^* = -\frac{\beta_2}{\sqrt{M_1 M_2}}\left\{1+\exp\left[i\left(q_x+q_y\right)a\right]-\exp\left(iq_x a\right)-\exp\left(iq_y a\right)\right\}$$

$$D_{2x}^{2x} = \frac{1}{M_2}\left[\Phi_{02x}^{02x}+\Phi_{02x}^{42x}\exp\left(iq_x a\right)+\Phi_{02x}^{12x}\exp\left(-iq_x a\right)+\Phi_{02x}^{32x}\exp\left(-iq_y a\right)+\right.$$

$$+\Phi_{02x}^{62x}\exp\left(iq_y a\right)\Big] =$$

$$= \frac{2\beta_2}{M_2}\left[2\left(\beta_1+\beta_2\right)-\beta_2\exp\left(-iq_x a\right)-\beta_2\exp\left(iq_x a\right)\right] =$$

$$= \frac{2}{M_2}\left[\beta_1+2\gamma\,\mathrm{sen}^2\left(\frac{q_x a}{2}\right)\right]$$

$$D_{2x}^{2y} = \frac{1}{M_2}\left[\Phi_{02x}^{02y}+\Phi_{02x}^{42y}\exp\left(iq_x a\right)+\Phi_{02x}^{12y}\exp\left(-iq_x a\right)+\Phi_{02x}^{32y}\exp\left(-iq_y a\right)+\right.$$

$$+\Phi_{02x}^{62y}\exp\left(iq_y a\right)\Big] = 0$$

$$D_{2y}^{1x} = \left(D_{1x}^{2y}\right)^* = -\frac{\beta_2}{\sqrt{M_1 M_2}}\left\{1+\exp\left[i\left(q_x+q_y\right)a\right]-\exp\left(iq_x a\right)-\exp\left(iq_y a\right)\right\}$$

$$D_{2y}^{1y} = \left(D_{1y}^{2y}\right)^* = -\frac{\beta_2}{\sqrt{M_1 M_2}}\left\{1+\exp\left[i\left(q_x+q_y\right)a\right]+\exp\left(iq_x a\right)+\exp\left(iq_y a\right)\right\}$$

$$D_{2y}^{2x} = \left(D_{2x}^{2y}\right)^* = 0$$

$$D_{2y}^{2y} = \frac{1}{M_2}\left[\Phi_{02y}^{02y}+\Phi_{02y}^{42y}\exp\left(iq_x a\right)+\Phi_{02y}^{12y}\exp\left(-iq_x a\right)+\Phi_{02y}^{32y}\exp\left(-iq_y a\right)+\right.$$

$$+\Phi_{02y}^{62y}\exp\left(iq_y a\right)\Big] =$$

$$= \frac{1}{M_2}\left[2\left(\beta_1+\beta_2\right)-\beta_2\exp\left(-iq_y a\right)-\beta_2\exp\left(iq_y a\right)\right] =$$

$$= \frac{2}{M_2}\left[\beta_1+2\gamma\,\mathrm{sen}^2\left(\frac{q_y a}{2}\right)\right] \tag{17.7}$$

Una vez determinada la matriz dinámica se obtienen los autovalores de la ecuación secular

$$\begin{vmatrix} D_{1x}^{1x}(\mathbf{q})-\omega^2 & D_{1x}^{1y}(\mathbf{q}) & D_{1x}^{2x}(\mathbf{q}) & D_{1x}^{2y}(\mathbf{q}) \\[2mm] D_{1y}^{1x}(\mathbf{q}) & D_{1y}^{1y}(\mathbf{q})-\omega^2 & D_{1y}^{2x}(\mathbf{q}) & D_{1y}^{2y}(\mathbf{q}) \\[2mm] D_{2x}^{1x}(\mathbf{q}) & D_{2x}^{1y}(\mathbf{q}) & D_{2x}^{2x}(\mathbf{q})-\omega^2 & D_{2x}^{2y}(\mathbf{q}) \\[2mm] D_{2y}^{1x}(\mathbf{q}) & D_{2y}^{1y}(\mathbf{q}) & D_{2y}^{2x}(\mathbf{q}) & D_{2y}^{2y}(\mathbf{q})-\omega^2 \end{vmatrix} = 0 \tag{17.8}$$

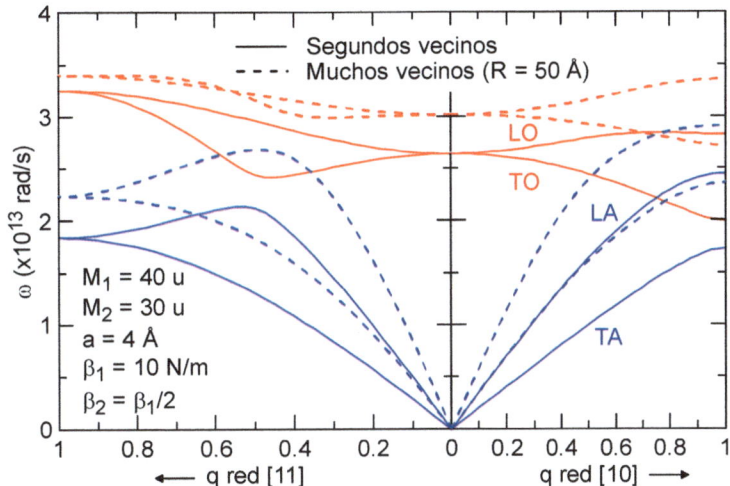

Figura 17.2. Relaciones fonónicas en un sólido 2D diatómico de red cuadrada en las direcciones [10] y [11]. Aparecen cuatro ramas, dos acústicas y dos ópticas. Se muestran los resultados con interacciones hasta segundos vecinos (líneas continuas) y para muchos vecinos (los contenidos en una esfera de 50 Å, líneas discontinuas).

Se ha resuelto esta ecuación por análisis numérico con los valores típicos $\beta_1 = 10.0\,\text{N}/\text{m}$, $\beta_2 = \beta_1/2 = 5.0\,\text{N}/\text{m}$, $a = 4.0\,\text{Å}$, $M_1 = 40.0\,\text{u}$ y $M_2 = 30.0\,\text{u}$. Las curvas de dispersión se muestran en la Figura 17.2 para las direcciones [10] y [11] en función del vector de onda reducido; el límite de la primera zona se encuentra en $\mathbf{q} = (\pi/a, 0) \rightarrow q = \pi/a$ en la dirección [10] y en $\mathbf{q} = (\pi/a, \pi/a) \rightarrow q = \sqrt{2}\pi/a$ en la dirección [11] (Figura 16.3). Como se espera, aparecen cuatro ramas, dos acústicas A y dos ópticas O, tanto longitudinales L como transversales T. En esta figura también se muestran las curvas obtenidas considerando un gran número de vecinos (los contenidos en una esfera de 50 Å de radio), que tienen un comportamiento similar pero desplazadas a frecuencias mayores. Es importante señalar que la forma específica de estas curvas depende del potencial de interacción utilizado para determinar las constantes de fuerza Φ.

De la misma forma que en el capítulo 16, se pueden representar las diferentes frecuencias de vibración permitidas en el plano de Fourier. La Figura 17.3 muestra estas superficies para los distintos modos. En la Figura 17.4 se muestran de forma individual las cuatro superficies con sus correspondientes contornos de frecuencia constante, todos diferentes pero con la simetría cuaternaria característica del sólido estudiado.

Igual que en el caso 1D de base poliatómica (capítulos 13, 14 y 15), se observa que la anchura de las bandas de frecuencias permitidas y prohibidas se puede alterar modificando la estructura cristalina y la naturaleza de las partículas reticulares. Como ya se ha comentado, los estudios en 2D se centran principalmente en redes hexagonales (grafeno, BN, siliceno, germaneno, ...) [1] debido a que, en general, son más estables debido a la disposición atómica. Sin embargo, cálculos recientes de espectros fonónicos

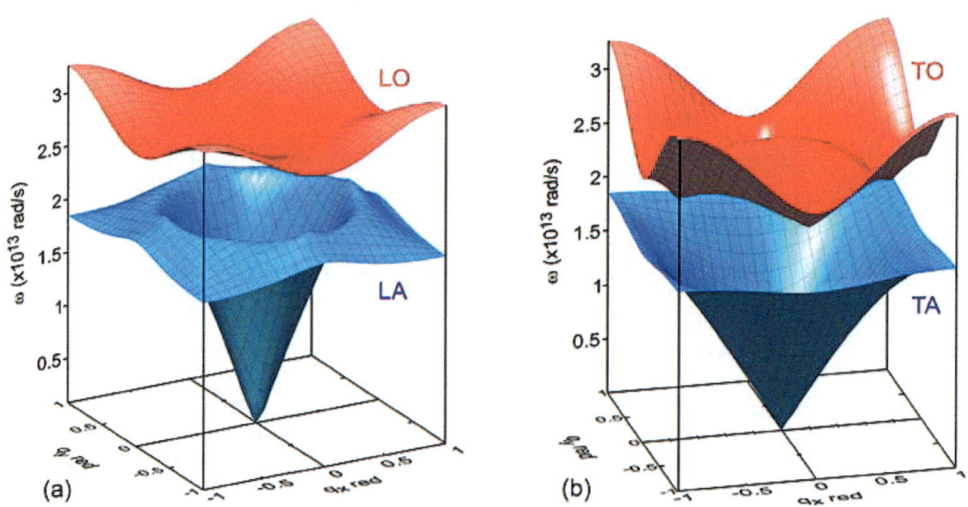

Figura 17.3. Superficies de dispersión en la primera zona de Brillouin de los modos acústicos y ópticos (a) longitudinales y (b) transversales de un sólido 2D de base diatómica en la aproximación de segundos vecinos.

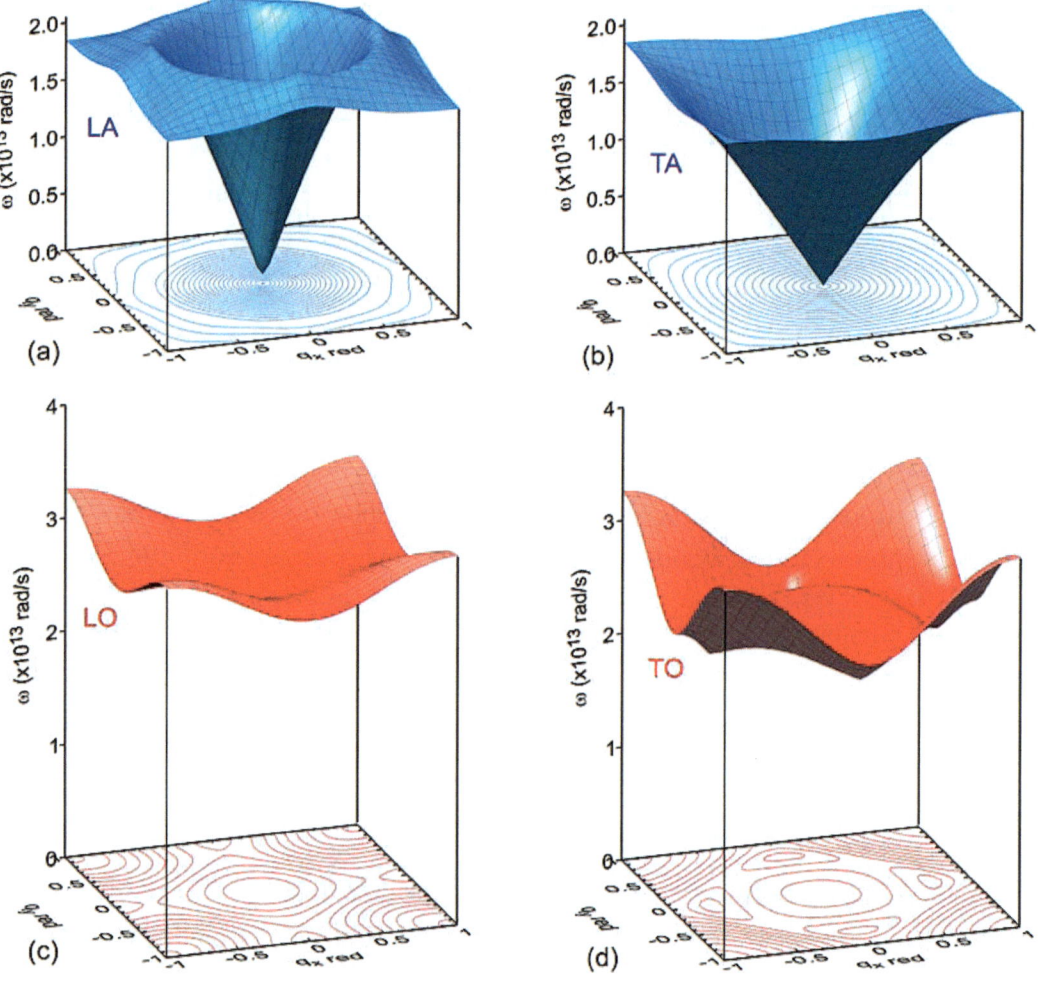

Figura 17.4. Superficies de dispersión y contornos de isofrecuencia para los modos (a) LA, (b) TA, (c) LO y (d) TO de un sólido 2D diatómico de red cuadrada en la aproximación de segundos vecinos.

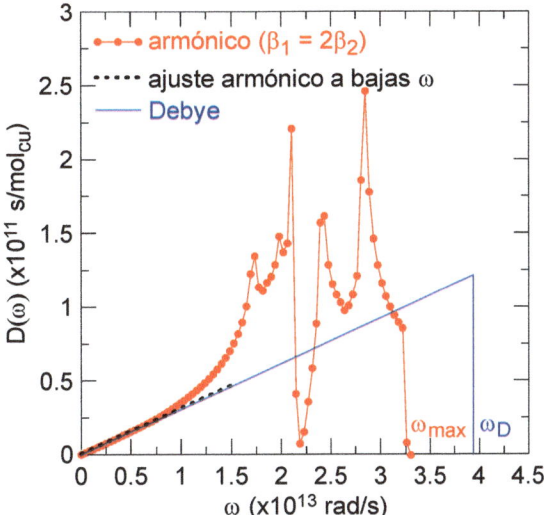

Figura 17.5. Densidad de modos (por mol de celdas unidad) en un sólido 2D diatómico de base cuadrada. Se muestran los resultados del desarrollo armónico en segundos vecinos y del modelo de Debye ($\theta_D = 300\,\mathrm{K}$). También se muestra el ajuste de la densidad armónica a bajas frecuencias.

en materiales diatómicos XY del grupo IV (X,Y = C, Si, Ge, Sn) con red cuadrada muestran una estabilidad comparable a las redes hexagonales [2].

17.2 Densidad de modos

La densidad de modos $D(\omega)$ se encuentra numéricamente mediante un mallado de la parte asimétrica de la primera zona de Brillouin (Figura 16.3), y se muestra en la Figura 17.5. El área bajo la curva es igual al número total de modos $4N$.

La frecuencia máxima de vibración (en la aproximación de segundos vecinos, Figura 17.2) y la correspondiente temperatura característica son

$$\omega_{max} = 3.26 \times 10^{13}\,\mathrm{rad/s} \rightarrow \theta_{car} = \frac{\hbar\omega_{max}}{k_B} = 248\,\mathrm{K} \tag{17.9}$$

Se observa que $D(\omega)$ varía linealmente para valores pequeños de ω, y que presenta una serie de puntos críticos, conocidos como singularidades de Van Hoove, que corresponden a frecuencias donde la densidad de modos es muy alta y, por tanto, la velocidad de grupo de los fonones es prácticamente nula.

Un ajuste de la zona de bajas frecuencias de la densidad de modos $D(\omega)$ (Figura 17.5) conduce a

$$D(\omega \ll) = 3.10 \times 10^{-3}\omega \;\mathrm{s/mol}_{cu} \qquad (\text{con } \omega \text{ en } rad/\mathrm{s}) \tag{17.10}$$

por mol de celdas unidad, que depende linealmente con la frecuencia ω. En el capítulo

5 se encontró que la densidad total de modos en 2D a bajas frecuencias se simplifica a (5.12)

$$D\left(\omega \ll\right) = \frac{S_{sol}}{\pi}\frac{1}{v_s^2}\omega \tag{17.11}$$

La comparación de las dos expresiones anteriores permite obtener un valor promedio de la velocidad de propagación de las ondas de sonido en el sólido, resultando

$$
\begin{aligned}
v_s &= \left(\frac{S_{sol}}{\pi}\frac{1}{3.10\times 10^{-3}\,\mathrm{s}^2}\right)^{1/2} = \\
&= \left(\frac{N_{Av}a^2}{\pi}\frac{1}{3.10\times 10^{-3}\,\mathrm{s}^2}\right)^{1/2} = 3150\,\mathrm{m/s}
\end{aligned}
\tag{17.12}
$$

Este valor se puede comparar con el que se obtiene promediando de forma numérica la región de bajas frecuencias de las ramas acústicas longitudinal y transversal en todas las direcciones del plano de Fourier (Figuras 17.4(a) y (b)), resultando $v_{sL} = 4540\,\mathrm{m/s}$ y $v_{sT} = 2620\,\mathrm{m/s}$. Con (11.18) se tiene que

$$v_s = \left[\frac{1}{2}\left(\frac{1}{v_{sL}^2}+\frac{1}{v_{sT}^2}\right)\right]^{-1/2} = 3210\,\mathrm{m/s} \tag{17.13}$$

La expresión (17.10) también permite determinar la temperatura de Debye. Utilizando

la densidad de modos de Debye dada en (11.20) para 2D con $p = 2$ se encuentra, por mol de celdas unidad, que

$$\frac{8N_{Av}}{\omega_D^2} = 3.10\times 10^{-3}\,\mathrm{s}^2 \rightarrow \omega_D = 3.94\times 10^{13}\,\mathrm{rad/s} \tag{17.14}$$

resultando una temperatura de Debye

$$\theta_D = \frac{\hbar\omega_D}{k_B} = 300\,\mathrm{K} \tag{17.15}$$

El mismo resultado se alcanza utilizando directamente la expresión (11.19) para la frecuencia de Debye

$$\omega_D = \left(4\pi n_{at}\right)^{1/2}v_s \tag{17.16}$$

La Figura 17.5 compara las densidades de modos armónica y de Debye para una temperatura $\theta_D = 300\,\mathrm{K}$.

17.3   Energía y capacidad calorífica reticular

La energía de vibración y la capacidad calorífica se obtienen numéricamente de la densidad de modos $D\left(\omega\right)$. Los resultados se muestran en la Figura 17.6, donde se

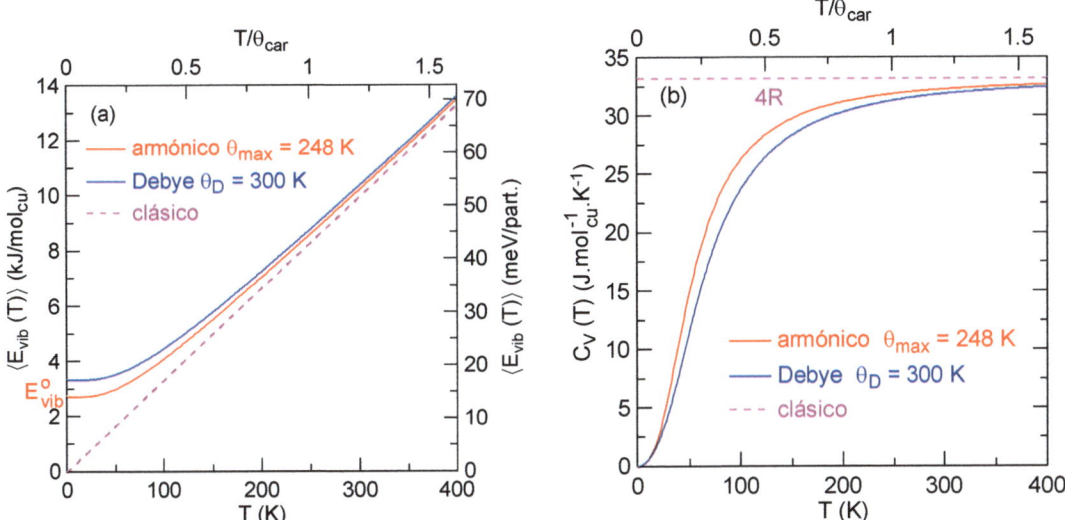

Figura 17.6. (a) Energía media de vibración y (b) capacidad calorífica reticular de un sólido 2D cuadrado de base diatómica (por mol de celdas unidad). Se comparan los resultados armónico, de Debye y clásico.

comparan con las predicciones clásica y de Debye, encontrando resultados ya conocidos: a altas temperaturas se recupera el resultado clásico y a bajas temperaturas la capacidad calorífica varía como T^2. En estos intervalos de temperatura es posible encontrar expresiones analíticas de estas magnitudes.

• Bajas temperaturas $T \ll \theta_{car} \rightarrow k_B T \ll k_B \theta_{car} = \hbar\omega_{max}$. Solo se excitan los modos de baja frecuencia donde es válida la densidad de modos (17.11). En este caso, las contribuciones a la energía media $\langle E_{vib}(T) \rangle = E_{vib}^o + \langle E_{vib}^T(T) \rangle$ son

$$
\begin{aligned}
\left\langle E_{vib}^T\left(T \ll \theta_{car}\right)\right\rangle &\simeq \int_0^\infty D\left(\omega \ll\right) \frac{\hbar\omega}{\exp\left(\hbar\omega/k_B T\right) - 1} d\omega = \\
&= \frac{S_{sol}}{\pi} \frac{\hbar}{v_s^2} \int_0^\infty \frac{\omega^2}{\exp\left(\hbar\omega/k_B T\right) - 1} d\omega = \\
&= \frac{S_{sol}}{\pi} \frac{\hbar}{v_s^2} \left(\frac{k_B T}{\hbar}\right)^3 \int_0^\infty \frac{x^2}{e^x - 1} dx = 2.40 \frac{\hbar S_{sol}}{\pi v_s^2} \left(\frac{k_B T}{\hbar}\right)^3 = \\
&= 1.77 \times 10^{-6} T^3 \; \text{kJ/mol}_{cu} \quad \text{(con } T \text{ en K)} \quad (17.17)
\end{aligned}
$$

La energía del punto cero se obtiene numéricamente, encontrando (Figura 17.6(a))

$$
E_{vib}^o = \frac{1}{2} \int_0^{\omega_{max}} D\left(\omega\right) \hbar\omega d\omega = 2.74 \, \text{kJ/mol}_{cu} = 14.2 \, \text{meV/part.} \quad (17.18)
$$

La capacidad calorífica resulta

$$
C_V\left(T \ll \theta_{car}\right) = 5.31 \times 10^{-3} T^2 \; \text{J mol}_{cu}^{-1}\,\text{K}^{-1} \quad \text{(con } T \text{ en K)} \quad (17.19)
$$

que reproduce la ley T^2 de un sólido 2D. En el modelo de Debye a bajas temperaturas

(11.45) se encontró, con $p = 2$, que

$$C_V \left(T \ll \theta_D \right) = 57.60 R \left(\frac{T}{\theta_D} \right)^2 \tag{17.20}$$

La comparación de esta expresión con (17.19) permite obtener nuevamente la temperatura de Debye, resultando el valor $\theta_D = 300\,\mathrm{K}$ determinado previamente (17.15).

• Altas temperaturas $T \gg \theta_{car} \rightarrow k_B T \gg k_B \theta_{car} = \hbar \omega_{max}$. La energía y la capacidad calorífica vienen dadas por

$$\left\langle E_{vib}^T \left(T \gg \theta_{car} \right) \right\rangle \simeq \int_0^{\omega_{max}} D\left(\omega \right) \frac{\hbar \omega}{1 + \left(\hbar \omega / k_B T \right) - 1} d\omega =$$

$$= \; k_B T \int_0^{\omega_{max}} D\left(\omega \right) d\omega = 4 N k_B T = 4RT$$

$$C_V \left(T \gg \theta_{car} \right) = 4R \tag{17.21}$$

$(= 2RT$ y $2R$ por mol de partículas, respectivamente), como se esperaba.

Igor Yevgenyevich Tamm, 1895 (antiguo Imperio de
Rusia) – 1971 (antigua Unión Soviética)

Referencias

1. B. Mortazavi, I.S. Novikov, E.V. Podryabinkin, S. Roche, T. Rabczuk, A.V. Shapeev and X. Zhuang (2020): «Exploring phononic properties of two-dimensional materials using machine learning interatomic potentials», *Applied Materials Today*, 20, 100685.

2. S. Sholihun, D. Purnawati, J.P. Bermundo, H. Prayogi, Z.S. Fatomi and S.H. Hidayati (2023): «Novel two-dimensional square-structured diatomic group-IV materials: the first-principles prediction», *Physica Scripta*, 98, 115903.

18. Vibraciones atómicas en un sólido 2D hexagonal monoatómico

En los capítulos 16 y 17 se han estudiado redes 2D cuadradas. Se van a determinar ahora las características de vibración de un sólido 2D algo más complejo, en concreto, con red hexagonal y base monoatómica en la aproximación de primeros vecinos, como se muestra en la Figura 18.1. Es conveniente notar la diferencia de esta estructura cristalina con la del grafeno, que se estudia a continuación (capítulo 19): ambas tienen la misma red de Bravais y el mismo grupo plano P6mm, pero la base es diatómica en el grafeno.

Los vectores básicos de la celda unidad son

$$\boldsymbol{a} = a\mathbf{i}\,, \qquad \mathbf{b} = a\left(-\frac{1}{2}\mathbf{i} + \frac{\sqrt{3}}{2}\mathbf{j}\right)\,, \qquad \alpha = 120° \tag{18.1}$$

donde $R_o\,(= a = b)$ es la distancia entre átomos. Los vectores básicos recíprocos vienen dados por

$$\boldsymbol{a}^* = \frac{1}{3a}\left(3\mathbf{i} + \sqrt{3}\mathbf{j}\right)\,, \qquad \mathbf{b}^* = \frac{2\sqrt{3}}{3a}\mathbf{j}\,, \qquad \alpha^* = 60° \tag{18.2}$$

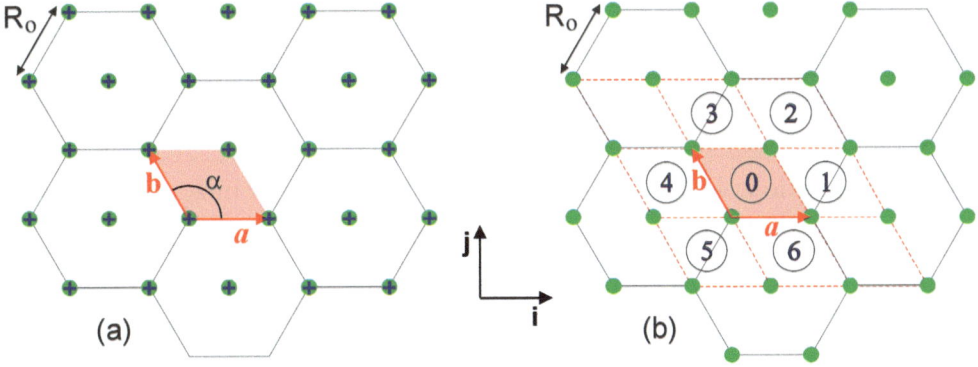

Figura 18.1. Sólido hexagonal de base monoatómica. En (b) se numeran las celdas vecinas a la celda 0 de referencia.

221

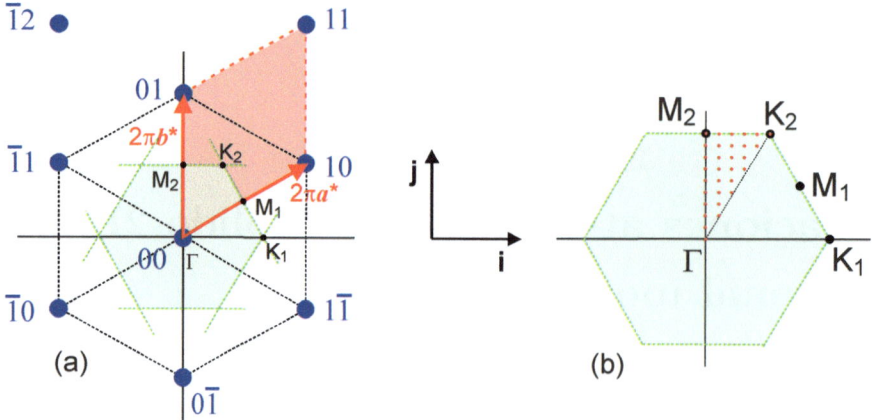

Figura 18.2. (a) Red recíproca de la red directa hexagonal mostrando la celda unidad convencional (en rojo) y la primera zona de Brillouin (en verde). (b) Se indican algunos puntos característicos de esta zona y se señala la región asimétrica (zona punteada) donde se muestrean las frecuencias.

que definen los vectores recíprocos de la estructura cristalina

$$\mathbf{G}_{hk} = 2\pi \left(h\mathbf{a}^* + k\mathbf{b}^* \right) , \qquad h, k \in \mathbb{Z} \tag{18.3}$$

La Figura 18.2(a) muestra los primeros nudos de esta red recíproca, con la celda unidad convencional (en rojo) y la primera zona de Brillouin (en verde), esta última con la simetría puntual propia del sólido. Algunos puntos de interés en los límites de la zona de Brillouin que se utilizarán posteriormente son (Figura 18.2(b))

$$K_1 = \left(\frac{4\pi}{3a}, 0 \right), \ M_1 = \left(\frac{\pi}{a}, \frac{\pi\sqrt{3}}{3a} \right), \ K_2 = \left(\frac{2\pi}{3a}, \frac{2\pi\sqrt{3}}{3a} \right), \ M_2 = \left(0, \frac{2\pi\sqrt{3}}{3a} \right) \tag{18.4}$$

18.1   Constantes de fuerza y matriz dinámica

Consideramos por simplicidad que los átomos interaccionan entre sí mediante un potencial de Lennard-Jones 6-12 con constantes $A = 1.00 \times 10^{-17} \, \mathrm{J\,\mathring{A}^6}$ y $B = 3.65 \times 10^{-15} \, \mathrm{J\,\mathring{A}^{12}}$, reteniendo solo la interacción entre primeros vecinos. La energía de una pareja de átomos situados a la distancia R viene dada por

$$W(R) = -\frac{A}{R^6} + \frac{B}{R^{12}} \tag{18.5}$$

En primeros vecinos, la energía potencial de un átomo es

$$U_{at}(R) = 6W(R) = 6\left(-\frac{A}{R^6} + \frac{B}{R^{12}} \right) \tag{18.6}$$

Y la energía del sólido con N átomos resulta

$$U\left(R\right) = \frac{N}{2}U_{at}\left(R\right) = 3N\left(-\frac{A}{R^6} + \frac{B}{R^{12}}\right) \tag{18.7}$$

La distancia de equilibrio entre átomos R_o, que coincide con el parámetro reticular a en este sólido, se encuentra derivando la expresión anterior

$$\frac{dU\left(R\right)}{dR}\bigg|_{R_o} = 3N\left(\frac{6A}{R_o^7} - \frac{12B}{R_o^{13}}\right) = 0$$

$$\rightarrow \quad \frac{6A}{R_o^7} = \frac{12B}{R_o^{13}} \rightarrow R_o = \left(\frac{2B}{A}\right)^{1/6} = 3.0\,\text{Å} \tag{18.8}$$

Y la energía de cohesión es, utilizando (18.8)

$$\begin{aligned} U_{coh} &\equiv U\left(R_o\right) = 3N\left(-\frac{A}{R_o^6} + \frac{B}{R_o^{12}}\right) = -3N\frac{A}{R_o^6}\left(1 - \frac{1}{2}\right) = \\ &= -\frac{3}{2}N\frac{A}{R_o^6} = -12.4\,\text{kJ/mol} = -0.13\,\text{eV/part.} \end{aligned} \tag{18.9}$$

Dado que el sólido es de base monoatómica, los átomos se numeran con un solo índice h correspondiente a la celda unidad. Llamando 0 a una celda de referencia, las celdas adyacentes tienen de índice $h = 1, 2, ...6$ (Figura 18.1(b)). Los vectores interatómicos con estos seis primeros vecinos son

$$\begin{aligned} \mathbf{e}_0^1 &= \mathbf{i} & \mathbf{e}_0^2 &= \tfrac{1}{2}\mathbf{i} + \tfrac{\sqrt{3}}{2}\mathbf{j} & \mathbf{e}_0^3 &= -\tfrac{1}{2}\mathbf{i} + \tfrac{\sqrt{3}}{2}\mathbf{j} \\ \mathbf{e}_0^4 &= -\mathbf{i} & \mathbf{e}_0^5 &= -\tfrac{1}{2}\mathbf{i} - \tfrac{\sqrt{3}}{2}\mathbf{j} & \mathbf{e}_0^6 &= \tfrac{1}{2}\mathbf{i} - \tfrac{\sqrt{3}}{2}\mathbf{j} \end{aligned} \tag{18.10}$$

Y los vectores de traslación de las celdas son

$$\mathbf{t}_1 = \mathbf{a}\,, \quad \mathbf{t}_2 = \mathbf{a} + \mathbf{b}\,, \quad \mathbf{t}_3 = \mathbf{b}\,, \quad \mathbf{t}_4 = -\mathbf{a}\,, \quad \mathbf{t}_5 = -(\mathbf{a} + \mathbf{b})\,, \quad \mathbf{t}_6 = \mathbf{a} - \mathbf{b} \tag{18.11}$$

Las constantes de fuerza entre el átomo 0 y el átomo $h(\neq 0)$ (Figura 18.1(b)) vienen dadas por (2.5), que en la aproximación de primeros vecinos se simplifican a (2.19)

$$\Phi_{0i}^{hj} = -e_i W''\left(R_o\right) e_j\,, \qquad h \neq 0\,, \qquad i, j = x, y \tag{18.12}$$

ya que $W'\left(R_o\right) = 0$. Derivando la energía potencial del par de partículas se tiene

$$W'\left(R\right) = \frac{6A}{R^7} - \frac{12B}{R^{13}}\,, \qquad W''\left(R\right) = -\frac{42A}{R^8} + \frac{156B}{R^{14}} \tag{18.13}$$

de forma que, utilizando nuevamente (18.8)

$$W''\left(R_o\right) = -\frac{42A}{R_o^8} + \frac{156B}{R_o^{14}} = \frac{36A}{R_o^8} = 5.50\,\text{N/m} \equiv \beta \tag{18.14}$$

Las constantes de fuerza resultan

$$\Phi_0^1 = \Phi_0^4 = \begin{pmatrix} -\beta & 0 \\ 0 & 0 \end{pmatrix} \qquad \Phi_0^2 = \Phi_0^5 = \begin{pmatrix} -\frac{1}{4}\beta & -\frac{\sqrt{3}}{4}\beta \\ -\frac{\sqrt{3}}{4}\beta & -\frac{2}{4}\beta \end{pmatrix}$$

$$\Phi_0^3 = \Phi_0^6 = \begin{pmatrix} -\frac{1}{4}\beta & \frac{\sqrt{3}}{4}\beta \\ \frac{\sqrt{3}}{4}\beta & -\frac{3}{4}\beta \end{pmatrix} \qquad \Phi_0^0 = \begin{pmatrix} 3\beta & 0 \\ 0 & 3\beta \end{pmatrix} \qquad (18.15)$$

Los distintos elementos de la matriz dinámica (1.41) son

$$
\begin{aligned}
D_x^x &= \frac{1}{M}\left\{ \Phi_{0x}^{0x} + \Phi_{0x}^{1x}\exp\left(i\mathbf{q}\cdot\mathbf{t}_1\right) + \Phi_{0x}^{2x}\exp\left(i\mathbf{q}\cdot\mathbf{t}_2\right) + \Phi_{0x}^{3x}\exp\left(i\mathbf{q}\cdot\mathbf{t}_3\right) + \right.\\
&\quad \left. +\Phi_{0x}^{4x}\exp\left(i\mathbf{q}\cdot\mathbf{t}_4\right) + \Phi_{0x}^{5x}\exp\left(i\mathbf{q}\cdot\mathbf{t}_5\right) + \Phi_{0x}^{6x}\exp\left(i\mathbf{q}\cdot\mathbf{t}_6\right) \right\} = \\
&= \frac{1}{M}\left\{ 3\beta - \beta\exp\left(iq_x a\right) - \frac{1}{4}\beta\exp\left[i\frac{a}{2}\left(q_x + \sqrt{3}q_y\right)\right] - \right.\\
&\quad -\frac{1}{4}\beta\exp\left[-i\frac{a}{2}\left(q_x - \sqrt{3}q_y\right)\right] - \beta\exp\left(-iq_x a\right) - \\
&\quad \left. -\frac{1}{4}\beta\exp\left[-i\frac{a}{2}\left(q_x + \sqrt{3}q_y\right)\right] - \frac{1}{4}\beta\exp\left[i\frac{a}{2}\left(q_x - \sqrt{3}q_y\right)\right] \right\} = \\
&= \frac{\beta}{M}\left[3 - 2\cos\left(q_x a\right) - \cos\left(\frac{q_x a}{2}\right)\cos\left(\frac{\sqrt{3}q_y a}{2}\right) \right] \\
D_x^y &= \frac{1}{M}\left\{ \Phi_{0x}^{0y} + \Phi_{0x}^{1y}\exp\left(i\mathbf{q}\cdot\mathbf{t}_1\right) + \Phi_{0x}^{2y}\exp\left(i\mathbf{q}\cdot\mathbf{t}_2\right) + \Phi_{0x}^{3y}\exp\left(i\mathbf{q}\cdot\mathbf{t}_3\right) + \right.\\
&\quad \left. +\Phi_{0x}^{4y}\exp\left(i\mathbf{q}\cdot\mathbf{t}_4\right) + \Phi_{0x}^{5y}\exp\left(i\mathbf{q}\cdot\mathbf{t}_5\right) + \Phi_{0x}^{6y}\exp\left(i\mathbf{q}\cdot\mathbf{t}_6\right) \right\} = \\
&= \frac{1}{M}\left\{ -\frac{\sqrt{3}}{4}\beta\exp\left[i\frac{a}{2}\left(q_x + \sqrt{3}q_y\right)\right] + \frac{\sqrt{3}}{4}\beta\exp\left[-i\frac{a}{2}\left(q_x - \sqrt{3}q_y\right)\right] - \right.\\
&\quad \left. -\frac{\sqrt{3}}{4}\exp\left[-i\frac{a}{2}\left(q_x + \sqrt{3}q_y\right)\right] + \frac{\sqrt{3}}{4}\beta\exp\left[i\frac{a}{2}\left(q_x - \sqrt{3}q_y\right)\right] \right\} = \\
&= \frac{\sqrt{3}\beta}{M}\operatorname{sen}\left(\frac{q_x a}{2}\right)\operatorname{sen}\left(\frac{\sqrt{3}q_y a}{2}\right) \\
D_y^x &= \left(D_x^y\right)^* = \frac{\sqrt{3}\beta}{M}\operatorname{sen}\left(\frac{q_x a}{2}\right)\operatorname{sen}\left(\frac{\sqrt{3}q_y a}{2}\right) \\
D_y^y &= \frac{1}{M}\left\{ \Phi_{0y}^{0y} + \Phi_{0y}^{1y}\exp\left(i\mathbf{q}\cdot\mathbf{t}_1\right) + \Phi_{0y}^{2y}\exp\left(i\mathbf{q}\cdot\mathbf{t}_2\right) + \Phi_{0y}^{3y}\exp\left(i\mathbf{q}\cdot\mathbf{t}_3\right) + \right.\\
&\quad \left. +\Phi_{0y}^{4y}\exp\left(i\mathbf{q}\cdot\mathbf{t}_4\right) + \Phi_{0y}^{5y}\exp\left(i\mathbf{q}\cdot\mathbf{t}_5\right) + \Phi_{0y}^{6y}\exp\left(i\mathbf{q}\cdot\mathbf{t}_6\right) \right\} = \\
&= \frac{1}{M}\left\{ 3\beta - \frac{3}{4}\beta\exp\left[i\frac{a}{2}\left(q_x + \sqrt{3}q_y\right)\right] - \frac{3}{4}\beta\exp\left[-i\frac{a}{2}\left(q_x - \sqrt{3}q_y\right)\right] - \right.\\
&\quad \left. -\frac{3}{4}\beta\exp\left[-i\frac{a}{2}\left(q_x + \sqrt{3}q_y\right)\right] - \frac{3}{4}\beta\exp\left[i\frac{a}{2}\left(q_x - \sqrt{3}q_y\right)\right] \right\} = \\
&= \frac{3\beta}{M}\left[1 - \cos\left(\frac{q_x a}{2}\right)\cos\left(\frac{\sqrt{3}q_y a}{2}\right) \right] \qquad (18.16)
\end{aligned}
$$

18.2 Relaciones de dispersión

Las frecuencias de vibración permitidas se obtienen de la ecuación de autovalores

$$\begin{vmatrix} D_x^x(\mathbf{q}) - \omega^2 & D_x^y(\mathbf{q}) \\ D_y^x(\mathbf{q}) & D_y^y(\mathbf{q}) - \omega^2 \end{vmatrix} = 0 \tag{18.17}$$

Las soluciones generales son muy tediosas de obtener algebraicamente y resulta más cómodo obtenerlas para direcciones específicas. Por ejemplo, para la dirección [01] (que es idéntica a la dirección [10] por simetría, Figura 18.2(a), pero más simple de manejar) se tiene que $q_x = 0$ y $q = q_y$, que varía entre 0 y $G_{01}/2 = 2\pi\sqrt{3}/3a$. Los elementos de la matriz dinámica son ahora

$$\begin{aligned} D_x^x &= \frac{\beta}{M}\left[1 - \cos\left(\frac{\sqrt{3}qa}{2}\right)\right] \\ D_x^y &= D_y^x = 0 \\ D_y^y &= \frac{3\beta}{M}\left[1 - \cos\left(\frac{\sqrt{3}qa}{2}\right)\right] \end{aligned} \tag{18.18}$$

Los autovalores vienen dados directamente por

$$\begin{aligned} \omega_L^{[01]}(q) &= \left(\frac{3\beta}{M}\right)^{1/2}\left[1 - \cos\left(\frac{\sqrt{3}qa}{2}\right)\right]^{1/2} = \left(\frac{6\beta}{M}\right)^{1/2}\sin\left(\frac{\sqrt{3}qa}{4}\right) \\ \omega_T^{[01]}(q) &= \left(\frac{\beta}{M}\right)^{1/2}\left[1 - \cos\left(\frac{\sqrt{3}qa}{2}\right)\right]^{1/2} = \left(\frac{2\beta}{M}\right)^{1/2}\sin\left(\frac{\sqrt{3}qa}{4}\right) \end{aligned} \tag{18.19}$$

Se obtienen dos ramas acústicas, una longitudinal L y otra transversal T, como corresponde a un sólido 2D con base monoatómica. La Figura 18.3 muestra estas ramas para los valores particulares $a = R_o = 3.0\,\text{Å}$, $\beta = 5.50\,\text{N}/\text{m}$ y $M = 12.0\,\text{u}$ en función del vector de onda reducido a lo largo de la trayectoria $\Gamma \to M_2 \to K_2 \to \Gamma$ (Figura 18.2(b)). Se observa que en los puntos K ambas ramas están degeneradas.

Las velocidades del sonido vienen dadas por las pendientes de las ramas de dispersión a frecuencias muy bajas. Por ejemplo, para las direcciones $\langle 10 \rangle$ se encuentra de (18.19)

$$\begin{aligned} \omega_L^{\langle 10 \rangle}(q \ll) &\simeq \left(\frac{6\beta}{M}\right)^{1/2}\frac{\sqrt{3}qa}{4} = \left(\frac{18\beta}{M}\right)^{1/2}\frac{a}{4}q \equiv v_{sL}^{\langle 10 \rangle}q \\ \to v_{sL}^{\langle 10 \rangle} &= \left(\frac{18\beta}{M}\right)^{1/2}\frac{a}{4} = 5280\,\text{m}/\text{s} \\ \omega_T^{\langle 10 \rangle}(q \ll) &\simeq \left(\frac{2\beta}{M}\right)^{1/2}\frac{\sqrt{3}qa}{4} = \left(\frac{6\beta}{M}\right)^{1/2}\frac{a}{4}q \equiv v_{sT}^{\langle 10 \rangle}q \end{aligned}$$

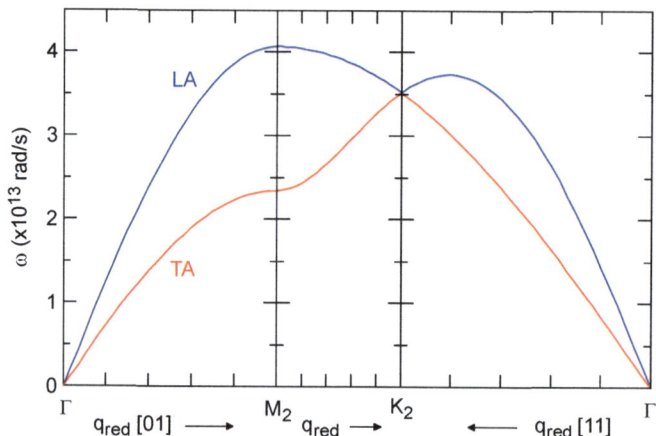

Figura 18.3. Relaciones de dispersión a lo largo de la trayectoria $\Gamma \to M_2 \to K_2 \to \Gamma$ (Figura 18.2(b)) de un sólido 2D hexagonal monoatómico en primeros vecinos en función del vector de onda reducido.

$$\to v_{sT}^{\langle 10 \rangle} = \left(\frac{6\beta}{M} \right)^{1/2} \frac{a}{4} = 3050 \, \mathrm{m/s} \tag{18.20}$$

Se procede de la misma forma para otras direcciones. En [1] se describe un método similar al seguido aquí para obtener las relaciones de dispersión en cristales bidimensionales con estructura hexagonal.

Las superficies de dispersión acústicas longitudinal y transversal se presentan en la Figura 18.4 dentro de la primera zona de Brillouin. Las correspondientes curvas de frecuencia constante se muestran en la Figura 18.5 para las dos superficies.

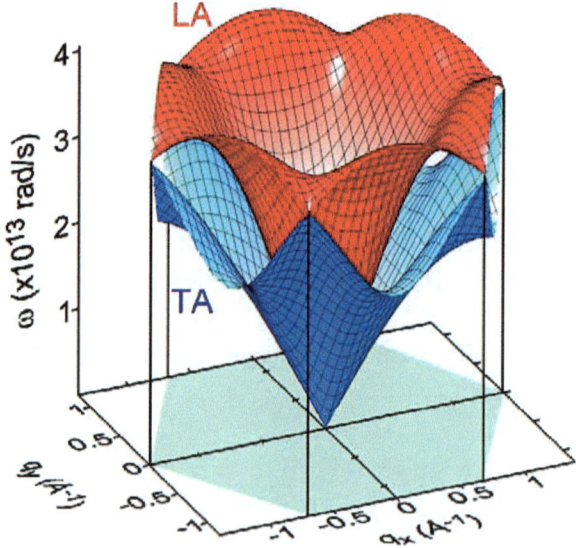

Figura 18.4. Superficies de dispersión acústicas longitudinal LA y transversal TA en la primera zona de Brillouin.

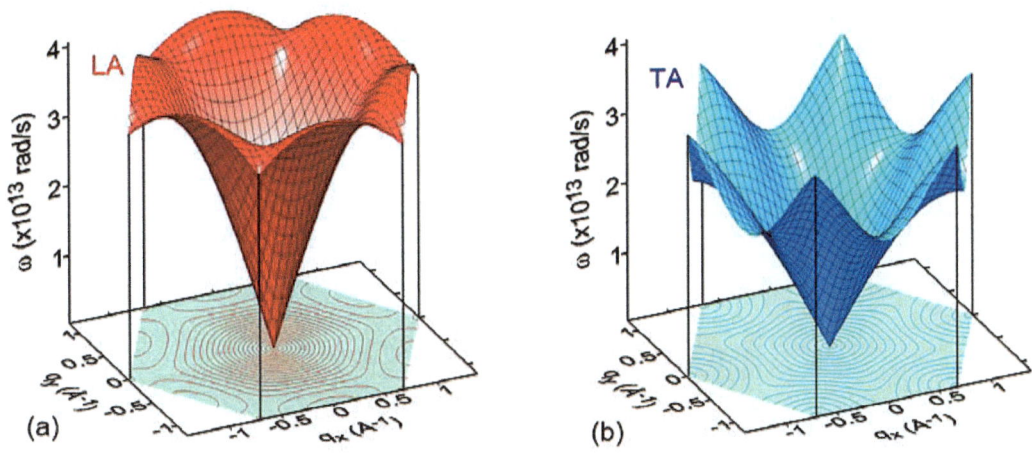

Figura 18.5. Superficies de dispersión y contornos de isofrecuencia de los modos acústicos (a) longitudinal LA y (b) transversal TA de un sólido hexagonal de base monoatómica.

Se puede observar que, a diferencia del sólido 2D de red cuadrada en primeros vecinos (sección 16.6), este sólido hexagonal es estable frente a las oscilaciones atómicas en cualquier dirección.

Si la resolución de la ecuación de autovalores (18.17) no se limita a los vectores de onda **q** dentro de la primera zona de Brillouin se obtiene el resultado mostrado en la Figura 18.6 para una región más amplia del plano de Fourier; las correspondientes curvas de isofrecuencia se muestran en la Figura 18.7. Es importante observar que la periodicidad del sólido en el espacio directo induce directamente la periodicidad de las superficies de dispersión en el espacio recíproco, donde aparecen de forma natural los nudos recíprocos y la primera zona de Brillouin.

A las propiedades tan singulares (eléctricas, acústicas, ópticas, mecánicas, ...) que presentan los sólidos 2D laminados hay que añadir el descubrimiento reciente de fonones quirales, que rotan —aparte del desplazamiento— de forma natural en determinadas direcciones [2, 3]. El control de la dirección de rotación permitiría desarrollar nanodispositivos para el transporte y almacenamiento de información.

18.3   Energía y capacidad calorífica reticular

Una vez obtenidas las superficies de dispersión se determina fácilmente la energía y la capacidad calorífica del sólido de forma numérica. En primer lugar se obtiene la densidad de modos muestreando la primera zona de Brillouin —solo la parte asimétrica, Figura 18.2(b)—, resultando la curva de la Figura 18.8 donde se distinguen claramente los máximos de los modos transversales y longitudinales. La frecuencia máxima de vibración vale $\omega_{max} = 4.10 \times 10^{13}\,\text{rad/s}$ (Figura 18.3), que permite obtener la temperatura característica de este sólido

$$\hbar\omega_{max} = k_B\theta_{car} \rightarrow \theta_{car} = \frac{\hbar\omega_{max}}{k_B} = 312\,\text{K} \tag{18.21}$$

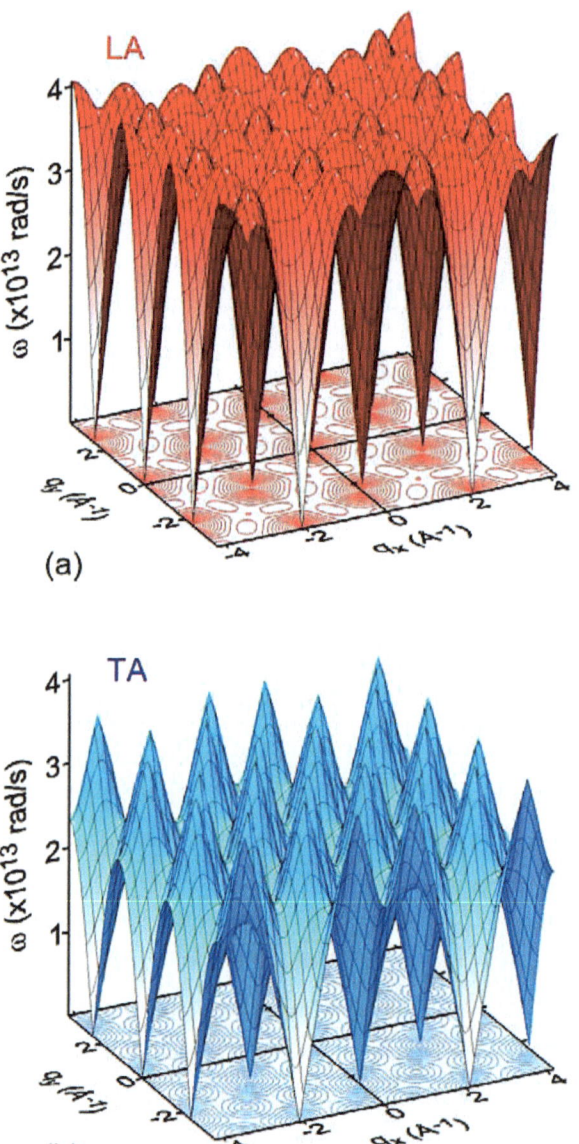

Figura 18.6. Superficies de dispersión de los modos acústicos (a) longitudinal LA y (b) transversal TA de un sólido hexagonal monoatómico en una región amplia del plano de Fourier. Se observa la aparición natural de los nudos recíprocos y de la primera zona de Brillouin.

La temperatura de Debye del sólido se determina directamente de (11.19)

$$\omega_D = (4\pi n_{at})^{1/2}\,v_s \tag{18.22}$$

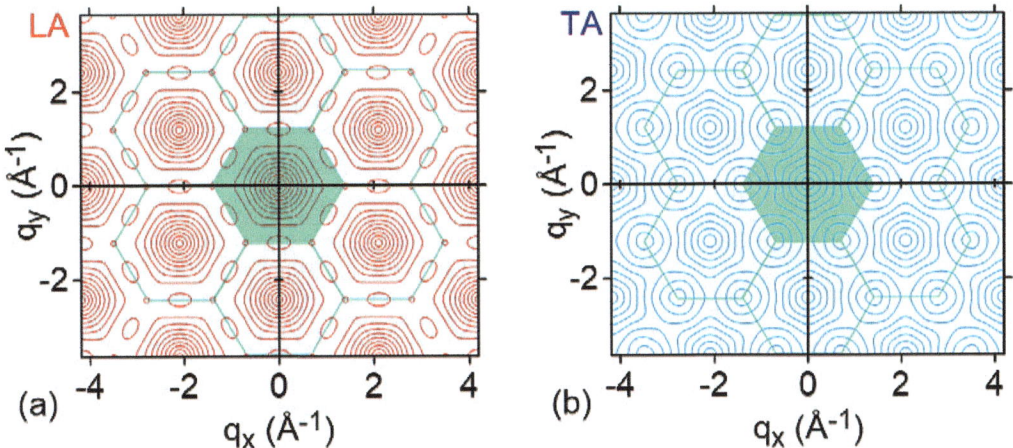

Figura 18.7. Contornos de isofrecuencia de los modos acústicos (a) longitudinal LA y (b) transversal TA de un sólido hexagonal monoatómico en una región amplia del plano de Fourier.

donde v_s es la velocidad promedio total del sonido y n_{at} es la densidad atómica. La velocidad media total de las ondas sonoras se ha encontrado muestreando la región de bajas frecuencias de la zona de Brillouin, obteniendo $v_s = 3730\,\mathrm{m/s}$. Por su parte, la densidad atómica es $n_{at} = 1/S_{cu}$, donde S_{cu} es el área de la celda unidad del sólido, resultando

$$n_{at} = \frac{1}{S_{cu}} = \frac{1}{a^2\sqrt{3}/2} = \frac{2}{3}\frac{\sqrt{3}}{a^2} = 1.28 \times 10^{19}\ \mathrm{part./m^2} \qquad (18.23)$$

Con estos valores se encuentra que la frecuencia y la temperatura de Debye son

$$\omega_D = 4.74 \times 10^{13}\,\mathrm{rad/s} \rightarrow \theta_D = \frac{\hbar\omega_D}{k_B} = 360\,\mathrm{K} \qquad (18.24)$$

La densidad de modos en el modelo de Debye viene dada por (11.20) con $p = 1$

$$D_D(\omega) = \frac{4N}{\omega_D^2}\omega \qquad (18.25)$$

que se compara en la Figura 18.8 con la densidad obtenida del desarrollo armónico. Como cabía esperar, ambas funciones coinciden para bajas frecuencias dado que el modelo de Debye considera solo los modos acústicos lineales.

La Figura 18.9 muestra la energía media de vibración en función de la temperatura absoluta y reducida obtenida por análisis numérico de la densidad de modos armónica (Figura 18.8), junto con los resultados del modelo de Debye y clásico. Y la Figura 18.10(a) muestra la capacidad calorífica en función de la temperatura. Nuevamente se encuentra el resultado clásico a temperaturas suficientemente altas, y que C_V varía como T^2 a temperaturas muy bajas (Figura 18.10(b)).

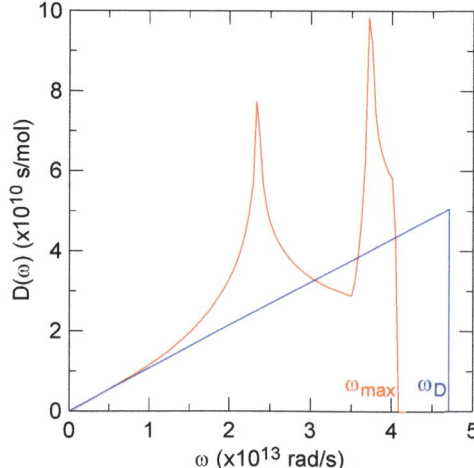

Figura 18.8. Densidad total de modos (por mol de partículas) de un sólido monoatómico de red hexagonal en primeros vecinos (en rojo). Se muestra también la densidad de modos de Debye (en azul).

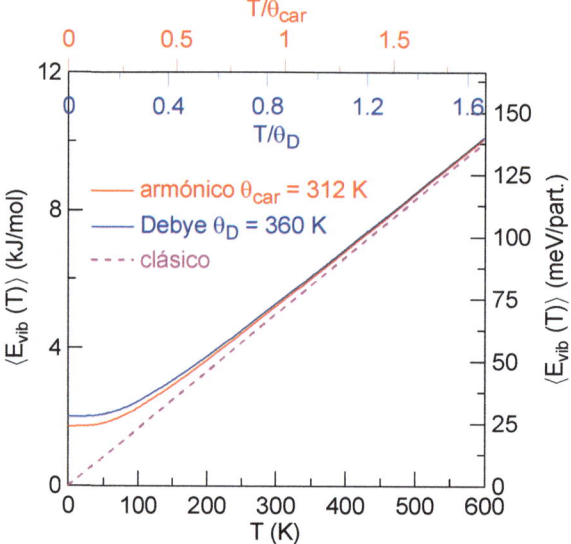

Figura 18.9. Energía media de vibración de un sólido hexagonal de base monoatómica (por mol de partículas y por partícula) en función de la temperatura absoluta y reducida. Se muestran también los resultados de Debye y clásico.

Un ajuste de la zona de muy bajas temperaturas conduce a

$$C_V\left(T \ll \theta_{car}\right) = 1.85 \times 10^{-3} T^2 \, \mathrm{J\,mol^{-1}\,K^{-1}} \qquad (\text{con } T \text{ en } \mathrm{K}) \qquad (18.26)$$

que permite obtener de forma alternativa la temperatura de Debye mediante la comparación con (11.45)

$$C_V\left(T \ll \theta_D\right) = 28.80 R \frac{T^2}{\theta_D^2} \qquad (18.27)$$

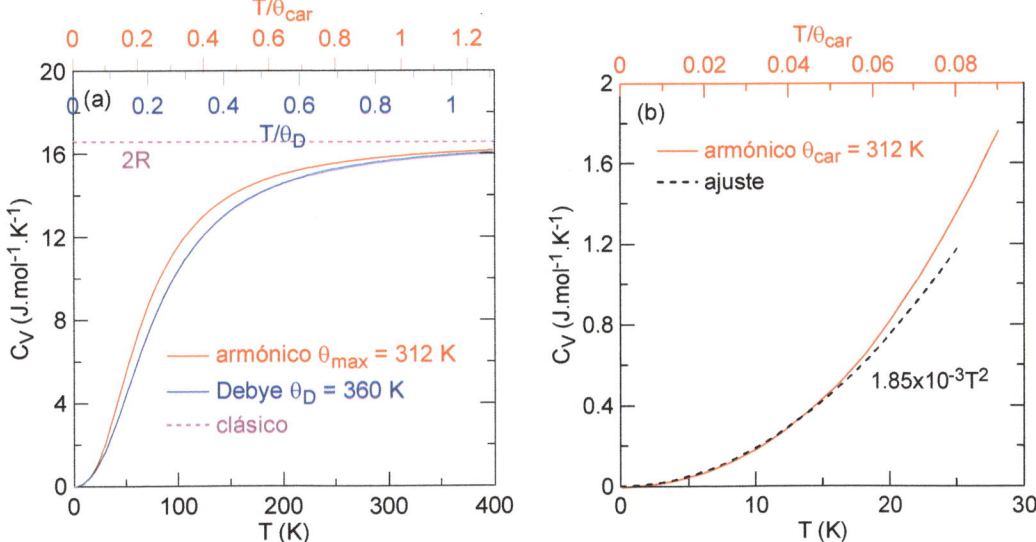

Figura 18.10. (a) Variación de C_V con T en la aproximación armónica de primeros vecinos (en rojo) y en el modelo de Debye (en azul) de un sólido monoatómico hexagonal. (b) Ajuste T^2 de la región de bajas temperaturas.

de forma que

$$28.80R\frac{1}{\theta_D^2} = 1.85 \times 10^{-3}\,\mathrm{J\,mol^{-1}\,K^{-3}} \rightarrow \theta_D = 360\,\mathrm{K} \qquad (18.28)$$

como se ha obtenido antes (18.24). Conviene recordar que aquí se está utilizando el mismo conjunto de datos —los resultados armónicos— para determinar la temperatura de Debye. En un caso real, los datos provienen de técnicas diferentes, que conducen a valores distintos de θ_D.

Erwin Madelung, 1881 (antiguo Imperio Alemán) –
1972 (antigua República Federal de Alemania)

Referencias

1. S.P. Nikitenkova and A.I. Potapov (2010): «Dispersion Properties of Two-Dimensional Phonon Crystals with a Hexagonal Structure», *Acoustical Physics*, 56, 909.

2. L. Zhang and Q. Niu (2015): «Chiral Phonons at High-Symmetry Points in Monolayer Hexagonal Lattices», *Physical Review Letters*, 115, 115502.

3. H. Rostami, F. Guinea and E. Cappelluti (2022): «Strain-driven chiral phonons in two-dimensional hexagonal materials», *Physical Review B*, 105, 195431.

19. Vibraciones atómicas en grafeno

Se estudia a continuación el grafeno, uno de los sólidos estrella de este siglo. Inicialmente se van a limitar las vibraciones atómicas al plano del sólido —es decir, es estrictamente un sólido 2D—, sin permitir las vibraciones fuera del plano. Posteriormente se relaja esta condición para acercarse más al comportamiento real del material.

La Figura 19.1 muestra la estructura del grafeno, con una celda unidad hexagonal de vectores básicos

$$\boldsymbol{a} = a\left(\frac{\sqrt{3}}{2}\mathbf{i} - \frac{1}{2}\mathbf{j}\right) , \qquad \mathbf{b} = a\mathbf{j} , \qquad \alpha = 120^{\circ} , \qquad a = \sqrt{3}R_o \tag{19.1}$$

donde $R_o = 1.42\,\text{Å}$ es la distancia entre átomos y $a = b = 2.46\,\text{Å}$ es el parámetro reticular. La celda unidad es diatómica con los átomos de carbono situados en $(0,0)$ y $(2/3, 1/3)$. Notar la diferencia con el sólido hexagonal de base monoatómica de la Figura 18.1.

Los vectores básicos recíprocos son

$$\boldsymbol{a}^* = \frac{2\sqrt{3}}{3a}\mathbf{i} , \qquad \mathbf{b}^* = \frac{1}{a}\left(\frac{\sqrt{3}}{3}\mathbf{i} + \mathbf{j}\right) , \qquad \alpha^* = 60^{\circ} \tag{19.2}$$

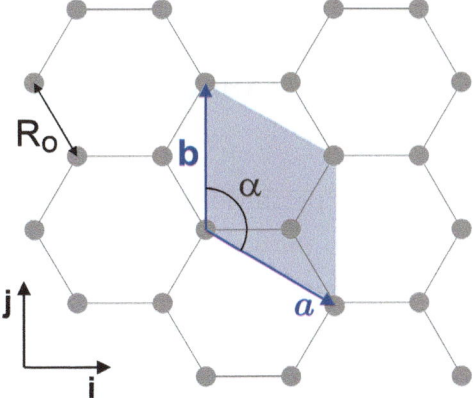

Figura 19.1. Estructura cristalina del grafeno. La celda unidad es hexagonal con base diatómica.

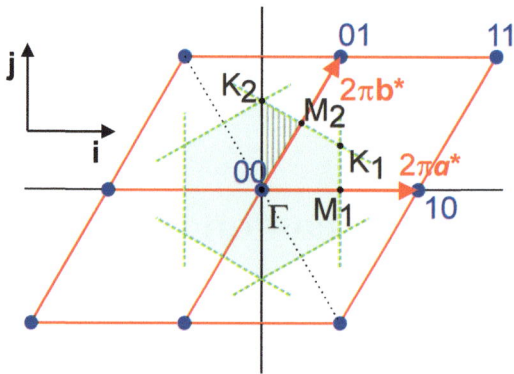

Figura 19.2. Red recíproca del grafeno mostrando la primera zona de Brillouin. La región rayada es la parte asimétrica de esta primera zona.

que definen los vectores recíprocos del sólido

$$\mathbf{G}_{hk} = 2\pi\left(h\boldsymbol{a}^* + k\mathbf{b}^*\right) = 2\pi\left[\frac{\sqrt{3}}{3a}\left(2h+k\right)\mathbf{i} + \frac{1}{a}k\mathbf{j}\right] \,, \qquad h,k \in \mathbb{Z} \qquad (19.3)$$

La Figura 19.2 muestra la red recíproca del grafeno, donde se han numerado algunos nudos recíprocos. También se muestra la primera zona de Brillouin, obviamente de simetría hexagonal ya que es una celda primitiva —la celda de Wigner-Seitz del espacio recíproco— con la simetría puntual del sólido. Se han marcado algunos puntos de interés en los límites de la zona, de coordenadas

$$\Gamma = (0,0) \,, \qquad M_1 = \left(\frac{2\pi\sqrt{3}}{3a}, 0\right) \,, \qquad K_1 = \left(\frac{2\pi\sqrt{3}}{3a}, \frac{2\pi}{3a}\right)$$

$$M_2 = \left(\frac{\pi\sqrt{3}}{3a}, \frac{\pi}{a}\right) \,, \qquad K_2 = \left(0, \frac{4\pi}{3a}\right) \qquad (19.4)$$

19.1   Constantes de fuerza y matriz dinámica

Se van a determinar las frecuencia permitidas en este sólido en la aproximación de segundos vecinos. Aunque el estudio parece complicado, se resuelve de forma sencilla si se realiza de forma ordenada ya que las simetrías del problema reducen mucho los cálculos. Por claridad, se numeran cada uno de los átomos con dos índices (Figura 19.3): la celda unidad a la que pertenecen $h = 0$ a 6 y el orden de la base estructural $\alpha = $ A y B (aún conociendo que son el mismo tipo de átomo). Así, por ejemplo, el átomo 0B es el átomo de tipo B situado en la celda 0.

Determinemos los vectores unitarios interatómicos respecto del átomo A de la celda

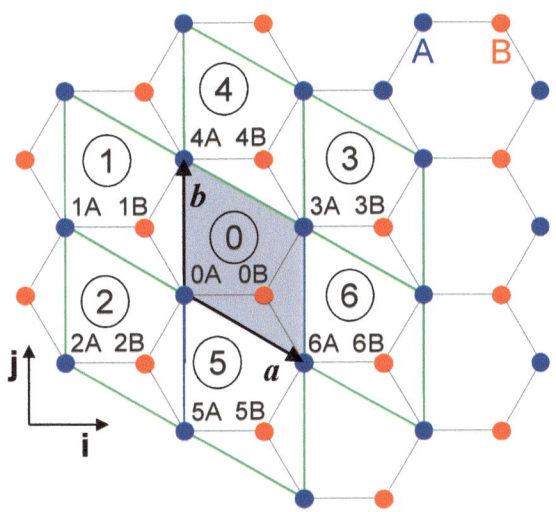

Figura 19.3. Numeración de los átomos de la base $\alpha = A, B$ y de las celdas unidad $h = 0$ a 6 en el grafeno.

unidad 0. Para sus primeros vecinos, de tipo B, se tiene

$$\mathbf{e}_{0A}^{0B} = \mathbf{i} \qquad \mathbf{e}_{0A}^{1B} = -\frac{1}{2}\mathbf{i} + \frac{\sqrt{3}}{2}\mathbf{j} \qquad \mathbf{e}_{0A}^{2B} = -\frac{1}{2}\mathbf{i} - \frac{\sqrt{3}}{2}\mathbf{j} \qquad (19.5)$$

Y para sus segundos vecinos de tipo A

$$\mathbf{e}_{0A}^{3A} = \frac{\sqrt{3}}{2}\mathbf{i} + \frac{1}{2}\mathbf{j} \qquad \mathbf{e}_{0A}^{4A} = \mathbf{j} \qquad \mathbf{e}_{0A}^{1A} = -\frac{\sqrt{3}}{2}\mathbf{i} + \frac{1}{2}\mathbf{j}$$

$$\mathbf{e}_{0A}^{2A} = -\frac{\sqrt{3}}{2}\mathbf{i} - \frac{1}{2}\mathbf{j} \qquad \mathbf{e}_{0A}^{5A} = -\mathbf{j} \qquad \mathbf{e}_{0A}^{6A} = \frac{\sqrt{3}}{2}\mathbf{i} - \frac{1}{2}\mathbf{j} \qquad (19.6)$$

Se procede de igual forma para el átomo B de la celda 0. Para sus primeros vecinos de tipo A

$$\mathbf{e}_{0B}^{0A} = -\mathbf{i} \qquad \mathbf{e}_{0B}^{3A} = \frac{1}{2}\mathbf{i} + \frac{\sqrt{3}}{2}\mathbf{j} \qquad \mathbf{e}_{0B}^{6A} = \frac{1}{2}\mathbf{i} - \frac{\sqrt{3}}{2}\mathbf{j} \qquad (19.7)$$

Y para sus segundos vecinos de tipo B

$$\mathbf{e}_{0B}^{3B} = \frac{\sqrt{3}}{2}\mathbf{i} + \frac{1}{2}\mathbf{j} \qquad \mathbf{e}_{0B}^{4B} = \mathbf{j} \qquad \mathbf{e}_{0B}^{1B} = -\frac{\sqrt{3}}{2}\mathbf{i} + \frac{1}{2}\mathbf{j}$$

$$\mathbf{e}_{0B}^{2B} = -\frac{\sqrt{3}}{2}\mathbf{i} - \frac{1}{2}\mathbf{j} \qquad \mathbf{e}_{0B}^{5B} = -\mathbf{j} \qquad \mathbf{e}_{0B}^{6B} = \frac{\sqrt{3}}{2}\mathbf{i} - \frac{1}{2}\mathbf{j} \qquad (19.8)$$

que son idénticos a los vectores interatómicos A-A ya que corresponde a una simple traslación del sólido. Los vectores de traslación de las celdas de interés respecto de la 0 son

$$\mathbf{t}_1 = -\boldsymbol{a} \ , \ \mathbf{t}_2 = -(\boldsymbol{a} + \mathbf{b}) \ , \ \mathbf{t}_3 = \boldsymbol{a} + \mathbf{b} \ , \ \mathbf{t}_4 = \mathbf{b} \ , \ \mathbf{t}_5 = -\mathbf{b} \ , \ \mathbf{t}_6 = \boldsymbol{a} \qquad (19.9)$$

Determinemos ahora las constantes de fuerza interatómicas. Igual que en el capítulo

17, se va a considerar por simplicidad que las constantes elásticas de interacción entre primeros y segundos vecinos son β_1 y β_2, respectivamente, y que las correspondientes constantes de fuerza son de la forma (16.1)

$$\Phi_{0\alpha i}^{h\alpha' j} = -e_i \beta_n e_j \,, \qquad h \neq 0 \text{ y } \alpha \neq \alpha' \,, \quad i,j = x,y \,, \quad n = 1,2 \tag{19.10}$$

donde $h = 0,1,\dots 6$ es el índice de la celda unidad, $\alpha, \alpha' = $ A,B es el tipo de átomo de la base estructural, $\mathbf{e} = (e_x, e_y)$ es el vector unitario a lo largo de la dirección que conecta la partícula (0α) con la partícula $(h\alpha')$ y n es el orden de vecino. Entre primeros vecinos se encuentra

$$\Phi_{0A}^{0B} = \Phi_{0B}^{0A} = \begin{pmatrix} -\beta_1 & 0 \\ 0 & 0 \end{pmatrix}$$

$$\Phi_{0A}^{1B} = \Phi_{0B}^{6A} = \begin{pmatrix} -\frac{1}{4}\beta_1 & \frac{\sqrt{3}}{4}\beta_1 \\ \frac{\sqrt{3}}{4}\beta_1 & -\frac{3}{4}\beta_1 \end{pmatrix}$$

$$\Phi_{0A}^{2B} = \Phi_{0B}^{3A} = \begin{pmatrix} -\frac{1}{4}\beta_1 & -\frac{\sqrt{3}}{4}\beta_1 \\ -\frac{\sqrt{3}}{4}\beta_1 & -\frac{3}{4}\beta_1 \end{pmatrix} \tag{19.11}$$

Y para segundos vecinos

$$\Phi_{0A}^{3A} = \Phi_{0A}^{2A} = \Phi_{0B}^{3B} = \Phi_{0B}^{2B} = \begin{pmatrix} -\frac{3}{4}\beta_2 & -\frac{\sqrt{3}}{4}\beta_2 \\ -\frac{\sqrt{3}}{4}\beta_2 & -\frac{1}{4}\beta_2 \end{pmatrix}$$

$$\Phi_{0A}^{4A} = \Phi_{0A}^{5A} = \Phi_{0B}^{4B} = \Phi_{0B}^{5B} = \begin{pmatrix} 0 & 0 \\ 0 & -\beta_2 \end{pmatrix}$$

$$\Phi_{0A}^{1A} = \Phi_{0A}^{6A} = \Phi_{0B}^{1B} = \Phi_{0B}^{6B} = \begin{pmatrix} -\frac{3}{4}\beta_2 & \frac{\sqrt{3}}{4}\beta_2 \\ \frac{\sqrt{3}}{4}\beta_2 & -\frac{1}{4}\beta_2 \end{pmatrix} \tag{19.12}$$

Utilizando la regla de las sumas (1.23), los autotérminos vienen dados por

$$\Phi_{0A}^{0A} = \Phi_{0B}^{0B} = \begin{pmatrix} \frac{3}{2}\beta_1 + 3\beta_2 & 0 \\ 0 & \frac{3}{2}\beta_1 + 3\beta_2 \end{pmatrix} \tag{19.13}$$

La matriz dinámica se escribe en forma de bloques como

$$\mathbf{D} = \left(\begin{array}{cc|cc} D_{Ax}^{Ax} & D_{Ax}^{Ay} & D_{Ax}^{Bx} & D_{Ax}^{By} \\ D_{Ay}^{Ax} & D_{Ay}^{Ay} & D_{Ay}^{Bx} & D_{Ay}^{By} \\ \hline D_{Bx}^{Ax} & D_{Bx}^{Ay} & D_{Bx}^{Bx} & D_{Bx}^{By} \\ D_{By}^{Ax} & D_{By}^{Ay} & D_{By}^{Bx} & D_{By}^{Bx} \end{array} \right) \tag{19.14}$$

Teniendo en cuenta que la matriz es hermítica y que los átomos son iguales se simplifica mucho el número de elementos a determinar. Comenzando con la submatriz de interacciones de los átomos A con los átomos A, se tiene

$$
\begin{aligned}
D_{Ax}^{Ax}(\mathbf{q}) &= \frac{1}{M}\left\{\Phi_{0Ax}^{0Ax} + \Phi_{0Ax}^{3Ax}\exp\left(i\mathbf{q}\cdot\mathbf{t}_3\right) + \Phi_{0Ax}^{A4x}\exp\left(i\mathbf{q}\cdot\mathbf{t}_4\right) + \Phi_{0Ax}^{1Ax}\exp\left(i\mathbf{q}\cdot\mathbf{t}_1\right) + \right.\\
&\quad \left. +\Phi_{0Ax}^{2Ax}\exp\left(i\mathbf{q}\cdot\mathbf{t}_2\right) + \Phi_{0Ax}^{5Ax}\exp\left(i\mathbf{q}\cdot\mathbf{t}_5\right) + \Phi_{0Ax}^{6Ax}\exp\left(i\mathbf{q}\cdot\mathbf{t}_6\right)\right\} = \\
&= \frac{1}{M}\left\{\frac{3}{2}\beta_1 + 3\beta_2 - \frac{3}{4}\beta_2\exp\left[i\mathbf{q}\cdot(\boldsymbol{a}+\mathbf{b})\right] - \frac{3}{4}\beta_2\exp\left(-i\mathbf{q}\cdot\boldsymbol{a}\right) - \right.\\
&\quad \left. -\frac{3}{4}\beta_2\exp\left[-i\mathbf{q}\cdot(\boldsymbol{a}+\mathbf{b})\right] - \frac{3}{4}\beta_2\exp\left(i\mathbf{q}\cdot\boldsymbol{a}\right)\right\} = \\
&= \frac{3\beta_2}{2M}\left\{2 - \cos\left(\mathbf{q}\cdot\boldsymbol{a}\right) - \cos\left[\mathbf{q}\cdot(\boldsymbol{a}+\mathbf{b})\right]\right\} + \frac{3\beta_1}{2M}
\end{aligned}
$$

$$
\begin{aligned}
D_{Ax}^{Ay}(\mathbf{q}) &= \frac{1}{M}\left\{\Phi_{0Ax}^{0Ay} + \Phi_{0Ax}^{3Ay}\exp\left(i\mathbf{q}\cdot\mathbf{t}_3\right) + \Phi_{0Ax}^{4Ay}\exp\left(i\mathbf{q}\cdot\mathbf{t}_4\right) + \Phi_{0Ax}^{1Ay}\exp\left(i\mathbf{q}\cdot\mathbf{t}_1\right) + \right.\\
&\quad \left. +\Phi_{0Ax}^{2Ay}\exp\left(i\mathbf{q}\cdot\mathbf{t}_2\right) + \Phi_{0Ax}^{5Ay}\exp\left(i\mathbf{q}\cdot\mathbf{t}_5\right) + \Phi_{0Ax}^{6Ay}\exp\left(i\mathbf{q}\cdot\mathbf{t}_6\right)\right\} = \\
&= \frac{1}{M}\left\{-\frac{\sqrt{3}}{4}\beta_2\exp\left[i\mathbf{q}\cdot(\boldsymbol{a}+\mathbf{b})\right] + \frac{\sqrt{3}}{4}\beta_2\exp\left(-i\mathbf{q}\cdot\boldsymbol{a}\right) - \right.\\
&\quad \left. -\frac{\sqrt{3}}{4}\beta_2\exp\left[-i\mathbf{q}\cdot(\boldsymbol{a}+\mathbf{b})\right] + \frac{\sqrt{3}}{4}\beta_2\exp\left(i\mathbf{q}\cdot\boldsymbol{a}\right)\right\} = \\
&= \frac{\sqrt{3}\beta_2}{2M}\left\{\cos\left(\mathbf{q}\cdot\boldsymbol{a}\right) - \cos\left[\mathbf{q}\cdot(\boldsymbol{a}+\mathbf{b})\right]\right\}
\end{aligned}
$$

$$
D_{Ay}^{Ax}(\mathbf{q}) = \left[D_{Ax}^{Ay}(q)\right]^* = \frac{\sqrt{3}\beta_2}{2M}\left\{\cos\left(\mathbf{q}\cdot\boldsymbol{a}\right) - \cos\left[\mathbf{q}\cdot(\boldsymbol{a}+\mathbf{b})\right]\right\}
$$

$$
\begin{aligned}
D_{Ay}^{Ay}(\mathbf{q}) &= \frac{1}{M}\left\{\Phi_{0Ay}^{0Ay} + \Phi_{0Ay}^{3Ay}\exp\left(i\mathbf{q}\cdot\mathbf{t}_3\right) + \Phi_{0Ay}^{4Ay}\exp\left(i\mathbf{q}\cdot\mathbf{t}_4\right) + \Phi_{0Ay}^{1Ay}\exp\left(i\mathbf{q}\cdot\mathbf{t}_1\right) + \right.\\
&\quad \left. +\Phi_{0Ay}^{2Ay}\exp\left(i\mathbf{q}\cdot\mathbf{t}_2\right) + \Phi_{0Ay}^{5Ay}\exp\left(i\mathbf{q}\cdot\mathbf{t}_5\right) + \Phi_{0Ay}^{6Ay}\exp\left(i\mathbf{q}\cdot\mathbf{t}_6\right)\right\} = \\
&= \frac{1}{M}\left\{\frac{3}{2}\beta_1 + 3\beta_2 - \frac{1}{4}\beta_2\exp\left[i\mathbf{q}\cdot(\boldsymbol{a}+\mathbf{b})\right] - \beta_2\exp\left(i\mathbf{q}\cdot\mathbf{b}\right) - \right.\\
&\quad -\frac{1}{4}\beta_2\exp\left(-i\mathbf{q}\cdot\boldsymbol{a}\right) - \frac{1}{4}\beta_2\exp\left[-i\mathbf{q}\cdot(\boldsymbol{a}+\mathbf{b})\right] - \beta_2\exp\left(-i\mathbf{q}\cdot\mathbf{b}\right) - \\
&\quad \left. -\frac{1}{4}\beta_2\exp\left(i\mathbf{q}\cdot\boldsymbol{a}\right)\right\} = \\
&= \frac{\beta_2}{2M}\left\{6 - \cos\left(\mathbf{q}\cdot\boldsymbol{a}\right) - 4\cos\left(\mathbf{q}\cdot\mathbf{b}\right) - \cos\left[\mathbf{q}\cdot(\boldsymbol{a}+\mathbf{b})\right]\right\} + \frac{3\beta_1}{2M} \qquad (19.15)
\end{aligned}
$$

La submatriz de interacción de los átomos B con los átomos B es obviamente la misma, de forma que

$$
\begin{aligned}
D_{Bx}^{Bx}(\mathbf{q}) &= D_{Ax}^{Ax}(\mathbf{q}) = \frac{3\beta_2}{2M}\left\{2 - \cos\left(\mathbf{q}\cdot\boldsymbol{a}\right) - \cos\left[\mathbf{q}\cdot(\boldsymbol{a}+\mathbf{b})\right]\right\} + \frac{3\beta_1}{2M} \\
D_{Bx}^{By}(\mathbf{q}) &= D_{Ax}^{Ay}(\mathbf{q}) = \frac{\sqrt{3}\beta_2}{2M}\left\{\cos\left(\mathbf{q}\cdot\boldsymbol{a}\right) - \cos\left[\mathbf{q}\cdot(\boldsymbol{a}+\mathbf{b})\right]\right\}
\end{aligned}
$$

$$D_{By}^{Bx}(\mathbf{q}) = D_{Ay}^{Ax}(\mathbf{q}) = \frac{\sqrt{3}\beta_2}{2M}\{\cos(\mathbf{q}\cdot\boldsymbol{a}) - \cos[\mathbf{q}\cdot(\boldsymbol{a}+\mathbf{b})]\}$$

$$D_{By}^{By}(\mathbf{q}) = D_{Ay}^{Ay}(\mathbf{q}) = \frac{\beta_2}{2M}\{6 - \cos(\mathbf{q}\cdot\boldsymbol{a}) - 4\cos(\mathbf{q}\cdot\mathbf{b}) -$$

$$-\cos[\mathbf{q}\cdot(\boldsymbol{a}+\mathbf{b})]\} + \frac{3\beta_1}{2M} \tag{19.16}$$

La submatriz de interacción de los átomos A con los B es

$$
\begin{aligned}
D_{Ax}^{Bx}(\mathbf{q}) &= \frac{1}{M}\left[\Phi_{0Ax}^{0Bx} + \Phi_{0Ax}^{1Bx}\exp(i\mathbf{q}\cdot\mathbf{t}_1) + \Phi_{0Ax}^{2Bx}\exp(i\mathbf{q}\cdot\mathbf{t}_2)\right] = \\
&= \frac{1}{M}\left\{-\beta_1 - \frac{1}{4}\beta_1\exp(-i\mathbf{q}\cdot\boldsymbol{a}) - \frac{1}{4}\beta_1\exp[-i\mathbf{q}\cdot(\boldsymbol{a}+\mathbf{b})]\right\} = \\
&= -\frac{\beta_1}{M}\left\{1 + \frac{1}{4}\exp(-i\mathbf{q}\cdot\boldsymbol{a}) + \frac{1}{4}\exp[-i\mathbf{q}\cdot(\boldsymbol{a}+\mathbf{b})]\right\}
\end{aligned}
$$

$$
\begin{aligned}
D_{Ax}^{By}(\mathbf{q}) &= \frac{1}{M}\left[\Phi_{0Ax}^{0By} + \Phi_{0Ax}^{1By}\exp(i\mathbf{q}\cdot\mathbf{t}_1) + \Phi_{0Ax}^{2By}\exp(i\mathbf{q}\cdot\mathbf{t}_2)\right] = \\
&= \frac{1}{M}\left\{\frac{\sqrt{3}}{4}\beta_1\exp(-i\mathbf{q}\cdot\boldsymbol{a}) - \frac{\sqrt{3}}{4}\beta_1\exp[-i\mathbf{q}\cdot(\boldsymbol{a}+\mathbf{b})]\right\} = \\
&= \frac{\sqrt{3}\beta_1}{4M}\{\exp(-i\mathbf{q}\cdot\boldsymbol{a}) - \exp[-i\mathbf{q}\cdot(\boldsymbol{a}+\mathbf{b})]\}
\end{aligned}
$$

$$
\begin{aligned}
D_{Ay}^{Bx}(\mathbf{q}) &= \frac{1}{M}\left[\Phi_{0Ay}^{0Bx} + \Phi_{0Ay}^{1Bx}\exp(i\mathbf{q}\cdot\mathbf{t}_1) + \Phi_{0Ay}^{2Bx}\exp(i\mathbf{q}\cdot\mathbf{t}_2)\right] = \\
&= \frac{1}{M}\left\{\frac{\sqrt{3}}{4}\beta_1\exp(-i\mathbf{q}\cdot\boldsymbol{a}) - \frac{\sqrt{3}}{4}\beta_1\exp[-i\mathbf{q}\cdot(\boldsymbol{a}+\mathbf{b})]\right\} = \\
&= \frac{\sqrt{3}\beta_1}{4M}\{\exp(-i\mathbf{q}\cdot\boldsymbol{a}) - \exp[-i\mathbf{q}\cdot(\boldsymbol{a}+\mathbf{b})]\}
\end{aligned}
$$

$$
\begin{aligned}
D_{Ay}^{Bx}(\mathbf{q}) &= \frac{1}{M}\left[\Phi_{0Ay}^{0Bx} + \Phi_{0Ay}^{1Bx}\exp(i\mathbf{q}\cdot\mathbf{t}_1) + \Phi_{0Ay}^{2Bx}\exp(i\mathbf{q}\cdot\mathbf{t}_2)\right] = \\
&= \frac{1}{M}\left\{\frac{\sqrt{3}}{4}\beta_1\exp(-i\mathbf{q}\cdot\boldsymbol{a}) - \frac{\sqrt{3}}{4}\beta_1\exp[-i\mathbf{q}\cdot(\boldsymbol{a}+\mathbf{b})]\right\} = \\
&= \frac{\sqrt{3}\beta_1}{4M}\{\exp(-i\mathbf{q}\cdot\boldsymbol{a}) - \exp[-i\mathbf{q}\cdot(\boldsymbol{a}+\mathbf{b})]\}
\end{aligned}
$$

$$
\begin{aligned}
D_{Ay}^{By}(\mathbf{q}) &= \frac{1}{M}\left[\Phi_{0Ay}^{0By} + \Phi_{0Ay}^{1By}\exp(i\mathbf{q}\cdot\mathbf{t}_1) + \Phi_{0Ay}^{2By}\exp(i\mathbf{q}\cdot\mathbf{t}_2)\right] = \\
&= \frac{1}{M}\left\{-\frac{3}{4}\beta_1\exp(-i\mathbf{q}\cdot\boldsymbol{a}) - \frac{3}{4}\beta_1\exp[-i\mathbf{q}\cdot(\boldsymbol{a}+\mathbf{b})]\right\} = \\
&= -\frac{3\beta_1}{4M}\{\exp(-i\mathbf{q}\cdot\boldsymbol{a}) + \exp[-i\mathbf{q}\cdot(\boldsymbol{a}+\mathbf{b})]\} \tag{19.17}
\end{aligned}
$$

Por último, la submatriz de interacción de los átomos B con los A viene dada por

$$D_{Bx}^{Ax}(\mathbf{q}) = \left[D_{Ax}^{Bx}(\mathbf{q})\right]^* = -\frac{\beta_1}{M}\left\{1 + \frac{1}{4}\exp(i\mathbf{q}\cdot\boldsymbol{a}) + \frac{1}{4}\exp[i\mathbf{q}\cdot(\boldsymbol{a}+\mathbf{b})]\right\}$$

$$D_{Bx}^{Ay}(\mathbf{q}) = \left[D_{Ay}^{Bx}(\mathbf{q})\right]^* = \frac{\sqrt{3}\beta_1}{4M}\left\{\exp\left(i\mathbf{q}\cdot\boldsymbol{a}\right) - \exp\left[i\mathbf{q}\cdot\left(\boldsymbol{a}+\mathbf{b}\right)\right]\right\}$$

$$D_{By}^{Ax}(\mathbf{q}) = \left[D_{Ax}^{By}(\mathbf{q})\right]^* = \frac{\sqrt{3}\beta_1}{4M}\left\{\exp\left(i\mathbf{q}\cdot\boldsymbol{a}\right) - \exp\left[i\mathbf{q}\cdot\left(\boldsymbol{a}+\mathbf{b}\right)\right]\right\}$$

$$D_{By}^{Ay}(\mathbf{q}) = \left[D_{Ay}^{By}(\mathbf{q})\right]^* = -\frac{3\beta_1}{4M}\left\{\exp\left(i\mathbf{q}\cdot\boldsymbol{a}\right) + \exp\left[i\mathbf{q}\cdot\left(\boldsymbol{a}+\mathbf{b}\right)\right]\right\} \quad (19.18)$$

Se pueden desarrollar los productos escalares en las expresiones anteriores utilizando (19.1), pero el problema prácticamente no se simplifica.

La ecuación de autovalores

$$\begin{vmatrix} D_{Ax}^{Ax} - \omega^2 & D_{Ax}^{Ay} & D_{Ax}^{Bx} & D_{Ax}^{By} \\ D_{Ay}^{Ax} & D_{Ay}^{Ay} - \omega^2 & D_{Ay}^{Bx} & D_{Ay}^{By} \\ D_{Bx}^{Ax} & D_{Bx}^{Ay} & D_{Bx}^{Bx} - \omega^2 & D_{Bx}^{By} \\ D_{By}^{Ax} & D_{By}^{Ay} & D_{By}^{Bx} & D_{By}^{Bx} - \omega^2 \end{vmatrix} = 0 \quad (19.19)$$

se ha resuelto de forma numérica con los siguientes valores: $a = 2.46\,\text{Å}$, $M = 12.0\,\text{u}$, $\beta_1 = 350\,\text{N/m}$ y $\beta_2 = \beta_1/2 = 175\,\text{N/m}$, dentro de la primera zona de Brillouin. Las constantes de fuerza se han escogido para que la frecuencia máxima de vibración en el plano sea similar a las dadas en la bibliografía; hay que notar el elevado valor de estas constantes, debido a los enlaces covalentes fuertes entre los átomos de carbono.

La Figura 19.4 muestra las frecuencias permitidas en función del vector de onda para la trayectoria $\Gamma \rightarrow M_1 \rightarrow K_1 \rightarrow K$ (Figura 19.2). Como cabía esperar, aparecen cuatro ramas, dos acústicas (longitudinal LA y transversal TA) y dos ópticas (longitudinal LO y transversal TO). La frecuencia máxima de vibración vale $\omega_{max} = 3.04 \times 10^{14}\,\text{rad/s}$, que corresponde a una temperatura característica

$$\theta_{car} = \hbar\omega_{max}/k_B = 2310\,\text{K} \quad (19.20)$$

que es un valor muy elevado en comparación con la mayoría de los sólidos.

La Figura 19.5 muestra las superficies de dispersión completas en el plano (q_x, q_y) dentro de la primera zona de Brillouin; se observa que presentan la simetría hexagonal característica del sólido. Las superficies de dispersión y sus correspondientes contornos de frecuencia constante se muestran individualmente en la Figura 19.6. Se observan de nuevo las distintas y elegantes geometrías de estos contornos, todos con la simetría propia del sólido.

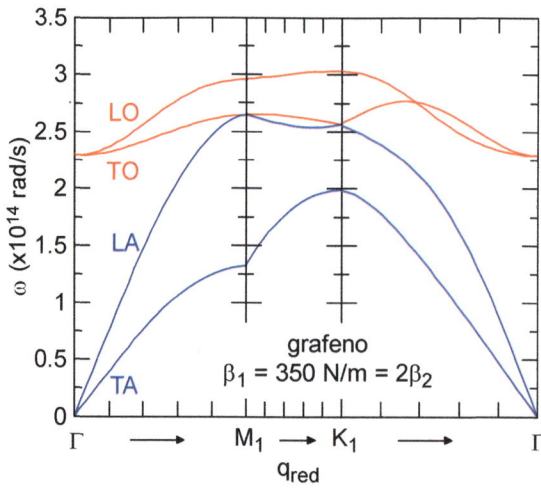

Figura 19.4. Relaciones de dispersión del grafeno en función del vector de onda reducido para la trayectoria $\Gamma \rightarrow M_1 \rightarrow K_1 \rightarrow \Gamma$ (Figura 19.2). Notar los valores tan altos de las constantes de fuerza necesarios para obtener valores consistentes con la bibliografía.

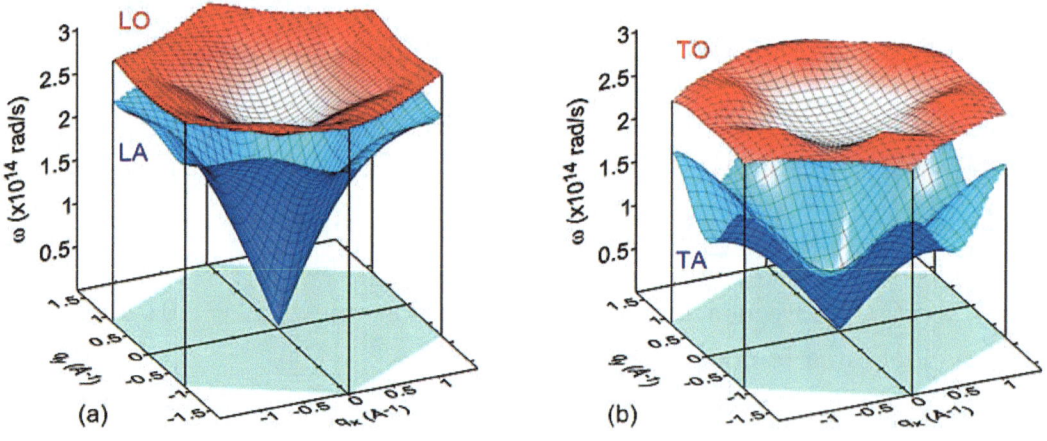

Figura 19.5. Superficies de dispersión fonónica del grafeno estrictamente 2D: (a) LO: longitudinal óptica, LA: longitudinal acústica; (b) TO: transversal óptica, TA: transversal acústica.

Es muy instructivo resolver la ecuación de autovalores (19.19) en el plano de Fourier sin limitarse a la primera zona de Brillouin. Como ejemplo, la Figura 19.7 muestra el resultado para los modos longitudinales acústicos LA y ópticos LO. Se observa que aparece de forma natural la periodicidad del sólido en el espacio de Fourier, donde es posible definir los nudos de su red recíproca y la región que se repite —la primera zona

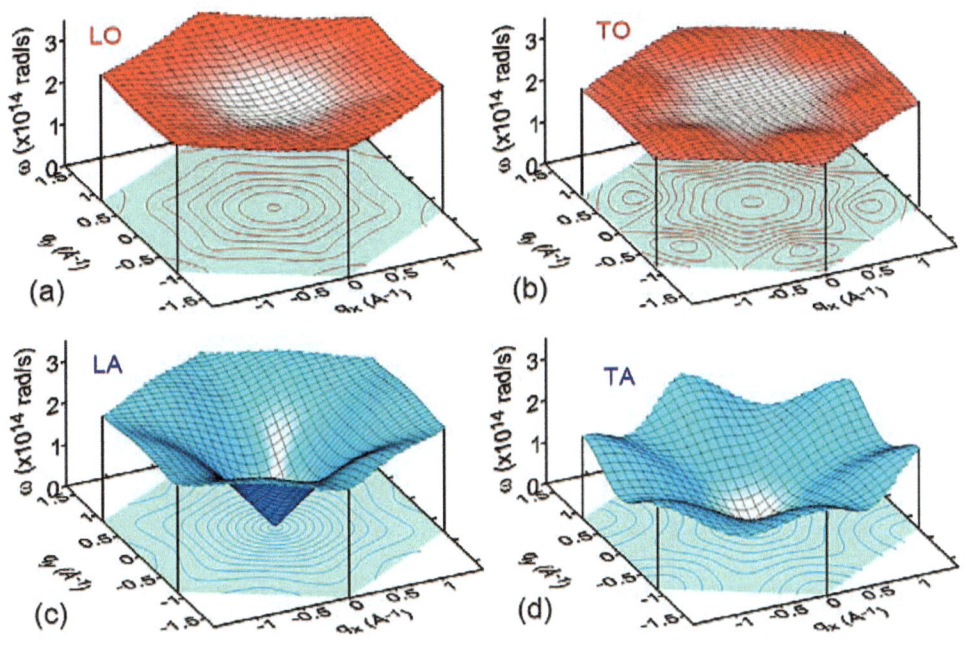

Figura 19.6. Superficies de dispersión y contornos de isofrecuencia de los modos longitudinales y transversales, ópticos y acústicos, del grafeno.

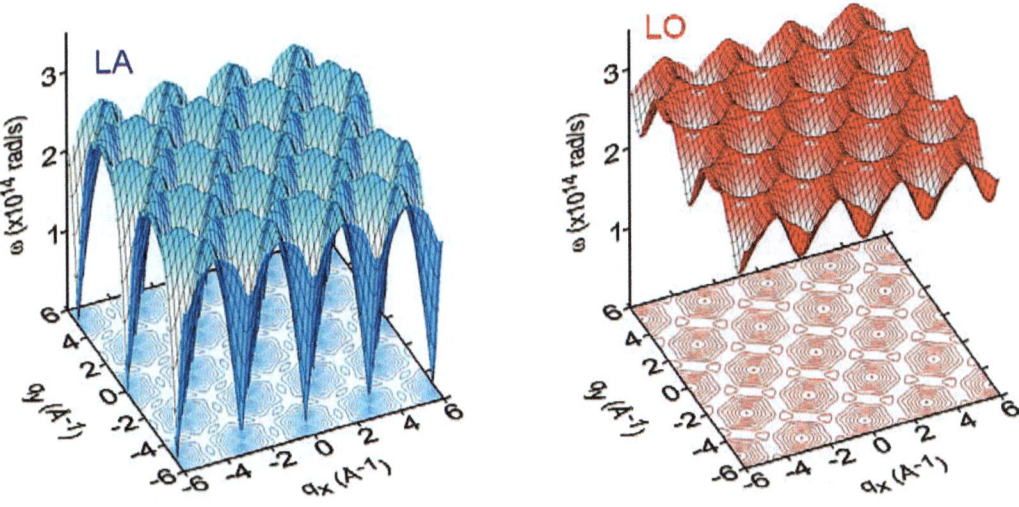

Figura 19.7. Superficies de dispersión y contornos de isofrecuencia de los modos (a) LA y (b) LO en una región extensa del plano de Fourier. Se observa la simetría hexagonal propia de la estructura cristalina y la aparición natural de los nudos recíprocos y la primera zona de Brillouin.

de Brillouin— con la simetría hexagonal propia del sólido.

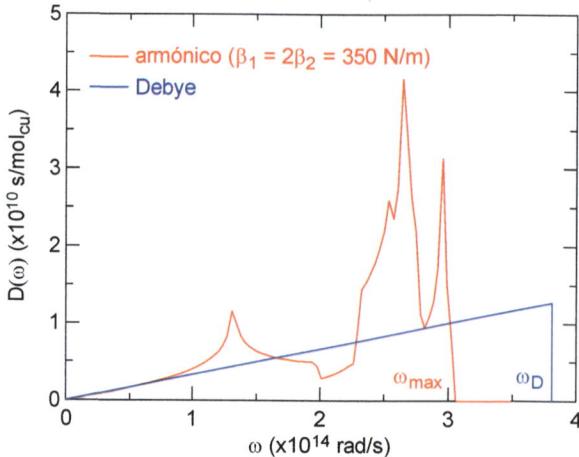

Figura 19.8. Densidad de modos (por mol de celdas unidad) del grafeno 2D. Se compara el desarrollo armónico en segundos vecinos con el modelo de Debye.

19.2   Energía y capacidad calorífica reticular

Para determinar estas magnitudes se requiere la densidad de modos $D(\omega)$, que se obtiene numéricamente muestreando la parte asimétrica de la primera zona de Brillouin (Figura 19.2). El resultado se muestra en la Figura 19.8 en la aproximación de segundos vecinos que se está estudiando. Un ajuste de la zona de bajas frecuencias conduce a

$$D(\omega \ll) = 3.31 \times 10^{-5}\omega \ \text{s}/\,\text{mol}_{cu} \qquad \text{(con } \omega \text{ en rad/s)} \qquad (19.21)$$

por mol de celdas unidad, que es lineal con la frecuencia. Comparando esta expresión con (5.12) se encuentra la velocidad promedio de las ondas sonoras longitudinales y transversales. Con $S_{cu} = \sqrt{3}a^2/2$ se tiene que

$$v_s = \left(\frac{N_{Av}a^2\sqrt{3}}{2\pi \times 3.31 \times 10^{-5}\,\text{s}^2}\right) = 17400\,\text{m/s} \qquad (19.22)$$

Este valor se puede obtener también promediando las pendientes de las ramas acústicas para bajas frecuencias y utilizando (11.18). Desarrollos más elaborados conducen a velocidades del sonido longitudinal $v_{sL} = 21400\,\text{m/s}$ y transversal $v_{sT} = 13600\,\text{m/s}$ [1], resultando una velocidad media $v_s = 16200\,\text{m/s}$, en buen acuerdo con el valor encontrado aquí.

Una vez obtenida la velocidad del sonido en el sólido, la frecuencia y temperatura de Debye se obtienen directamente de (11.19)

$$\omega_D = (4\pi n_{at})^{1/2}\,v_s = 3.81 \times 10^{14}\,\text{rad/s} \rightarrow \theta_D = \frac{\hbar\omega_D}{k_B} = 2900\,\text{K} \qquad (19.23)$$

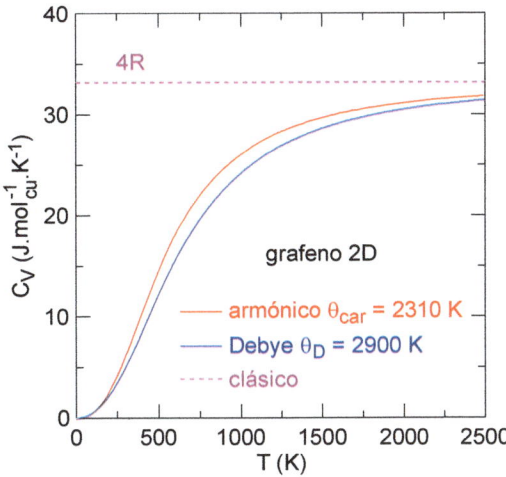

Figura 19.9. Capacidad calorífica (por mol de celdas unidad) del grafeno estrictamente 2D en función de la temperatura considerando interacciones con segundos vecinos. Se compara con los resultados clásico y de Debye.

La densidad de modos de Debye viene dada por (11.20) con $p = 2$

$$D_D(\omega) = \frac{8N_{Av}}{\omega_D^2}\omega = 3.31 \times 10^{-5}\omega \ \text{s/mol}_{cu} \qquad (\text{con } \omega \text{ en rad/s}) \qquad (19.24)$$

por mol de celdas unidad, que obviamente coincide con el resultado armónico a frecuencias bajas como se muestra en la Figura 19.8.

A partir de aquí se encuentra fácilmente la energía de vibración del sólido y su capacidad calorífica de forma numérica. La Figura 19.9 muestra la variación de $C_V(T)$ con T obtenida del desarrollo armónico y del modelo de Debye (11.41). A temperaturas altas $T \gtrsim \theta_{car}$ la capacidad tiende al valor clásico de $4R$ (por mol de celdas unidad), y a muy bajas temperaturas varía como T^2. Un ajuste de esta zona permite obtener de nuevo la temperatura de Debye por comparación con (11.45).

19.3   Grafeno 3D

Los resultados encontrados anteriormente corresponden a vibraciones estrictas en el plano del sólido. Sin embargo, los resultados experimentales muestran que los átomos de carbono en el grafeno también pueden vibrar ligeramente fuera de su plano. Se va a estudiar ahora este movimiento de una forma sencilla a través de una nueva constante de fuerza γ ($\ll \beta_1, \beta_2$) en la aproximación de primeros vecinos, ya que cabe esperar que estas interacciones transversales al plano xy del sólido, denominadas z, sean pequeñas comparadas con las interacciones en el plano. La matriz dinámica correspondiente a estos modos z se escribe

$$\mathbf{D}_z = \begin{pmatrix} D_{Az}^{Az} & D_{Az}^{Bz} \\ D_{Bz}^{Az} & D_{Bz}^{Bz} \end{pmatrix} \tag{19.25}$$

cuyos elementos son (Figura 19.3)

$$
\begin{aligned}
D_{Az}^{Az} &= \frac{1}{M} \Phi_{0Az}^{0Az} \\
D_{Az}^{Bz} &= \frac{1}{M} \left[\Phi_{0Az}^{0Bz} + \Phi_{0Az}^{1Bz} \exp\left(i\mathbf{q} \cdot \mathbf{t}_1\right) + \Phi_{0Az}^{2Bz} \exp\left(i\mathbf{q} \cdot \mathbf{t}_2\right) \right] = \\
&= \frac{1}{M} \left\{ \Phi_{0Az}^{0Bz} + \Phi_{0Az}^{1Bz} \exp\left(-i\mathbf{q} \cdot \boldsymbol{a}\right) + \Phi_{0Az}^{2Bz} \exp\left[-i\mathbf{q} \cdot (\boldsymbol{a} + \mathbf{b})\right] \right\} \\
D_{Bz}^{Az} &= \left(D_{Az}^{Bz}\right)^* = \frac{1}{M} \left\{ \Phi_{0Az}^{0Bz} + \Phi_{0Az}^{1Bz} \exp\left(i\mathbf{q} \cdot \boldsymbol{a}\right) + \Phi_{0Az}^{2Bz} \exp\left[i\mathbf{q} \cdot (\boldsymbol{a} + \mathbf{b})\right] \right\} \\
D_{Bz}^{Bz} &= \frac{1}{M} \Phi_{0Bz}^{0Bz} = D_{Az}^{Az} \tag{19.26}
\end{aligned}
$$

Las distintas constantes de fuerza valen $-\gamma$, exceptuando los autotérminos que vienen dados por

$$
\Phi_{0Az}^{0Az} + \Phi_{0Az}^{0Bz} + \Phi_{0Az}^{1Bz} + \Phi_{0Az}^{2Bz} = 0 \rightarrow \Phi_{0Az}^{0Az} - \gamma - \gamma - \gamma = 0
$$

$$
\Phi_{0Az}^{0Az} = 3\gamma \,, \qquad \Phi_{0Bz}^{0Bz} = \Phi_{0Az}^{0Az} = 3\gamma \tag{19.27}
$$

Sustituyendo en la matriz dinámica se tiene

$$
\begin{aligned}
D_{Az}^{Az} &= \frac{3\gamma}{M} \\
D_{Az}^{Bz} &= \frac{1}{M} \left\{ -\gamma - \gamma \exp\left(-i\mathbf{q} \cdot \boldsymbol{a}\right) - \gamma \exp\left[-i\mathbf{q} \cdot (\boldsymbol{a} + \mathbf{b})\right] \right\} = \\
&= -\frac{\gamma}{M} \left\{ 1 + \exp\left(-i\mathbf{q} \cdot \boldsymbol{a}\right) + \exp\left[-i\mathbf{q} \cdot (\boldsymbol{a} + \mathbf{b})\right] \right\} \\
&= -\frac{\gamma}{M} \left\{ 1 + \exp\left(-i\mathbf{q} \cdot \boldsymbol{a}\right) + \exp\left[-i\mathbf{q} \cdot (\boldsymbol{a} + \mathbf{b})\right] \right\} \\
D_{Bz}^{Az} &= \left(D_{Az}^{Bz}\right)^* = -\frac{\gamma}{M} \left\{ 1 + \exp\left(i\mathbf{q} \cdot \boldsymbol{a}\right) + \exp\left[i\mathbf{q} \cdot (\boldsymbol{a} + \mathbf{b})\right] \right\} \\
D_{Bz}^{Bz} &= \frac{3\gamma}{M} \tag{19.28}
\end{aligned}
$$

Se resuelve la ecuación de autovalores

$$
\left(\frac{3\gamma}{M} - \omega_z^2\right)^2 - \left(\frac{\gamma}{M}\right)^2 \left\{ 1 + \exp\left(-i\mathbf{q} \cdot \boldsymbol{a}\right) + \exp\left[-i\mathbf{q} \cdot (\boldsymbol{a} + \mathbf{b})\right] \right\} \cdot
$$

$$
\cdot \left\{ 1 + \exp\left(i\mathbf{q} \cdot \boldsymbol{a}\right) + \exp\left[i\mathbf{q} \cdot (\boldsymbol{a} + \mathbf{b})\right] \right\} = 0
$$

$$
\left(\frac{3\gamma}{M} - \omega_z^2\right)^2 - \left(\frac{\gamma}{M}\right)^2 \left\{ 3 + 2\cos\left(\mathbf{q} \cdot \boldsymbol{a}\right) + 2\cos\left(\mathbf{q} \cdot \mathbf{b}\right) + 2\cos\left[\mathbf{q} \cdot (\boldsymbol{a} + \mathbf{b})\right] \right\} = 0 \tag{19.29}
$$

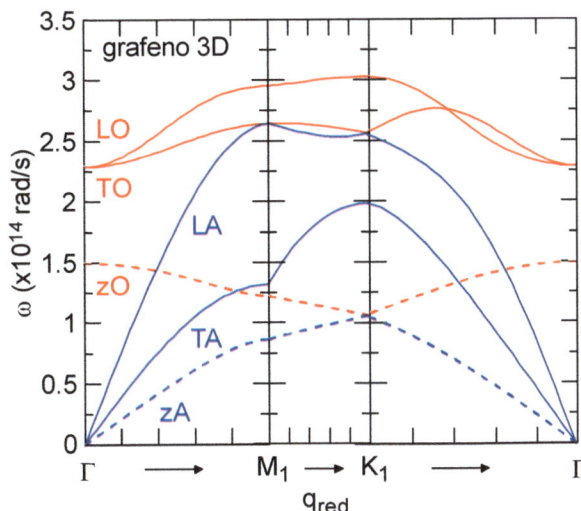

Figura 19.10. Igual que la Figura 19.4, incluyendo los modos ópticos zO y acústicos zA perpendiculares al plano del sólido. Las constantes valen $\beta_1 = 350\,\mathrm{N/m}$, $\beta_2 = \beta_1/2$ y $\gamma = 75\,\mathrm{N/m}$.

resultando que las frecuencias permitidas de los modos z son

$$\omega_z(\mathbf{q}) = \left(\frac{\gamma}{M}\right)^{1/2}\left\{3 \pm \{3 + 2\cos(\mathbf{q}\cdot\boldsymbol{a}) + 2\cos(\mathbf{q}\cdot\mathbf{b}) + 2\cos[\mathbf{q}\cdot(\boldsymbol{a}+\mathbf{b})]\}^{1/2}\right\}^{1/2} \tag{19.30}$$

Se encuentran dos ramas, una acústica zA y otra óptica zO, que se muestran en la Figura 19.10 a lo largo de la trayectoria $\Gamma \to M_1 \to K_1 \to K$ estudiada anteriormente (Figura 19.2) para una constante de interacción $\gamma = 75\,\mathrm{N/m}$, junto con los modos ópticos y acústicos de vibración en el plano xy encontrados anteriormente. Estas curvas muestran un buen acuerdo cualitativo con los resultados de la literatura [2], excepto para la rama acústica zA donde se ha encontrado que $\omega \propto q^2$, no proporcional a q, cerca del origen Γ. La misma dependencia se ha encontrado en una gran variedad de materiales cuasi-bidimensionales, como disulfuro de molibdeno MoS_2, nitruro de boro hexagonal BN, compuestos IV-VI (GeSe, SnSe, ...), carbonitruros y fosforeno (fósforo negro, un alótropo del fósforo) $[3-5]$. Como se indicó en la sección 5.2, este comportamiento cuadrático de ω con q cerca del origen de la zona de Brillouin conduce a una densidad de estados no nula para frecuencia cero (ecuación (5.10) para 2D).

Alternativamente, se pueden encontrar las frecuencias transversales permitidas directamente de las ecuaciones de movimiento de los átomos A y B de la celda 0 en la aproximación de primeros vecinos, como ya se hizo en los capítulos 12 y 13 en sólidos 1D. Se tiene que

$$M\frac{d^2u_{0Az}}{dt^2} = \gamma(u_{0Bz} - u_{0Az}) + \gamma(u_{1Bz} - u_{0Az}) + \gamma(u_{2Bz} - u_{0Az})$$

$$M\frac{d^2u_{0Bz}}{dt^2} = \gamma(u_{3Az} - u_{0Bz}) + \gamma(u_{0Az} - u_{0Bz}) + \gamma(u_{6Az} - u_{0Bz}) \tag{19.31}$$

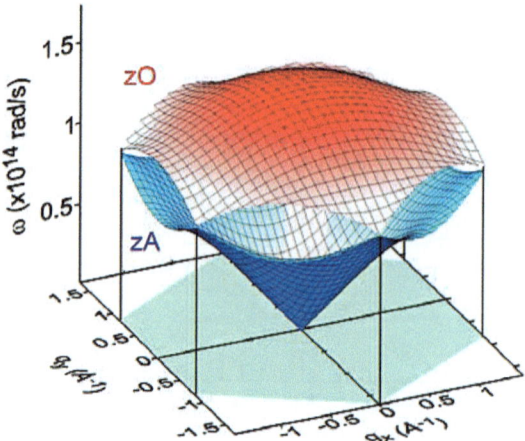

Figura 19.11. Superficies de dispersión de los modos fonónicos transversales al plano del grafeno 3D. zO: modos ópticos, zA: modos acústicos.

Utilizando las soluciones de Bloch (1.29)

$$
\begin{aligned}
u_{hAz}\left(t\right) &= A \exp\left[i\left(\mathbf{q}\cdot\mathbf{t}_h - \omega_z t\right)\right] \\
u_{hBz}\left(t\right) &= B \exp\left[i\left(\mathbf{q}\cdot\mathbf{t}_h - \omega_z t\right)\right]
\end{aligned}
\tag{19.32}
$$

se obtiene

$$
\begin{aligned}
M\omega_z^2 A &= 3\gamma A - \gamma\left\{B + B\exp\left(-i\mathbf{q}\cdot\boldsymbol{a}\right) + B\exp\left[-i\mathbf{q}\cdot\left(\boldsymbol{a}+\mathbf{b}\right)\right]\right\} \\
M\omega_z^2 B &= 3\gamma B - \gamma\left\{A + A\exp\left(i\mathbf{q}\cdot\boldsymbol{a}\right) + A\exp\left[i\mathbf{q}\cdot\left(\boldsymbol{a}+\mathbf{b}\right)\right]\right\}
\end{aligned}
\tag{19.33}
$$

Las frecuencias ω_z se encuentran resolviendo el determinante de los coeficientes, resultando la expresión obtenida anteriormente (19.30).

Para terminar este apartado, la Figura 19.11 muestra las superficies de dispersión de los modos z dentro de la primera zona de Brillouin. Se encuentra que los modos están degenerados en los puntos K de la zona (Figura 19.2). En la Figura 19.12 se representa la correspondiente función densidad $D_z\left(\omega\right)$ de modos z (en verde), obtenida muestreando de nuevo la primera zona de Brillouin. Se muestra también la densidad total de modos de vibración en el grafeno 3D (linea discontinua en negro), que es la suma de las contribuciones de los modos xy en el plano del sólido y de los modos transversales z.

De la misma forma que se asignó una temperatura característica a los modos xy en el plano $\theta_{car(xy)} = 2310\,\mathrm{K}$ (19.20), también se asigna una temperatura característica a los modos z. En este caso, la frecuencia máxima vale $\omega_{max(z)} = 1.50 \times 10^{14}\,\mathrm{rad/s}$ (Figura 19.10), resultando $\theta_{car(z)} = 1140\,\mathrm{K}$.

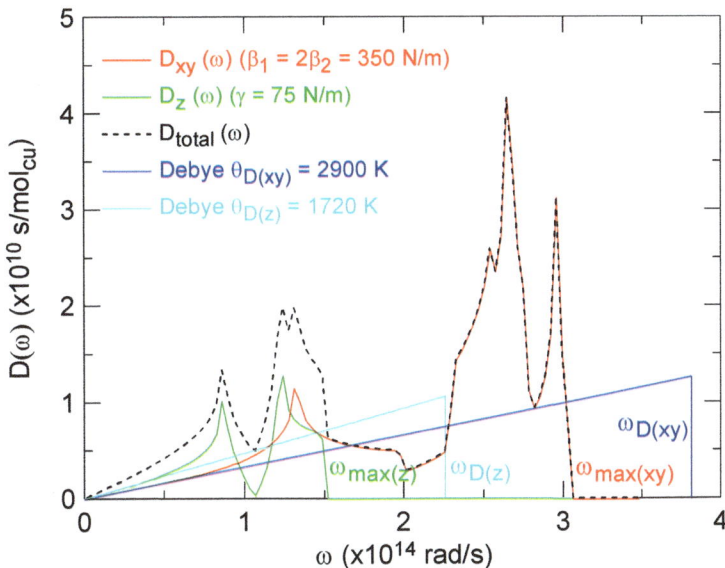

Figura 19.12. Densidad de modos fonónicos (por mol de celdas unidad) del grafeno 3D: $D_{xy}(\omega)$ en el plano del sólido xy, $D_z(\omega)$ perpendicular al plano y $D_{total}(\omega)$ la combinación de ambas. También se muestran las densidades de Debye para los modos xy y z.

El ajuste de $D_z(\omega)$ a bajas frecuencias (Figura 19.12) conduce también a un comportamiento lineal con ω

$$D_z(\omega \ll) = 4.70 \times 10^{-5}\omega \ \text{s/mol}_{cu} \qquad (\omega \ \text{en rad/s}) \qquad (19.34)$$

que permite determinar directamente la temperatura de Debye de estos modos por comparación con la densidad de modos de Debye (11.20), resultando

$$\omega_{D(z)} = 2.26 \times 10^{14}\,\text{rad/s} \rightarrow \theta_{D(z)} = 1720\,\text{K} \qquad (19.35)$$

muy inferior a la temperatura de Debye en el plano $\theta_{D(xy)} = 2900\,\text{K}$ obtenida anteriormente. La Figura 19.12 compara las densidades de modos de Debye en el plano xy y transversales z con las correspondientes densidades armónicas.

Mediante un análisis numérico de estas densidades de modos se encuentra la capacidad calorífica del grafeno. La Figura 19.13(a) muestra las contribuciones parciales de los modos xy y de los modos z, así como la capacidad total. A altas temperaturas tiende al valor de $6R$ (por mol de celdas unidad) de la ley de Dulong y Petit. Y a bajas temperaturas se reproduce la ley T^2, que permite de nuevo obtener las correspondientes temperaturas de Debye mediante un ajuste de las curvas (Figura 19.13(b)) y la comparación con (11.45). También se incluye el ajuste de la capacidad calorífica total, que conduce a una temperatura de Debye "total"

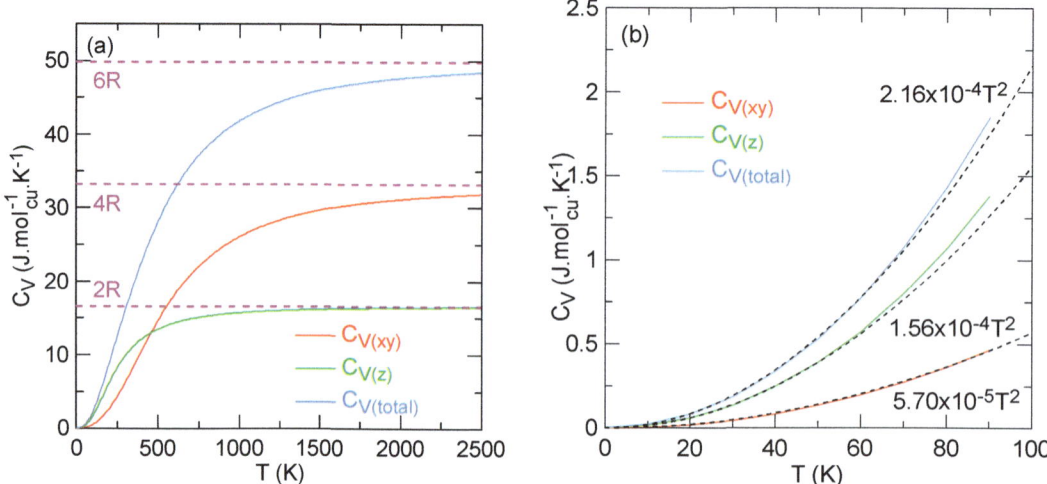

Figura 19.13. (a) Capacidad calorífica (por mol de celdas unidad) del grafeno 3D en función de la temperatura. Se muestran las contribuciones de los modos planares (xy) y de los modos transversales (z), y su combinación total. (b) Ajuste de la región de baja temperatura.

$$57.60R\frac{1}{\theta_D^2} = 2.16 \times 10^{-4}\,\mathrm{J\,mol^{1-}\,K^{-3}} \rightarrow \theta_D^{total} = 1490\,\mathrm{K} \qquad (19.36)$$

Dado el carácter tan singular de este material, esta temperatura de Debye no tiene significado físico.

Hay que señalar que esta capacidad calorífica se debe exclusivamente a los fonones. Habría que considerar también la contribución de los electrones de conducción, pero se ha encontrado que es despreciable a todas las temperaturas [6].

19.4 Alótropos del carbono

Es muy interesante comparar el comportamiento de la capacidad calorífica con la temperatura de las distintas estructuras cristalinas del carbono, cuyos principales alótropos son diamante, grafito, grafeno y fullerito. El diamante presenta una estructura fcc de base diatómica, con átomos situados en $(0,0,0)$ y $(1/4,1/4,1/4)$ (Figura 19.14(a)). Las curvas de dispersión presentan por tanto seis ramas, tres acústicas y tres ópticas, como se muestra en la Figura 19.15(a). Las ramas transversales están frecuentemente degeneradas.

Por su parte, el grafito cristaliza en la red de Bravais hexagonal con cuatro átomos en su base estructural (Figura 19.14(b)). Los átomos están distribuidos en capas; en cada capa los átomos se disponen sobre los vértices de hexágonos regulares, y las capas se apilan verticalmente en una secuencia ABAB... Es decir, el grafito se forma mediante capas superpuestas de grafeno (Figura 19.1). Los átomos de la base se sitúan en $(0,0,0)$,

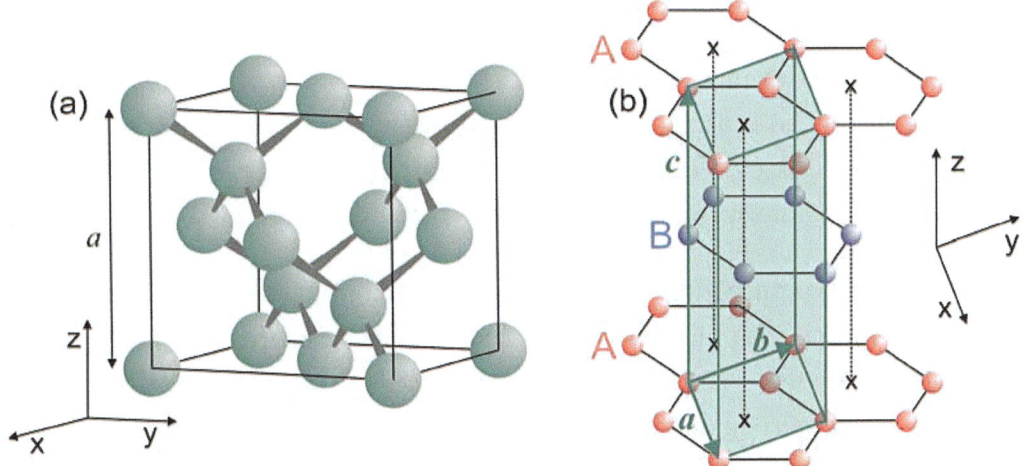

Figura 19.14. Estructura cristalina del (a) diamante, fcc de base diatómica, y (b) grafito, hexagonal de base formada por cuatro átomos.

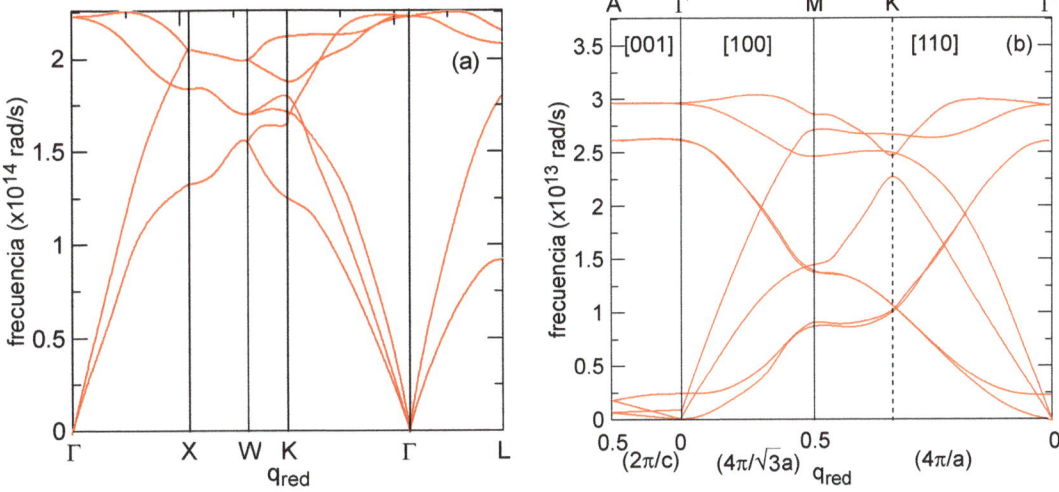

Figura 19.15. Curvas de dispersión fonónicas en (a) diamante (adaptado de Materials Project) y (b) grafito (adaptado de [7], con permiso).

$(1/3, 2/3, 0)$, $(0, 0, 1/2)$ y $(2/3, 1/3, 1/2)$; los dos primeros átomos pertenecen a la capa A y los dos segundos a la capa B. No es una estructura compacta, ya que los átomos situados en $(0, 0, 0)$ y $(0, 0, 1/2)$ están superpuestos. Los parámetros reticulares son

$$a = b = 2.46 \,\text{Å} \,, \qquad c = 6.71 \,\text{Å} \,, \qquad \alpha = 120^\circ \qquad (19.37)$$

que en forma vectorial se escriben

$$\boldsymbol{a} = a\mathbf{i} = \sqrt{3}R_o\mathbf{i} \,, \qquad \mathbf{b} = a\left(-\frac{1}{2}\mathbf{i} + \frac{\sqrt{3}}{2}\mathbf{j}\right) \,, \qquad \mathbf{c} = c\mathbf{k} \qquad (19.38)$$

La separación entre átomos en una misma capa es $R_o = a\sqrt{3}/3 = 1.41\,\text{Å}$, como en el grafeno. Y la separación entre capas vale $c/2 = 3.35\,\text{Å}$.

El grafito es un material muy anisótropo. Los enlaces covalentes entre átomos dentro de una capa son mucho más fuertes que los enlaces entre capas, que son de tipo de van der Waals. Esta clase de estructura se encuentra también en otros sólidos de tipo laminar comentados anteriormente, como MoS_2, BN, GeSe, etc.

Dado que la base estructural del grafito está formada por cuatro átomos, las frecuencias permitidas de vibración se distribuyen en doce ramas de dispersión, tres acústicas y nueve ópticas [7] (Figura 19.15(b)). Las ramas ópticas están a su vez divididas en dos grupos de vibración, correspondientes a las intracapas y a las intercapas. Por tanto, el comportamiento vibracional del grafito se asemeja al del grafeno 3D, es decir, cuando en el grafeno se consideran las oscilaciones dentro y fuera del plano del sólido. Debido al pequeño valor de la constante de fuerza entre capas, los modos correspondientes a los desplazamientos atómicos en el plano basal están prácticamente degenerados por pares, excepto a bajas frecuencias.

Por último, el fullerito C60 —el primero en descubrirse en 1985— cristaliza en la red fcc con una base formada por una molécula de 60 átomos de carbono dispuestos en la forma de una cúpula geodésica (Figura 19.16). Por este motivo, la molécula C60 se suele denominar "buckminsterfullereno", en homenaje al diseñador de la cúpula geodésica, el arquitecto Richard Buckminster Fuller.

El espectro fonónico de este material presenta $60 \times 3 = 180$ ramas de dispersión (Figura 19.17) [8], con un gran intervalo prohibido entre las frecuencias intermoleculares (por debajo de $6.4\,\text{meV} = 9.8 \times 10^{12}\,\text{rad/s}$) e intramoleculares (por encima de $30\,\text{meV} = 6.6 \times 10^{13}\,\text{rad/s}$). Estas últimas ramas son muy planas por lo que sus velocidades de grupo son muy pequeñas y tienen una contribución despreciable al transporte térmico

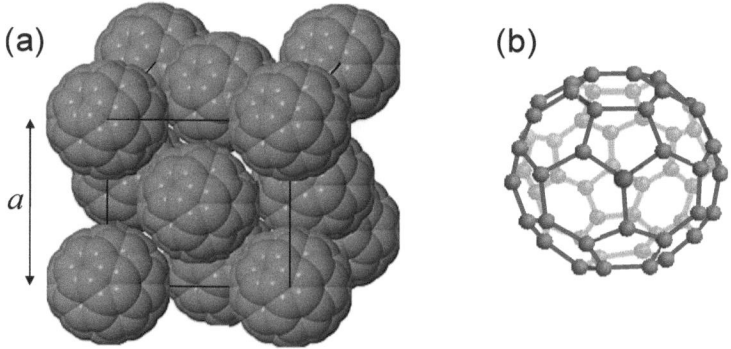

Figura 19.16. (a) Celda unidad fcc del fullerito C60. (b) La base está formada por una molécula de 60 átomos de carbono dispuestos en forma de una cúpula geodésica.

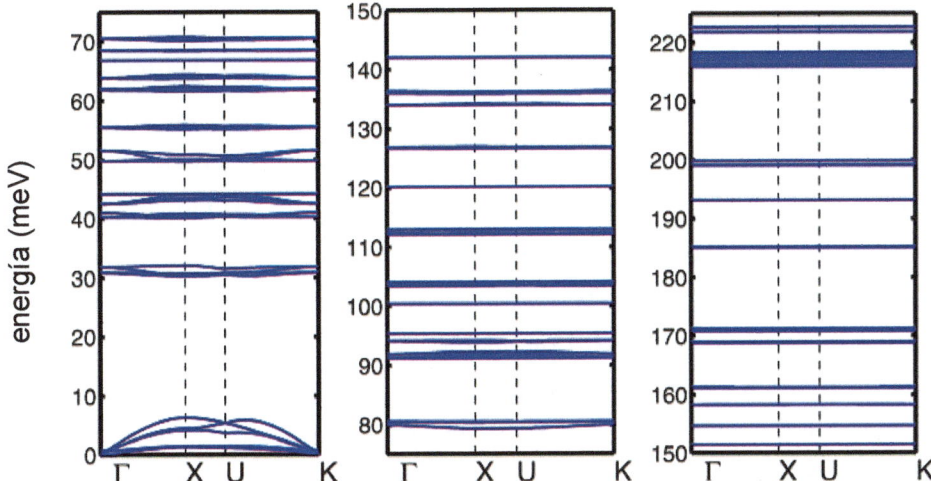

Figura 19.17. Espectro fonónico del fullerito C60, formado por 180 ramas de vibración (adaptado de [8]). Se presenta dividido en tres columnas por comodidad.

en el material.

Finalmente, la Figura 19.18(a) muestra resultados de la literatura para la capacidad calorífica (por mol de átomos, para poder realizar una comparación directa) del diamante, grafito, grafeno y fullerito C_{60}, con sus temperaturas de Debye. Igual que en el grafeno, también se definen dos temperaturas de Debye para el grafito dada su estructura tan especial, una correspondiente a las vibraciones en el plano del sólido $\theta_{D(x,y)} = 2300\,\mathrm{K}$ y otra para las vibraciones transversales $\theta_{D(z)} = 800\,\mathrm{K}$.

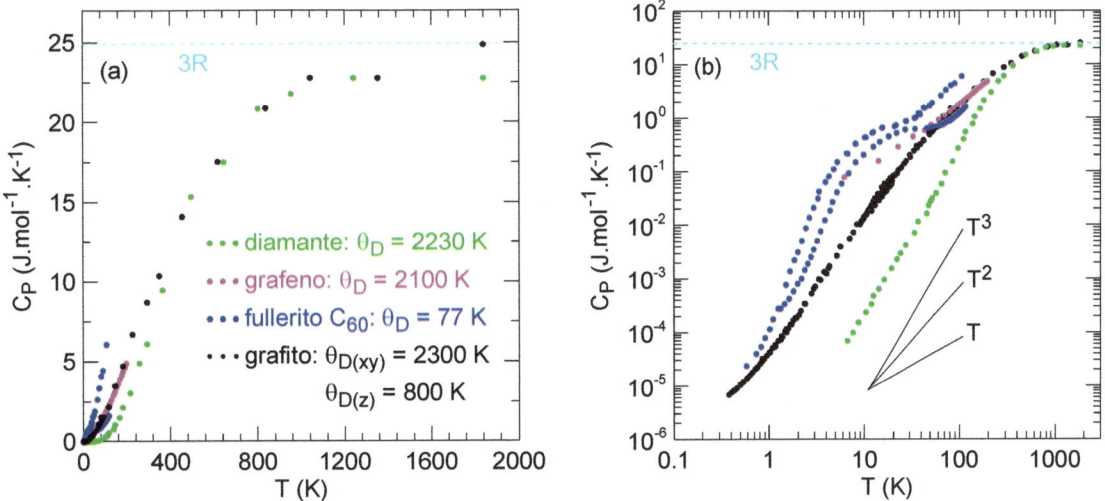

Figura 19.18. Capacidad calorífica (por mol de átomos) en función de la temperatura de los alótropos del carbono: diamante [9]), grafito [9-14], grafeno [9] y fullerito C60 [15,16], en una representación (a) lineal-lineal y (b) log-log. En (b) se muestra la dependencia con T.

Dado el intervalo tan amplio de temperaturas medidas es más conveniente utilizar una gráfica log-log (Figura 19.18(b)), donde también se muestra la dependencia T^n con $n = 1, 2, 3$. Se observa que el diamante se comporta como se espera en un sólido 3D: varía como T^3 a bajas temperaturas y tiende al valor clásico de $3R$ (por átomo) a temperaturas altas. Igual ocurre con el fullerito C_{60}, que tiene una temperatura de fusión estimada de $1500\,K$. En cambio, el grafito muestra un comportamiento más cercano a T^2 que a T^3 a bajas temperaturas, aumentando posteriormente hacia el valor clásico a altas temperaturas. Por último, el grafeno presenta una transición de T a T^2 alrededor de $50\,K$. Estos comportamientos son objeto de numerosos estudios hoy en día, incluso en el grafito que se lleva investigando durante décadas sin un consenso general en su explicación.

Mildred Dresselhaus, 1930 − 2017 (Estados Unidos)

Referencias

1. T. Sohier, M. Calandra, C-H. Park, N. Bonini, N. Marzari and F. Mauri (2014): «Phonon-limited resistivity of graphene by first-principles calculations: Electron-phonon interactions, strain-induced gauge field, and Boltzmann equation», *Physical Review B*, 90, 125414.

2. P. Venezuela, M. Lazzeri and F. Mauri (2011): «Theory of double-resonant Raman spectra in graphene: Intensity and line shape of defect-induced and two-phonon bands», *Physical Review B*, 84, 035433.

3. G. Kern, G. Kresse and J. Hafner (1999): «Ab initio calculation of the lattice dynamics and phase diagram of boron nitride», *Physical Review B*, 59, 8551.

4. B. Mortazavi, I.S. Novikov, E.V. Podryabinkin, S. Roche, T. Rabczuk, A.V. Shapeev and X. Zhuang (2020): «Exploring phononic properties of two-dimen-

sional materials using machine learning interatomic potentials», *Applied Materials Today*, 20, 100685.

5. R. Fei and L.Yang (2014): «Lattice vibrational modes and Raman scattering spectra of strained phosphorene», *Applied Physics Letters*, 105, 083120.

6. M. Sang, J. Shin, K. Kim and K.J. Yu (2019): «Electronic and Thermal Properties of Graphene and Recent Advances in Graphene Based Electronics Applications», *Nanomaterials*, 9, 374.

7. R. Nicklow, N. Wakabayashi and H. G. Smith (1972): «Lattice Dynamics of Pyrolytic Graphite», *Physical Review B*, 5, 4951.

8. L. Chen, X. Wang and S. Kumar (2015): «Thermal Transport in Fullerene Derivatives Using Molecular Dynamics Simulations», *Scitation Reports*, 5, 12763.

9. N. Mounet and N. Marzari (2005): «First-principles determination of the structural, vibrational and thermodynamic properties of diamond, graphite, and derivatives», *Physical Review B*, 71, 205214.

10. T. Nihira and T. Iwata (2003): «Temperature dependence of lattice vibrations and analysis of the specific heat of graphite», *Physical Review B*, 68, 134305.

11. W. DeSorbo and G.E. Nichols (1958): «A calorimeter for the temperature region 1-20 K - The specific heat of some graphite specimens», *Journal of Physics and Chemistry of Solids*, 6, 352.

12. W. DeSorbo and W. W. Tyler (1953): «The Specific Heat of Graphite from 13° to 300°K», *The Journal of Chemical Physics*, 21, 1660.

13. P.H. Keesom and N. Pearlman (1955): «Atomic Heat of Graphite between 1 and 20°K», *Physical Review*, 99, 1119.

14. B.J.C. van der Hoeven Jr. and P.H. Keesom (1963): «Specific Heat of Various Graphites between 0.4 and 2.0 K», *Physical Review*, 130, 1318.

15. M.I. Bagatskiia, V.V. Sumarokov, M.S. Barabashko and A.V. Dolbin (2015): «The low-temperature heat capacity of fullerite C60», *Low Temperature Physics*, 41, 630.

16. J.R. Olson, K.A. Topp and R.O. Pohl (1993): «Specific Heat and Thermal Conductivity of Solid Fullerenes», *Science*, 259, 1145.

20. Relaciones de dispersión en sólidos iónicos. Polarización

El cálculo de las relaciones de dispersión en sólidos iónicos sigue en principio el mismo procedimiento utilizado en el capítulo 3 para sólidos de gases nobles ya que la energía potencial de interacción coulombiana entre iones se puede descomponer en sumas de pares de partículas, aunque presenta algunas diferencias. En primer lugar, las fuerzas coulombianas son de muy largo alcance, por lo que se requiere considerar un gran número de vecinos para obtener resultados correctos; las aproximaciones de primeros o segundos vecinos utilizadas con potenciales de Lennard-Jones 6-12 no son válidas en absoluto. Como ya se indicó en la sección 2.2, el método de Ewald [1] permite superar este problema de convergencia con una energía potencial coulombiana entre iones separados una distancia R dada por

$$W(R) = \frac{1}{4\pi\varepsilon_o} \frac{qq'}{R} \operatorname{erfc}(y) \tag{20.1}$$

donde q y q' son las cargas efectivas de los iones y el argumento de la función error complementario es $y = \eta R$, siendo $\eta \sim 1/a$ con a el parámetro de la celda unidad.

Otra diferencia, de carácter más fundamental, proviene de la formación de dipolos eléctricos en las moléculas cuando los iones de cada celda unidad se mueven en contrafase, lo que ocurre en los modos ópticos con longitudes de onda muy grandes —es decir, en el centro de la zona de Brillouin— como se muestra en la Figura 20.1. Por el contrario, en los modos acústicos de gran longitud de onda los iones vibran en fase, por lo que no se generan dipolos. Debido a esta contribución dipolar adicional a la interacción entre iones, las frecuencias de los modos ópticos longitudinales LO y transversales TO se desdoblan cerca de $\mathbf{q} \approx 0$ en los sólidos iónicos. En cambio, este efecto no se presenta en los sólidos covalentes homopolares, como se muestra en la Figura 20.2 para el cloruro sódico y el silicio.

Como ejemplo, se muestra a continuación los resultados obtenidos en NaCl, que cristaliza en la red fcc con parámetro reticular $a = 5.64$ Å y una base compuesta por dos iones. Las relaciones de dispersión se han obtenido en la aproximación armónica consideran-

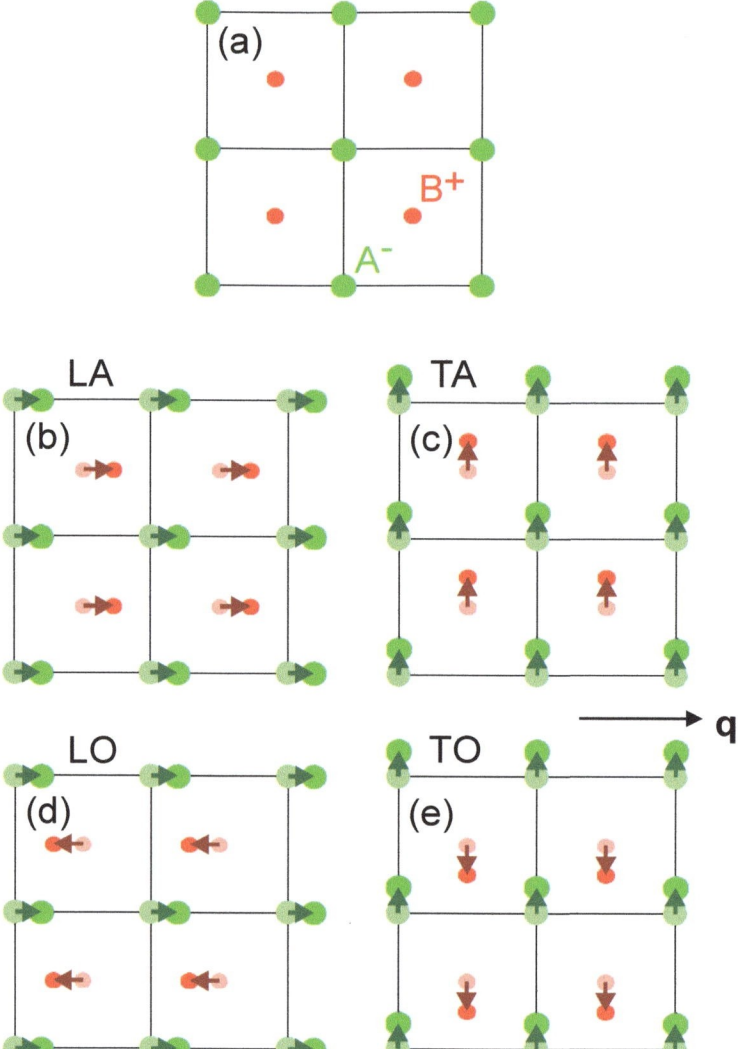

Figura 20.1. Desplazamiento de los iones de un sólido iónico AB bidimensional en: (a) red rígida; y (b-e) modos LA, TA, LO y TO para grandes longitudes de onda ($\mathbf{q} \simeq 0$) donde los iones de cada celda unidad se mueven en fase (LA y TA) y en contrafase (LO y TO). En estos modos se generan dipolos eléctricos.

do las interacciones coulombianas de un ión dado con los iones situados dentro de una esfera de 10 Å de radio, que contiene aproximadamente 200 iones. También se ha acelerado la convergencia del potencial coulombiano utilizando $\eta = 0.11$ en (20.1). La interacción repulsiva entre dos iones separados una distancia R_{ij} debido al solapamiento de sus distribuciones electrónicas se ha modelado con un potencial modificado de Born-Mayer, denominado potencial de Gilbert [4]

$$W^{rep}(R_{ij}) = f_o(C_i + C_j) \exp\left(\frac{D_i + D_j - R_{ij}}{C_i + C_j}\right) \qquad (20.2)$$

donde $f_o = 4.18\,\mathrm{kJ\,mol^{-1}\,\mathring{A}^{-1}}$ y los parámetros C y D son constantes específicas de cada ión independientes del sólido considerado (Tabla 20.1). Con estos datos se ha

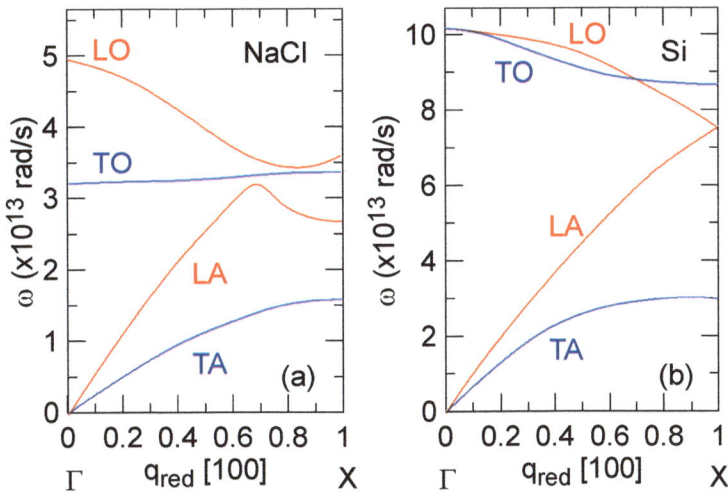

Figura 20.2. Ramas de dispersión fonónicas en la dirección [100] de (a) NaCl (adaptado de [2], con permiso) y (b) Si (adaptado de [3], con permiso). Las ramas LO y TO se desdoblan cerca del origen de la primera zona de Brillouin (punto Γ) en NaCl, pero no en Si.

determinado una constante de Madelung $\alpha = 1.759$, en buen acuerdo con el valor de 1.748 para estructuras de tipo NaCl. La energía de cohesión calculada es $U(R_o) = -796\,\mathrm{kJ/mol}$, que es próxima al valor experimental de $-763\,\mathrm{kJ/mol}$.

La Figura 20.3 muestra las curvas fonónicas en la dirección [100]. Aparecen seis ramas, tres acústicas y tres ópticas, estas últimas degeneradas cerca de $\mathbf{q} \approx 0$ con un valor de $\omega = 3.6 \times 10^{13}\,\mathrm{rad/s}$. Las curvas reproducen los resultados experimentales (Figura 20.2(a)) [2] excepto para las ramas ópticas, donde los modos LO y TO se desdoblan con frecuencias $\omega_{LO} = 5.0 \times 10^{13}\,\mathrm{rad/s}$ y $\omega_{TO} = 3.1 \times 10^{13}\,\mathrm{rad/s}$ debido a la polarización del sólido. Como se determinará posteriormente, ambas frecuencias están conectadas por la relación de Lyddane-Sachs-Teller [5]

$$\omega_{LO}^2 = \frac{\varepsilon_s}{\varepsilon_\infty}\omega_{TO}^2 \tag{20.3}$$

donde ε_s y ε_∞ son las constantes dieléctricas estática y de alta frecuencia ($\varepsilon_\infty = n^2$, con n el índice de refracción) del sólido, respectivamente. Estas constantes valen $\varepsilon_s = 5.9$ y $\varepsilon_\infty = 2.2$ en NaCl, obteniéndose de (20.3) que $\omega_{LO}/\omega_{TO} = 1.64$, en buen acuerdo con el resultado experimental de 1.61. En cambio, las frecuencias de los modos acústicos

Tabla 20.1. Constantes del potencial de Gilbert para diversos iones [4].

	Cl⁻	F⁻	Br⁻	Na⁺	Li⁺	K⁺
C (Å)	0.177	0.133	0.190	0.082	0.07	0.110
D (Å)	1.969	1.492	2.136	1.432	1.061	1.794

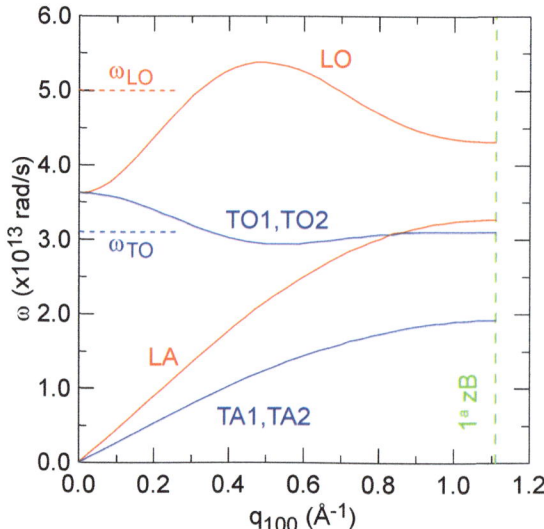

Figura 20.3. Relaciones de dispersión en NaCl en la dirección [100] considerando solo las interacciones coulombianas entre iones. Al incluir la polarización, las ramas ópticas se desdoblan con frecuencias ω_{LO} y ω_{TO} cerca del origen de la zona de Brillouin (grandes longitudes de onda).

no se ven afectadas ya que todos los iones se mueven fase (Figura 20.1).

20.1   Modos ópticos en el centro de la zona de Brillouin

La Figura 20.2 muestra las curvas de dispersión de fonones en la dirección [100] en NaCl y en Si. Ambos sólidos tienen estructura cúbica fcc con base diatómica: dos iones Na^+ y Cl^- en NaCl y dos átomos de C en Si. Como ya se ha comentado, los modos LO y TO en el centro de la zona de Brillouin $q \to 0 \Rightarrow \lambda \gg a$, siendo a una distancia reticular del sólido, están desdoblados en el sólido iónico, mientras que están degenerados en el sólido covalente homopolar. Este resultado es completamente general, y la diferencia radica en los dipolos eléctricos que el movimiento oscilatorio induce en las moléculas del sólido iónico, que dan lugar a una contribución adicional en las constantes de fuerza entre los iones.

Para los modos ópticos próximos a $q = 0$ (límite de longitudes de onda muy grandes), el centro de masas de cada celda unidad (primitiva) permanece en reposo (1.64), (13.19). Para una base diatómica como las que se están considerando, las dos partículas reticulares de la base vibran en antifase (Figuras 13.3, 15.3 y 20.1). Si las partículas son iones, estos modos de vibración generan dipolos eléctricos fluctuantes que pueden interaccionar con la luz, que tiene una longitud de onda $\lambda \sim 5000\,\text{Å} \gg a$ y un vector de onda $k = 2\pi/\lambda \sim 10^{-3}\,\text{Å}^{-1}$, muy cercano al centro de la zona de Brillouin.

Por tanto, se espera que haya una interacción fuerte entre los modos ópticos transversales TO de gran longitud de onda y la radiación visible en la región de cruce de las correspondientes curvas de dispersión frecuencia-vector de onda, resultando modos mixtos fonón-fotón denominados polaritones de fonón. En general, los polaritones son cuasipartículas de carácter mixto formadas por la interacción fuerte entre una onda electromagnética que se propaga en un medio con otras excitaciones propias del medio que presentan un momento dipolar eléctrico o magnético de frecuencia natural próxima a la frecuencia de la radiación electromagnética. Por ejemplo, la interacción con excitones Frenkel o Wannier-Mott (polaritones de excitón), con plasmones (polaritones de plasmón) o con fonones ópticos en sólidos iónicos (polaritones de fonón óptico) como se estudia aquí. Las curvas de dispersión características de la excitación cambian drásticamente cerca de la frecuencia de resonancia entre el fotón y el modo de excitación, transformándose en ramas polaritónicas que muestran un carácter combinado de fotón y excitación, como se estudia más adelante en la sección 20.4.

20.2 Ecuaciones de movimiento y polarización eléctrica

Se van a obtener a continuación las ecuaciones de movimiento de los iones de la base estructural y de la correspondiente polarización eléctrica del sólido. Por simplicidad se va a considerar un sólido con dos iones por celda unidad primitiva, de cargas efectivas $\pm Q$ y masas M^+ y M^-. Se estudian los modos ópticos de gran longitud de onda, donde los iones de un signo se mueven en bloque en sentido opuesto a los iones de signo contrario. Si $\mathbf{u}^+$ y $\mathbf{u}^-$ son los desplazamientos de los iones de la base respecto de sus posiciones de equilibrio, se cumple para cualquier celda unidad que

$$M^+ \frac{d^2\mathbf{u}^+}{dt^2} = -K\left(\mathbf{u}^+ - \mathbf{u}^-\right) + Q\mathbf{E}_{loc}$$
$$M^- \frac{d^2\mathbf{u}^-}{dt^2} = -K\left(\mathbf{u}^- - \mathbf{u}^+\right) - Q\mathbf{E}_{loc} \qquad (20.4)$$

El campo eléctrico $\mathbf{E}_{loc}$ que aparece en estas ecuaciones es el campo local (microscópico) que actúa sobre cada ión. Este campo difiere en general del campo promedio en la celda unidad, denominado campo macroscópico $\mathbf{E}_m$, debido a la contribución de la polarización $\mathbf{P}$ (por lo que incluye también el campo del ión considerado). En el caso de un sólido de geometría sencilla (cilindro, disco, esfera, ...) y con una disposición cúbica de las partículas reticulares, ambos campos están relacionados por la relación de Lorentz [6]

$$\mathbf{E}_{loc} = \mathbf{E}_m + \frac{\mathbf{P}}{3\varepsilon_o} \qquad (20.5)$$

donde $\varepsilon_o = 8.85 \times 10^{-12}\,\mathrm{F\,m^{-1}}$ es la constante dieléctrica del vacío.

Por otra parte, el primer término del segundo miembro de (20.4) es la fuerza restauradora de corto alcance que actúa sobre cada ión de la base estructural. Esta fuerza proviene tanto de la repulsión entre iones vecinos debido al solapamiento de sus nubes electrónicas como de la interacción universal atractiva de van der Waals, y por tanto no depende del campo aplicado. Dado que ambas fuerzas decaen muy rápidamente con la distancia entre partículas, solo los iones más cercanos a un ión dado van a contribuir de forma apreciable a este término local, por lo que cabe esperar en una primera aproximación que la fuerza dependa linealmente del desplazamiento del ión, como se ha considerado en (20.4).

Esta fuerza de corto alcance está asociada a la frecuencia característica de vibración ω_i de la molécula a través de la constante $K = M\omega_i^2$, donde M es su masa reducida. Típicamente $\omega_i \simeq \omega_D$, la frecuencia de Debye, que tiene un valor $\sim 10^{13} \, \mathrm{rad/s}$ correspondiente a la región del espectro infrarrojo. Es conveniente notar que las fuerzas coulombianas de largo alcance debidas al resto de iones del sólido ya están incluidas en el campo $\mathbf{E}_{loc}$ en (20.4).

Es posible obtener información sobre la constante elástica K de (20.4) a través del módulo de volumen isotermo $B_T(T)$ del sólido, que relaciona la variación relativa de su volumen V con el cambio de presión P

$$B_T(T) = -V \left(\frac{\partial P}{\partial V} \right)_T \tag{20.6}$$

Si se considera por simplicidad solo la contribución reticular de equilibrio —es decir, no se incluyen las vibraciones atómicas—, el módulo de volumen[1] se reduce a (sección 23.4)

$$B_T^{eq}(V_o) = V \frac{\partial^2 U}{\partial V^2} \bigg|_{V_o} \tag{20.7}$$

donde la energía potencial de interacción entre partículas U y el volumen V se miden en condiciones estáticas de equilibrio. En un sólido iónico de tipo NaCl, por ejemplo, la energía de interacción de un ión con sus vecinos es

$$
\begin{aligned}
U_{ion}(R) &= 6 \left[-\frac{Q^2}{4\pi\varepsilon_o R} + C \exp\left(-\frac{R}{\rho}\right) - \frac{A}{R^6} \right] + \\
&\quad + 12 \left[\frac{Q^2}{4\pi\varepsilon_o \left(\sqrt{2}R\right)} \right] + 8 \left[-\frac{Q^2}{4\pi\varepsilon_o \left(\sqrt{3}R\right)} \right] + ... = \\
&= -\frac{1.748 Q^2}{4\pi\varepsilon_o R} + 6 \left[C \exp\left(-\frac{R}{\rho}\right) - \frac{A}{R^6} \right]
\end{aligned}
\tag{20.8}
$$

En esta expresión se ha considerado la interacción coulombiana del ión con todos sus vecinos, resultando la constante de Madelung $\alpha_M = 1.748$ para esta estructura cristalina. Sin embargo, para el término atractivo de van der Waals $-A/R^6$ y el término repulsivo por solapamiento de las distribuciones electrónicas $C \exp(-R/\rho)$ (20.2) solo

---

[1] En todo caso, la contribución reticular estática es la predominante en el módulo de volumen.

se ha retenido la interacción con primeros vecinos debido a su corto alcance. De forma general, esta energía del ión se puede escribir como

$$U_{ion}(R) = -\frac{\alpha_M Q^2}{4\pi\varepsilon_o R} + z\phi(R) \qquad (20.9)$$

donde z es el número de primeros vecinos y $\phi(R)$ es la energía potencial de corto alcance responsable de la fuerza restauradora que aparece en la ecuación de movimiento (20.4).

Si el sólido está formado por N moléculas, la energía total es

$$U(R) = \frac{2N}{2}U_{ion}(R) = N\left[-\frac{\alpha_M Q^2}{4\pi\varepsilon_o R} + z\phi(R)\right] \qquad (20.10)$$

Se deriva $U(R)$ respecto de V para obtener el módulo de volumen reticular (20.7)

$$\begin{aligned}
\frac{dU}{dV} &= \frac{dU}{dR}\frac{dR}{dV} \\
\frac{d^2U}{dV^2} &= \frac{d^2U}{dR^2}\left(\frac{dR}{dV}\right)^2 + \frac{dU}{dR}\frac{d^2R}{dV^2}
\end{aligned} \qquad (20.11)$$

Por su parte

$$\begin{aligned}
\frac{dU}{dR} &= N\left[\frac{\alpha_M Q^2}{4\pi\varepsilon_o R^2} + z\phi'(R)\right] \\
\frac{d^2U}{dR^2} &= N\left[-\frac{\alpha_M Q^2}{2\pi\varepsilon_o R^3} + z\phi''(R)\right]
\end{aligned} \qquad (20.12)$$

donde $\phi'(R)$ y $\phi''(R)$ son la primera y segunda derivada de ϕ respecto de R.

La condición de equilibrio de los iones se encuentra anulando la primera derivada de la energía potencial del sólido respecto de la posición

$$\left.\frac{dU}{dR}\right|_{R_o} = N\left[\frac{\alpha_M Q^2}{4\pi\varepsilon_o R_o^2} + z\phi'(R_o)\right] = 0 \rightarrow \frac{\alpha_M Q^2}{4\pi\varepsilon_o R_o^2} = -z\phi'(R_o) \qquad (20.13)$$

de forma que

$$\left.\frac{d^2U}{dV^2}\right|_{V_o} = \left.\frac{d^2U}{dR^2}\left(\frac{dR}{dV}\right)^2\right|_{R_o} = N\left[-\frac{\alpha_M Q^2}{2\pi\varepsilon_o R_o^3} + z\phi''(R_o)\right]\frac{R_o^2}{9} \qquad (20.14)$$

con $dV/V = 3dR/R$. Utilizando (20.13) resulta finalmente

$$B_T^{eq}(V_o) = \left.V\frac{\partial^2 U}{\partial V^2}\right|_{V_o} = Nz\frac{R_o^2}{9V_o}\left[\frac{2\phi'(R_o)}{R_o} + \phi''(R_o)\right] \qquad (20.15)$$

Por otra parte, la constante elástica K viene dada por

$$K = \frac{1}{3} \frac{d^2U}{dR^2}\bigg|_{R_o} = \frac{Nz}{3} \left[\frac{2\phi'(R_o)}{R_o} + \phi''(R_o) \right] \tag{20.16}$$

donde el factor $1/3$ proviene de reducir la matriz de constantes de fuerza isótropa a un escalar [7]. Comparando (20.15) con (20.16) resulta

$$K = \frac{3V_o}{R_o^2} B_T^{eq}(V_o) \tag{20.17}$$

que permite determinar la magnitud microscópica K a partir de valores experimentales. Para el NaCl, por ejemplo, el parámetro reticular vale $a = 5.64\,\text{Å}$, el módulo de volumen a muy bajas temperatures es $B_T^{eq}(V_o) = 25.0\,\text{GPa}$ y $R_o = a/2$, resultando $K = 170\,\text{N}/\text{m}$. Esta constante conduce a una frecuencia natural de oscilación $\omega_i = (K/M)^{1/2} = 8.6 \times 10^{13}\,\text{rad}/\text{s}$, que está dentro de un factor de 2 con las frecuencias mostradas en la Figura 20.3. Alternativamente, la constante K se puede obtener de (20.16) si se conoce la dependencia de las interacciones de corto alcance con R.

20.2.1. Polarización iónica

Dado que estamos interesados en los dipolos eléctricos formados por el movimiento relativo de los iones, se introduce el desplazamiento relativo $\mathbf{w} = \mathbf{u}^+ - \mathbf{u}^-$ de ambas partículas de la base estructural. Restando las ecuaciones (20.4) resulta

$$\frac{d^2\mathbf{w}}{dt^2} = \frac{Q}{M}\mathbf{E}_{loc} - \frac{K}{M}\mathbf{w} = \frac{Q}{M}\mathbf{E}_{loc} - \omega_i^2\mathbf{w} \tag{20.18}$$

Si el campo eléctrico varía como $\exp(-i\omega t)$, la solución de esta ecuación es

$$\mathbf{w} = \frac{Q/M}{\omega_i^2 - \omega^2}\mathbf{E}_{loc} \tag{20.19}$$

de forma que el momento dipolar iónico formado en cada molécula vale

$$\mathbf{p}^i(\omega) = Q\mathbf{w} = \frac{Q^2/M}{\omega_i^2 - \omega^2}\mathbf{E}_{loc} \equiv \alpha^i(\omega)\mathbf{E}_{loc} \tag{20.20}$$

donde se ha definido la polarizabilidad iónica de la molécula $\alpha^i(\omega)$, una magnitud microscópica que es función de la frecuencia del campo eléctrico. Si la frecuencia ω no es muy próxima a la frecuencia natural de la molécula ω_i, la polarizabilidad iónica es prácticamente una constante, denominada polarizabilidad iónica estática α_s^i, dada por

$$\alpha_s^i(\omega \ll \omega_i) \simeq \frac{Q^2/M}{\omega_i^2} \tag{20.21}$$

que tiene un valor próximo a $10^{-40}\,\mathrm{F\,m^2}$ para la mayoría de las moléculas. La singularidad que aparece en (20.19) para $\omega \to \omega_i$ se corrige incluyendo un término de amortiguamiento en las ecuaciones de movimiento (20.4), que da lugar a una resonancia para $\omega = \omega_i$. Si el sólido contiene N moléculas por unidad de volumen, la polarización iónica es

$$\mathbf{P}^i(\omega) = N\mathbf{p}^i(\omega) = N\alpha^i(\omega)\,\mathbf{E}_{loc} \tag{20.22}$$

20.2.2. Polarización electrónica

La polarización total del sólido proviene tanto de la polarizabilidad iónica de las moléculas como de la propia polarizabilidad de cada ión individual (es decir, los iones no se consideran como cargas puntuales). Esta polarizabilidad de toda partícula reticular, átomo o ión, se denomina polarizabilidad electrónica α^{el}, y proviene del desplazamiento relativo del centro de masas de su distribución electrónica respecto del núcleo. En un modelo sencillo α^{el} tiene una forma funcional similar a la iónica (20.20) [6]

$$\alpha^{el}(\omega) = \frac{Ze^2/m_e}{\omega_{el}^2 - \omega^2} \tag{20.23}$$

siendo Z el número de electrones de la partícula reticular, m_e la masa del electrón y ω_{el} la frecuencia de oscilación característica del movimiento electrónico, que es del orden de $10^{16}\,\mathrm{rad/s}$. Esta frecuencia es muy superior a la frecuencia ω_i de oscilación de las moléculas debido a la gran diferencia entre las masas de los iones y electrones. Si la frecuencia ω del campo eléctrico no es próxima a ω_{el} se encuentra que α^{el} es prácticamente una constante, la polarizabilidad electrónica estática, dada por

$$\alpha_s^{el}(\omega \ll \omega_{el}) = \frac{Ze^2/m_e}{\omega_{el}^2} \tag{20.24}$$

que tiene también un valor próximo a $10^{-40}\,\mathrm{F\,m^2}$ para la mayoría de los átomos e iones. La polarizabilidad electrónica (20.23) presenta una singularidad para $\omega \to \omega_{el}$ que se corrige, igual que en el caso iónico, incluyendo un término de fricción en el movimiento de la nube electrónica. En el caso simple estudiado aquí de un sólido con dos iones por celda unidad primitiva, con N moléculas por unidad de volumen, la polarización electrónica es

$$\mathbf{P}^{el}(\omega) = N\left[\alpha_+^{el}(\omega) + \alpha_-^{el}(\omega)\right]\mathbf{E}_{loc} \equiv N\alpha^{el}(\omega)\,\mathbf{E}_{loc} \tag{20.25}$$

donde se ha definido por comodidad la polarizabilidad electrónica de la molécula como $\alpha^{el} = \alpha_+^{el} + \alpha_-^{el}$.

Por tanto, la polarización total $\mathbf{P}(\omega)$ de un sólido iónico proviene de las contribuciones iónica $\mathbf{P}^i(\omega)$ y electrónica $\mathbf{P}^{el}(\omega)$, que dependen de la frecuencia ω del campo. Admitiendo en primera aproximación que ambas contribuciones son independientes, se pueden distinguir dos grandes intervalos:

• Bajas frecuencias $\omega \ll \omega_i$: en esta región por debajo del infrarrojo se observan ambas polarizaciones, resultando la polarización total estática

$$\mathbf{P}(\omega \ll \omega_i) \equiv \mathbf{P}_s = \mathbf{P}_s^i + \mathbf{P}_s^{el} \tag{20.26}$$

• Altas frecuencias $\omega_i \ll \omega \ll \omega_{el}$: en esta región alrededor del visible se pierde la polarizabilidad iónica por su mayor inercia, manteniéndose solo la contribución electrónica estática. En la literatura es habitual referirse a este intervalo como el "infinito", entendido como la región donde solo contribuye α_s^{el} (20.24), de forma que

$$\mathbf{P}(\omega_i \ll \omega \ll \omega_{el}) \equiv \mathbf{P}_\infty = \mathbf{P}_s^{el} \tag{20.27}$$

Para frecuencia mayores que ω_{el} el sólido pierde también la polarizabilidad electrónica, de forma que no presenta respuesta dieléctrica y $\mathbf{P}(\omega \gg \omega_{el}) = 0$.

Por tanto, la polarización total del sólido se escribe —siempre para frecuencias ω pequeñas comparadas con la frecuencia del movimiento electrónico ω_{el}— como

$$\begin{aligned}
\mathbf{P}(\omega) &= \mathbf{P}^i(\omega) + \mathbf{P}_s^{el} = N\mathbf{p}^i(\omega) + N\alpha_s^{el}\mathbf{E}_{loc} = \\
&= NQ\mathbf{w} + N\alpha_s^{el}\left[\mathbf{E}_m + \frac{\mathbf{P}(\omega)}{3\varepsilon_o}\right]
\end{aligned} \tag{20.28}$$

donde se ha utilizado (20.5), (20.20) y (20.25). Resolviendo para $\mathbf{P}$ se encuentra que

$$\mathbf{P}(\omega) = \frac{NQ}{1-(N\alpha_s^{el}/3\varepsilon_o)}\mathbf{w} + \frac{N\alpha_s^{el}}{1-(N\alpha_s^{el}/3\varepsilon_o)}\mathbf{E}_m \tag{20.29}$$

Es conveniente notar que si los propios iones no fuesen polarizables resultaría $\alpha_s^{el} = 0$, de forma que la polarización del sólido vendría dada exclusivamente por el desplazamiento relativo $\mathbf{w}$ de los iones (20.29). A continuación se van a determinar los coeficientes de $\mathbf{w}$ y $\mathbf{E}_m$ en función de magnitudes macroscópicas fácilmente medibles.

20.3 Ecuación de Clausius-Mossotti

La polarización $\mathbf{P}$ del sólido y el campo macroscópico $\mathbf{E}_m$ están relacionados por la ecuación constitutiva

$$\mathbf{P}(\omega) = \varepsilon_o\left[\varepsilon(\omega) - 1\right]\mathbf{E}_m \tag{20.30}$$

Tabla 20.2. Frecuencias ópticas longitudinales y transversales en el centro de la primera zona de Brillouin y constantes dieléctricas de baja ϵ_s y alta ϵ_∞ frecuencia de varios dieléctricos y semiconductores polares. Se muestra el valor teórico de la relación de Lyddane-Sachs-Teller (20.3) y el valor experimental.

	ω_{LO} $(\times 10^{13}\,\mathrm{rad/s})$	ω_{TO} $(\times 10^{13}\,\mathrm{rad/s})$	ε_s	ε_∞	ω_{LO}/ω_{TO} (LST)	ω_{LO}/ω_{TO} (exper.)
NaCl	5.0	3.1	5.9	2.2	1.64	1.61
KCl	4.0	2.8	4.8	2.2	1.48	1.45
LiF	12.6	5.7	8.3	1.9	2.1	2.2
InSb	3.7	3.5	17.9	15.7	1.07	1.06
GaAs	5.5	5.1	12.9	10.9	1.09	1.08
GaP	7.5	6.9	11.1	9.1	1.10	1.09
diamante	25.1	25.1	5.7	5.7	1	1
Si	10.1	10.1	11.7	11.7	1	1

donde $\varepsilon(\omega)$ es la constante dieléctrica relativa del material, que depende de la frecuencia ω del campo. Esta constante es una magnitud macroscópica, fácilmente medible por diversos métodos experimentales. En los límites de bajas y altas frecuencias la ecuación (20.30) se reduce a la polarización estática $\mathbf{P}_s$ y a la polarización del infinito $\mathbf{P}_\infty$, respectivamente, dadas por

$$\begin{aligned}
\mathbf{P}_s\left(\omega \ll \omega_i\right) &= \varepsilon_o\left(\varepsilon_s - 1\right)\mathbf{E}_m \\
\mathbf{P}_\infty\left(\omega_i \ll \omega \ll \omega_{el}\right) &= \varepsilon_o\left(\varepsilon_\infty - 1\right)\mathbf{E}_m
\end{aligned} \tag{20.31}$$

donde ε_s y ε_∞ son la constante dieléctrica estática y la constante dieléctrica del infinito del sólido; esta última constante es igual a $\varepsilon_\infty = n^2$, siendo n el índice de refracción del material. La Tabla 20.2 muestra los valores de ε_s y ε_∞ de algunos materiales dieléctricos y semiconductores polares. En particular, se observa que $\varepsilon_s = \varepsilon_\infty$ en el diamante y en el silicio, indicando que la polarización proviene exclusivamente de la polarizabilidad electrónica.

La relación entre la magnitud macroscópica ε y la microscópica α viene dada (en sólidos con geometría simple y disposición cúbica como se está considerando) por la ecuación de Clausius-Mossotti, que se obtiene fácilmente combinando las expresiones de la polarización (20.30) y del campo local (20.5)

$$\mathbf{P}(\omega) = N\mathbf{p}(\omega) = N\alpha(\omega)\mathbf{E}_{loc} = N\alpha(\omega)\left(\mathbf{E}_m + \frac{\mathbf{P}}{3\varepsilon_o}\right) =$$

$$= N\alpha(\omega) \left\{ \mathbf{E}_m + \frac{\varepsilon_o \left[\varepsilon(\omega) - 1 \right] \mathbf{E}_m}{3\varepsilon_o} \right\} =$$

$$= N\alpha(\omega) \frac{\varepsilon(\omega) + 2}{3} \mathbf{E}_m = \varepsilon_o \left[\varepsilon(\omega) - 1 \right] \mathbf{E}_m \tag{20.32}$$

de forma que

$$\frac{\varepsilon(\omega) - 1}{\varepsilon(\omega) + 2} = \frac{1}{3\varepsilon_o} N\alpha(\omega) \tag{20.33}$$

Si en el sólido existen diversos tipos j de dipolos, la ecuación de Clausius-Mossotti viene dada simplemente por

$$\frac{\varepsilon(\omega) - 1}{\varepsilon(\omega) + 2} = \frac{1}{3\varepsilon_o} \sum_j N_j \alpha_j(\omega) \tag{20.34}$$

Es conveniente escribir $\varepsilon(\omega)$ en función de las constantes estática ε_s y del infinito ε_∞ ya que ambas magnitudes se miden fácilmente. Utilizando (20.20), la constante dieléctrica $\varepsilon(\omega)$ (siempre para frecuencias ω pequeñas comparadas con la frecuencia natural electrónica ω_{el}) viene dada por

$$\frac{\varepsilon(\omega) - 1}{\varepsilon(\omega) + 2} = \frac{1}{3\varepsilon_o} N\alpha_s^{el} + \frac{1}{3\varepsilon_o} N\alpha^i(\omega) = \frac{1}{3\varepsilon_o} N\alpha_s^{el} + \frac{1}{3\varepsilon_o} \frac{NQ^2}{M(\omega_i^2 - \omega^2)} \tag{20.35}$$

que se reduce a bajas y altas frecuencias a

$$\frac{\varepsilon_s - 1}{\varepsilon_s + 2} = \frac{1}{3\varepsilon_o} N\alpha_s^{el} + \frac{1}{3\varepsilon_o} \frac{NQ^2}{M\omega_i^2} \tag{20.36a}$$

$$\frac{\varepsilon_\infty - 1}{\varepsilon_\infty + 2} = \frac{1}{3\varepsilon_o} N\alpha_s^{el} \tag{20.36b}$$

Sustituyendo en (20.35)

$$\frac{\varepsilon(\omega) - 1}{\varepsilon(\omega) + 2} = \frac{\varepsilon_\infty - 1}{\varepsilon_\infty + 2} + \frac{1}{1 - (\omega/\omega_i)^2} \left(\frac{\varepsilon_s - 1}{\varepsilon_s + 2} - \frac{\varepsilon_\infty - 1}{\varepsilon_\infty + 2} \right) \tag{20.37}$$

Resolviendo para la constante dieléctrica se tiene finalmente

$$\varepsilon(\omega) = \varepsilon_\infty + \frac{\varepsilon_s - \varepsilon_\infty}{1 - (\omega/\omega_{TO})^2} \tag{20.38}$$

donde se ha introducido la frecuencia ω_{TO}

$$\omega_{TO}^2 = \frac{\varepsilon_\infty + 2}{\varepsilon_s + 2} \omega_i^2 \tag{20.39}$$

Dado que $\varepsilon_\infty < \varepsilon_s$ se tiene que $\omega_{TO} < \omega_i$, la frecuencia de resonancia iónica. Posteriormente se va a determinar que ω_{TO} es la frecuencia de los modos ópticos transversales del sólido iónico cerca del origen de la primera zona de Brillouin.

Los coeficientes de $\mathbf{w}$ y $\mathbf{E}_m$ de la polarización (20.29) se pueden expresar ya en términos de las constantes dieléctricas ε_s y ε_∞. Utilizando la ecuación de Clausius-Mossotti a altas frecuencias (20.36b) resulta directamente

$$\frac{NQ}{1-(N\alpha_s^{el}/3\varepsilon_o)} = \frac{NQ}{3}\left(\varepsilon_\infty + 2\right)$$

$$\frac{N\alpha_s^{el}}{1-(N\alpha_s^{el}/3\varepsilon_o)} = \varepsilon_o\left(\varepsilon_\infty - 1\right) \qquad (20.40)$$

de forma que

$$\mathbf{P}\left(\omega\right) = \frac{NQ}{3}\left(\varepsilon_\infty + 2\right)\mathbf{w} + \varepsilon_o\left(\varepsilon_\infty - 1\right)\mathbf{E}_m \qquad (20.41)$$

Por homogeneidad, la ecuación de movimiento relativo de los iones (20.18) se va a escribir también en función de $\mathbf{w}$ y $\mathbf{E}_m$, igual que la polarización. Sustituyendo $\mathbf{P}$ (20.29) con los coeficientes dados por (20.40) en (20.5) se tiene que

$$\begin{aligned}
\mathbf{E}_{loc} &= \mathbf{E}_m + \frac{1}{3\varepsilon_o}\left[\frac{NQ}{3}\left(\varepsilon_\infty + 2\right)\mathbf{w} + \varepsilon_o\left(\varepsilon_\infty - 1\right)\mathbf{E}_m\right] = \\
&= \frac{NQ}{9\varepsilon_o}\left(\varepsilon_\infty + 2\right)\mathbf{w} + \frac{\varepsilon_\infty + 2}{3}\mathbf{E}_m \qquad (20.42)
\end{aligned}$$

Sustituyendo esta expresión en (20.18) resulta finalmente

$$\frac{d^2\mathbf{w}}{dt^2} = \frac{1}{M}\left[-K + \frac{NQ^2}{9\varepsilon_o}\left(\varepsilon_\infty + 2\right)\right]\mathbf{w} + \frac{Q}{3M}\left(\varepsilon_\infty + 2\right)\mathbf{E}_m \qquad (20.43)$$

Es conveniente introducir el desplazamiento normalizado $\mathbf{v} = \sqrt{NM}\mathbf{w}$, de forma que la ecuación anterior se escribe como

$$\begin{aligned}
\frac{d^2\mathbf{v}}{dt^2} &= \frac{1}{M}\left[-K + \frac{NQ^2}{9\varepsilon_o}\left(\varepsilon_\infty + 2\right)\right]\mathbf{v} + \sqrt{\frac{N}{M}}\frac{Q}{3}\left(\varepsilon_\infty + 2\right)\mathbf{E}_m = \\
&= \gamma_{11}\mathbf{v} + \gamma_{12}\mathbf{E}_m \qquad (20.44)
\end{aligned}$$

donde se han definido los coeficientes

$$\gamma_{11} = \frac{1}{M}\left[\frac{NQ^2}{9\varepsilon_o}\left(\varepsilon_\infty + 2\right) - K\right], \qquad \gamma_{12} = \sqrt{\frac{N}{M}}\frac{Q}{3}\left(\varepsilon_\infty + 2\right) \qquad (20.45)$$

El coeficiente γ_{11} se puede simplificar utilizando $K = M\omega_i^2$ y las relaciones (20.36), resultando

$$\frac{\varepsilon_s - 1}{\varepsilon_s + 2} = \frac{\varepsilon_\infty - 1}{\varepsilon_\infty + 2} + \frac{1}{3\varepsilon_o}\frac{NQ^2}{M\omega_i^2}$$

$$\rightarrow \frac{1}{3\varepsilon_o}\frac{NQ^2}{M\omega_i^2} = \frac{3\left(\varepsilon_s - \varepsilon_\infty\right)}{\left(\varepsilon_s + 2\right)\left(\varepsilon_\infty + 2\right)} \qquad (20.46)$$

de forma que

$$\gamma_{11} = -\omega_i^2 \frac{\varepsilon_\infty + 2}{\varepsilon_s + 2} = -\omega_{TO}^2 \tag{20.47}$$

donde ω_{TO} es la frecuencia óptica transversal (20.39). Igualmente, el coeficiente γ_{12} se simplifica utilizando (20.46) y (20.47) a

$$\gamma_{12} = \sqrt{\varepsilon_o \left(\varepsilon_s - \varepsilon_\infty\right)}\, \omega_{TO} \tag{20.48}$$

Introduciendo también el desplazamiento relativo $\mathbf{v}$ en la polarización (20.41) resulta

$$\mathbf{P} = \sqrt{\frac{N}{M}} \frac{Q}{3} \left(\varepsilon_\infty + 2\right) \mathbf{v} + \varepsilon_o \left(\varepsilon_\infty - 1\right) \mathbf{E}_m = \gamma_{21}\mathbf{v} + \gamma_{22}\mathbf{E}_m \tag{20.49}$$

con

$$\gamma_{21} = \gamma_{12} = \sqrt{\frac{N}{M}} \frac{Q}{3} \left(\varepsilon_\infty + 2\right) = \sqrt{\varepsilon_o \left(\varepsilon_s - \varepsilon_\infty\right)}\, \omega_{TO} \; , \; \gamma_{22} = \varepsilon_o \left(\varepsilon_\infty - 1\right) \tag{20.50}$$

Se tienen así las ecuaciones mecánicas para el movimiento de los iones y su respuesta dieléctrica, dadas por

$$\frac{d^2\mathbf{v}}{dt^2} = \gamma_{11}\mathbf{v} + \gamma_{12}\mathbf{E}_m \tag{20.51a}$$

$$\mathbf{P} = \gamma_{21}\mathbf{v} + \gamma_{22}\mathbf{E}_m \tag{20.51b}$$

con los coeficientes dados por (20.47) y (20.50).

20.4   Acoplamiento fonón-fotón. Polaritones

Para dar cuenta de la interacción de las vibraciones ópticas en un sólido iónico con las ondas electromagnéticas es necesario añadir las ecuaciones de Maxwell a las ecuaciones mecánicas anteriores (20.51). En un medio sin cargas libres se tiene que

$$\boldsymbol{\nabla} \cdot \mathbf{D} \;=\; 0 \tag{20.52a}$$

$$\boldsymbol{\nabla} \cdot \mathbf{B} \;=\; 0 \tag{20.52b}$$

$$\boldsymbol{\nabla} \times \mathbf{E}_m \;=\; -\frac{\partial \mathbf{B}}{\partial t} \tag{20.52c}$$

$$\boldsymbol{\nabla} \times \mathbf{B} \;=\; \mu_o \frac{\partial \mathbf{D}}{\partial t} = \mu_o \varepsilon_o \frac{\partial \mathbf{E}_m}{\partial t} + \mu_o \frac{\partial \mathbf{P}}{\partial t} \tag{20.52d}$$

donde $\mathbf{D} = \varepsilon_o \mathbf{E}_m + \mathbf{P}$ es el vector desplazamiento, $\mathbf{B}$ el campo magnético y μ_o la permeabilidad magnética en el vacío.

Se buscan soluciones del tipo $\mathbf{X} = \mathbf{X}^o \exp\left[i\left(\mathbf{q}\cdot\mathbf{r} - \omega t\right)\right]$ con $\mathbf{X} \equiv \mathbf{v}, \mathbf{P}, \mathbf{E}_m, \mathbf{B}$, de forma que las ecuaciones (20.52) quedan en la forma

$$\mathbf{q} \cdot (\varepsilon_o \mathbf{E}_m + \mathbf{P}) = 0 \qquad (20.53a)$$

$$\mathbf{q} \cdot \mathbf{B} = 0 \qquad (20.53b)$$

$$\mathbf{q} \times \mathbf{E}_m = \omega \mathbf{B} \qquad (20.53c)$$

$$\mathbf{q} \times \mathbf{B} = -\mu_o \epsilon_o \omega \mathbf{E}_m - \mu_o \omega \mathbf{P} = -\mu_o \omega (\varepsilon_o \mathbf{E}_m + \mathbf{P}) \qquad (20.53d)$$

Además, se tiene de (20.51a) que

$$-\omega^2 \mathbf{v} = \gamma_{11} \mathbf{v} + \gamma_{12} \mathbf{E}_m \rightarrow \mathbf{v} = -\frac{\gamma_{12}}{\gamma_{11} + \omega^2} \mathbf{E}_m \qquad (20.54)$$

De (20.53a) y (20.30) se tiene finalmente que

$$\mathbf{q} \cdot [\varepsilon_o \mathbf{E}_m + \varepsilon_o \varepsilon(\omega) \mathbf{E}_m - \varepsilon_o \mathbf{E}_m] = 0 \rightarrow \varepsilon(\omega) \mathbf{q} \cdot \mathbf{E}_m = 0 \qquad (20.55)$$

El campo eléctrico es distinto de cero ya que en otro caso llevaría a que $\mathbf{B} = 0$ (20.53c), resultando la solución trivial con $\mathbf{P} = 0$ (20.53d) y $\mathbf{v} = 0$ (20.51b). Por tanto, la ecuación (20.55) tiene dos soluciones posibles, que se van a discutir por separado.

Si $\varepsilon(\omega) = 0$, resulta de (20.30) y (20.53d) que

$$\mathbf{P} = -\varepsilon_o \mathbf{E}_m \rightarrow \mathbf{q} \times \mathbf{B} = 0 \qquad (20.56)$$

Para esta solución el vector de onda o bien es paralelo al campo magnético $\mathbf{q} \parallel \mathbf{B}$ o bien el campo es nulo $\mathbf{B} = 0$. Por otra parte, la ecuación (20.53b) indica que $\mathbf{q}$ o bien es perpendicular al campo magnético $\mathbf{q} \perp \mathbf{B}$ o bien que $\mathbf{B} = 0$. Combinando los dos resultados se concluye que el campo magnético es nulo. Y con (20.53c) se encuentra que $\mathbf{q} \times \mathbf{E}_m = 0$, de forma que el vector de onda es paralelo al campo eléctrico. Y como tanto la polarización $\mathbf{P}$ (20.56) como el desplazamiento relativo de los iones $\mathbf{v}$ (20.54) son paralelos al campo $\mathbf{E}_m$, resulta que $\mathbf{v} \parallel \mathbf{P} \parallel \mathbf{E}_m \parallel \mathbf{q}$. Esta solución corresponde, por tanto, a una onda de vibración longitudinal de frecuencia dada por (20.38)

$$\varepsilon(\omega) = \varepsilon_\infty + \frac{\varepsilon_s - \varepsilon_\infty}{(\omega/\omega_{TO})^2 - 1} = 0 \rightarrow \omega \equiv \omega_{LO} = \left(\frac{\varepsilon_s}{\varepsilon_\infty} \right)^{1/2} \omega_{TO} \qquad (20.57)$$

Esta relación es no dispersiva y se denomina relación de Lyddane-Sachs-Teller (LST) [5], donde se ha explicitado que la frecuencia corresponde a los modos ópticos longitudinales ω_{LO} de gran longitud de onda. Como $\varepsilon_s > \varepsilon_\infty$ resulta $\omega_{LO} > \omega_{TO}$.

La segunda solución de (20.55) corresponde a $\mathbf{q} \cdot \mathbf{E}_m = 0$, de forma que el vector de onda es perpendicular al campo eléctrico $\mathbf{q} \perp \mathbf{E}_m$, y por tanto también al desplazamiento $\mathbf{v}$ de los iones (20.54) y a la polarización $\mathbf{P}$ (20.56). Además, de (20.53c) se encuentra que $\mathbf{q}$, $\mathbf{E}_m$ y $\mathbf{B}$ son ortogonales entre sí, verificando directamente la ecuación (20.53b). Por tanto, esta solución con $\mathbf{q} \perp (\mathbf{v} \parallel \mathbf{P} \parallel \mathbf{E}_m) \perp \mathbf{B}$ corresponde a una onda transversal mixta de carácter mecánico (fonónico) y electromagnético (fotónico). Las frecuencias permitidas de estas ondas, denominadas polaritónicas, se encuentran directamente anulando el determinante de las ecuaciones (en módulo) correspondientes (20.53a), (20.53c), (20.51a) y (20.51b)

$$
\begin{aligned}
\mu_o \varepsilon_o \omega E_m + \mu_o \omega P - qB &= 0 \\
q E_m - \omega B &= 0 \\
\gamma_{12} E_m + \left(\omega^2 - \gamma_{11}\right) v &= 0 \\
\gamma_{22} E_m - P + \gamma_{21} v &= 0
\end{aligned}
\tag{20.58}
$$

Resulta

$$
\varepsilon_\infty \omega^4 - \left(c^2 q^2 + \varepsilon_s \omega_{TO}^2\right)\omega^2 + c^2 q^2 \omega_{TO}^2 = 0
\tag{20.59}
$$

cuyas soluciones son

$$
\omega^2 = \frac{1}{2\varepsilon_\infty}\left[\varepsilon_s \omega_{TO}^2 + c^2 q^2 \pm \sqrt{\left(\varepsilon_s \omega_{TO}^2 + c^2 q^2\right)^2 - 4\varepsilon_\infty c^2 q^2 \omega_{TO}^2}\right]
\tag{20.60}
$$

Esta relación dispersiva $\omega = \omega(q)$ está formada por dos ramas, una superior y otra inferior, ambas doblemente degeneradas (correspondientes a las dos posibles elecciones del campo eléctrico en direcciones perpendiculares a $\mathbf{q}$), que se muestran en la Figura 20.4 (en rojo) cerca del origen de la primera zona de Brillouin para el cloruro de sodio (con $\varepsilon_\infty = n^2 = 2.2$ y $\varepsilon_s = 5.9$, Tabla 20.2). Estas soluciones transversales corresponden a modos que mezclan ondas reticulares ópticas transversales con ondas electromagnéticas (en verde y en azul, respectivamente, en la Figura 20.4) de vectores de onda próximos.

Se pueden determinar los límites de estas ramas en función del vector de onda. Llamando q_o al vector de onda que caracteriza a la región donde se curvan las relaciones de dispersión (Figura 20.4), se tiene que:

• Para $q \ll q_o$

$$
\begin{aligned}
\omega_-^2 &\simeq \frac{1}{2\varepsilon_\infty}\left(c^2 q^2 + \frac{4\varepsilon_\infty \omega_{TO}^2 c^2 q^2 - 2\varepsilon_s \omega_{TO}^2 c^2 q^2}{2\varepsilon_s \omega_{TO}^2}\right) = \\
&= \frac{1}{2\varepsilon_\infty}\left(1 + \frac{2\varepsilon_\infty - \varepsilon_s}{\varepsilon_s}\right)c^2 q^2 = \frac{c^2 q^2}{\varepsilon_s} \to \omega_- = \frac{cq}{\sqrt{\varepsilon_s}} \\
\omega_+^2 &\simeq \frac{1}{2\varepsilon_\infty} 2\varepsilon_s \omega_{TO}^2 = \frac{\varepsilon_s}{\varepsilon_\infty}\omega_{TO}^2 = \omega_{LO}^2 \to \omega_+ = \omega_{LO}
\end{aligned}
\tag{20.61}
$$

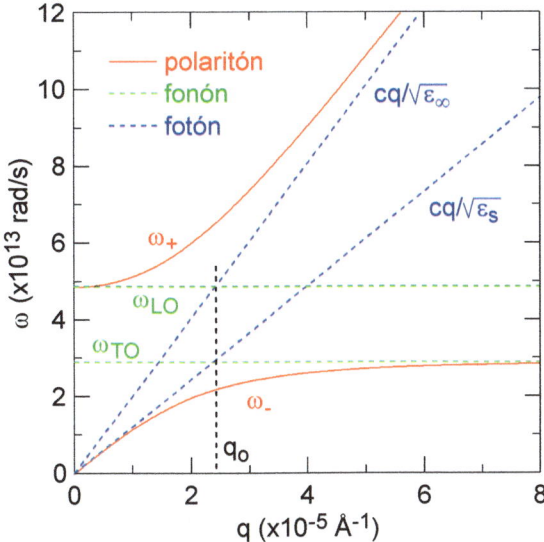

Figura 20.4. Relaciones de dispersión de polaritones de fonón (en rojo) cal-culadas para NaCl en la región próxima al centro de la zona de Brillouin. Se muestran también las relaciones de dispersión fotónicas (en azul) y fonónicas ópticas transversal y longitudinal (en verde). El vector de onda q_o que marca la transición fonón/fotón es muy inferior al límite de la zona, situado en $\sim 1\,\text{Å}^{-1}$.

- Para $q \gg q_o$

$$
\begin{aligned}
\omega_-^2 &\simeq \frac{1}{2\varepsilon_\infty}\left(c^2 q^2 - \sqrt{c^4 q^4 - 4\varepsilon_\infty \omega_{TO}^2 c^2 q^2}\right) \simeq \\
&\simeq \frac{1}{2\varepsilon_\infty}\left[c^2 q^2 - c^2 q^2\left(1 - \frac{1}{2}4\varepsilon_\infty \omega_{TO}^2\right)\right] = \omega_{TO}^2 \rightarrow \omega_- = \omega_{TO} \\
\omega_+^2 &\simeq \frac{1}{2\varepsilon_\infty}2c^2 q^2 = \frac{c^2 q^2}{\varepsilon_\infty} \rightarrow \omega_+ = \frac{cq}{\sqrt{\varepsilon_\infty}}
\end{aligned}
\tag{20.62}
$$

Se observa que para $q \approx 0$ los modos de la rama superior tienen una frecuencia ω_+ igual a la frecuencia de los fonones ópticos longitudinales ω_{LO} (20.57), que cambia hacia la frecuencia característica de la radiación electromagnética propagándose en un medio de constante dieléctrica ε_∞ a medida que aumenta el vector de onda. Por el contrario, los modos de la rama inferior para $q \approx 0$ tienen una frecuencia ω_- igual a la de la luz propagándose en un medio de constante dieléctrica ε_s, que cambia hacia una frecuencia constante ω_{TO} a medida que aumenta el vector de onda. En la región de cambio los modos son mixtos, fonónicos y fotónicos, y las cuasipartículas se denominan polaritones de fonón. La Figura 20.5 muestra el comportamiento de los modos de polaritón en GaP obtenidos por dispersión de Raman [8]. Se observa que a medida que aumenta el vector de onda (pero prácticamente en el centro de la zona de Brillouin), los modos de la rama inferior cambian de un comportamiento cuasifotónico a cuasifonónico.

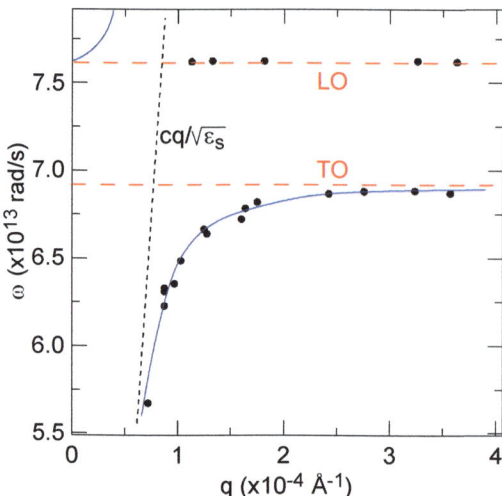

Figura 20.5. Curvas de dispersión de modos fonónicos LO y TO y modos polaritónicos en GaP, junto con medidas experimentales (puntos) [8].

Se puede estimar fácilmente el valor de transición del vector de onda q_o (Figura 20.4). Las frecuencias fonónicas ópticas son del orden de la frecuencia de Debye $\omega_D = v_s q_D \sim 10^{13}$ rad/s, donde v_s es la velocidad de las ondas de sonido en el sólido (un promedio adecuado) y $q_D \sim 1\,\text{\AA}^{-1}$ es el radio de la esfera de Debye. El vector de onda q_o corresponde al cruce de la frecuencia de Debye con la frecuencia de la luz propagándose en un medio de constante dieléctrica ε (comprendida entre ε_s y ε_∞, es decir, del orden de la unidad, Tabla 20.2). Por tanto

$$\omega_D = v_s q_D = \frac{c q_o}{\sqrt{\varepsilon}} \rightarrow q_o = \sqrt{\varepsilon}\frac{v_s q_D}{c} \sim 10^{-5} q_D \tag{20.63}$$

Se observa que el cambio de frecuencias tiene lugar prácticamente en el origen de la zona de Brillouin.

Para vectores de onda $q \gg q_o$ la onda electromagnética no se puede propagar en el sólido ya que corresponde a un medio de constante dieléctrica $\varepsilon \rightarrow \infty$ de acuerdo con (20.63). Y dado que la polarización **P** del sólido es finita, el campo eléctrico $\mathbf{E}_m$ debe tender a anularse en estas condiciones (20.30). Por tanto, la frecuencia ω_{TO} introducida en (20.39) corresponde a la frecuencia de los fonones ópticos transversales del sólido.

Este último resultado muestra el origen de la diferencia entre ω_{LO} y ω_{TO}. Para los modos longitudinales LO resulta $\varepsilon(\omega) = 0$ (20.57), de forma que el campo local viene dado, utilizando la relación de Lorentz (20.5) y la ecuación constitutiva (20.30), por

$$\mathbf{E}_{loc}^{LO} = -\frac{2}{3}\frac{\mathbf{P}}{\varepsilon_o} \tag{20.64}$$

mientras que para los modos transversales TO, donde el campo macroscópico se anula, resulta

$$\mathbf{E}_{loc}^{TO} = \frac{1}{3}\frac{\mathbf{P}}{\varepsilon_o} \tag{20.65}$$

Es decir, el campo local en los modos LO disminuye la polarización del sólido y, por tanto, se añade a la fuerza restauradora de corto alcance caracterizada por la constante elástica $K = M\omega_i^2$ (20.18), aumentando así la frecuencia de vibración de los iones. Por el contrario, se opone a la fuerza restauradora en los modos transversales TO, disminuyendo la frecuencia de estos modos. Se encuentra por tanto que $\omega_{TO} \lesssim \omega_i < \omega_{LO}$, en acuerdo con el resultado mostrado en la Figura 20.3. En un sólido no iónico, como el diamante o el silicio, el coeficiente $\gamma_{12} = 0$ (20.50) y el movimiento viene determinado solamente por la fuerza restauradora elástica, por lo que todas las vibraciones tienen la misma frecuencia independientemente de su carácter longitudinal o transversal.

El concepto de polaritones de fonón fue introducido de forma independiente por Kirill Borisovich Tolpygo en 1950 [9] y por Kun Huang en 1951 [10], e inicialmente permaneció limitado a un tema académico. Sin embargo, el estudio de los modos de polaritón —la Polaritónica— es un campo que ha experimentado un gran auge en años recientes [11], tanto experimental como teórico, debido a que su espectro de frecuencias, de 100 GHz a 10 THz, se encuentra en el intervalo que separa la Electrónica de la Fotónica, permitiendo por ejemplo mejoras en el procesamiento de señales de alta velocidad y en la eficiencia de los láseres, así como el desarrollo de nuevas aplicaciones espectroscópicas. Además, como ya se ha comentado anteriormente, los nuevos materiales polares cuasi-2D no muestran el desdoblamiento LO-TO cerca del origen de la zona de Brillouin como en los sólidos iónicos 3D [12], lo que abre el campo al estudio fundamental de la naturaleza de la interacción entre los modos fonónicos y electromagnéticos en estas nanoestructuras laminadas, y a su posible desarrollo tecnológico.

20.5 Relación de Lyddane-Sachs-Teller

La ecuación (20.57) obtenida anteriormente

$$\frac{\omega_{LO}}{\omega_{TO}} = \left(\frac{\varepsilon_s}{\varepsilon_\infty}\right)^{1/2} \tag{20.66}$$

se denomina relación de Lyddane-Sachs-Teller (LST) [5] y conecta el comportamiento vibracional para grandes longitudes de onda de un sólido no conductor con sus propiedades dieléctricas de baja y alta frecuencia. La Tabla 20.2 compara los resultados experimentales con los predichos por (20.66) en varios dieléctricos y semiconductores polares. Hay que resaltar el acuerdo excelente entre ambos conjuntos de valores

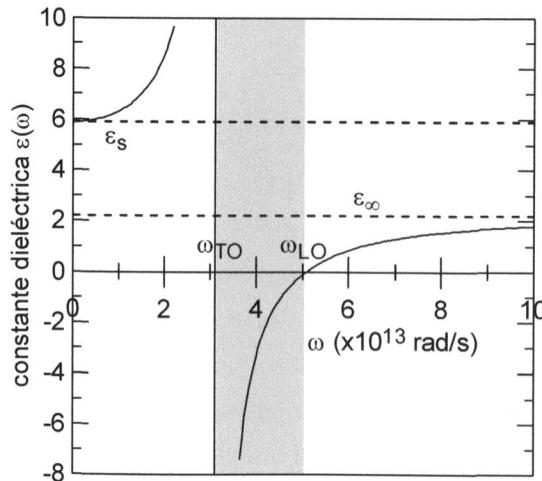

Figura 20.6. Constante dieléctrica $\varepsilon(\omega)$ en función de la frecuencia en NaCl. Las ondas electromagnéticas con frecuencias entre ω_{TO} y ω_{LO} (región sombreada) no se propagan en el material.

teniendo en cuenta la simplicidad del modelo utilizado. En el caso de que $\omega_{TO} \to 0$, la relación LST predice que $\varepsilon_s \to \infty$, de forma que el sólido presentaría una polarización extraordinariamente grande, correspondiente al caso de un material ferroeléctrico. Estos modos se denominan modos transversales blandos.

En la región comprendida entre ω_{LO} y ω_{TO} la constante dieléctrica $\varepsilon(\omega)$ es negativa como se deduce de la expresión (20.38), que se puede escribir en la forma

$$\varepsilon(\omega) = \frac{\varepsilon_\infty(\omega_{TO}^2 - \omega^2) + (\varepsilon_s - \varepsilon_\infty)\omega_{TO}^2}{\omega_{TO}^2 - \omega^2} = \varepsilon_\infty \frac{\omega_{LO}^2 - \omega^2}{\omega_{TO}^2 - \omega^2} \qquad (20.67)$$

donde se ha utilizado la relación LST (20.66). Como se muestra en la Figura 20.6, $\varepsilon(\omega) < 0$ entre el polo y el cero de $\varepsilon(\omega)$ —que definen a ω_{TO} y ω_{LO}, respectivamente—, lo que corresponde a un vector de onda $\mathbf{q}$ imaginario y por tanto a una solución de onda evanescente. Las ondas electromagnéticas que inciden en estos materiales dieléctricos y semiconductores polares con frecuencias entre ω_{TO} y ω_{LO} no se pueden propagar en el sólido y son fuertemente reflejadas en su superficie. Reflexiones múltiples de este tipo permiten seleccionar una banda de longitud de onda específica en el infrarrojo, conocida como radiación "reststrahlen" (rayos residuales).

Referencias

1. G. Venkataraman, L.A. Feldkamp and V.C. Sahni (1975): *Dynamics of Perfect Crystals.* Cambridge: M.I.T. Press.

2. R.K. Singh and K. Chandra (1976): «Extended Three-Body-Force Shell-Model

Dynamics of Sodium-Halide-Crystals», *Physical Review B*, 14, 2625.

3. M. Kazan, G. Guisbiers, S. Pereira, M.R. Correia, P. Masri, A. Bruyant, S. Volz and P. Royer (2010): «Thermal conductivity of silicon bulk and nanowires: Effects of isotopic composition, phonon confinement, and surface roughness», *Journal of Applied Physics*, 107, 083503.

4. M. Kunz and T. Armbruster (1992): «Applications and Limitations of the Ionic Potential Model with Empirically Derived Ion-Specific Repulsion Parameters», *Acta Crystallographica B*, 48, 609.

5. R.H. Lyddane, R.G. Sachs and E. Teller (1941): «On the Polar Vibrations of Alkali Halides», *Physical Review*, 59, 673.

6. S. Elliot (1998): *The Physics and Chemistry of Solids.* Nueva York: John Wiley and Sons Ltd.

7. M. Born and K. Huang (1954): *Dynamical theory of crystal lattices.* Oxford: Oxford University Press.

8. C.H. Henry and J.J. Hopfield (1965): «Raman Scattering by Polaritons», *Physical Review Letters*, 15, 964.

9. K.B. Tolpygo (1950): «Physical properties of a rock salt lattice made up of deformable ions», *Zhurnal Eksperimental'noi i Teoreticheskoi Fiziki*, 20, 497 (en ruso); (2008) *Ukrainian Journal of Physics*, 53, 93 (en inglés).

10. K. Huang (1951): «Lattice vibrations and optical waves in ionic crystals», *Nature*, 167, 779.

11. S. Foteinopoulou, G.C.R. Devarapu, G.S. Subramania, S. Krishna and D. Wasserman (2019): «Phonon-polaritonics: enabling powerful capabilities for infrared photonics», *Nanophotonics*, 8, 2129.

12. N. Rivera, T. Christensen and P. Narang (2019): «Phonon Polaritonics in Two-Dimensional Materials», *Nano Letters*, 19, 2653.

Rudolf Julius Emmanuel Clausius   Octavio Fabricio Mossotti,
1822 (antigua Reino de Prusia) –   1791 – 1863 (Italia)
1888 (antiguo Imperio Alemán)

21. Desplazamientos atómicos

En este capítulo se va a determinar el desplazamiento medio de las partículas reticulares de un sólido respecto de su posición de equilibrio a una temperatura T en la aproximación armónica. En realidad, se va a obtener la raíz cuadrada del desplazamiento cuadrático medio $\left\langle |\mathbf{u}|^2 \right\rangle^{1/2}$ ya que el desplazamiento medio $\left\langle \mathbf{u} \right\rangle$ de las partículas es obviamente cero en esta aproximación. Posteriormente se aplicará al estudio de la disminución de la intensidad de los haces difractados por un sólido al aumentar la temperatura.

Consideremos un sólido de base formada por p partículas y N celdas unidad primitivas. Cada uno de los $3pN$ modos de vibración permitidos tiene una frecuencia $\omega_j\left(\mathbf{q}\right)$, siendo $\mathbf{q}$ el vector de onda y $j = 1, 2, \ldots 3p$ el índice de la rama de dispersión. La energía media de vibración del sólido a la temperatura T es (6.26)

$$
\begin{aligned}
\left\langle E_{vib}\left(T\right) \right\rangle &= \sum_{\mathbf{q}\,j} \left[\left\langle n_{\omega_j(\mathbf{q})} \right\rangle + \frac{1}{2} \right] \hbar\omega_j(\mathbf{q}) = \\
&= \sum_{\mathbf{q}\,j} \left\{ \frac{1}{\exp\left[\hbar\omega_j\left(\mathbf{q}\right)/k_B T\right] - 1} + \frac{1}{2} \right\} \hbar\omega_j(\mathbf{q})
\end{aligned} \tag{21.1}
$$

Cada modo normal de frecuencia $\omega_j\left(\mathbf{q}\right)$ corresponde a un oscilador armónico de las pN partículas del sólido vibrando con dicha frecuencia (capítulo 6). En un oscilador armónico se cumple que la energía cinética media $\left\langle T \right\rangle$ es igual a la energía potencial media $\left\langle U \right\rangle$, de forma que $\left\langle E_{vib}\left(T\right) \right\rangle$ se escribe, utilizando (6.11)

$$
\left\langle E_{vib}\left(T\right) \right\rangle = \left\langle T \right\rangle + \left\langle U \right\rangle = 2\left\langle U \right\rangle = \sum_{\mathbf{q}\,j} \omega_j^2(\mathbf{q}) \left\langle |Q_j\left(\mathbf{q}\right)|^2 \right\rangle \tag{21.2}
$$

Por tanto, la amplitud cuadrática media del modo $(\mathbf{q}, j)$ es, utilizando (21.1)

$$
\left\langle |Q_j\left(\mathbf{q}\right)|^2 \right\rangle = \frac{\hbar}{\omega_j(\mathbf{q})} \left[\left\langle n_{\omega_j(\mathbf{q})} \right\rangle + \frac{1}{2} \right] \tag{21.3}
$$

Esta expresión permite obtener fácilmente el desplazamiento cuadrático medio de los átomos. El desplazamiento de la partícula α de la base en la celda n viene dado por

(6.3)

$$\mathbf{u}_{n\alpha}(t) = \sum_{\mathbf{q}\,j} \frac{1}{\sqrt{NM_a}} Q_j(\mathbf{q}, t)\, \mathbf{e}_\alpha^j(\mathbf{q}) \exp\left(i\mathbf{q}\cdot\mathbf{t}_n\right) \tag{21.4}$$

de forma que

$$|\mathbf{u}_{n\alpha}(t)|^2 = \frac{1}{NM_a} \sum_{\mathbf{q}\mathbf{q}'jj'} Q_j(\mathbf{q}, t)\, Q_{j'}^*(\mathbf{q}', t)\, \mathbf{e}_\alpha^j(\mathbf{q})\mathbf{e}_\alpha^{*j'}(\mathbf{q}') \exp\left[i(\mathbf{q}-\mathbf{q}')\cdot\mathbf{t}_n\right] \tag{21.5}$$

La suma de los desplazamientos sobre todas las celdas unidad es

$$\sum_n |\mathbf{u}_{n\alpha}(t)|^2 =$$

$$= \sum_n \frac{1}{NM_a} \sum_{\mathbf{q}\mathbf{q}'jj'} Q_j(\mathbf{q}, t)\, Q_{j'}^*(\mathbf{q}', t)\, \mathbf{e}_\alpha^j(\mathbf{q})\mathbf{e}_\alpha^{*j'}(\mathbf{q}') \exp\left[i(\mathbf{q}-\mathbf{q}')\cdot\mathbf{t}_n\right] =$$

$$= \frac{1}{NM_a} \sum_n \exp\left[i(\mathbf{q}-\mathbf{q}')\cdot\mathbf{t}_n\right] \sum_{\mathbf{q}\mathbf{q}'jj'} Q_j(\mathbf{q}, t)\, Q_{j'}^*(\mathbf{q}', t)\, \mathbf{e}_\alpha^j(\mathbf{q})\mathbf{e}_\alpha^{*j'}(\mathbf{q}') =$$

$$= \frac{1}{M_a} \sum_{\mathbf{q}jj'} Q_j(\mathbf{q}, t)\, Q_{j'}^*(\mathbf{q}, t)\, \mathbf{e}_\alpha^j(\mathbf{q})\mathbf{e}_\alpha^{*j'}(\mathbf{q}) =$$

$$= \frac{1}{M_a} \sum_{\mathbf{q}\,j} Q_j(\mathbf{q}, t)\, Q_j^*(\mathbf{q}, t) = \frac{1}{M_a} \sum_{\mathbf{q}\,j} |Q_j(\mathbf{q}, t)|^2 \tag{21.6}$$

Finalmente, se promedia sobre las N celdas unidad para tener el desplazamiento atómico cuadrático medio del átomo α de la base a una temperatura T

$$\langle|\mathbf{u}_\alpha|^2\rangle \equiv \langle u_\alpha^2\rangle = \frac{1}{NM_a} \sum_{\mathbf{q}\,j} \langle|Q_j(\mathbf{q})|^2\rangle \tag{21.7}$$

Con (21.3) resulta

$$\langle u_\alpha^2\rangle = \frac{\hbar}{NM_a} \sum_{\mathbf{q}\,j} \frac{1}{\omega_j(\mathbf{q})} \left[\langle n_{\omega_j(\mathbf{q})}\rangle + \frac{1}{2}\right] \tag{21.8}$$

Esta expresión se reescribe en función de la densidad de modos $D(\omega)$ como

$$\langle u_\alpha^2\rangle = \frac{\hbar}{NM_a} \int_0^{\omega_{max}} D(\omega) \frac{1}{\omega} \left\{ \frac{1}{\exp\left[\hbar\omega\right)/k_BT\right]-1} + \frac{1}{2} \right\} d\omega \tag{21.9}$$

donde ω_{max} es la frecuencia máxima permitida de vibración. Para determinar este desplazamiento se requiere conocer la función $D(\omega)$ del sólido. Se va a aplicar esta expresión al argón sólido ($M = 39.95\,\mathrm{u}$, temperatura de fusión $T_{fus} = 84\,\mathrm{K}$) comparando tres funciones $D(\omega)$ diferentes: las correspondientes a los modelos de Einstein y Debye, y la obtenida mediante la teoría armónica con un potencial entre partículas de Lennard-Jones 6-12 (Figura 5.4).

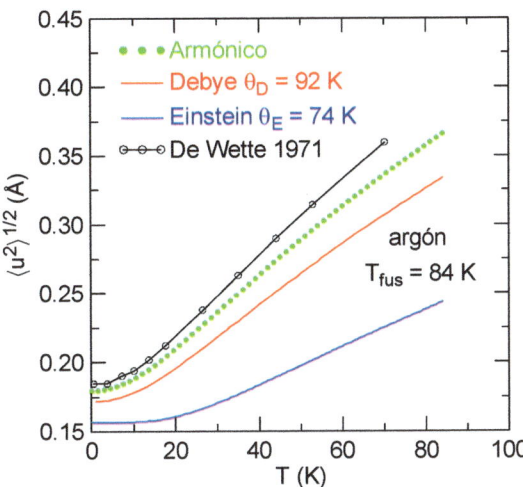

Figura 21.1. Desplazamiento atómico medio en argón sólido en función de la temperatura en la aproximación armónica y en los modelos de Einstein y Debye. Se muestran también resultados experimentales (De Wette 1971 [1]).

21.1 Modelo de Einstein

En este modelo todos los átomos vibran con la misma frecuencia ω_E, la frecuencia de Einstein. La función densidad de modos viene dada entonces por (9.1)

$$D(\omega) = 3pN\delta(\omega - \omega_E) \tag{21.10}$$

Para el argón sólido $p = 1$, de forma que el desplazamiento cuadrático medio de los átomos (21.9) es

$$\langle u^2 \rangle = \frac{3\hbar}{M\omega_E}\left[\frac{1}{\exp\left(\hbar\omega_E/k_BT\right) - 1} + \frac{1}{2}\right] = \frac{3\hbar^2}{Mk_B\theta_E}\left[\frac{1}{\exp\left(\theta_E/T\right) - 1} + \frac{1}{2}\right] \tag{21.11}$$

donde se ha introducido la temperatura de Einstein $\theta_E = \hbar\omega_E/k_B$, que para el argón vale $\theta_E = 74\,\mathrm{K}$ (Tabla 9.1), correspondiente a una frecuencia de Einstein $\omega_E = 9.73 \times 10^{12}\,\mathrm{rad/s}$. La Figura 21.1 muestra la variación de la raíz cuadrada de la media cuadrática del desplazamiento $\langle u^2 \rangle^{1/2}$ (que en adelante se va a denominar simplemente desplazamiento medio) en función de T, que varía entre $0.16\,\text{Å}$ a bajas temperaturas y $0.24\,\text{Å}$ cerca de la temperatura de fusión.

Se puede simplificar la expresión de $\langle u^2 \rangle$ (21.11) en el límite de bajas y altas temperaturas T respecto de θ_E.

- Bajas temperaturas $T \ll \theta_E$

$$\langle u^2 \left(T \ll \theta_E\right) \rangle \simeq \frac{3\hbar^2}{Mk_B\theta_E}\left[\exp\left(-\theta_E/T\right) + \frac{1}{2}\right] \tag{21.12}$$

Y particularizando para $0\,\mathrm{K}$

$$\langle u^2 \rangle_0 = \frac{3\hbar^2}{2Mk_B\theta_E} \tag{21.13}$$

Sustituyendo los valores para el argón resulta $\langle u^2 \rangle_0^{1/2} = 0.16\,\text{Å}$, que es inferior al resultado experimental (Figura 21.1).

- Altas temperaturas $T \gg \theta_E$

$$
\begin{aligned}
\langle u^2 (T \gg \theta_E) \rangle &\simeq \frac{3\hbar^2}{Mk_B\theta_E} \left[\frac{1}{1 + (\theta_E/T) - 1} + \frac{1}{2} \right] = \\
&= \frac{3\hbar^2}{Mk_B\theta_E} \left(\frac{T}{\theta_E} + \frac{1}{2} \right) = \frac{3\hbar^2}{Mk_B\theta_E^2}T
\end{aligned} \tag{21.14}
$$

Esta expresión no tiene aplicación en este caso particular ya que las temperaturas de fusión $T_{fus} = 84\,\mathrm{K}$ y de Einstein $\theta_E = 74\,\mathrm{K}$ son similares para el argón sólido. El desplazamiento medio (21.11) a la temperatura de fusión vale $\langle u^2 \rangle^{1/2} = 0.24\,\text{Å}$, que corresponde a una razón respecto de la distancia entre átomos vecinos $R_o = 3.82\,\text{Å}$ (2.13) de

$$\frac{\langle u^2 \rangle^{1/2}}{R_o} = \frac{0.24}{3.82} = 6.3\,\% \tag{21.15}$$

que está lejos del valor de $\approx 10\,\%$ esperado del criterio de fusión de Lindemann (sección 21.4), quien ofreció la primera explicación microscópica de la fusión de un sólido sugiriendo que estaba relacionada con el movimiento de vibración de los átomos [2]. Esta ley se cumple correctamente en la mayoría de los sólidos, e indica que si el desplazamiento medio de los átomos alcanza un cierto valor umbral, aproximadamente el $10\,\%$ de la distancia interatómica, la vibración de los átomos perturba fuertemente la estabilidad estructural del sólido comenzando el proceso de fusión. El desacuerdo con el modelo de Einstein era de esperar, no tanto por la crudeza del modelo, sino por la similitud entre los valores de θ_E y T_{fus} en el argón, que no permite una excitación apreciable de los modos a la temperatura de fusión (es decir, la función de Planck de los modos es muy pequeña). Si consideramos, por ejemplo, que $T_{fus} = 4\theta_E$, se tendría de (21.14) que $\langle u^2(T = T_{fus} \rangle^{1/2} = 0.44\,\text{Å}$, resultando una razón respecto de la distancia interatómica cercana al $11\,\%$, en excelente acuerdo con la ley de Lindemann.

21.2   Modelo de Debye

La función densidad de modos $D(\omega)$ viene dada por (10.8)

$$D(\omega) = \frac{3V_{sol}}{2\pi^2} \frac{\omega^2}{v_s^3} \tag{21.16}$$

donde V_{sol} es el volumen del sólido y v_s la velocidad media del sonido. Sustituyendo en (21.9) se tiene

$$
\begin{aligned}
\langle u^2 \rangle &= \frac{3V_{sol}\hbar}{2\pi^2 N M v_s^3} \int_0^{\omega_D} \omega \left[\frac{1}{\exp(\hbar\omega/k_B T) - 1} + \frac{1}{2} \right] d\omega = \\
&= \frac{9\hbar}{M\omega_D^3} \int_0^{\omega_D} \omega \left[\frac{1}{\exp(\hbar\omega/k_B T) - 1} + \frac{1}{2} \right] d\omega
\end{aligned}
\tag{21.17}
$$

donde ω_D es la frecuencia de Debye dada por (10.11). Introduciendo la temperatura de Debye $\theta_D = \hbar\omega_D/k_B$, que vale $\theta_D = 92\,\mathrm{K}$ para el argón (Tabla 10.1), y con la sustitución $x = \hbar\omega/k_B T$ se tiene

$$
\langle u^2 \rangle = \frac{9\hbar^2}{4Mk_B\theta_D} \left[1 + 4\left(\frac{T}{\theta_D}\right)^2 \int_0^{\theta_D/T} \frac{x}{e^x - 1} dx \right] = \frac{9\hbar^2}{4Mk_B\theta_D} F(\theta_D/T)
\tag{21.18}
$$

donde se ha introducido la función de Debye $F(\theta_D/T)$

$$
F(\theta_D/T) = 1 + 4\left(\frac{T}{\theta_D}\right)^2 \int_0^{\theta_D/T} \frac{x}{e^x - 1} dx = 1 + 2D_2\left(\frac{\theta_D}{T}\right)
\tag{21.19}
$$

con $D_2(\theta_D/T)$ la segunda función de Debye (16.26), que se muestra en la Figura 11.4.

La Figura 21.1 muestra el desplazamiento medio obtenido numéricamente de (21.18) en argón, que varía entre $0.17\,\text{Å}$ y $0.40\,\text{Å}$. En particular, se observa que los desplazamientos son superiores a los obtenidos en el modelo de Einstein ya que en el modelo de Debye siempre existen modos que contribuyen a temperaturas bajas, lo que no ocurre en el modelo de Einstein.

Es posible simplificar la función de Debye para los límites de bajas y altas temperaturas respecto de la temperatura de Debye θ_D.

• Bajas temperaturas $T \ll \theta_D$. El límite superior de la integral de Debye se puede extender hasta el ∞ sin introducir ningún error apreciable, de forma que

$$
\begin{aligned}
F(T \ll \theta_D) &\simeq 1 + 4\left(\frac{T}{\theta_D}\right)^2 \int_0^{\infty} \frac{x}{e^x - 1} dx = \\
&= 1 + 4\left(\frac{T}{\theta_D}\right)^2 \frac{\pi^2}{6} = 1 + \frac{2\pi^2}{3}\left(\frac{T}{\theta_D}\right)^2
\end{aligned}
\tag{21.20}
$$

Sustituyendo en (21.18) se tiene

$$
\langle u^2(T \ll \theta_D) \rangle = \frac{9\hbar^2}{4Mk_B\theta_D} \left[1 + \frac{2\pi^2}{3}\left(\frac{T}{\theta_D}\right)^2 \right]
\tag{21.21}
$$

Particularizando para $T = 0\,\mathrm{K}$ se encuentra la expresión

$$\langle u^2 \rangle_0 = \frac{9\hbar^2}{4Mk_B\theta_D} \qquad (21.22)$$

que es muy similar a la obtenida en el modelo de Einstein (21.13). Sustituyendo los valores para el argón se tiene $\langle u^2 \rangle_0^{1/2} = 0.17\,\text{Å}$.

• Altas temperaturas $T \gg \theta_D$. Desarrollando en serie la exponencial del denominador se tiene

$$F(T \gg \theta_D) \simeq 1 + 4\left(\frac{T}{\theta_D}\right)^2 \int_0^{\theta_D/T} \frac{x}{1 + x - 1}dx \simeq 4\frac{T}{\theta_D} \qquad (21.23)$$

Y sustituyendo en (21.18)

$$\langle u^2(T \gg \theta_D) \rangle = \frac{9\hbar^2}{4Mk_B\theta_D}4\frac{T}{\theta_D} = \frac{9\hbar^2}{Mk_B\theta_D^2}T \qquad (21.24)$$

que también muestra un comportamiento lineal con la temperatura. Esta expresión tampoco tiene interés en el presente caso ya que T_{fus} solo es ligeramente superior a θ_D en el argón, es decir, no existe un régimen de altas temperaturas en este sólido.

El desplazamiento medio en argón a la temperatura de fusión se encuentra de la expresión general (21.18), resultando $\langle u^2 \rangle^{1/2} = 0.40\,\text{Å}$. Y la razón respecto de la distancia interatómica es

$$\frac{\langle u^2 \rangle^{1/2}}{R_o} = \frac{0.40\,\text{Å}}{3.82\,\text{Å}} = 10.5\,\% \qquad (21.25)$$

en excelente acuerdo con el criterio de fusión de Lindemann. Como ya se ha indicado, la simplicidad del modelo de Debye y sus buenos resultados, especialmente a bajas y altas temperaturas, hace que sea un modelo de referencia actual. En particular, la temperatura de Debye es una magnitud esencial para caracterizar el comportamiento térmico de los sólidos.

21.3   Desarrollo armónico

La principal dificultad es la determinación de la densidad de modos $D(\omega)$, que no es nada simple de obtener en un caso general. La Figura 10.3 muestra esta función para el argón sólido utilizando el potencial de Lennard-Jones 6-12 con un número elevado de vecinos. La temperatura característica de este sólido es $\theta_{car} = 99\,\mathrm{K}$ (6.29), similar a la temperatura de Debye. Mediante integración numérica de (21.9) se obtiene el desplazamiento medio en función de la temperatura, que se muestra en la Figura 21.1. Se puede observar el buen acuerdo con los resultados experimentales. En todo caso, cabe esperar que los resultados armónicos —y por tanto los de Einstein y Debye—

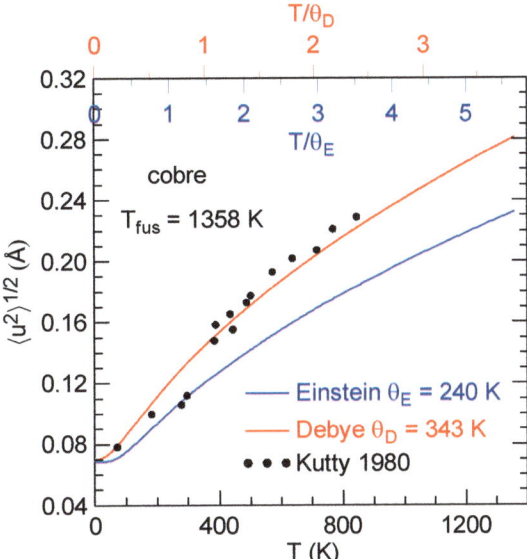

Figura 21.2. Desplazamiento medio de los átomos en cobre en función de la temperatura en los modelos de Einstein y Debye, junto con medidas experimentales (Kutty 1980 [3]).

sean inferiores a los valores experimentales a medida que aumente la temperatura ya que se entra en la región anarmónica del potencial de interacción.

21.4 Criterio de Lindemann

La ley de fusión de Lindemann [2] reproduce muy bien las temperaturas de fusión de la mayoría de los sólidos. Esta ley establece que el proceso de fusión de un sólido se inicia cuando la raíz cuadrada del desplazamiento cuadrático medio alcanza el valor crítico de aproximadamente el 10 % de la distancia entre partículas. Este criterio es el más antiguo y uno de los más utilizados para estimar la temperatura de fusión de nuevos materiales. A continuación se muestran los resultados para sólidos muy distintos, cobre, silicio y helio-4, utilizando el modelo de Debye.

• Cobre. La Figura 21.2 muestra el desplazamiento medio en función de la temperatura en los modelos de Einstein (21.11) y Debye (21.18) hasta la temperatura de fusión, con $M = 63.55\,$u, $\theta_E = 240\,$K, $\theta_D = 343\,$K y $T_{fus} = 1358\,$K. Se observa claramente el efecto de la energía del punto cero, y que el desplazamiento medio crece como $T^{1/2}$ para temperaturas superiores a las temperaturas características de los modelos. En particular, el modelo de Debye reproduce muy bien los resultados experimentales [3].

Para comparar estos desplazamientos medios con la distancia entre átomos R_o en el cobre se requiere conocer el parámetro reticular a $(= \sqrt{2}R_o)$ en función de la temperatura. Para ello se han utilizado los valores recomendados de la densidad ρ a distintas

Tabla 21.1. Valores de la densidad ρ, la distancia entre átomos R_o y la razón de Lindemann en los modelos de Einstein y Debye para el cobre en el estado fundamental, a temperatura ambiente y a la temperatura de fusión.

$T(\text{K})$	$\rho(\text{kg}/\text{m}^3)$	$R_o(\text{Å})$	$\sqrt{\langle u^2 \rangle}/R_o$ (Einstein)	$\sqrt{\langle u^2 \rangle}/R_o$ (Debye)
0	9080	2.54	0.027	0.028
300	8960	2.55	0.044	0.053
1358	8320	2.62	0.089	0.108

temperaturas (Tabla 21.1), que permiten obtener fácilmente $R_o(T)$ a partir de

$$\rho = \frac{m}{V} = \frac{4M}{a^3} \rightarrow R_o = \left(\frac{\sqrt{2}M}{\rho}\right)^{1/3} \tag{21.26}$$

La Tabla 21.1 muestra las razones de Lindemann en el estado fundamental, a temperatura ambiente y a la temperatura de fusión en los modelos de Einstein y Debye. Se encuentran valores de 8.9 % y 10.8 %, respectivamente, para $T = T_{fus}$, en excelente acuerdo con el criterio de Lindemann.

• Silicio. Para este material se tiene que $M = 28.09\,\text{u}$, $T_{fus} = 1687\,\text{K}$, $\theta_D = 645\,\text{K}$ y $R_o(T_{fus}) = 2.35\,\text{Å}$, de forma que a la temperatura de fusión

$$\langle u^2(T_{fus})\rangle^{1/2} = 0.25 \rightarrow \frac{\langle u^2(T_{fus})\rangle^{1/2}}{R_o} = \frac{0.25}{2.35} = 10.6\,\% \tag{21.27}$$

nuevamente en muy buen acuerdo con la ley de Lindemann.

• Helio-4. Este sólido, con $M = 4.00\,\text{u}$, $T_{fus} = 21\,\text{K}$ y $\theta_D = 111\,\text{K}$, presenta una red de Bravais fcc con $a = 4.24\,\text{Å}$ $(R_o = 3.00\,\text{Å})$ a una presión de 185 MPa [4]. Es muy interesante determinar el valor del desplazamiento medio en el estado fundamental $T = 0\,\text{K}$ de este sólido. De (21.22) se tiene

$$\langle u^2 \rangle_0^{1/2} = 0.49\,\text{Å} \rightarrow \frac{\langle u^2 \rangle_0^{1/2}}{R_o} = \frac{0.49\,\text{Å}}{3.00\,\text{Å}} = 16.3\,\% \tag{21.28}$$

Y para $T = 20\,\text{K}$, muy cercana a la temperatura de fusión, resulta

$$\langle u^2(20\,\text{K})\rangle^{1/2} = 0.55\,\text{Å} \rightarrow \frac{\langle u^2(20\,\text{K})\rangle^{1/2}}{R_o} = \frac{0.55\,\text{Å}}{3.00\,\text{Å}} = 18.3\,\% \tag{21.29}$$

Estos resultados, que están en excelente acuerdo con los datos experimentales obtenidos por difracción de rayos X con radiación sincrotrón [4], están muy alejados de la razón de Lindemann, indicando claramente el carácter esencialmente cuántico de este sólido. Ya que el helio es un elemento muy ligero, la energía de vibración del punto cero es

Tabla 21.2. Valores de la temperatura de fusión, la temperatura de Debye, la distancia interatómica, la masa atómica, el desplazamiento medio y la razón de Lindemann en el modelo de Debye para algunos sólidos.

	T_{fus} (K)	θ_D (K)	R_o (Å)	M (u)	$\langle u^2 (T_{fus}) \rangle^{1/2}$ (Å)	$\langle u^2 (T_{fus}) \rangle^{1/2} / R_o$
Si	1683	640	2.36	28.09	0.25	0.11
Au	1338	185	2.93	197.0	0.29	0.10
Pb	601	105	3.54	207.2	0.34	0.10
Cu	1358	343	2.62	63.55	0.28	0.11
Ar	84	92	3.71	39.95	0.34	0.09
^{4}He	20	111	3.00	4.00	0.55	0.18

muy considerable comparada con su energía de cohesión, de forma que la aproximación armónica deja de ser válida, lo que se traduce en la ruptura del criterio de fusión de Lindemann.

La Tabla 21.2 recoge la razón de Lindemann para algunos sólidos simples, mostrando la bondad de este criterio. Es posible, por tanto, hacer una primera estimación de la temperatura de fusión de un sólido utilizando el modelo de Debye (21.24) y el criterio de Lindemann, resultando

$$\left. \frac{\sqrt{\langle u^2 \rangle}}{R_o} \right|_{T_{fus}} = 0.10 \rightarrow T_{fus} = 0.01 \frac{M k_B \theta_D^2 R_o^2}{9 \hbar^2} \tag{21.30}$$

Esta expresión es válida si existe un régimen de altas temperaturas en el sólido, es decir, cuando la temperatura de fusión del material es considerablemente superior a su temperatura de Debye.

Se puede encontrar una explicación plausible al valor crítico de $\simeq 10\,\%$ de la razón entre el desplazamiento medio de los átomos y la separación interatómica para el inicio de la fusión del sólido. En la aproximación cuasiarmónica (capítulo 23) se introduce el parámetro de Grüneisen γ, definido por la variación relativa de las frecuencias de vibración ω con el volumen del sólido V_{sol}

$$\gamma = -\frac{V_{sol}}{\omega} \frac{\partial \omega}{\partial V_{sol}} \tag{21.31}$$

Esta aproximación tiene en cuenta la dependencia de las frecuencias de vibración con la temperatura aunque no de una forma explícita, sino indirectamente a través del cambio de volumen del sólido por la dilatación térmica. Dado que $V_{sol} \propto R^3$, siendo R la distancia entre átomos, y $\omega \propto \beta^{1/2}$, con β la constante de fuerza interatómica —ver

(3.5) por ejemplo—, se tiene que

$$\gamma = -\frac{R^3}{\beta^{1/2}}\frac{1}{3R^2}\frac{1}{2\beta^{1/2}}\frac{\partial \beta}{\partial R} = -\frac{R}{6}\frac{1}{\beta}\frac{\partial \beta}{\partial R} \rightarrow \frac{\partial \beta}{\beta} = -6\gamma\frac{\partial R}{R} \qquad (21.32)$$

Los valores experimentales de γ son próximos a 2 para la mayoría de los sólidos, de forma que si la distancia interatómica aumenta en 1 %, la constante de fuerza disminuye aproximadamente un 12 %, que es un efecto muy significativo. Por tanto, un aumento relativo de la distancia interatómica del orden del 10 % origina la pérdida de las fuerzas interatómicas, dando lugar al proceso de fusión de acuerdo con la ley de Lindemann.

21.5 Orden de largo alcance en sólidos 1D y 2D

Los resultados anteriores muestran que los sólidos tridimensionales pueden sustentar desplazamientos atómicos sin destruir la estructura cristalina de largo alcance a cualquier temperatura —incluido el estado fundamental— si no se supera el límite de Lindemann. Sin embargo, las vibraciones atómicas en la aproximación armónica destruyen la estructura cristalina en sólidos 1D y 2D. En particular, los sólidos 1D no son estables a ninguna temperatura, ni siquiera a 0 K. En 2D, los sólidos sí son estables a 0 K pero no a cualquier otra temperatura. Este resultado está de acuerdo con el teorema de Hohenberg-Mermin-Wagner (de 1966 y 1967) [5] que establece que no pueden existir estructuras atómicas perfectamente ordenadas de largo alcance en 1D y 2D. Este teorema es de carácter general, y se aplica no solo a la formación de cristales sino también a estructuras magnéticas, supersólidos y otros sistemas caracterizados por simetrías de largo alcance. El teorema de Hohenberg-Mermin-Wagner muestra principalmente que las fluctuaciones son más importantes en sistemas de baja dimensión, y en particular para sistemas 1D se destruye cualquier ordenamiento. Este teorema no es válido para sistemas pequeños donde las distancias entre átomos son comparables al tamaño del propio sistema —nanocristales por ejemplo—, en los que pueden formarse cristales sobre escalas pequeñas.

Esta falta de estabilidad se demuestra fácilmente a partir del desplazamiento cuadrático medio en el modelo de Debye, donde la función densidad de modos es de la forma $D(\omega) \propto \omega^{D-1}$ (11.17), siendo D la dimensión del sólido. Utilizando (21.9) se tiene que

$$\langle u^2 \rangle^{3D} \propto \int_0^{\omega_{max}} \omega \left[\frac{1}{\exp(\hbar\omega/k_B T) - 1} + \frac{1}{2} \right] d\omega \rightarrow \text{converge para toda } T$$

$$\langle u^2 \rangle^{2D} \propto \int_0^{\omega_{max}} \left[\frac{1}{\exp(\hbar\omega/k_B T) - 1} + \frac{1}{2} \right] d\omega \rightarrow \begin{cases} \text{converge para } T = 0\,\text{K} \\ \text{diverge para } T \neq 0\,\text{K} \end{cases}$$

$$\langle u^2 \rangle^{1D} \propto \int_0^{\omega_{max}} \frac{1}{\omega} \left[\frac{1}{\exp(\hbar\omega/k_B T) - 1} + \frac{1}{2} \right] d\omega \rightarrow \text{diverge para toda } T \qquad (21.33)$$

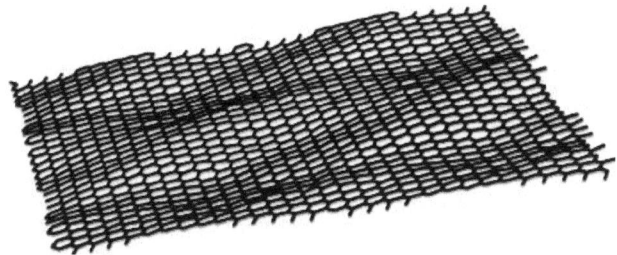

Figura 21.3. Simulación de ondulaciones en grafeno [6].

La existencia del grafeno y de otros materiales "planos" (crecidos sobre sustratos 3D) contradice aparentemente el teorema de Hohenberg-Mermin-Wagner. Sin embargo, se han encontrado pequeñas ondulaciones en el plano del grafeno (Figura 21.3) [6], de una altura aproximada de $5-10$ Å, que indican que existen vibraciones atómicas fuera del plano, por lo que no es un sólido estrictamente 2D (sección 19.3). Algunos autores también han mostrado la existencia de defectos cristalográficos, en particular dislocaciones, sobre el plano del sólido, rompiendo así el orden de largo alcance.

21.6 Intensidad de difracción. Factor de Debye-Waller

El desplazamiento de las partículas reticulares alrededor de sus posiciones de equilibrio origina, entre otros muchos efectos, la disminución de la intensidad de los haces difractados por el sólido respecto de la estructura completamente rígida, aunque no da lugar a la desaparición completa del espectro de difracción como podría pensarse en principio. A continuación se determina cuantitativamente este efecto en la aproximación armónica.

Para una estructura rígida, el factor de estructura de un haz difractado (hkl) es [7]

$$F(hkl) = \sum_{\alpha} f_{\alpha}(hkl) \exp(-i\mathbf{G}_{hkl} \cdot \mathbf{R}_{\alpha}) \qquad (21.34)$$

donde $f_a(hkl)$ es el factor atómico de dispersión (o factor de forma) del átomo α $(=1,2,...p)$ de la base estructural, $\mathbf{R}_{\alpha}$ su posición de equilibrio medida a partir del origen de la celda unidad (Figura 1.1(a)) y $\mathbf{G}_{hkl}$ el vector recíproco correspondiente. En un sólido real el átomo α oscila sobre su posición de equilibrio, ocupando una posición instantánea dada por (Figura 1.1(b))

$$\mathbf{r}_{\alpha}(t) = \mathbf{R}_{\alpha} + \mathbf{u}_{\alpha}(t) \qquad (21.35)$$

donde $\mathbf{u}_{\alpha}(t)$ es el desplazamiento respecto de su posición de equilibrio. Ya que la escala de tiempos de un experimento de difracción es muy superior a la escala de tiempos de los desplazamientos atómicos ($\sim 10^{-13}$ s), la magnitud de interés es el promedio temporal del factor de estructura, de forma que (eliminando los índices h, k, l por comodidad)

$$F = \left\langle \sum_\alpha f_\alpha \exp(-i\mathbf{G} \cdot \mathbf{r}_\alpha) \right\rangle = \sum_\alpha f_\alpha \exp(-i\mathbf{G} \cdot \mathbf{R}_\alpha) \left\langle \exp\left(-i\mathbf{G} \cdot \mathbf{u}_\alpha\right)\right\rangle \qquad (21.36)$$

El último término de (21.36) es responsable de la disminución de la intensidad de los haces difractados, y se denomina factor de Debye-Waller [8, 9] o factor de temperatura.

Dado que las amplitudes de vibración son pequeñas, se puede desarrollar en serie de potencias el promedio temporal de la exponencial anterior en la forma

$$\left\langle \exp\left(-i\mathbf{G} \cdot \mathbf{u}_\alpha\right)\right\rangle \simeq 1 - i\left\langle \mathbf{G} \cdot \mathbf{u}_\alpha\right\rangle - \frac{1}{2}\left\langle (\mathbf{G} \cdot \mathbf{u}_\alpha)^2\right\rangle + ... = 1 - \frac{1}{2}G^2\left\langle u_{\alpha G}^2\right\rangle + ... \quad (21.37)$$

donde $u_{\alpha G}$ es la componente del desplazamiento atómico en la dirección de $\mathbf{G}$, es decir, en la dirección perpendicular a la familia de planos (hkl) que da lugar al haz difractado. El término lineal $\left\langle \mathbf{G} \cdot \mathbf{u}_\alpha\right\rangle$ en (21.37) es nulo ya que $\mathbf{u}_\alpha$ es un desplazamiento térmico aleatorio sin correlación con la dirección de $\mathbf{G}$.

Por otra parte, desarrollando en serie la siguiente exponencial

$$\exp\left(-\frac{1}{2}G^2\left\langle u_{\alpha G}^2\right\rangle\right) \simeq 1 - \frac{1}{2}G^2\left\langle u_{\alpha G}^2\right\rangle + ... \qquad (21.38)$$

se observa que es idéntica a la expresión anterior (21.37). Por tanto, el factor de Debye-Waller se escribe como

$$\left\langle \exp\left(-i\mathbf{G} \cdot \mathbf{u}_\alpha\right)\right\rangle = \exp\left(-\frac{1}{2}G^2\left\langle u_{\alpha G}^2\right\rangle\right) \qquad (21.39)$$

quedando el factor de estructura dinámico (21.36) en la forma

$$F = \sum_\alpha f_\alpha \exp(-i\mathbf{G} \cdot \mathbf{R}_\alpha)\exp\left(-\frac{1}{2}G^2\left\langle u_{\alpha G}^2\right\rangle\right) \qquad (21.40)$$

La identidad (21.39) —en ocasiones denominada identidad de Bloch— es un caso particular del teorema general de Baker-Hausdorff [10], que establece que si una magnitud X está descrita por una distribución normal se cumple que

$$\left\langle \exp(X)\right\rangle = \exp\left(\frac{1}{2}\left\langle X^2\right\rangle\right) \qquad (21.41)$$

Es costumbre reescribir el factor de estructura F (21.40) como

$$F = \sum_{\alpha} f_{\alpha} \exp(-i\mathbf{G} \cdot \mathbf{R}_{\alpha}) \exp\left(-W_{\alpha}\right) \tag{21.42}$$

donde

$$W_{\alpha} = \frac{1}{2} G^2 \left\langle u_{\alpha G}^2 \right\rangle \tag{21.43}$$

Se observa que el factor de Debye-Waller $\exp\left(-W_{\alpha}\right)$ cobra mayor importancia a medida que aumenta $\mathbf{G}$ y/o la temperatura, en este último caso debido al aumento de la amplitud de vibración.

Si los átomos vibran de forma isótropa se cumple que

$$\left\langle u_{\alpha}^2 \right\rangle = \left\langle u_{\alpha x}^2 + u_{\alpha y}^2 + u_{\alpha z}^2 \right\rangle = 3 \left\langle u_{\alpha x}^2 \right\rangle \equiv 3 \left\langle u_{\alpha G}^2 \right\rangle \tag{21.44}$$

donde $\left\langle u_{\alpha}^2 \right\rangle$ es el desplazamiento cuadrático medio radial del átomo α, resultando

$$W_{\alpha} = \frac{1}{6} G^2 \left\langle u_{\alpha}^2 \right\rangle \tag{21.45}$$

Es habitual reescribir el factor de Debye-Waller en función de los parámetros característicos del experimento de difracción, la longitud de onda λ y el ángulo de difracción θ. Utilizando la ley de Bragg

$$2d_{hkl} \operatorname{sen} \theta = \lambda \tag{21.46}$$

el módulo del vector recíproco se escribe como

$$G_{hkl} = \frac{2\pi}{d_{hkl}} = \frac{4\pi \operatorname{sen} \theta}{\lambda} \tag{21.47}$$

Y el factor W_{α} (21.45) resulta

$$W_{\alpha} = \frac{8}{3} \pi^2 \left(\frac{\operatorname{sen} \theta}{\lambda} \right)^2 \left\langle u_{\alpha}^2 \right\rangle \tag{21.48}$$

Si consideramos por simplicidad un sólido de base monoatómica ($p = 1$), la intensidad de la radiación difractada en una dirección (hkl) viene dada por (21.42) y (21.45)

$$I\left(hkl\right) \propto \left|F\left(hkl\right)\right|^2 = I_o\left(hkl\right) \exp\left(-2W_{hkl}\right) = I_o\left(hkl\right) \exp\left(-\frac{1}{3} G_{hkl}^2 \left\langle u^2 \right\rangle \right) \tag{21.49}$$

donde $I_o\left(hkl\right)$ es la intensidad difractada por la red rígida.

• Aplicación a la plata

Como ejemplo se va a determinar este efecto en la plata (fcc de base monoatómica, $M = 107.87\,\mathrm{u}$, $\theta_D = 227\,\mathrm{K}$, $T_{fus} = 1235\,\mathrm{K}$) a diferentes temperaturas utilizando el modelo de Debye, que permite obtener fácilmente el desplazamiento cuadrático medio

Tabla 21.3. Valores para la plata del parámetro reticular a, los módulos de los vectores recíprocos G_{111} y G_{311}, el desplazamiento cuadrático medio $\langle u^2 \rangle$ (en el modelo de Debye) y los factores de Debye-Waller a muy bajas temperaturas, a temperatura ambiente y a una temperatura muy próxima a la de fusión.

T (K)	a (Å)	G_{111} (Å^{-1})	G_{311} (Å^{-1})	$\langle u^2 \rangle$ (Å^2)
< 10	4.07	2.674	5.120	4.42×10^{-3}
300	4.09	2.661	5.095	2.34×10^{-2}
1230	4.18	2.604	4.985	9.58×10^{-2}

T (K)	W_{111}	W_{311}	$\exp(-2W_{111})$	$\exp(-2W_{311})$
< 10	1.05×10^{-2}	3.86×10^{-2}	0.979	0.926
300	5.52×10^{-2}	2.02×10^{-1}	0.895	0.667
1230	2.16×10^{-1}	7.94×10^{-1}	0.649	0.204

$\langle u^2 \rangle$ de los átomos (21.18). Se van a considerar las reflexiones (111) y (311), que tienen intensidades estáticas relativas de $100\,\%$ y $27.2\,\%$, respectivamente. Los vectores recíprocos en la plata son de la forma

$$G_{hkl} = \frac{2\pi}{d_{hkl}} = \frac{2\pi}{a}\sqrt{h^2 + k^2 + l^2} \tag{21.50}$$

Se ha utilizado un parámetro reticular a dependiente de la temperatura a partir de las densidades recomendadas para la plata. Estos valores, junto a los de G_{111} y G_{311}, $\langle u^2 \rangle$ y los factores de Debye-Waller correspondientes $\exp(-2W_{111})$ y $\exp(-2W_{311})$, se muestran en la Tabla 21.3. Se observa que a temperatura ambiente la intensidad difractada disminuye hasta el $\simeq 70 - 90\,\%$ (dependiendo del haz difractado que se considere) respecto de la intensidad observada a muy bajas temperaturas. Pero incluso a temperaturas próximas a la de fusión sigue apreciándose la presencia de las reflexiones de Bragg, en particular las de índices más pequeños.

Se puede obtener una expresión general para el factor de Debye-Waller a temperaturas cercanas a la de fusión utilizando la razón crítica de Lindemann del $10\,\%$. Sustituyendo en (21.48) se tiene

$$W_\alpha (T_{fus}) = \frac{8}{3}\pi^2 \left(\frac{\mathrm{sen}\,\theta}{\lambda} \right)^2 \times 0.01 R_o^2 \simeq 0.26 \left(\frac{\mathrm{sen}\,\theta}{\lambda} \right)^2 R_o^2 \tag{21.51}$$

Como se indicó en la sección 21.5, el desplazamiento cuadrático medio de los átomos en sólidos 2D diverge para $T > 0\,\mathrm{K}$, y a toda T en sólidos 1D. Por tanto, en estos sólidos con baja dimensión no aparecen reflexiones de Bragg (21.48). Estos resultados se basan en la aproximación armónica, y podría pensarse que la inclusión de las interacciones anarmónicas modificarían la situación. Sin embargo, Hohenberg, Mermin y Wagner [5] mostraron que la falta de orden de largo alcance en este tipo de sólidos (sección 21.5) es rigurosamente correcta.

Frederick Alexander Lindemann,
1886 (antiguo Imperio Alemán) – 1957 (Reino Unido)

Referencias

1. F.W. De Wette, L.H. Fowler and B.R.A. Nijboer (1971): «Lattice dynamics, thermal expansion and specific heat of a Lennard-Jones solid in the quasi-harmonic approximation», *Physica*, 54, 292.

2. F.A. Lindemann (1910): «Über die Berechnung molekularer Eigenfrequenzen», *Physikalische Zeitschrift*, 11, 609.

3. A.P.G. Kutty and S.N. Vaidya (1980): «Mean-square atomic displacements in f.c.c. crystals», *Journal of Physics and Chemistry of Solids*, 41, 1163.

4. R.L. Mills and A.F. Schuch (1961): «Crystal Structure of the β Form of He4», *Physical Review Letters*, 6, 263.

5. B.I. Halperin (2019): «On the Hohenberg-Mermin-Wagner theorem and its limitations», *Journal of Statistical Physics*, 175, 521.

6. C. Mathioudakis and P.C. Kelires (2016): «Modelling of Three-Dimensional Nanographene», *Nanoscale Research Letters*, 11, 151.

7. S. Elliot (1998): *The Physics and Chemistry of Solids*. Nueva York: John Wiley and Sons Ltd.

8. P. Debye (1913): «Interferenz von Röntgenstrahlen und Wärmebewegung», *Annalen der Physik*, 348, 49.

9. I. Waller (1923): «Zur Frage der Einwirkung der Wärmebewegung auf die Interferenz von Röntgenstrahlen», *Zeitschrift für Physik A*, 17, 398.

10. J. Als-Nielsen and D. McMorrow (2011): *Elements of Modern X-ray Physics*. Nueva York: John Wiley and Sons Ltd.

22. Entropía de vibración atómica

La entropía debida a las oscilaciones atómicas es la contribución principal a la entropía total de un sólido. Esta entropía fonónica es el punto de partida para estudiar fenómenos muy diversos como los cambios de fase estructurales, la alotropía, la estabilidad de fase de las aleaciones, las transiciones orden-desorden, la formación de defectos puntuales y los volúmenes de relajación asociados, etc. También, en el caso de compuestos, la comparación con las entropías de los elementos que lo forman permite obtener información sobre el proceso de formación del compuesto. Se va a determinar aquí la entropía de vibración en la aproximación armónica una vez conocida la función densidad de modos $D(\omega)$; posteriormente se corrige el resultado utilizando la aproximación cuasiarmónica (capítulo 23).

La entropía de vibración $S_{vib}(T)$ del cristal a una temperatura T se puede obtener directamente por integración de su capacidad calorífica a volumen constante

$$S_{vib}(T) - S_{vib}(T=0) = S_{vib}(T) = \int_0^T \frac{C_v(T')}{T'} dT' \qquad (22.1)$$

ya que $S_{vib}(T=0) = 0$. La capacidad calorífica se determina bien de forma experimental o bien teóricamente mediante el modelo de Debye o la aproximación armónica. Es conveniente señalar de nuevo que, aunque estemos determinando una magnitud —la energía, la entropía o la capacidad calorífica, por ejemplo— en función de la temperatura, las frecuencias de vibración no se modifican con la temperatura en la aproximación puramente armónica. Posteriormente se relajará ligeramente esta condición en la aproximación cuasiarmónica (capítulo 23), donde se admite que las frecuencias de vibración dependen del volumen del sólido, es decir, dependen indirectamente de la temperatura a través de la dilatación térmica. No se debe confundir esta aproximación cuasiarmónica con las contribuciones anarmónicas reales del desarrollo en serie de la energía potencial de interacción entre partículas reticulares (1.6), que dependen de la temperatura a volumen fijo.

Se puede utilizar (22.1) para determinar $S_{vib}(T)$ a partir de $C_V(T)$, pero es más instructivo obtener la entropía a partir de la función de partición y de la energía del sólido armónico en el formalismo de la colectividad canónica, donde el sólido se encuentra en equilibrio térmico con un foco de temperatura T sin cambio en el volumen y en el número de partículas reticulares —y, por tanto, sin cambio en el número de modos normales—, pero puede intercambiar energía con el foco de calor.

La entropía de vibración a una temperatura T viene dada por [1]

$$S_{vib}(T) = k_B \left[\ln Z_{vib}(T) + \frac{1}{k_B T} \langle E_{vib}(T) \rangle \right] \tag{22.2}$$

donde $Z_{vib}(T)$ y $\langle E_{vib}(T) \rangle$ son la función de partición y la energía media de vibración del sólido a la temperatura T, respectivamente. Para un modo dado de frecuencia ω_i ($i \equiv (\mathbf{q}, j) = 1, 2, ... 3pN$), la función de partición $Z_{vib}(\omega_i, T)$ es

$$Z_{vib}(\omega_i, T) = \sum_{n=0}^{\infty} \exp\left[-\left(n + \frac{1}{2} \right) \frac{\hbar\omega_i}{k_B T} \right] = \frac{\exp(-\hbar\omega_i/2k_B T)}{1 - \exp(-\hbar\omega_i/k_B T)} \tag{22.3}$$

Dado que el hamiltoniano del sistema de $3pN$ partículas reticulares se descompone en la suma de $3pN$ modos independientes, la función de partición total resulta

$$Z_{vib}(T) = \prod_{i=1}^{3pN} Z_{vib}(\omega_i, T) \ , \qquad \ln Z_{vib}(T) = \sum_{i=1}^{3pN} \ln Z_{vib}(\omega_i, T) \tag{22.4}$$

Por su parte, la energía media de vibración del sólido viene dada por (6.26)

$$\langle E_{vib}(T) \rangle = \sum_{i=1}^{3pN} \langle E_{vib}(\omega_i, T) \rangle = \sum_{i=1}^{3pN} \left[\frac{1}{\exp(\hbar\omega_i/k_B T) - 1} + \frac{1}{2} \right] \hbar\omega_i \tag{22.5}$$

Sustituyendo en las expresiones anteriores el sumatorio discreto por una integral sobre todas las frecuencias permitidas —que varían desde 0 hasta la frecuencia máxima ω_{max}— utilizando la función densidad de modos $D(\omega)$, resulta

$$\begin{aligned} \ln Z_{vib}(T) &= \int_0^{\omega_{max}} D(\omega)\, d\omega \ln Z_{vib}(\omega, T) = \\ &= \int_0^{\omega_{max}} D(\omega)\, d\omega \left\{ -\frac{\hbar\omega}{2k_B T} - \ln\left[1 - \exp\left(-\frac{\hbar\omega}{k_B T} \right) \right] \right\} \end{aligned} \tag{22.6a}$$

$$\begin{aligned} \langle E_{vib}(T) \rangle &= \int_0^{\omega_{max}} D(\omega)\, d\omega \langle E_{vib}(\omega, T) \rangle = \\ &= \int_0^{\omega_{max}} D(\omega)\, d\omega \left[\frac{1}{\exp(\hbar\omega/k_B T) - 1} + \frac{1}{2} \right] \hbar\omega \end{aligned} \tag{22.6b}$$

Sustituyendo en (22.2) se tiene finalmente que

$$S_{vib}(T) = k_B \int_0^{\omega_{max}} D(\omega)\, d\omega \left\{ \frac{\hbar\omega}{k_B T} \frac{1}{\exp(\hbar\omega/k_B T) - 1} - \ln\left[1 - \exp\left(-\frac{\hbar\omega}{k_B T} \right) \right] \right\} \tag{22.7}$$

Es habitual reescribir esta expresión de forma compacta utilizando la función de distribución de Planck $\langle n_\omega (T) \rangle$. Tras algunos desarrollos matemáticos se encuentra que

$$S_{vib}(T) = k_B \int_0^{\omega_{max}} D(\omega) \, d\omega \left\{ [\langle n_\omega (T) \rangle + 1] \ln [\langle n_\omega (T) \rangle + 1] - \langle n_\omega (T) \rangle \ln \langle n_\omega (T) \rangle \right\}$$

(22.8)

Con estas expresiones se calcula la entropía de vibración de un sólido si se conoce la función densidad de modos $D(\omega)$, que se puede determinar de forma experimental mediante dispersión inelástica de neutrones. A continuación se va a obtener la entropía de vibración en los modelos de Einstein y Debye, y también en la aproximación armónica para el caso particular del argón sólido donde ya se conoce $D(\omega)$ (Figura 10.3). Posteriormente se corregirá el resultado en el orden más bajo de la aproximación cuasiarmónica, y finalmente se comentará el efecto de la anarmonicidad.

22.1 Modelo de Einstein

La función densidad de modos viene dada por (9.1)

$$D(\omega) = 3pN\delta(\omega = \omega_E)$$

(22.9)

Sustituyendo en (22.7)

$$
\begin{aligned}
S_{vib}(T) &= 3pNk_B \left\{ \frac{\hbar\omega_E}{k_B T} \frac{1}{\exp(\hbar\omega_E/k_B T) - 1} - \ln[1 - \exp(-\hbar\omega_E/k_B T)] \right\} = \\
&= 3pNk_B \left\{ \frac{\theta_E}{T} \frac{1}{\exp(\theta_E/T) - 1} - \ln\left[1 - \exp\left(-\frac{\theta_E}{T}\right)\right] \right\}
\end{aligned}
$$

(22.10)

donde se ha utilizado la temperatura de Einstein θ_E. Como ejemplo, la Figura 22.1 muestra la entropía molar en este modelo para la plata ($p = 1$, $N = N_{Av}$, $\theta_E = 170\,\mathrm{K}$).

Se pueden encontrar expresiones simples de (22.10) en los límites de bajas y altas temperaturas.

• Bajas temperaturas $T \ll \theta_E$. Resulta

$$S_{vib}(T \ll \theta_E) \simeq 3pNk_B \frac{\theta_E}{T} \exp\left(-\frac{\theta_E}{T}\right)$$

(22.11)

que muestra una caída exponencial hacia cero cuando $T \to 0$.

• Altas temperaturas $T \gg \theta_E$. Desarrollando la exponencial

$$S_{vib}(T \gg \theta_E) \simeq 3pR \left[\frac{\theta_E}{T} \frac{1}{1 + \theta_E/T - 1} - \ln\left(1 - \frac{1}{1 + \theta_E/T}\right) \right] =$$

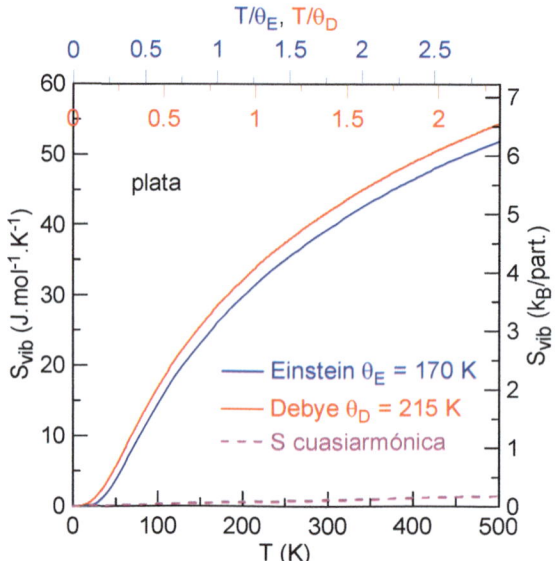

Figura 22.1. Entropía de vibración atómica (por mol de partículas y en unidades de k_B/partícula) de la plata en los modelos de Einstein y Debye en función de la temperatura absoluta (eje inferior) y de las correspondientes temperaturas reducidas (eje superior). Se muestra también la contribución cuasiarmónica individual (en rigor, solo es válida para $T \gtrsim \theta_E, \theta_D$), que se suma a la contribución armónica.

$$= 3pNk_B \left[1 - \ln \left(\frac{\theta_E}{T} \right) \right] \tag{22.12}$$

que crece casi linealmente con T en este intervalo de temperaturas.

22.2   Modelo de Debye

La densidad de modos de este modelo viene dada por (11.20), de forma que (22.7) se escribe como

$$
\begin{aligned}
S_{vib}(T) &= \\
&= \frac{9pNk_B}{\omega_D^3} \int_0^{\omega_D} \left\{ \frac{\hbar\omega}{k_B T} \frac{\omega^2}{\exp(\hbar\omega/k_B T) - 1} - \omega^2 \ln\left[1 - \exp\left(-\hbar\omega/k_B T\right)\right] \right\} d\omega = \\
&= 9pNk_B \left(\frac{T}{\theta_D} \right)^3 \left[\int_0^{x_D} \frac{x^3}{e^x - 1} dx - \int_0^{x_D} x^2 \ln\left(1 - e^{-x}\right) dx \right]
\end{aligned} \tag{22.13}
$$

donde se ha realizado el cambio de variable

$$x = \frac{\hbar\omega}{k_B T}, \qquad x_D = \frac{\hbar\omega_D}{k_B T} = \frac{k_B \theta_D}{k_B T} = \frac{\theta_D}{T} \tag{22.14}$$

con θ_D la temperatura de Debye. Resolviendo la segunda integral de (22.13)

$$\int_0^{x_D} x^2 \ln\left(1 - e^{-x}\right) dx = \left. \frac{x^3 \ln\left(1 - e^{-x}\right)}{3} \right]_0^{x_D} - \int_0^{x_D} \frac{x^3 e^{-x}}{3\left(1 - e^{-x}\right)} dx =$$

$$= \frac{1}{3}\left(\frac{\theta_D}{T}\right)^3 \ln\left[1 - \exp\left(-\frac{\theta_D}{T}\right)\right] - \frac{1}{3}\int_0^{x_D} \frac{x^3}{e^x - 1} dx \tag{22.15}$$

se encuentra que

$$S_{vib}(T) =$$

$$= 9pNk_B\left(\frac{T}{\theta_D}\right)^3 \left\{\frac{4}{3}\int_0^{\theta_D/T} \frac{x^3}{e^x - 1} dx - \frac{1}{3}\left(\frac{\theta_D}{T}\right)^3 \ln\left[1 - \exp\left(-\frac{\theta_D}{T}\right)\right]\right\} =$$

$$= 4pNk_B \times 3\left(\frac{T}{\theta_D}\right)^3 \int_0^{\theta_D/T} \frac{x^3}{e^x - 1} dx - 3pNk_B \ln\left[1 - \exp\left(-\frac{\theta_D}{T}\right)\right] =$$

$$= 4pNk_B D_3\left(\frac{\theta_D}{T}\right) - 3pNk_B \ln\left[1 - \exp\left(-\frac{\theta_D}{T}\right)\right] \tag{22.16}$$

donde se ha utilizado la función tercera de Debye (11.50)

$$D_3\left(\frac{\theta_D}{T}\right) = 3\left(\frac{T}{\theta_D}\right)^3 \int_0^{\theta_D/T} \frac{x^3}{e^x - 1} dx \tag{22.17}$$

La Figura 22.1 compara la entropía en este modelo con el de Einstein para la plata ($\theta_D = 215\,\text{K}$). Se encuentran valores muy similares, aunque la caída a cero es menos acusada. Igual que antes, se puede simplificar la expresión general (22.16) en los casos de altas y bajas temperaturas.

• Bajas temperaturas $T \ll \theta_D$. La función tercera de Debye se simplifica a

$$D_3\left(\frac{\theta_D}{T} \gg 1\right) \simeq 3\left(\frac{T}{\theta_D}\right)^3 \int_0^{\infty} \frac{x^3}{e^x - 1} dx = 3\left(\frac{T}{\theta_D}\right)^3 \frac{\pi^4}{15} = \frac{\pi^4}{5}\left(\frac{T}{\theta_D}\right)^3 \tag{22.18}$$

resultando

$$S_{vib}(T \ll \theta_D) \simeq \frac{4\pi^4}{5} pNk_B \left(\frac{T}{\theta_D}\right)^3 \tag{22.19}$$

• Altas temperaturas $T \gg \theta_D$. Se tiene que

$$D_3\left(\frac{\theta_D}{T} \ll 1\right) \simeq 3\left(\frac{T}{\theta_D}\right)^3 \int_0^{\theta_D/T} \frac{x^3}{1 + x - 1} dx = 3\left(\frac{T}{\theta_D}\right)^3 \int_0^{\theta_D/T} x^2 dx = 1 \tag{22.20}$$

y la entropía es

$$S_{vib}(T \gg \theta_D) \simeq 4pNk_B - 3pNk_B \ln\frac{\theta_D}{T} = 4pNk_B\left(1 - \frac{3}{4}\ln\frac{\theta_D}{T}\right) \tag{22.21}$$

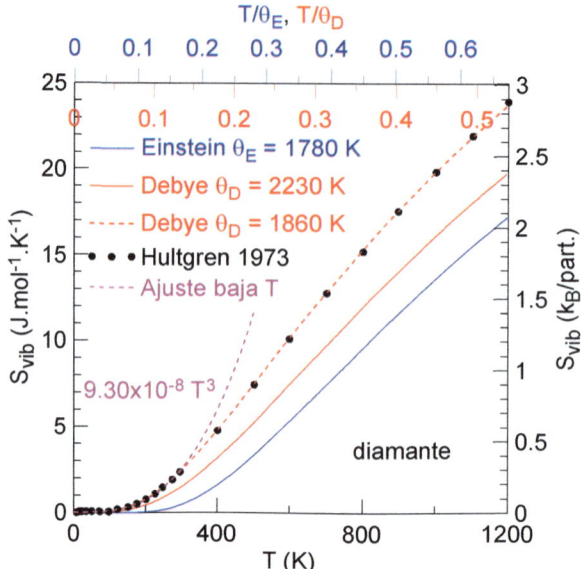

Figura 22.2. Entropía de vibración (por mol de partículas y en unidades de k_B/partícula) del diamante en los modelos de Einstein y Debye (con dos temperaturas θ_D diferentes), junto con los resultados de Hultgren 1973 [2]. Se muestra también el ajuste de los datos experimentales a bajas temperaturas.

Es interesante notar que en el régimen de bajas temperaturas la entropía varía como T^3, igual que la capacidad calorífica en este modelo (10.27)

$$C_V\left(T \ll \theta_D\right) = \frac{12\pi^4}{5}pNk_B\left(\frac{T}{\theta_D}\right)^3 \qquad (22.22)$$

de forma que

$$S_{vib}\left(T \ll \theta_D\right) = \frac{1}{3}C_V\left(T \ll \theta_D\right) \qquad (22.23)$$

encontrando que la entropía de vibración es un tercio de la capacidad calorífica en el régimen de bajas temperaturas. Por tanto, a partir de la entropía también se puede determinar la temperatura de Debye del sólido mediante (22.19).

Como ejemplo, la Figura 22.2 compara la entropía vibracional para el diamante en los modelos de Einstein y Debye con datos experimentales [2]. Se pueden observar varios hechos interesantes.

(i) Los datos experimentales [2] se ajustan muy bien al modelo de Debye cuando se utiliza una nueva temperatura de Debye $\theta_D = 1860\,\text{K}$ obtenida del ajuste completo de sus datos con la expresión (22.16) (curva punteada en rojo).

(ii) Si se utiliza el valor usualmente tabulado $\theta_D = 2230\,\text{K}$ encontrado del ajuste de la capacidad calorífica a muy bajas temperaturas (10.27), la predicción del modelo (curva continua en rojo) solo es correcta en dicha zona, alejándose del resultado experimental a medida que aumenta la temperatura.

(iii) Si solamente se ajustan los datos experimentales de la entropía a bajas temperaturas $T < 350\,\mathrm{K}$ con la ley T^3 (22.19), con $pN = N_{Av}$, se encuentra un valor de la temperatura de Debye de

$$\frac{4\pi^4}{5}R\frac{1}{\theta_D^3} = 9.30 \times 10^{-8}\,\mathrm{J\,mol^{-1}\,K^{-4}} \rightarrow \theta_D = 1910\,\mathrm{K} \qquad (22.24)$$

Estos resultados muestran nuevamente que no es posible determinar una única temperatura de Debye de un sólido, sino que depende de la propiedad que se estudie y de la temperatura a la que se realiza la comparación. Esto no invalida la gran importancia que tiene la temperatura de Debye en el estudio de las propiedades térmicas —de hecho, en casi todas las propiedades— de los sólidos, pero indica que hay que tomarla con las debidas precauciones.

22.3   Aproximación armónica

En este caso se requiere la determinación de la función $D(\omega)$ y el desarrollo posterior de (22.7) de forma numérica. En la Figura 22.3 se muestra el resultado para el argón sólido en la aproximación de muchos vecinos utilizando la función densidad de modos de la Figura 10.3, y se compara con las predicciones de los modelos de Einstein y Debye. Igual que en el caso del diamante, una temperatura de Debye más pequeña da un mejor ajuste con el resultado armónico.

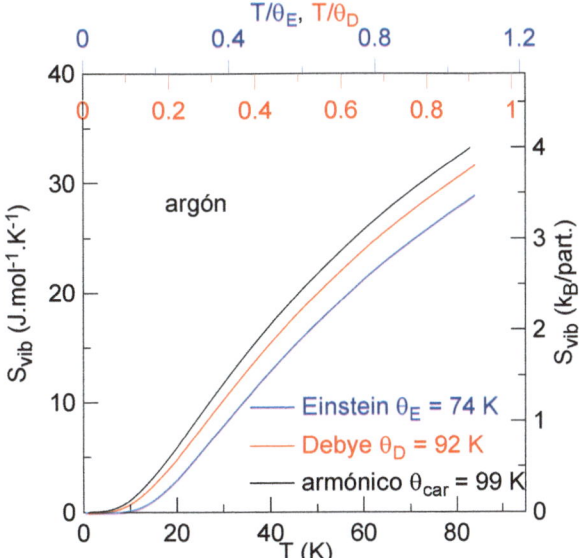

Figura 22.3. Entropía de vibración (por mol de partículas y en unidades de k_B/partícula) del argón en los modelos de Einstein y Debye, y en el desarrollo armónico de muchos vecinos. Se indican las temperaturas características.

22.4   Aproximación cuasiarmónica

Esta aproximación se introdujo originalmente para corregir el hecho de que el coeficiente de dilatación de un sólido es nulo en la aproximación puramente armónica, dado que las partículas reticulares vibran sistemáticamente alrededor de la misma posición de equilibrio (Figura 1.3). Es decir, las frecuencias de vibración no dependen de las amplitudes de oscilación —del volumen del sólido— y, por tanto, la presión del gas de fonones armónicos es independiente de la temperatura. Esta aproximación se estudia en más detalle en el capítulo 23, pero se va a utilizar aquí para completar el estudio de la entropía debida a las vibraciones reticulares.

En esta aproximación se introduce el parámetro de Grüneisen (sección 23.2) de cada modo normal γ_i, definido como la variación relativa de la frecuencia del modo i con el volumen V del sólido (con signo negativo para que el parámetro sea positivo)

$$\gamma_i = -\frac{V}{\omega_i}\frac{\partial \omega_i}{\partial V} = -\frac{\partial \ln \omega_i}{\partial \ln V} , \qquad i \equiv (\mathbf{q}, j) = 1, \dots 3pN \qquad (22.25)$$

Con este parámetro se encuentra que las frecuencias disminuyen con la temperatura en la forma (sección 23.2)

$$\omega_i = \omega_{io}\left(1 - \gamma_i \alpha_V T\right) \qquad (22.26)$$

donde el subíndice o se refiere a un valor de referencia y α_V es el coeficiente de dilatación en volumen del sólido. Si se introduce esta frecuencia ω_i en la expresión general de la entropía (22.7) el resultado es realmente complicado, de forma que se va a simplificar el análisis para temperaturas altas $k_B T \gg \hbar\omega_i$, donde el efecto cuasiarmónico es más pronunciado y tiene mayor interés en casos reales. Cambiando por conveniencia en (22.7) la integral sobre los modos por un sumatorio se tiene

$$S_{vib}\left(T \gg\right) \simeq k_B \sum_{i=1}^{3pN}\left\{\frac{\hbar\omega_i}{k_B T}\frac{1}{1 + (\hbar\omega_i/k_B T) - 1} - \ln\left[1 - \left(1 - \frac{\hbar\omega_i}{k_B T}\right)\right]\right\} =$$

$$= k_B \sum_{i=1}^{3pN}\left(1 - \ln\frac{\hbar\omega_i}{k_B T}\right) = 3pN k_B - k_B \sum_{i=1}^{3pN}\ln\frac{\hbar\omega_i}{k_B T} \qquad (22.27)$$

En la aproximación armónica esta expresión se escribe como

$$S_{o,vib}\left(T \gg\right) = 3pN k_B - k_B \sum_{i=1}^{3pN}\ln\frac{\hbar\omega_{io}}{k_B T} \qquad (22.28)$$

donde las frecuencias se miden en el volumen de referencia V_o. A una temperatura T dada —en rigor, a un volumen V dado—, se encuentra de las expresiones (22.26) y (22.27) que

$$S_{vib}\left(T\gg\right) = 3pNk_B - k_B\sum_{i=1}^{3pN}\ln\left[\frac{\hbar\omega_{io}\left(1-\gamma_i\alpha_V T\right)}{k_B T}\right] =$$

$$= 3pNk_B - k_B\sum_{i=1}^{3pN}\ln\frac{\hbar\omega_{io}}{k_B T} - k_B\sum_{i=1}^{3pN}\ln\left(1-\gamma_i\alpha_V T\right) =$$

$$= S_{o,vib}\left(T\gg\right) - k_B\sum_{i=1}^{3pN}\ln\left(1-\gamma_i\alpha_V T\right) \simeq S_{o,vib}\left(T\gg\right) + k_B\sum_{i=1}^{3pN}\gamma_i\alpha_V T =$$

$$= S_{o,vib}\left(T\gg\right) + 3pNk_B\gamma\alpha_V T \qquad (22.29)$$

donde se ha considerado por simplicidad que todos los modos tienen el mismo parámetro $\gamma_i \equiv \gamma$. Por tanto, la contribución cuasiarmónica a la entropía de vibración (a altas temperaturas) es

$$S_{vib}^{\text{cuasiarm}}\left(T\gg\right) = 3pNk_B\gamma\alpha_V T \qquad (22.30)$$

que aumenta linealmente con la temperatura. Esta contribución se muestra para la plata en la Figura 22.1, con $\gamma = 2$ (un valor típico en la mayoría de los sólidos) y $\alpha_V = 6.0 \times 10^{-5}\,\text{K}^{-1}$ (medido a $300\,\text{K}$), resultando para un mol de partículas

$$\begin{aligned}S_{vib}^{\text{cuasiarm}}\left(T\gg\right) &= 3R\gamma\alpha_V T = \\ &= 3.0 \times 10^{-3}T\ \text{J}\,\text{mol}^{-1}\,\text{K}^{-1} \qquad (\text{con } T \text{ en } \text{K}) \qquad (22.31)\end{aligned}$$

En rigor, esta contribución es válida solo a altas temperaturas, aunque en la Figura 22.1 se representa para toda T. Por ejemplo, para $T = 300\,\text{K}$ se tiene que $S_{vib}^{\text{cuasiarm}}\left(300\,\text{K}\right) = 0.90\,\text{J}\,\text{mol}^{-1}\,\text{K}^{-1}$, que es una fracción modesta del valor armónico $S_{o,vib}\left(300\,\text{K}\right) = 41.9\,\text{J}\,\text{mol}^{-1}\,\text{K}^{-1}$, resultando una entropía total $S_{vib}\left(300\,\text{K}\right) = 42.8\,\text{J}\,\text{mol}^{-1}\,\text{K}^{-1}$.

Otro ejemplo muy interesante se muestra en la Figura 22.4 para el silicio en polvo, donde se comparan los datos experimentales obtenidos de la función $D\left(\omega\right)$ medida por dispersión inelástica de neutrones [3] con el modelo de Debye (con $\theta_D = 645\,\text{K}$ obtenido de la capacidad calorífica a bajas temperaturas) y los resultados armónico, cuasiarmónico (la diferencia es mínima con el resultado armónico, menor que $0.03k_B$/partícula a $1500\,°\text{C}$, y no se representa en la Figura 22.4 por claridad) y anarmónico. Se observa que la contribución anarmónica a la entropía vibracional es también muy pequeña, de $0.15k_B$/partícula a $1500\,°\text{C}$. Los datos experimentales están en excelente acuerdo con los datos de referencia NIST-JANAF [4] obtenidos de medidas calorimétricas. Se incluye también un nuevo ajuste del modelo de Debye con una temperatura *ad hoc* de $\theta_D = 550\,\text{K}$, que reproduce correctamente los resultados experimentales.

En resumen, la dependencia de la entropía de vibración de un sólido con la temperatura puede escribirse como

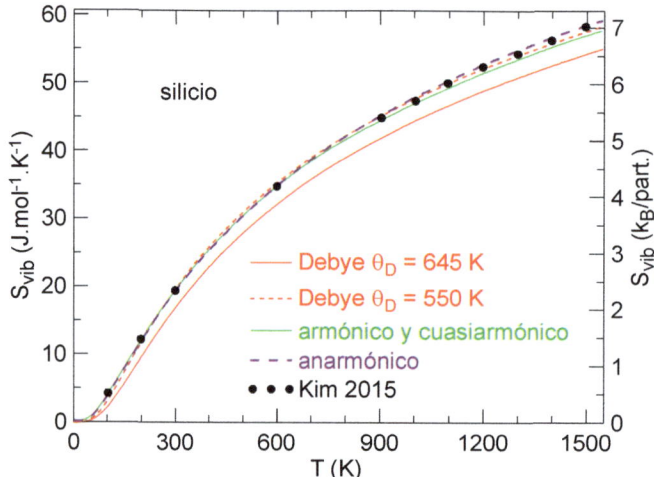

Figura 22.4. Entropía de vibración del silicio en polvo con datos experimentales deducidos por Kim 2015 [3], junto a la predicción del modelo de Debye con dos temperaturas de Debye diferentes, y los resultados armónico, cuasiarmónico y anarmónico.

$$\frac{dS\left(T,V\right)}{dT} = \left(\frac{\partial S}{\partial T}\right)_V + \left(\frac{\partial S}{\partial V}\right)_T \frac{dV}{dT} \tag{22.32}$$

que contiene las contribuciones armónica, cuasiarmónica y anarmónica. La parte armónica de la entropía de vibración, cuya forma viene dada por (22.8), contribuye solo al primer término del segundo miembro a través de la función de distribución de Planck ya que los fonones armónicos no modifican su frecuencia con las variaciones de temperatura y/o volumen. Requiere del conocimiento de la función densidad de modos $D\left(\omega\right)$, bien por medidas experimentales o bien por cálculo numérico.

Por su parte, los fonones cuasiarmónicos tienen frecuencias que dependen del volumen y contribuyen a través del segundo término del segundo miembro de (22.32); sus frecuencias varían ligeramente con la temperatura debido al cambio de volumen por la dilatación térmica. Por último, la entropía anarmónica contribuye a ambos términos del segundo miembro de (22.32), pero afecta particularmente al primero ya que las constantes de fuerza interatómicas varían con la temperatura para un volumen fijo del sólido, modificando las frecuencias de los fonones. En todo caso, se observa de las Figuras 22.1 y 22.4 que la entropía de vibración de un sólido no difiere esencialmente del valor dado por la aproximación armónica.

Referencias

1. J. de la Rubia Pacheco y J.J. Brey Abalo (1978): *Introducción a la Mecánica Estadística*. Madrid: Ediciones del Castillo.

2. B.F. Fegley and R. Osborne (2013): *Practical Chemical Thermodynamics for Geoscientists*. Oxford: Academic Press. Valores tomados de R. Hultgren, P.D. Desai, D.T. Hawkins, M. Gleiser, K.K. Kelley and D.D. Wagman (1973): *Selected Values of the Thermodynamic Properties of the Elements*. Ohio: American Society for Metals.

3. D.S. Kim, H.L. Smith, J.L. Niedziela, C.W. Li, D.L. Abernathy and B. Fultz (2015): «Phonon anharmonicity in silicon from 100 to 1500 K», *Physical Review B*, 91, 014307.

4. M.W. Chase Jr. (1998): «NIST-JANAF Thermochemical Tables», *Journal of Physical and Chemical Reference Data*, National Institute of Standards and Technology.

Kathleen Lonsdale, 1903 (Irlanda) – 1971 (Reino Unido)

23. Aproximación cuasiarmónica

El estudio de las vibraciones atómicas se ha realizado hasta ahora dentro de la teoría armónica, donde las frecuencias son independientes de la temperatura[1]. Muchos efectos relacionados con las vibraciones reticulares se explican adecuadamente dentro del marco armónico, como se ha visto anteriormente: capacidad calorífica, factor de Debye-Waller, desplazamientos atómicos, criterio de fusión de Lindemann, etc. Las desviaciones que se encuentran suelen darse a temperaturas altas, sugiriendo que los efectos anarmónicos deben ser importantes solo a temperaturas elevadas. Sin embargo, esto no es cierto: algunas propiedades, incluso a bajas temperaturas, no se pueden explicar en absoluto sin los términos anarmónicos del desarrollo en serie de la energía potencial interatómica (1.6). Así, el coeficiente de dilatación térmica de un sólido puramente armónico sería cero (podría provenir de la contribución de los electrones de conducción en el caso de un metal, pero no da cuenta de los valores experimentales); las constantes elásticas, como el módulo de Young, módulo de volumen, etc., no variarían con la temperatura; no habría diferencia entre la capacidad calorífica a volumen y a presión constante; y la conductividad térmica de un aislante sería infinita a cualquier temperatura ya que los fonones no pueden interaccionar entre sí y dispersarse (la dispersión de fonones por defectos reticulares exclusivamente tampoco da cuenta de los resultados experimentales). Estos fallos esenciales de la teoría armónica se deben a que la presión de un gas de fonones armónicos es independiente de la temperatura ya que las frecuencias de vibración no dependen de las amplitudes de oscilación. En realidad, a medida que aumenta la temperatura de un sólido aumenta la distancia entre sus partículas por la dilatación térmica, dando lugar a una disminución de las fuerzas de interacción entre partículas y, en consecuencia, disminuyendo las frecuencias de oscilación.

La forma directa de considerar este efecto en las vibraciones atómicas es incluyendo términos de orden superior a los cuadráticos —los términos anarmónicos— en el desarrollo en serie de la energía potencial de interacción entre partículas (1.6). Sin embargo, este procedimiento, aparte de que no existe un formalismo general hoy en

---

[1]No hay que confundir la independencia con la temperatura de las frecuencias de los modos de vibración permitidos, con la contribución de cada modo a la energía de vibración media del sólido, que sí depende de la temperatura a través de la función de Planck.

día para aplicarlo, invalidaría el concepto de modo normal de vibración —y, por tanto, el fonón como cuanto del campo de desplazamiento atómico colectivo— y todos los desarrollos asociados. Una forma aproximada de resolver el problema es mantener el término armónico como dominante en el desarrollo en serie e incluir los términos anarmónicos como una perturbación, de forma que se permiten transiciones entre los niveles de energía del sistema reticular armónico. Por tanto, este formalismo mantiene el concepto de fonón pero limita su vida media —y su recorrido libre medio— mediante la creación/aniquilación de fonones a través de colisiones entre ellos, explicando así, por ejemplo, la resistividad térmica de los sólidos dieléctricos a temperaturas intermedias y altas (capítulo 26) o el ensanchamiento de los picos fonónicos en las medidas espectroscópicas (capítulo 8). Sin embargo, esta formulación sigue siendo intratable en términos generales. En el capítulo 25 se estudia el caso simple de un oscilador anarmónico clásico 1D.

Una forma alternativa y relativamente sencilla de incluir el efecto de la temperatura sobre las vibraciones reticulares es mediante la aproximación cuasiarmónica, que introduce la dependencia $\omega = \omega\left(T\right)$ de forma indirecta a través de la variación del volumen del sólido con la temperatura. Es decir, en esta aproximación las frecuencias fonónicas dependen del volumen V del sólido $\omega = \omega\left(V\right)$, que a su vez es dependiente de la temperatura $V = V\left(T\right)$, pero para cada volumen fijo sigue siendo válida la aproximación armónica. Se mantiene, por tanto, la expresión armónica de la energía libre de Helmholtz F pero incorporando una dependencia explícita de las frecuencias de vibración con el volumen, lo que permite obtener la ecuación de estado $P = P\left(V, T\right)$ del sólido. Básicamente, se está linealizando el sistema reticular con los fonones armónicos originales, por lo que cabe esperar que la aproximación cuasiarmónica sea adecuada para temperaturas relativamente bajas, donde los efectos anarmónicos no son por lo general excesivamente importantes. Sin embargo, a altas temperaturas, los átomos se desplazan claramente en la parte anarmónica de la energía potencial (Figura 1.3), por lo que se espera una interacción fuerte entre los osciladores anarmónicos, en un grado que depende de la intensidad del acoplamiento anarmónico.

Aunque la aproximación cuasiarmónica tiene en cuenta la dilatación térmica sobre las frecuencias fonónicas, y por tanto no es un efecto estrictamente armónico, admite implícitamente que las frecuencias armónicas varían de forma moderada con cambios en la temperatura y presión del sólido, por lo que las vidas medias de los fonones son relativamente largas y, por tanto, están bien definidas.

A continuación se va a determinar la ecuación de estado de los sólidos dentro de esta aproximación, así como diversas magnitudes termodinámicas que no se pueden justificar con el desarrollo armónico.

23.1 Ecuación de estado de un sólido

La energía interna de un sólido a la temperatura T en la aproximación armónica viene dada por

$$U_{arm}\left(T\right) = U_{eq} + \langle E_{vib}\left(T\right)\rangle = U_{eq} + \sum_{i=1}^{3pN}\left[\frac{1}{\exp\left(\hbar\omega_i/k_B T\right)-1}+\frac{1}{2}\right]\hbar\omega_i \qquad (23.1)$$

El primer término es la energía del sólido con las partículas reticulares fijas en las posiciones de equilibrio, y el segundo término es la energía media de vibración reticular (6.26) donde el sumatorio se extiende a todos los modos permitidos dentro de la primera zona de Brillouin. Existen diversas expresiones para U_{eq}, siendo las más sencillas para los sólidos de gases nobles con un potencial de interacción por pares de tipo Lennard-Jones 6-12 (la energía de cohesión dada por (2.15), por ejemplo) y las de los sólidos iónicos (ecuación (20.10) para $R = R_o$); también se ha determinado de forma relativamente sencilla para metales simples [1].

La función de partición fonónica $Z_{vib}\left(T\right)$ viene dada por (22.3) y (22.4), de forma que la función de partición total del sólido a la temperatura T es

$$Z_{arm}\left(T\right) = \exp(-U_{eq}/k_B T)\prod_{i=1}^{3pN}\frac{\exp\left(-\hbar\omega_i/2k_B T\right)}{1-\exp\left(-\hbar\omega_i/k_B T\right)} \qquad (23.2)$$

Y la energía libre de Helmholtz F del sólido viene dada, utilizando (22.6a) en forma discreta, por

$$\begin{aligned}F_{arm}\left(T\right) &= -k_B T\ln Z_{arm}\left(T\right) = \\ &= U_{eq} + \sum_{i=1}^{3pN}\left\{\frac{1}{2}\hbar\omega_i + k_B T\ln\left[1-\exp\left(-\frac{\hbar\omega_i}{k_B T}\right)\right]\right\}\end{aligned} \qquad (23.3)$$

En la aproximación cuasiarmónica las frecuencias de vibración dependen del volumen $\omega_i = \omega_i\left(V\right)$, de forma que la energía libre se escribe como

$$F_{\text{cuasi}}\left(V,T\right) = U_{eq} + \sum_{i=1}^{3pN}\left\{\frac{1}{2}\hbar\omega_i\left(V\right) + k_B T\ln\left[1-\exp\left(-\frac{\hbar\omega_i\left(V\right)}{k_B T}\right)\right]\right\} \qquad (23.4)$$

La presión P del sólido viene dada por

$$\begin{aligned}P\left(V,T\right) &= -\left(\frac{\partial F_{\text{cuasi}}\left(V,T\right)}{\partial V}\right)_T = \\ &= -\frac{\partial U_{eq}\left(V\right)}{\partial V} - \sum_{i=1}^{3pN}\frac{\partial}{\partial V}\left\{\frac{1}{2}\hbar\omega_i\left(V\right) + k_B T\ln\left[1-\exp\left(-\frac{\hbar\omega_i\left(V\right)}{k_B T}\right)\right]\right\}\end{aligned} \qquad (23.5)$$

Se observa que las frecuencias deben depender obligatoriamente del volumen del sólido para que la presión de equilibrio dependa de la temperatura. Esta expresión se reescribe (omitiendo la dependencia con V por simplicidad) como

$$
\begin{aligned}
P(V,T) &= -\frac{\partial U_{eq}}{\partial V} - \sum_{i=1}^{3pN} \frac{\partial}{\partial \omega_i} \left\{ \frac{1}{2}\hbar\omega_i + k_B T \ln\left[1 - \exp\left(-\frac{\hbar\omega_i}{k_B T} \right) \right] \right\} \frac{\partial \omega_i}{\partial V} = \\
&= -\frac{\partial U_{eq}}{\partial V} - \sum_{i=1}^{3pN} \left[\frac{1}{2}\hbar + \frac{\hbar}{\exp\left(\hbar\omega_i/k_B T\right) - 1} \right] \frac{\partial \omega_i}{\partial V} = \\
&= -\frac{\partial U_{eq}}{\partial V} - \frac{1}{V}\sum_{i=1}^{3pN} \left[\frac{1}{2}\hbar\omega_i + \frac{\hbar\omega_i}{\exp\left(\hbar\omega_i/k_B T\right) - 1} \right] \frac{V}{\omega_i}\frac{\partial \omega_i}{\partial V} = \\
&= -\frac{\partial U_{eq}}{\partial V} - \frac{1}{V}\sum_{i=1}^{3pN} \langle E_{vib}\left(\omega_i, T\right)\rangle \frac{V}{\omega_i}\frac{\partial \omega_i}{\partial V} = P_{eq} + P_{vib}\left(T\right)
\end{aligned}
\tag{23.6}
$$

Esta es la ecuación de estado de un sólido. El primer término P_{eq} es la presión a $T = 0\,\mathrm{K}$ del sistema de partículas reticulares en sus posiciones de equilibrio, mientras que el segundo término $P_{vib}\left(T\right)$ es la contribución debida a las vibraciones atómicas, incluido el punto cero. Este último término depende de la temperatura y es responsable del valor no nulo del coeficiente de dilatación (ver (23.26) más abajo).

No es nada fácil obtener la variación de las frecuencias ω_i con V a partir de primeros principios. Grüneisen [2] introdujo un parámetro γ_i —el parámetro de Grüneisen— para cada modo individual ω_i en la forma

$$
\gamma_i = -\frac{V}{\omega_i}\frac{\partial \omega_i}{\partial V}
\tag{23.7}
$$

que mide la variación relativa (positiva) de su frecuencia con el volumen del sólido. Como se describe más adelante (sección 23.2), este parámetro es relativamente constante en la mayoría de los sólidos, con valores comprendidos entre 1 y 3. Utilizando (23.7), la presión del sólido (23.6) se escribe como

$$
P(V,T) = -\frac{\partial U_{eq}}{\partial V} + \frac{1}{V}\sum_{i=1}^{3pN} \gamma_i \langle E_{vib}\left(\omega_i, T\right)\rangle
\tag{23.8}
$$

Si, por simplicidad, consideramos que todos los parámetros son iguales $\gamma_i \equiv \gamma$, se tiene que

$$
P(V,T) = -\frac{\partial U_{eq}}{\partial V} + \frac{\gamma}{V}\langle E_{vib}\left(T\right)\rangle
\tag{23.9}
$$

donde $\langle E_{vib}\left(T\right)\rangle$ es la energía de vibración total incluyendo el punto cero. Esta expresión se denomina ecuación de estado de Mie-Grüneisen [2, 3].

En realidad, la ecuación de estado de Mie-Grüneisen relaciona la presión, el volumen y la energía interna de un sólido a una temperatura dada. Por ello se suele denominar ecuación de estado incompleta, aunque se utiliza frecuentemente en el estudio de ondas de choque en sólidos y, en general, para modelar sólidos sometidos a altas presiones, donde no interviene la temperatura explícitamente. Para tener una ecuación de estado completa se requiere una ecuación adicional de la energía en la forma $E = E(V, T)$. Se han desarrollado diversas ecuaciones adicionales de este tipo dependiendo de su aplicación, que en general tienen que cumplir una serie de requerimientos termodinámicos muy exigentes [4].

Es posible obtener una forma más práctica de la ecuación de estado (23.9). Admitiendo que los cambios en el volumen del sólido por la dilatación térmica son modestos —que es la base de la aproximación cuasiarmónica—, se puede desarrollar tanto la energía reticular estática $U_{eq}(V)$ como la energía libre $F_{vib}(V)$ sobre el volumen de equilibrio V_o del sólido a $T = 0\,\text{K}$, en la forma

$$
\begin{aligned}
U_{eq}(V) &\simeq U_{eq}(V_o) + \frac{1}{2}\left(\frac{\partial^2 U_{eq}}{\partial V^2}\right)_{V_o}(V - V_o)^2 \\
F_{vib}(V) &\simeq F_{vib}(V_o) + \left(\frac{\partial F_{vib}}{\partial V}\right)_{V_o}(V - V_o)
\end{aligned}
\tag{23.10}
$$

El término lineal en el desarrollo de la energía reticular es nulo ya que presenta un mínimo en la posición de equilibrio. Diferenciando ambas expresiones respecto de V se tiene que

$$
\frac{\partial U_{eq}(V)}{\partial V} = \left(\frac{\partial^2 U_{eq}}{\partial V^2}\right)_{V_o}(V - V_o) = B_T^{eq}(V_o)\frac{V - V_o}{V_o}
\tag{23.11}
$$

donde se ha introducido el módulo de volumen isotermo reticular de equilibrio en el estado fundamental $B_T^{eq}(V_o)$ (ver sección 23.4 más adelante), que utilizando (23.6) viene dado por

$$
B_T^{eq}(V_o) = -V_o\left(\frac{\partial P_{eq}}{\partial V}\right)_{V_o} = V_o\left(\frac{\partial^2 U_{eq}}{\partial V^2}\right)_{V_o}
\tag{23.12}
$$

Por otra parte

$$
\frac{\partial F_{vib}(V)}{\partial V} = \left(\frac{\partial F_{vib}}{\partial V}\right)_{V_o} = -\frac{\gamma}{V_o}\langle E_{vib}(V_o)\rangle
\tag{23.13}
$$

ya que es directamente la componente térmica de la presión (cambiada de signo) medida en el volumen de equilibrio (23.9). Finalmente, la ecuación de estado queda en la forma

$$
PV_o = -B_T^{eq}(V_o)(V - V_o) + \gamma\langle E_{vib}(V_o)\rangle
\tag{23.14}
$$

Se puede aplicar esta ecuación al argón sólido ya que se conoce la energía potencial de interacción entre partículas (capítulo 2) y su energía de vibración, tanto armónica (Figura 6.2) como en el modelo de Debye ((10.21) con $\theta_D = 92\,\text{K}$ y $p = 1$). La Figura 23.1 muestra la variación de P con V en el estado fundamental, donde se ha utilizado

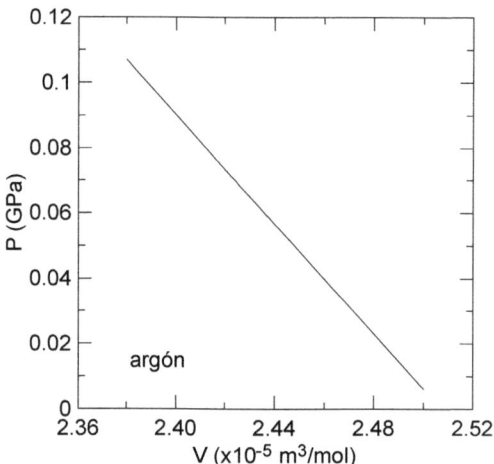

Figura 23.1. Variación de la presión con el volumen (molar) en el estado fundamental del argón sólido.

un parámetro de Grüneisen $\gamma = 3.17$ [6] y un volumen molar

$$V_o = \frac{\sqrt{2}}{2} N_{Av} R_o^3 = 2.37 \times 10^{-5} \, \text{m}^3/\text{mol} \qquad (23.15)$$

con $R_o = 3.82 \, \text{Å}$ (2.13).

23.2 Parámetro de Grüneisen

Como se ha indicado, la dependencia de la frecuencia de un modo particular ω_i con el volumen V del sólido viene dada por el correspondiente parámetro de Grüneisen γ_i (23.7) en la aproximación cuasiarmónica, que tiene la forma

$$\gamma_i = -\frac{V}{\omega_i} \frac{\partial \omega_i}{\partial V} \qquad (23.16)$$

Esta expresión proviene de admitir que las frecuencias de oscilación varían inversamente con alguna potencia γ_i del volumen del sólido —es decir, con la distancia entre partículas—, de forma que se puede escribir

$$\frac{\omega_i}{\omega_{io}} = \left(\frac{V}{V_o}\right)^{-\gamma_i} \qquad (23.17)$$

donde el subíndice o se refiere a un valor de referencia. Aunque este parámetro γ_i depende del sólido y del modo de vibración, se encuentra que generalmente tiene valores comprendidos entre 1 y 3 para la mayoría de los sólidos.

Desarrollando (23.17) en primera aproximación se tiene que

$$\frac{\omega_i}{\omega_{io}} = \left(\frac{V_o + \delta V}{V_o}\right)^{-\gamma_i} = \left(1 + \frac{\delta V}{V_o}\right)^{-\gamma_i} \simeq$$

$$\simeq 1 - \gamma_i \frac{\delta V}{V_o} = 1 - \gamma_i \alpha_V T \tag{23.18}$$

donde α_V es el coeficiente de dilatación térmica en volumen del sólido. Por tanto, en la aproximación cuasiarmónica las frecuencias disminuyen con la temperatura como

$$\omega_i = \omega_{io} \left(1 - \gamma_i \alpha_V T\right) \tag{23.19}$$

El coeficiente de dilatación α_V en los sólidos es del orden de $10^{-5}\,\mathrm{K}^{-1}$, de forma que las frecuencias disminuyen modestamente al aumentar la temperatura, dando validez a la aproximación realizada.

Los parámetros de Grüneisen son iguales para todos los modos en los desarrollos más sencillos, como en el modelo de Debye[2]. En este caso, de (10.11) y (10.17), resulta que $\omega \propto v_s \propto \omega_D \propto \theta_D$, por lo que

$$\gamma_i = -\frac{V}{\omega_i}\frac{\partial \omega_i}{\partial V} = -\frac{V}{\omega_D}\frac{\partial \omega_D}{\partial V} = -\frac{V}{\theta_D}\frac{\partial \theta_D}{\partial V} \equiv \gamma_D \tag{23.20}$$

donde γ_D es el parámetro de Debye. La Figura 23.2 muestra la variación de θ_D con el volumen en $\varepsilon-\mathrm{Fe}$ —un alótropo del hierro que cristaliza en la estructura hexagonal compacta a altas presiones— a $T = 300\,\mathrm{K}$ [5]. A partir de esta curva se encuentra de (23.20) que γ_D (Figura 23.2) varía entre 1.2 y 1.7, valores muy típicos en la mayoría de los sólidos.

El parámetro de Grüneisen se puede determinar fácilmente en el caso de un sólido 1D monoatómico con una energía de interacción $W(R)$ entre pares de partículas, por ejemplo de tipo Lennard-Jones 6-12, en la aproximación de primeros vecinos. En este caso, las frecuencias permitidas vienen dadas por (12.20)

$$\omega_i = \left(\frac{4\beta}{M}\right)^{1/2} \mathrm{sen}\left|\frac{q_i a}{2}\right| \tag{23.21}$$

donde $\beta = W''(R_o)$, siendo R_o igual al parámetro reticular a en este caso. Los valores permitidos del vector (número) de onda varían en la forma $q_i = (2\pi/L)\,n_i = (2\pi/Na)\,m_i$, siendo $L = Na$ la dimensión del sólido, N el número de celdas unidad y $m_i \in \mathbb{Z}$ (1.35). Por tanto, se encuentra que

---

[2]En rigor, son iguales para una misma polarización. Pero ya que consideramos una única frecuencia de corte —la frecuencia de Debye ω_D— para todos los modos longitudinales y transversales, los γ_i son iguales.

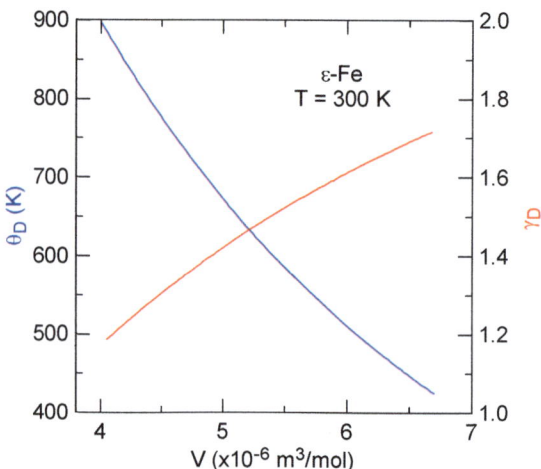

Figura 23.2. Variación experimental de la temperatura de Debye θ_D y del parámetro medio de Grüneisen γ_D con el volumen en $\varepsilon - Fe$ a 300 K [5].

$$\omega_i = \left(\frac{4\beta}{M}\right)^{1/2} \operatorname{sen} \left|\frac{\pi}{N}m_i\right| \propto \beta^{1/2} = [W''(R_o)]^{1/2} \tag{23.22}$$

El parámetro de Grüneisen γ_i en 1D resulta

$$\gamma_i = -\frac{L}{\omega_i}\frac{d\omega_i}{dL} = -\frac{R_o}{\omega_i}\frac{d\omega_i}{dR} = -\frac{R_o}{2}\frac{W'''(R_o)}{W''(R_o)} \tag{23.23}$$

que muestra que todos los γ_i son iguales y su valor depende del grado de anarmonicidad a través de la razón $U'''(R_o)/U''(R_o)$. Si consideramos una interacción de tipo Lennard-Jones 6-12, se encuentra que (capítulo 12)

$$
\begin{aligned}
W''(R_o) &= -\frac{42A}{R_o^8} + \frac{78B}{R_o^{14}} = \frac{36A}{R_o^8} \\
W'''(R_o) &= \frac{336A}{R_o^9} - \frac{1092B}{R_o^{15}} = -\frac{756A}{R_o^9}
\end{aligned} \tag{23.24}
$$

donde se ha utilizado (12.5). Sustituyendo estas expresiones en (23.23) se tiene

$$\gamma_i \equiv \gamma = \frac{756}{72} = 10.5 \tag{23.25}$$

Para el mismo caso en 3D se encuentra que $\gamma = 3.17$ [6] (en esta referencia se encuentran los valores de γ para diferentes potenciales por pares). Se observa que en esta aproximación de primeros vecinos el parámetro γ es igual para todos los modos, pero en una aproximación superior de vecinos depende del vector de onda. Experimentalmente se encuentra en sólidos 3D que γ varía entre 1 y 3, con una dependencia muy pequeña con la temperatura.

23.3   Coeficiente de dilatación térmica

La aproximación cuasiarmónica considera que el cambio de frecuencia de los fonones proviene de la variación del volumen del sólido, caracterizado por el coeficiente de dilatación en volumen $\alpha_V (T)$

$$\alpha_V (T) = \frac{1}{V} \left(\frac{\partial V}{\partial T} \right)_P = \frac{1}{B_T} \left(\frac{\partial P}{\partial T} \right)_V \qquad (23.26)$$

donde se ha utilizado la relación

$$-\left(\frac{\partial P}{\partial T} \right)_V = \left(\frac{\partial V}{\partial T} \right)_P \left(\frac{\partial P}{\partial V} \right)_T \qquad (23.27)$$

y la definición del módulo de volumen isotermo

$$B_T (T) = -V \left(\frac{\partial P}{\partial V} \right)_T \qquad (23.28)$$

En la aproximación armónica $P \neq P(T)$, de forma que $\alpha_V (T)$ es rigurosamente cero, pero tiene un valor no nulo en la aproximación cuasiarmónica.

De igual forma, las capacidades caloríficas a volumen y presión constantes (sección 7.2)

$$C_V = \left(\frac{\partial U}{\partial T} \right)_V , \qquad C_P = \left(\frac{\partial H}{\partial T} \right)_P = \left(\frac{\partial U}{\partial T} \right)_P + P \left(\frac{\partial V}{\partial T} \right)_P$$

$$C_P - C_V = \left[\left(\frac{\partial U}{\partial V} \right)_T + P \right] \left(\frac{\partial V}{\partial T} \right)_P = -T \frac{[(\partial P/\partial T)_V]^2}{(\partial P/\partial V)_T} \qquad (23.29)$$

son iguales en la aproximación armónica, pero no en la cuasiarmónica.

Lo mismo ocurre con el módulo de volumen (el inverso de la compresibilidad) isotermo y adiabático

$$B_T (T) = -V \left(\frac{\partial P}{\partial V} \right)_T , \qquad B_S (T) = -V \left(\frac{\partial P}{\partial V} \right)_S \qquad (23.30)$$

que, utilizando la regla de la cadena y las transformaciones en derivadas parciales, se relacionan en la forma

$$B_S (T) = \frac{C_P}{C_V} B_T (T) \qquad (23.31)$$

Ambas magnitudes son iguales en la aproximación armónica, pero difieren en la cuasiarmónica. Dado que $C_P > C_V$, resulta que $B_S > B_T$.

Para obtener la expresión cuasiarmónica del coeficiente de dilatación es conveniente reescribir (23.26) utilizando la energía media de cada modo $\langle E(\omega_i, T) \rangle$ a la tempe-

ratura T (6.23) y su contribución a la capacidad calorífica a volumen constante dada
por

$$C_V\left(\omega_i, T\right) = \left(\frac{\partial \left\langle E\left(\omega_i, T\right)\right\rangle}{\partial T}\right)_V = \hbar\omega_i \frac{\partial}{\partial T}\left[\frac{1}{\exp\left(\hbar\omega_i/k_B T\right) - 1}\right] \qquad (23.32)$$

Resulta entonces de (23.6)

$$\begin{aligned}
\left(\frac{\partial P}{\partial T}\right)_V &= -\sum_{i=1}^{3pN}\frac{\partial}{\partial T}\left[\frac{1}{\exp\left(\hbar\omega_i/k_B T\right) - 1}\right]\frac{\partial\left(\hbar\omega_i\right)}{\partial V} = \\
&= -\sum_{i=1}^{3pN} C_V\left(\omega_i, T\right)\frac{1}{\omega_i}\frac{\partial\omega_i}{\partial V} \qquad (23.33)
\end{aligned}$$

Sustituyendo en (23.26)

$$\begin{aligned}
\alpha_V\left(T\right) &= -\frac{1}{B_T}\sum_{i=1}^{3pN} C_V\left(\omega_i, T\right)\frac{1}{\omega_i}\frac{\partial\omega_i}{\partial V} = -\frac{1}{VB_T}\sum_{i=1}^{3pN} C_V\left(\omega_i, T\right)\frac{V}{\omega_i}\frac{\partial\omega_i}{\partial V} = \\
&= \frac{1}{VB_T}\sum_{i=1}^{3pN} C_V\left(\omega_i, T\right)\gamma_i \qquad (23.34)
\end{aligned}$$

Dada la dificultad de determinar el parámetro de Grüneisen de cada modo individual
γ_i, se introduce un nuevo parámetro de Grüneisen general γ del sólido como el valor
medio de los γ_i de cada modo ponderados por su contribución a la capacidad calorífica

$$\gamma = \frac{\sum_i \gamma_i C_{Vi}}{\sum_i C_{Vi}} = \frac{1}{C_V}\sum_{i=1}^{3pN}\gamma_i C_{Vi} \qquad (23.35)$$

Este parámetro no difiere esencialmente del parámetro de Debye introducido anteriormente (23.20). Sustituyendo γ en (23.34) se tiene que el coeficiente de dilatación viene
dado finalmente por

$$\alpha_V\left(T\right) = \frac{\gamma C_V}{VB_T} = \frac{\gamma C_P}{VB_S} \qquad (23.36)$$

donde V es el volumen molar del sólido si la capacidad calorífica se expresa en forma
molar, y también se ha utilizado la relación (23.31) con $B_S\left(T\right)$ el módulo de volumen
adiabático. Esta expresión se conoce como ecuación de Grüneisen. Ya que γ tiene un
valor muy constante, próximo a 2 en la mayoría de los sólidos, y el volumen y el
módulo de volumen dependen débilmente con la temperatura (ver sección 23.4 más
adelante), la expresión (23.36) indica que la dependencia de α_V con la temperatura
proviene principalmente de la capacidad calorífica en el régimen de bajas temperaturas
$T \ll \theta_D$, donde varía rápidamente como T^3, tendiendo a un valor más constante
a altas temperaturas $T \gg \theta_D$, en buen acuerdo con los resultados experimentales
(Figura 7.4(a)).

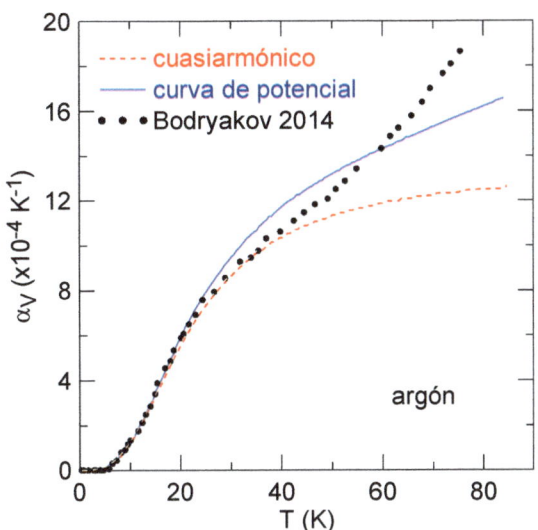

Figura 23.3. Coeficiente de dilatación en volumen del argón sólido determinado experimentalmente (Bodryakov 2014 [7]), deducido de la ecuación cuasiarmónica de Grüneisen (23.36) y obtenido directamente de la curva de energía potencial interatómica (capítulo 24). A muy bajas temperaturas ($T < 10\,\mathrm{K}$) se encuentra que $\alpha_V \propto T^3$.

Otro ejemplo se muestra en la Figura 23.3 correspondiente al argón sólido, donde se presenta la evolución de α_V con T tanto experimental [7] como determinada de (23.36), y también obtenida directamente de la curva de energía potencial interatómica (capítulo 24). Para la ecuación de Grüneisen se ha utilizado $\gamma = 3.17$ [6], la capacidad calorífica dada por el modelo de Debye (Figura 10.7) y, como primera aproximación, se ha utilizado el módulo de volumen (ver sección 23.4 más abajo) en el estado fundamental $B_T\,(0\,\mathrm{K}) = 2.50\,\mathrm{GPa}$, suma de la contribución reticular estática $B_T^{eq}\,(V_o)$ y fonónica del punto cero $B_T^{vib}\,(0)$. También se ha utilizado el volumen de equilibrio del sólido $V_o = 2.37 \times 10^{-5}\,\mathrm{m}^3/\mathrm{mol}$ deducido de la energía potencial interatómica en la aproximación de primeros vecinos, con $R_o = 3.82\,\mathrm{\AA}$ (2.13). Se observa que ambos resultados teóricos reproducen correctamente los valores experimentales, en particular la dependencia T^3 a bajas temperaturas. A medida que la temperatura aumenta el acuerdo es peor, indicando que los términos puramente anarmónicos cobran mayor importancia (aparte de otros efectos ya notados, como la formación de defectos puntuales).

• Aplicación al cobre

De forma alternativa, la ecuación (23.36) permite deducir el parámetro de Grüneisen γ si las restantes magnitudes se conocen experimentalmente. Por ejemplo, la Figura 23.4 muestra los valores de γ para el cobre derivados de (23.36) con los datos experimentales de α_V, V_m, B_T [8] y C_P [9] (Figuras 7.4 y 7.5). Se obtienen valores comprendidos entre 1.7 y 2.1, dentro del intervalo típico encontrado en otros sólidos.

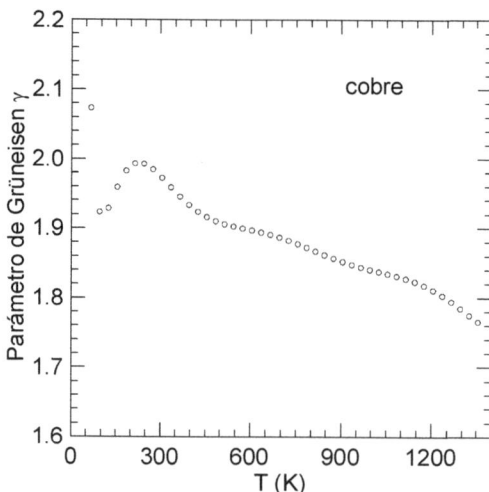

Figura 23.4. Parámetro de Grüneisen γ del cobre en función de la temperatura derivado de la ecuación de Grüneisen (23.36) con datos experimentales de α_V, V_m, B_T [8] y C_P [9].

La ecuación de Grüneisen (23.36) se ha aplicado al cobre, aunque estrictamente es válida para sólidos aislantes. En metales hay que considerar la contribución a la presión de los electrones de conducción, que tiene la forma [1]

$$P^{el}(V,T) = \xi \frac{\left\langle E^{el}(V,T) \right\rangle}{V} \tag{23.37}$$

donde $\left\langle E^{el}(V,T) \right\rangle$ es el valor medio de la energía del sistema electrónico a la temperatura T y $\xi = 2/3$ en el modelo de electrones libres. Sumando esta contribución a la fonónica (23.36), resulta de (23.26)

$$\alpha_V(T) = \frac{1}{VB_T}\left(\gamma C_V^{fon} + \xi C_V^{el}\right) \tag{23.38}$$

La capacidad calorífica electrónica C_V^{el} depende linealmente con T y es muy inferior a la fonónica prácticamente a todas las temperaturas (sección 10.4 y Figura 10.10), de forma que la contribución reticular es el término dominante. Solamente son comparables a muy bajas temperaturas (típicamente $T < 10\,\mathrm{K}$), resultando que α_V se anula con T en los metales y con T^3 en los aislantes. Como ejemplo, la Figura 23.5 muestra la variación del coeficiente de dilatación en volumen del cobre a temperaturas muy bajas [10] con los ajustes correspondientes a las contribuciones fonónica y electrónica, resultando

$$\alpha_V(T) = 4.2 \times 10^{-10} T + 8.4 \times 10^{-11} T^3 \,\mathrm{K}^{-1} \qquad (\text{con } T \text{ en K}) \tag{23.39}$$

Se observa que para $T \lesssim 2\,\mathrm{K}$ domina el término lineal, correspondiente a los electrones de conducción.

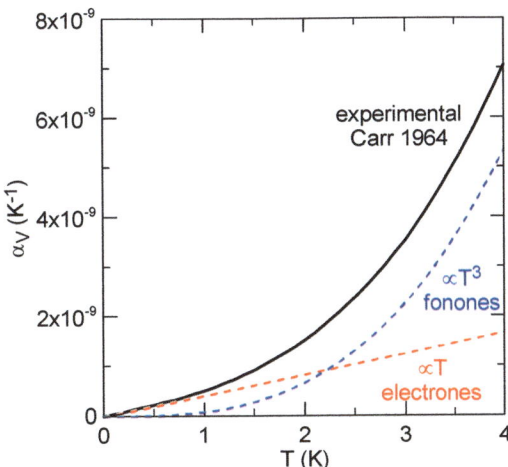

Figura 23.5. Variación del coeficiente de dilatación en volumen del cobre medido experimentalmente (Carr 1964 [10]) a muy bajas temperaturas. Se muestran los ajustes de las contribuciones fonónica $\propto T^3$ y electrónica $\propto T$. Comparar con la Figura 10.11 correspondiente a la variación de la capacidad calorífica del cobre con la temperatura.

Desarrollando (23.38) para bajas temperaturas con el modelo de Debye para la parte fonónica (11.56) y el modelo de Sommerfeld para la parte electrónica (10.35), resulta

$$\alpha_V(T) = \frac{1}{V_m B_T}\left[\gamma\frac{12\pi^4}{5}R\left(\frac{T}{\theta_D}\right)^3 + \xi\frac{\pi^2}{2}R\frac{T}{T_F}\right] \tag{23.40}$$

La comparación de (23.39) y (23.40) permite obtener información sobre los parámetros característicos del sólido. Por ejemplo, se pueden determinar los valores de γ y ξ si las otras magnitudes son conocidas. Para el cobre a temperaturas muy bajas se tiene que $V_m = 7.04 \times 10^{-6}\,\mathrm{m^3/mol}$, $B_T = 1.46 \times 10^{11}\,\mathrm{Pa}$, $\theta_D = 325\,\mathrm{K}$ y $T_F = 81200\,\mathrm{K}$, de forma que se encuentra que $\gamma = 1.53$ y $\xi = 0.85$. El valor del parámetro de Grüneisen γ está en excelente acuerdo con los encontrados en la mayoría de los sólidos. Igualmente, el valor de ξ es próximo al valor de $2/3$ predicho por el modelo de Sommerfeld para electrones libres. Conviene resaltar la bondad de las aproximaciones realizadas, que permiten reducir un problema extraordinariamente complejo a proporciones manejables.

23.4   Módulo de volumen isotermo

Para obtener la expresión cuasiarmónica del módulo de volumen isotermo es conveniente reescribir (23.28) en función del parámetro de Grüneisen γ. Diferenciando (23.9) con respecto al volumen se tiene que

$$B_T(T) = V\frac{\partial^2 U_{eq}}{\partial V^2} - V\frac{\partial}{\partial V}\left[\frac{\gamma}{V}\langle E_{vib}(T)\rangle\right] \tag{23.41}$$

La derivada del segundo término del segundo miembro es

$$
\frac{\partial}{\partial V}\left[\frac{\gamma}{V}\left\langle E_{vib}\left(T\right)\right\rangle\right] = \frac{\gamma}{V^2}\left[V\frac{\partial\left\langle E_{vib}\left(T\right)\right\rangle}{\partial\omega}\frac{\partial\omega}{\partial V} - \left\langle E_{vib}\left(T\right)\right\rangle\right] =
$$

$$
= -\frac{\gamma^2}{V^2}k_B T\sum_i\frac{\hbar\omega_i/k_B T}{\exp\left(\hbar\omega_i/k_B T\right)-1} +
$$

$$
+\frac{\gamma^2}{V^2}k_B T\sum_i\frac{\left(\hbar\omega_i/k_B T\right)^2\exp\left(\hbar\omega_i/k_B T\right)}{\left[\exp\left(\hbar\omega_i/k_B T\right)-1\right]^2} - \frac{\gamma}{V^2}\left\langle E_{vib}\left(T\right)\right\rangle \qquad (23.42)
$$

donde se ha utilizado la energía media de vibración $\left\langle E_{vib}\left(T\right)\right\rangle$ en forma discreta (6.26).

Por otra parte, la capacidad calorífica a volumen constante, también en forma discreta, es

$$
C_V\left(T\right) = \left(\frac{d\left\langle E_{vib}\left(T\right)\right\rangle}{dT}\right)_V = k_B\sum_i\frac{\left(\hbar\omega_i/k_B T\right)^2\exp\left(\hbar\omega_i/k_B T\right)}{\left[\exp\left(\hbar\omega_i/k_B T\right)-1\right]^2} \qquad (23.43)
$$

Comparando (6.26) y (23.43) con (23.42) se encuentra que

$$
\frac{\partial}{\partial V}\left[\frac{\gamma}{V}\left\langle E_{vib}\left(T\right)\right\rangle\right] = -\frac{\gamma^2}{V^2}\left\langle E_{vib}\left(T\right)\right\rangle - \frac{\gamma}{V^2}\left\langle E_{vib}\left(T\right)\right\rangle + \frac{\gamma^2}{V^2}TC_V =
$$

$$
= -\frac{\gamma+\gamma^2}{V^2}\left\langle E_{vib}\left(T\right)\right\rangle + \frac{\gamma^2 TC_V}{V^2} \qquad (23.44)
$$

Finalmente, el módulo de volumen (23.41) se escribe como

$$
B_T\left(T\right) = V\frac{\partial^2 U_{eq}}{\partial V^2} + \frac{\gamma+\gamma^2}{V}\left\langle E_{vib}\left(T\right)\right\rangle - \frac{\gamma^2 TC_V}{V} =
$$

$$
= B_T^{eq}\left(V\right) + B_T^{vib}\left(T\right) \qquad (23.45)
$$

donde se ha separado la contribución reticular en equilibrio

$$
B_T^{eq}\left(V\right) = V\frac{\partial^2 U_{eq}}{\partial V^2} \qquad (23.46)
$$

y la contribución fonónica a una temperatura T, incluido el punto cero

$$
B_T^{vib}\left(T\right) = \frac{\gamma+\gamma^2}{V}\left\langle E_{vib}\left(T\right)\right\rangle - \frac{\gamma^2 TC_V}{V} \qquad (23.47)
$$

Se puede simplificar la expresión anterior para temperaturas bajas comparadas con la temperatura característica θ_{car} del sólido utilizando (6.32) y (7.8), que muestra que B_T disminuye como T^4 respecto del valor a $0\,\mathrm{K}$. Si se utiliza en particular el modelo de Debye para bajas temperaturas $T\ll\theta_D$, resulta de (10.26) y (10.27) que

$$
B_T\left(T\ll\theta_D\right) \simeq V_o\left(\frac{\partial^2 U_{eq}}{\partial V^2}\right)_{V_o} + \frac{\gamma+\gamma^2}{V_o}E_{vib}^o - \frac{3\pi^4\left(3\gamma-1\right)}{5}\frac{\gamma}{V}pNk_B\theta_D\left(\frac{T}{\theta_D}\right)^4 \quad (23.48)
$$

Utilizando valores típicos de $\gamma = 2$, $V_m = 5 \times 10^{-6}\,\mathrm{m}^3$ y $\theta_D = 300\,\mathrm{K}$ se encuentra que $B_T\,(T \ll \theta_D)$ disminuye respecto del valor en el estado fundamental como $\simeq -40T^4\,\mathrm{Pa}$ (con T en K). Dado que en la mayoría de los sólidos $B_T\,(0\,\mathrm{K}) \sim 10 - 100\,\mathrm{GPa}$, se encuentra que el valor del módulo de volumen está determinado esencialmente por el estado fundamental, como se muestra en la Figura 7.4(b) para el cobre.

Otro ejemplo se muestra en la Figura 23.6 correspondiente al argón. En este caso el valor de $B_T\,(0\,\mathrm{K})$

$$B_T\,(0\,\mathrm{K}) = B_T^{eq}\,(V_o) + B_T^{vib}\,(0) = V_o\left(\frac{\partial^2 U_{eq}}{\partial V^2}\right)_{V_o} + \frac{\gamma + \gamma^2}{V_o}E_{vib}^o \qquad (23.49)$$

se puede determinar fácilmente utilizando el modelo de Debye para la componente fonónica y la energía de interacción de Lennard-Jones 6-12 para la componente reticular estática en la aproximación de primeros vecinos (capítulo 2). El argón cristaliza en la red fcc con base monoatómica, de forma que el volumen V del sólido con N átomos es $V = (N/4)a^3$ con a el parámetro reticular. Para esta estructura, la distancia R entre átomos es $R = \sqrt{2}a/2$ (Figura 2.1), con $R_o = 3.82\,\text{Å}$ deducido del mínimo de la energía potencial en primeros vecinos (2.13). La energía reticular del sólido viene dada por (2.11)

$$U\,(R) = -6N\left(\frac{A}{R^6} - \frac{B}{R^{12}}\right) \qquad (23.50)$$

con las constantes A y B dadas en la Tabla 2.1. La primera y segunda derivadas de esta energía respecto del volumen son

$$\frac{dU}{dV} = \frac{dU}{dR}\frac{dR}{dV}\,, \qquad \frac{d^2U}{dV^2} = \frac{d^2U}{dR^2}\left(\frac{dR}{dV}\right)^2 + \frac{dU}{dR}\frac{d^2R}{dV^2} \qquad (23.51)$$

Por otra parte

$$V = \frac{N}{4}a^3 = \frac{\sqrt{2}}{2}NR^3\,, \qquad \frac{dV}{dR} = \frac{3\sqrt{2}}{2}NR^2 \qquad (23.52)$$

de forma que en equilibrio

$$\left(\frac{d^2U_{eq}}{dV^2}\right)_{V_o} = \frac{48A}{NR_o^{12}}\,, \qquad V_o = \frac{\sqrt{2}}{2}NR_o^3 \qquad (23.53)$$

Utilizando estas expresiones y la energía del punto cero del modelo de Debye (10.19), el módulo de volumen $B_T\,(0\,\mathrm{K})$ (23.49) vale en el argón

$$\begin{aligned}
B_T\,(0\,\mathrm{K}) &= 24\sqrt{2}\frac{A}{R_o^9} + \frac{9\sqrt{2}}{8}\left(\gamma_D + \gamma_D^2\right)\frac{k_B\theta_D}{R_o^3} = \\
&= 2.02\,\mathrm{GPa} + 0.48\,\mathrm{GPa} = 2.50\,\mathrm{GPa}
\end{aligned} \qquad (23.54)$$

donde se ha tomado $\theta_D = 92\,\mathrm{K}$ (Tabla 10.1) y $\gamma = \gamma_D = 3.17$ [5]. Este valor es

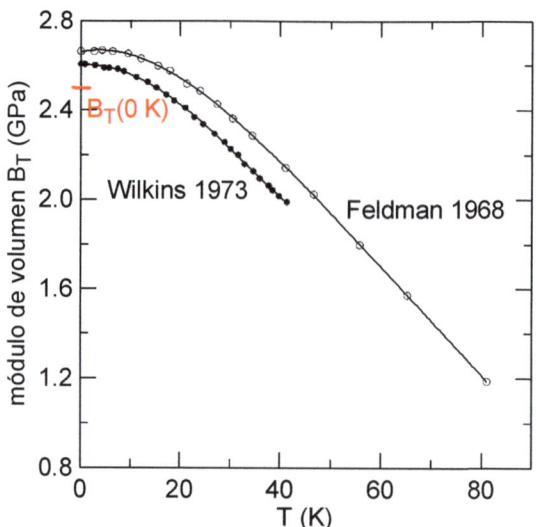

Figura 23.6. Módulo de volumen del argón medido experimentalmente
(Wilkins 1973 [11], Feldman 1968 [12]). Se muestra el valor cuasiarmónico a
0 K obtenido de (23.54).

próximo al medido experimentalmente a muy bajas temperaturas (Figura 23.6), y
muestra nuevamente que la componente reticular estática es el término predominante
en el módulo de volumen.

Referencias

1. S. Elliot (1998): *The Physics and Chemistry of Solids*. Nueva York: John Wiley
   and Sons Ltd.

2. E. Grüneisen (1912): «Theorie des festen Zustandes einatomiger Elemente»,
   Annalen der Physik, 344, 257.

3. G. Mie (1903): «Zur kinetischen Theorie der einatomigen Körper», *Annalen der
   Physik*, 316, 657.

4. O. Heuzé (2012): «General form of the Mie-Grüneisen equation of state», *Comptes
   Rendus Mécanique*, 340, 679.

5. O.L. Anderson (2000): «The Grüneisen ratio for the last 30 years», *Geophysical
   Journal International*, 143, 279.

6. A.M. Krivtsov and V.A. Kuz'kin (2011): «Derivation of equations of state for
   ideal crystals of simple structure», *Mechanics of Solids*, 46, 387.

7. V.Y. Bodryakov (2014): «On the correlation between thermal expansion coefficient and heat capacity of argon cryocrystals», *Physics of the Solid State*, 56,

2359.

8. K. Wang and R.R. Reeber (1996): «Thermal Expansion of Copper», *High Temperature and Materials Science*, 35, 181.

9. R. Stevens and J. Boerio-Goates (2004): «Heat capacity of copper on the ITS-90 temperature scale using adiabatic calorimetry», *The Journal of Chemical Thermodynamics*, 36, 857.

10. R.H. Carr, R.D. McCammon and G.K. White (1964): «The thermal expansion of copper at low temperatures», *Proceedings of the Royal Society of London A*, 280, 72.

11. R.W. Wilkins (1973): *Low temperature bulk modulus of solid argon* [tesis doctoral]. Illinois: University of Illinois.

12. C. Feldman and M.L. Klein (1968): «On the elastic constants of polycrystalline argon», *The Philosophical Magazine A*, 17, 135.

Eduard Grüneisen, 1877 (antiguo Imperio Alemán) – 1949 (antigua República Federal de Alemania)

Gustav Ludwig Mie, 1868 (antigua Confederación Germánica) – 1957 (antigua República Federal de Alemania)

24. Curva de energía potencial reticular. Dilatación térmica

Como se indicó en el capítulo 23, la dilatación térmica de los sólidos no tiene explicación en el marco de la aproximación armónica ya que las frecuencias fonónicas no dependen de la amplitud de las oscilaciones atómicas y, por tanto, la presión del gas de fonones es independiente de la temperatura, resultando un coeficiente de dilatación rigurosamente nulo (23.26). Con la introducción de los términos anarmónicos la presión del gas de fonones presenta ya una dependencia con la temperatura, que es la responsable en última instancia de la dilatación térmica del sólido. A diferencia del tratamiento cuasiarmónico realizado en el capítulo 23 y anarmónico que se realizará en el capítulo 25, se va a obtener ahora el coeficiente de dilatación de un sólido partiendo directamente de la curva de energía potencial de interacción entre sus partículas reticulares y determinando las posiciones atómicas medias a cada temperatura[1].

Por simplicidad se va a estudiar el argón sólido, donde la energía potencial reticular viene dada por la suma de las energías de interacción $W(R)$ de tipo de Lennard-Jones 6-12 entre pares de partículas separadas una distancia R (sección 2.1)

$$W(R) = -\frac{A}{R^6} + \frac{B}{R^{12}} \tag{24.1}$$

donde $A = 1.03 \times 10^{-17}\,\text{J\,\AA}^6$ y $B = 1.61 \times 10^{-14}\,\text{J\,\AA}^{12}$ (Tabla 2.1). Dada la simplicidad de esta energía, se va a considerar un número ilimitado de vecinos. Un átomo cualquiera de referencia (Figura 24.1) tiene doce primeros vecinos a una distancia R, seis segundos vecinos a una distancia $\sqrt{2}R$, veinticuatro vecinos a una distancia $\sqrt{3}R$, etc., de forma que su energía de interacción $U_{at}(R)$ con todos los restantes átomos es

$$U_{at}(R) = 12\left(-\frac{A}{R^6} + \frac{B}{R^{12}}\right) + 6\left(-\frac{A}{\left(\sqrt{2}R\right)^6} + \frac{B}{\left(\sqrt{2}R\right)^{12}}\right) +$$

$$+24\left(-\frac{A}{\left(\sqrt{3}R\right)^6} + \frac{B}{\left(\sqrt{3}R\right)^{12}}\right) + ... =$$

---

[1] Este estudio se basa en el trabajo de Mohazzabi and Behroozi [1], que a su vez proviene de un estudio anterior de Flowers and Mendoza [2].

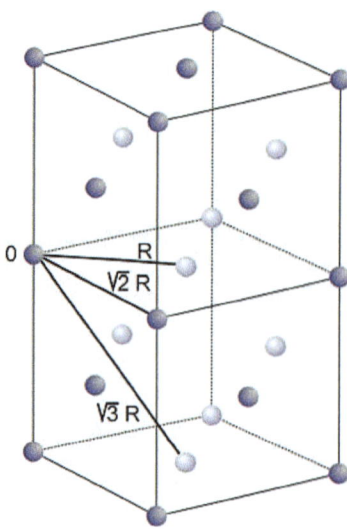

Figura 24.1. Estructura cristalina del argón. Se muestran las distancias de un átomo de referencia (marcado como 0) a sus vecinos más cercanos.

$$
\begin{aligned}
&= -\frac{A}{R^6}\left(12 + \frac{6}{2^3} + \frac{24}{3^3} + \ldots\right) + \frac{B}{R^{12}}\left(12 + \frac{6}{2^6} + \frac{24}{3^6} + \ldots\right) = \\
&= -\frac{AS_6}{R^6} + \frac{BS_{12}}{R^{12}}
\end{aligned}
\tag{24.2}
$$

donde las sumas reticulares infinitas valen $S_6 = 14.45$ y $S_{12} = 12.13$. En primeros vecinos se encontraría simplemente que $S_6 = S_{12} = 12$.

La energía potencial $U(R)$ de un sólido con N átomos es

$$
U(R) = \frac{N}{2}U_{at}(R) = -\frac{N}{2}\left(\frac{AS_6}{R^6} - \frac{BS_{12}}{R^{12}}\right)
\tag{24.3}
$$

Derivando esta expresión para obtener la posición de equilibrio R_o entre partículas

$$
\frac{dU(R)}{dR} = -\frac{N}{2}\left(-\frac{6AS_6}{R^7} + \frac{12BS_{12}}{R^{13}}\right)
\tag{24.4}
$$

se tiene que

$$
\begin{aligned}
\left.\frac{dU(R)}{dR}\right|_{R_o} &= -\frac{6AS_6}{R_o^7} + \frac{12BS_{12}}{R_o^{13}} = 0 \rightarrow \frac{6AS_6}{R_o^7} = \frac{12BS_{12}}{R_o^{13}} \\
&\rightarrow R_o = \left(\frac{2BS_{12}}{AS_6}\right)^{1/6} = 3.71\,\text{Å}
\end{aligned}
\tag{24.5}
$$

En primeros vecinos se obtuvo una distancia de equilibrio superior $R_o = 3.82\,\text{Å}$ (2.13) debido a que las constantes de fuerza eran menores. Y el parámetro reticular a de la celda fcc es

$$
\sqrt{2}a = 2R_o \rightarrow a = \sqrt{2}R_o = 5.25\,\text{Å}
\tag{24.6}
$$

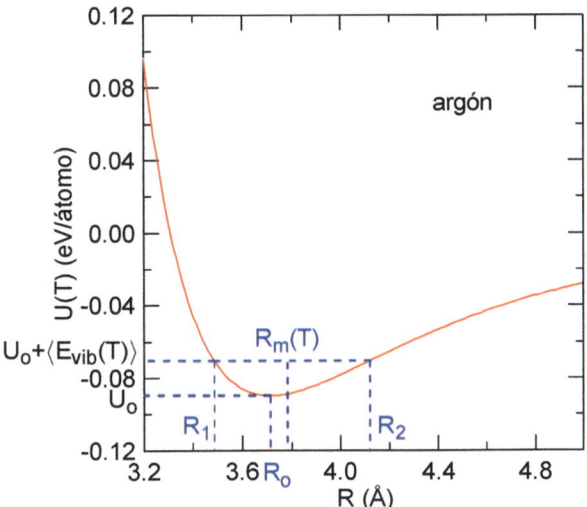

Figura 24.2. Energía potencial de interacción interatómica en argón en función de la distancia R entre partículas.

que está en acuerdo con el valor experimental de $a = 5.30\,\text{Å}$ medido a muy bajas temperaturas por difracción de rayos X [3].

La energía reticular del sólido en equilibrio —la energía de cohesión— es

$$U\left(R_o\right) = -\frac{N}{2}\left(\frac{AS_6}{R_o^6} - \frac{BS_{12}}{R_o^{12}}\right) = -\frac{N}{4}\frac{AS_6}{R_o^6} \tag{24.7}$$

donde se ha utilizado (24.5). La energía por átomo es

$$U_o \equiv \frac{U\left(R_o\right)}{N} = -\frac{1}{4}\frac{AS_6}{R_o^6} = -1.42 \times 10^{-20}\,\text{J/átomo} = -8.85 \times 10^{-2}\,\text{eV/átomo} \tag{24.8}$$

Algunos autores acostumbran a reescribir la energía potencial del sólido $U\left(R\right)$ (24.3) en función de U_o y R_o. De (24.5) y (24.8) se tiene que

$$AS_6 = -4R_o^6 U_o\,, \qquad BS_{12} = \frac{AS_6}{2}R_o^6 = -2U_o R_o^{12} \tag{24.9}$$

Sustituyendo en (24.3) resulta la expresión por átomo

$$\frac{U\left(R\right)}{N} = U_o\left[2\left(\frac{R_o}{R}\right)^6 - \left(\frac{R_o}{R}\right)^{12}\right] \tag{24.10}$$

Esta energía potencial se representa en la Figura 24.2 para el argón. La posición de equilibrio inicial de las partículas es R_o, donde la energía presenta el mínimo U_o. A una temperatura T dada las partículas vibran con una energía media $\langle E_{vib}\left(T\right)\rangle$, de forma que su energía total es $U\left(T\right) = U_o + \langle E_{vib}\left(T\right)\rangle$, que corresponde a un desplazamiento entre las posiciones $R_1\left(T\right)$ y $R_2\left(T\right)$ (Figura 24.2). En una primera

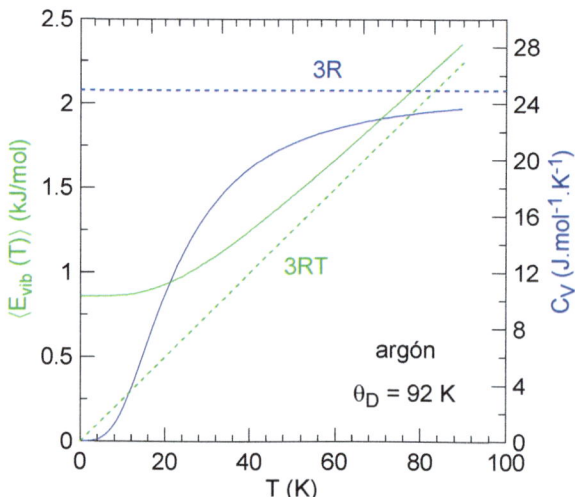

Figura 24.3. Energía media de vibración (en verde) y capacidad calorífica a volumen constante (en azul) en función de la temperatura en argón sólido. Se muestran los resultados clásico (líneas discontinuas) y del modelo de Debye (líneas continuas).

aproximación se puede admitir que el valor medio de la posición de las partículas es $R_m(T) = [R_1(T) + R_2(T)]/2$. Como $R_m(T) > R_o$, la distancia media entre partículas aumenta, dando cuenta de la dilatación térmica del sólido. La dificultad del problema radica en obtener la energía media de vibración $\langle E_{vib}(T) \rangle$ del sólido en función de la temperatura para poder determinar los valores $R_1(T)$ y $R_2(T)$.

La energía media de vibración se puede obtener en una primera aproximación bien numéricamente de la teoría armónica (Figura 6.2) o bien mediante el modelo de Debye (Figura 24.3). En este modelo la energía por átomo (11.51) es

$$\langle E_{vib}(T) \rangle = \frac{9}{8} k_B \theta_D + 9 k_B T \left(\frac{T}{\theta_D} \right)^3 \int_0^{\theta_D/T} \frac{x^3}{e^x - 1} dx \qquad (24.11)$$

donde θ_D es la temperatura de Debye. Esta energía media de vibración, junto a la energía reticular por átomo U_o (24.8), es la energía media total por átomo en el sólido $U(R)$. Por tanto, en los puntos extremos de la curva de energía potencial se cumple a cada temperatura que

$$U(R) = U_o + \langle E_{vib}(T) \rangle = U_o \left[2 \left(\frac{R_o}{R} \right)^6 - \left(\frac{R_o}{R} \right)^{12} \right] \qquad (24.12)$$

Reordenando términos resulta

$$\left[1 + \frac{\langle E_{vib}(T) \rangle}{U_o} \right] R^{12} - 2 R_o^6 R^6 + R_o^{12} = 0 \qquad (24.13)$$

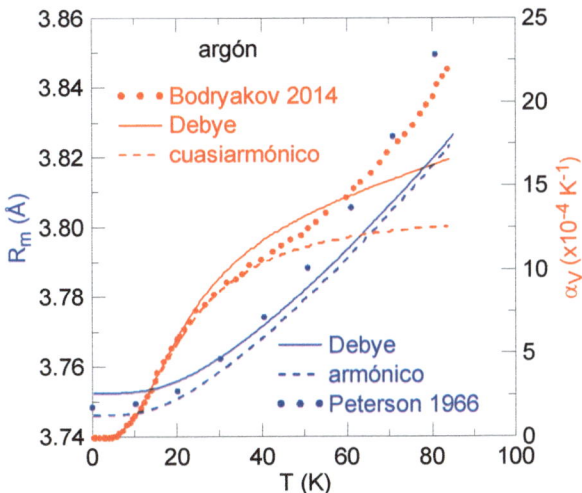

Figura 24.4. Distancia interatómica R_m (en azul) y coeficiente de dilatación en volumen α_V (en rojo) en el argón sólido en función de la temperatura utilizando la energía media de vibración de Debye y del desarrollo armónico. Se incluyen datos experimentales de Peterson 1966 [3] y Bodryakov 2014 [4], y los resultados del estudio cuasiarmónico (23.36).

que permite obtener las posiciones extremas $R_1(T)$ y $R_2(T)$ a cada temperatura T

$$
\begin{aligned}
R_1(T) &= R_o \left\{ \frac{U_o}{\langle E_{vib}(T) \rangle + U_o} \left[1 - \left(-\frac{\langle E_{vib}(T) \rangle}{U_o} \right)^{1/2} \right] \right\}^{1/6} \\
R_2(T) &= R_o \left\{ \frac{U_o}{\langle E_{vib}(T) \rangle + U_o} \left[1 + \left(-\frac{\langle E_{vib}(T) \rangle}{U_o} \right)^{1/2} \right] \right\}^{1/6}
\end{aligned}
\tag{24.14}
$$

Sustituyendo en estas expresiones los valores de U_o y $\langle E_{vib}(T) \rangle$ se determinan las dos raíces R_1 y R_2 en función de la temperatura.

La Figura 24.4 muestra la variación de la distancia media entre átomos $R_m = (R_1 + R_2)/2$ en función de T para el argón deducida de la energía armónica (Figura 6.2) y del modelo de Debye (con $\theta_D = 92\,\text{K}$, Figura 24.3), que no difieren mucho entre sí. Se observa que la distancia R_m es prácticamente constante a muy bajas temperaturas debido a la simetría de la curva de potencial alrededor de U_o (zona armónica), aumentando considerablemente en la región asimétrica. Hay un buen acuerdo con los resultados experimentales [3] a bajas temperaturas, que se pierde a medida que T aumenta. Mohazzabi and Behroozi [1] corrigen esta diferencia en la región de alta temperatura considerando que, dada la mayor asimetría de la curva de potencial a medida que aumenta la energía (Figura 24.2) —es decir, la temperatura—, los átomos pasan más tiempo en la región cercana a R_2 que a R_1, dando como resultado que la distancia media entre partículas sea superior al valor obtenido anteriormente de la simple semisuma de R_1 y R_2.

A partir de la variación de la distancia entre partículas en función de la temperatura se determina directamente el coeficiente de dilatación lineal $\alpha_L(T)$ del sólido, dado por

$$\alpha_L(T) = \frac{1}{R_m(T)} \frac{dR_m(T)}{dT} \tag{24.15}$$

que se obtiene derivando numéricamente la función $R_m(T)$. El argón tiene una red fcc, de forma que el coeficiente de dilatación en volumen es simplemente $\alpha_V = 3\alpha_L$, que se muestra en la Figura 24.4 junto con datos experimentales [4]. También se representa el resultado cuasiarmónico obtenido de la ecuación de Grüneisen (23.36). En particular, se observa el acuerdo excelente encontrado a muy bajas temperaturas donde α_V aumenta como T^3, igual que la capacidad calorífica C_V.

Theodore von Kármán, 1881 (antiguo Imperio Austrohúngaro) –
1963 (antigua República Federal de Alemania)

Referencias

1. P. Mohazzabi and F. Behroozi (1997): «Thermal expansion of solids: a simple classical model», *European Journal of Physics*, 18, 237.

2. B.H. Flowers and E. Mendoza (1970): *Properties of Matter*. Nueva York: John Wiley and Sons Ltd.

3. O. G. Peterson, D. N. Batchelder and R. O. Simmons(1966): «Measurements of X-Ray Lattice Constant, Thermal Expansivity, and Isothermal Compressibility of Argon Crystals», *Physical Review*, 150, 703.

4. V.Y. Bodryakov (2014): «On the correlation between thermal expansion coefficient and heat capacity of argon cryocrystals», *Physics of the Solid State*, 56, 2359.

25. Sólido 1D anarmónico

En los capítulos anteriores se ha obtenido la capacidad calorífica armónica de un sólido 3D (capítulo 7), que aumenta como T^3 desde $0\,\mathrm{K}$ hasta alcanzar un valor constante de $3R$ (por mol de partículas) a temperaturas suficientemente altas comparadas con la temperatura característica del sólido θ_{car}. Asimismo se ha encontrado el coeficiente de dilatación térmica en la aproximación cuasiarmónica (sección 23.3) y también mediante la curva de energía potencial de interacción entre las partículas reticulares del sólido utilizando la energía media de vibración armónica y el modelo de Debye (capítulo 24). En este capítulo se van a obtener las expresiones de ambas magnitudes considerando directamente los términos anarmónicos del desarrollo en serie de Taylor de la energía potencial interatómica (1.6). Sin embargo, como ya se ha comentado en varias ocasiones, un tratamiento mecánico-cuántico general que incluya términos superiores al armónico es prácticamente inabordable, incluso en 1D. Como ejemplo, los niveles de energía de un oscilador lineal anarmónico de masa M con un hamiltoniano que retiene hasta el término cuártico de la energía potencial

$$\hat{H} = \frac{\hat{p}^2}{2M} + \frac{1}{2}ax^2 + bx^3 + cx^4 \tag{25.1}$$

tienen la forma aproximada [1]

$$
\begin{aligned}
E_n &= \left(n + \frac{1}{2}\right)\hbar\omega - \frac{15}{4}\frac{b^2 M^{1/2}}{\hbar a^{1/2}}\left(\frac{\hbar}{M^{1/2}a^{1/2}}\right)^3\left(n^2 + n + \frac{11}{30}\right) + \\
&\quad + \frac{3}{2}c\left(\frac{\hbar}{M^{1/2}a^{1/2}}\right)^2\left(n^2 + n + \frac{1}{2}\right)
\end{aligned}
\tag{25.2}
$$

que muestra la gran complejidad de hacer un desarrollo de este tipo.

Este estudio se va a limitar, por tanto, a tratar el caso más simple: un sólido 1D formado por átomos iguales de masa M que se comportan como osciladores anarmónicos independientes clásicos sometidos a una energía potencial de la forma (1.6)

$$
\begin{aligned}
U(R) &= U(R_o) + \frac{1}{2!}U''(R_o)(R - R_o)^2 + \frac{1}{3!}U'''(R_o)(R - R_o)^3 + \\
&\quad + \frac{1}{4!}U''''(R_o)(R - R_o)^4
\end{aligned}
\tag{25.3}
$$

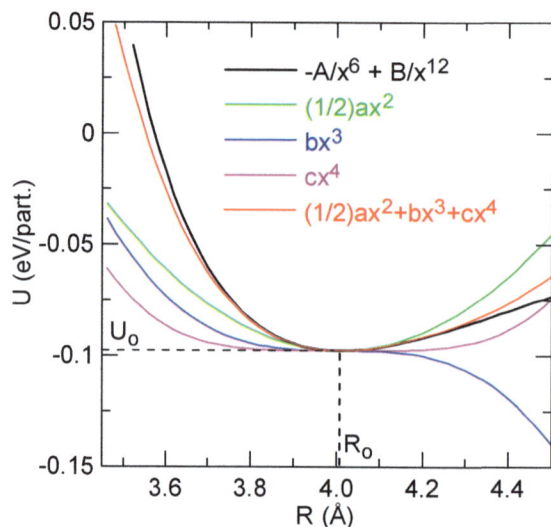

Figura 25.1. Energía potencial reticular (por partícula) de un sólido 1D con interacciones de Lennard-Jones 6-12 en primeros vecinos (12.8) (en negro) en función de la posición R. Se muestran las contribuciones individuales de los términos cuadrático (armónico, en verde), cúbico (en azul) y cuártico (en magenta), y la suma total (en rojo).

donde $U(R_o) \equiv U_o$ es el mínimo de energía para la posición de equilibrio inicial R_o y las distintas derivadas se evalúan en esta posición R_o. Esta expresión se escribe más cómodamente como

$$U(x) = \frac{1}{2}ax^2 + bx^3 + cx^4 \tag{25.4}$$

donde la energía se mide ahora desde el mínimo U_o, $x = R - R_o$ es la coordenada de posición de las partículas respecto de R_o y los coeficientes a, b y c vienen dados por

$$a = U''(R_o)\ , \qquad b = U'''(R_o)/6\ , \qquad c = U''''(R_o)/24 \tag{25.5}$$

El factor $1/2$ en el término cuadrático de (25.4) se introduce para asimilarlo a la forma usual $U = (1/2)Kx^2$ de la energía potencial elástica de una partícula.

La Figura 25.1 muestra la curva de energía potencial interatómica alrededor del mínimo en R_o (curva en negro) para un sólido 1D monoatómico con interacción de Lennard-Jones 6-12 en la aproximación de primeros vecinos (estudiado en el capítulo 12). También se muestra la energía aproximada dada por el desarrollo (25.4) manteniendo hasta el término cuártico (curva en rojo), así como las contribuciones individuales de los términos cuadrático (armónico), cúbico y cuártico; se han utilizado los valores de los coeficientes a, b y c que se determinan más adelante en la sección 25.5. El término cúbico (en azul) describe la asimetría de la interacción, acentuando la parte repulsiva entre partículas y disminuyendo la contribución atractiva, por lo que obligatoriamente $b < 0$. Por su parte, el término cuártico (en magenta) aplana la curva de potencial cerca del mínimo de energía U_o, reduciendo la energía necesaria para obtener un desplazamiento dado.

Se van a obtener a continuación las expresiones de la capacidad calorífica $C_V(T)$ y del coeficiente de dilatación lineal $\alpha_L(T)$ mediante la estadística de Boltzmann, que permite encontrar resultados relativamente sencillos. Es posible sustituir posteriormente en las expresiones obtenidas la energía $k_B T$ por su correspondiente expresión cuántica —utilizando el modelo de Einstein o el de Debye, por ejemplo—, lo que se denomina aproximación semiclásica.

La energía total de un oscilador es

$$E = \frac{p^2}{2M} + U(x) \tag{25.6}$$

con $U(x)$ dado por (25.4). La energía media del oscilador a una temperatura T viene dada por [2]

$$\langle E_{vib}(T) \rangle = k_B T^2 \frac{\partial \ln Z(T)}{\partial T} \tag{25.7}$$

con $Z(T)$ su función de partición[1]

$$Z(T) = \frac{1}{h} \int_{-\infty}^{\infty} \int_{-\infty}^{\infty} dp\, dx\, \exp\left(-\frac{E}{k_B T}\right) \tag{25.8}$$

La capacidad calorífica $C_V(T)$ se deduce directamente de (25.7) derivando con respecto a la temperatura. Por su parte, el desplazamiento medio del oscilador $\langle x(T) \rangle$ a una temperatura T viene dado por

$$\langle x(T) \rangle = \frac{\int_{-\infty}^{\infty} \int_{-\infty}^{\infty} dp\, dx\, x \exp\left(-\dfrac{E}{k_B T}\right)}{\int_{-\infty}^{\infty} \int_{-\infty}^{\infty} dp\, dx\, \exp\left(-\dfrac{E}{k_B T}\right)} \tag{25.9}$$

de forma que el coeficiente de dilatación lineal de un sólido de longitud L es

$$\alpha_L(T) = \frac{1}{L}\frac{dL}{dT} \simeq \frac{1}{R_o}\frac{d\langle x(T) \rangle}{dT} \tag{25.10}$$

A continuación se van a incluir paulatinamente los términos cúbico y cuártico en $U(x)$ (25.6) para observar su efecto en $C_V(T)$ y $\alpha_L(T)$. Por uniformidad se incluye también el estudio del término armónico, del que ya se conocen los resultados (capítulo 12).

---

[1]Conviene señalar que la constante de Planck $h = 2\pi\hbar$ aparece en la expresión clásica de la función de partición Z (25.8). Con este factor, Z es adimensional y coincide con el límite clásico de la función de partición cuántica (6.22). En todo caso, no afecta a los valores de las magnitudes físicas medibles ya que vienen dadas por la derivada del logaritmo de Z.

25.1 Término cuadrático

Se tiene simplemente la aproximación armónica, donde cada oscilador tiene una energía

$$E = \frac{p^2}{2M} + \frac{1}{2}ax^2 \tag{25.11}$$

y su función de partición $Z\,(T)$ es

$$\begin{aligned}
Z\,(T) &= \frac{1}{h}\int_{-\infty}^{\infty} dp\,\exp\left(-\frac{p^2}{2Mk_BT}\right)\int_{-\infty}^{\infty} dx\,\exp\left(-\frac{ax^2}{2k_BT}\right) = \\
&= \frac{1}{h}\,(2\pi M k_BT)^{1/2}\left(\frac{2\pi k_BT}{a}\right)^{1/2} = \frac{1}{\hbar}\left(\frac{M}{a}\right)^{1/2} k_BT = \frac{k_BT}{\hbar\omega}
\end{aligned} \tag{25.12}$$

donde se ha utilizado la frecuencia propia del oscilador $\omega = \sqrt{a/M}$ y la integral de Gauss de orden cero

$$I_0 = \int_{-\infty}^{\infty}\exp\left(-\alpha x^2\right)dx = \left(\frac{\pi}{\alpha}\right)^{1/2} \tag{25.13}$$

para obtener

$$\int_{-\infty}^{\infty} dp\,\exp\left(-\frac{p^2}{2Mk_BT}\right) = (2\pi M)^{1/2}\,(k_BT)^{1/2} \tag{25.14}$$

Más adelante se utilizan las integrales de Gauss pares de orden superior —las impares se anulan—, que vienen dadas por

$$I_{2n} = \int_{-\infty}^{\infty} x^{2n}\exp\left(-\alpha x^2\right)dx = 2\frac{1\times 3\times ...\times(2n-1)}{2^{n+1}\alpha^n}\left(\frac{\pi}{\alpha}\right)^{1/2} \tag{25.15}$$

Los órdenes más bajos de estas integrales son

$$\begin{aligned}
n = 1 &: I_2 = \frac{1}{2}\frac{\pi^{1/2}}{\alpha^{3/2}}\,, &\quad n = 2 &: I_4 = \frac{3}{4}\frac{\pi^{1/2}}{\alpha^{5/2}} \\
n = 3 &: I_6 = \frac{15}{8}\frac{\pi^{1/2}}{\alpha^{7/2}}\,, &\quad n = 4 &: I_8 = \frac{105}{16}\frac{\pi^{1/2}}{\alpha^{9/2}}
\end{aligned} \tag{25.16}$$

Como se observa, (25.12) recupera el límite clásico de alta temperatura de la función de Planck (6.24). Tomando logaritmos en (25.12)

$$\ln Z\,(T) = \ln\,(k_BT) - \ln\,(\hbar\omega) \tag{25.17}$$

se encuentra que la energía media a la temperatura T (25.7) es

$$\langle E_{vib}\,(T)\rangle = k_BT \tag{25.18}$$

como se esperaba. Por mol de partículas, la energía media es $\langle E_{vib}\,(T)\rangle = N_{Av}k_BT = RT$, y la capacidad calorífica molar resulta $C_V = R$ de acuerdo con la ley de Dulong y Petit.

Por su parte, la posición media de las partículas respecto del valor de referencia R_o a una temperatura T es (25.9)

$$\langle x(T) \rangle = \frac{\int_{-\infty}^{\infty} x \exp[-U(x)/k_BT] \, dx}{\int_{-\infty}^{\infty} \exp[-U(x)/k_BT] \, dx} = \frac{0}{(2\pi k_BT/a)^{1/2}} = 0 \qquad (25.19)$$

por lo que el coeficiente de dilatación térmica lineal es nulo en esta aproximación.

25.2   Término cúbico

Se incluye ahora el término cúbico en el desarrollo de la energía potencial (25.4), admitiendo que es suficientemente pequeño comparado con la contribución armónica[2]. La energía total de cada oscilador viene dada por

$$E = \frac{p^2}{2M} + \frac{1}{2}ax^2 + bx^3 \qquad (25.20)$$

y la correspondiente función de partición es

$$Z(T) = \frac{1}{h} \int_{-\infty}^{\infty} dp \exp\left(-\frac{p^2}{2Mk_BT}\right) \int_{-\infty}^{\infty} dx \exp\left(-\frac{\frac{1}{2}ax^2 + bx^3}{k_BT}\right) \qquad (25.21)$$

Desarrollando en serie el término anarmónico en la integral sobre la posición resulta

$$\int_{-\infty}^{\infty} dx \exp\left(-\frac{\frac{1}{2}ax^2 + bx^3}{k_BT}\right) = \int_{-\infty}^{\infty} dx \exp\left(-\frac{ax^2}{2k_BT}\right) \exp\left(-\frac{bx^3}{k_BT}\right) \simeq$$

$$\simeq \int_{-\infty}^{\infty} dx \exp\left(-\frac{ax^2}{2k_BT}\right)\left[1 - \frac{bx^3}{k_BT} + \frac{1}{2}\left(\frac{bx^3}{k_BT}\right)^2 + ...\right] =$$

$$= \int_{-\infty}^{\infty} dx \exp\left(-\frac{ax^2}{2k_BT}\right) + \int_{-\infty}^{\infty} dx \frac{b^2x^6}{2(k_BT)^2} \exp\left(-\frac{ax^2}{2k_BT}\right) + ... =$$

$$= (2\pi)^{1/2} \frac{1}{a^{1/2}} (k_BT)^{1/2} + \frac{15}{2} (2\pi)^{1/2} \frac{b^2}{a^{7/2}} (k_BT)^{3/2} \qquad (25.22)$$

donde se han retenido hasta términos de segundo orden en la temperatura. La función de partición del oscilador (25.21) queda en la forma

$$Z(T) = \frac{1}{h} (2\pi M)^{1/2} (k_BT)^{1/2} \left[(2\pi)^{1/2} \left(\frac{1}{a}\right)^{1/2} (k_BT)^{1/2} + \right.$$

---

[2]En general, un hamiltoniano desarrollado hasta el término cúbico es inestable, como se puede observar en la Figura 25.1. Sin embargo, se encuentran resultados aceptables admitiendo que es una perturbación pequeña del término cuadrático.

$$+\frac{15}{2}\left(2\pi\right)^{1/2}\frac{b^2}{a^{7/2}}\left(k_BT\right)^{3/2}\right]=\frac{1}{\hbar}\left(\frac{M}{a}\right)^{1/2}\left(1+\frac{15}{2}\frac{b^2}{a^3}k_BT\right)k_BT \qquad (25.23)$$

Tomando logaritmos

$$\ln Z\left(T\right) = \ln\left[\frac{1}{\hbar}\left(\frac{M}{a}\right)^{1/2}\right]+\ln\left(1+\frac{15}{2}\frac{b^2}{a^3}k_BT\right)+\ln\left(k_BT\right)\simeq$$

$$\simeq \ln\left[\frac{1}{\hbar}\left(\frac{M}{a}\right)^{1/2}\right]+\frac{15}{2}\frac{b^2}{a^3}k_BT+\ln\left(k_BT\right) \qquad (25.24)$$

donde se ha retenido el primer término del desarrollo del segundo logaritmo. Sustituyendo en la energía media del oscilador (25.7) se tiene que

$$\langle E_{vib}\left(T\right)\rangle = k_BT\left(1+\frac{15}{2}\frac{b^2}{a^3}k_BT\right) \qquad (25.25)$$

Se observa que aparece un término de corrección a la energía armónica (25.18) que depende de la temperatura. Y la capacidad calorífica por mol de partículas es

$$C_V\left(T\right)=N_{Av}k_B\left(1+15\frac{b^2}{a^3}k_BT\right)=R\left(1+15\frac{b^2}{a^3}k_BT\right) \qquad (25.26)$$

que aumenta linealmente con T respecto del valor armónico R en un grado que depende de la interacción anarmónica. En la sección 25.5 se van a obtener valores concretos en un sólido 1D con un potencial de interacción de Lennard-Jones 6-12.

Por su parte, la posición media de oscilación es

$$\langle x\left(T\right)\rangle = \frac{\int_{-\infty}^{\infty}x\exp\left[-\left(\frac{1}{2}ax^2+bx^3\right)/k_BT\right]dx}{\int_{-\infty}^{\infty}\exp\left[-\left(\frac{1}{2}ax^2+bx^3\right)/k_BT\right]dx} \qquad (25.27)$$

Desarrollando igual que antes el numerador resulta

$$\int_{-\infty}^{\infty}x\exp\left(-\frac{\frac{1}{2}ax^2+bx^3}{k_BT}\right)dx = \int_{-\infty}^{\infty}x\exp\left(-\frac{ax^2}{2k_BT}\right)\exp\left(-\frac{bx^3}{k_BT}\right)dx\simeq$$

$$\simeq \int_{-\infty}^{\infty}x\exp\left(-\frac{ax^2}{2k_BT}\right)\left[1-\frac{bx^3}{k_BT}+\frac{1}{2}\left(\frac{bx^3}{k_BT}\right)^2-\frac{1}{6}\left(\frac{bx^3}{k_BT}\right)^3+...\right]dx=$$

$$= -\int_{-\infty}^{\infty}\frac{bx^4}{k_BT}\exp\left(-\frac{ax^2}{2k_BT}\right)dx-\int_{-\infty}^{\infty}\frac{1}{6}\frac{b^3x^{10}}{\left(k_BT\right)^3}\exp\left(-\frac{ax^2}{2k_BT}\right)dx+...=$$

$$= -3\left(2\pi\right)^{1/2}\frac{b}{a^{5/2}}\left(k_BT\right)^{\frac{3}{2}}-\frac{315}{2}\left(2\pi\right)^{1/2}\frac{b^3}{a^{11/2}}\left(k_BT\right)^{\frac{5}{2}}+... \qquad (25.28)$$

Utilizando también (25.22), el valor medio de la posición respecto de R_o es

$$\langle x\left(T\right)\rangle = -3\frac{b}{a^2}k_BT-\frac{315}{2}\frac{b^3}{a^5}\left(k_BT\right)^2=3\frac{|b|}{a^2}k_BT\left(1+\frac{105}{2}\frac{b^2}{a^3}k_BT\right) \qquad (25.29)$$

que ahora sí depende de la temperatura. El coeficiente de dilatación lineal resulta

$$\alpha_L(T) = \frac{1}{R_o}\frac{d\langle x(T)\rangle}{dT} = 3\frac{|b|}{a^2}\frac{1}{R_o}k_B\left(1 + 105\frac{b^2}{a^3}k_BT\right) \tag{25.30}$$

que aumenta linealmente con la temperatura. Hay que recordar que se está realizando un tratamiento clásico, y por tanto solo es válido a temperaturas suficientemente altas comparadas con la temperatura característica de vibración del sólido. El aumento lineal del coeficiente de dilatación con T es consistente con la variación observada experimentalmente en los sólidos a temperaturas altas, como se muestra en las Figuras 7.4(a) y 23.3 para el cobre y el argón, respectivamente.

25.3   Término cuártico

La energía de cada oscilador es ahora

$$E = \frac{p^2}{2M} + \frac{1}{2}ax^2 + bx^3 + cx^4 \tag{25.31}$$

y su función de partición viene dada por

$$Z(T) = \frac{1}{h}\int_{-\infty}^{\infty} dp\,\exp\left(-\frac{p^2}{2Mk_BT}\right)\int_{-\infty}^{\infty} dx\,\exp\left(-\frac{\frac{1}{2}ax^2 + bx^3 + cx^4}{k_BT}\right) \tag{25.32}$$

Admitimos que las contribuciones cúbica y cuártica son similares y pequeñas comparadas con la contribución armónica. Desarrollando la integral sobre la posición resulta

$$\int_{-\infty}^{\infty} \exp\left(-\frac{\frac{1}{2}ax^2 + bx^3 + cx^4}{k_BT}\right)dx =$$

$$= \int_{-\infty}^{\infty} \exp\left(-\frac{ax^2}{2k_BT}\right)\exp\left(-\frac{bx^3 + cx^4}{k_BT}\right)dx =$$

$$= \int_{-\infty}^{\infty} \exp\left(-\frac{ax^2}{2k_BT}\right)\left[1 - \frac{bx^3 + cx^4}{k_BT} + \frac{1}{2}\left(\frac{bx^3 + cx^4}{k_BT}\right)^2 - \right.$$

$$\left. -\frac{1}{6}\left(\frac{bx^3 + cx^4}{k_BT}\right)^3 + ...\right]dx =$$

$$= \int_{-\infty}^{\infty} \exp\left(-\frac{ax^2}{2k_BT}\right)dx - \int_{-\infty}^{\infty} \exp\left(-\frac{ax^2}{2k_BT}\right)\frac{cx^4}{k_BT}dx + ... =$$

$$= (2\pi)^{1/2}\frac{1}{a^{1/2}}(k_BT)^{1/2} + \frac{15}{2}(2\pi)^{1/2}\frac{b^2}{a^{7/2}}(k_BT)^{3/2} - 3(2\pi)^{1/2}\frac{c}{a^{\frac{5}{2}}}(k_BT)^{3/2} +$$

$$+\frac{105}{2}(2\pi)^{1/2}\frac{c^2}{a^{9/2}}(k_BT)^{5/2} - \frac{945}{2}(2\pi)^{1/2}\frac{b^2c}{a^{11/2}}(k_BT)^{5/2} + ... =$$

$$= (2\pi)^{1/2}\frac{1}{a^{1/2}}(k_BT)^{1/2} + \frac{3}{2}(2\pi)^{1/2}\frac{1}{a^{7/2}}\left(5b^2 - 2ac\right)(k_BT)^{3/2} +$$

$$+\frac{105}{2}\left(2\pi\right)^{1/2}\frac{c}{a^{11/2}}\left(ac-9b^2\right)\left(k_BT\right)^{5/2}+...\tag{25.33}$$

La función de partición del oscilador es

$$\begin{aligned}
Z\left(T\right) &= \frac{1}{h}\left(2\pi Mk_BT\right)^{1/2}\left[\left(2\pi\right)^{1/2}\frac{1}{a^{1/2}}\left(k_BT\right)^{1/2}+\right.\\
&\quad +\frac{3}{2}\left(2\pi\right)^{1/2}\frac{1}{a^{7/2}}\left(5b^2-2ac\right)\left(k_BT\right)^{3/2}+...\bigg] =\\
&= \frac{1}{\hbar}\left(\frac{M}{a}\right)^{1/2}k_BT\left[1+\left(\frac{15}{2}\frac{b^2}{a^3}-3\frac{c}{a^2}\right)k_BT\right]
\end{aligned}\tag{25.34}$$

Tomando logaritmos

$$\begin{aligned}
\ln Z\left(T\right) &= \ln\left[\frac{1}{\hbar}\left(\frac{M}{a}\right)^{1/2}\right]+\ln\left[1+\left(\frac{15}{2}\frac{b^2}{a^3}-3\frac{c}{a^2}\right)k_BT\right]\simeq\\
&\simeq \ln\left[\frac{1}{\hbar}\left(\frac{M}{a}\right)^{1/2}k_BT\right]+\left(\frac{15}{2}\frac{b^2}{a^3}-3\frac{c}{a^2}\right)k_BT
\end{aligned}\tag{25.35}$$

se encuentra que la energía media de cada oscilador (25.7) es

$$\langle E_{vib}\left(T\right)\rangle = k_BT\left[1+\left(\frac{15}{2}\frac{b^2}{a^3}-3\frac{c}{a^2}\right)k_BT\right]\tag{25.36}$$

La capacidad calorífica por mol de partículas resulta

$$C_V = R\left[1+\left(15\frac{b^2}{a^3}-6\frac{c}{a^2}\right)k_BT\right]\tag{25.37}$$

que incluye un término adicional respecto del caso cúbico (25.26) pero con la misma dependencia lineal con la temperatura.

El valor medio de la coordenada de posición es

$$\langle x\left(T\right)\rangle = \frac{\int_{-\infty}^{\infty}x\exp\left[-\left(\frac{1}{2}ax^2+bx^3+cx^4\right)/k_BT\right]dx}{\int_{-\infty}^{\infty}\exp\left[-\left(\frac{1}{2}ax^2+bx^3+cx^4\right)/k_BT\right]dx}\tag{25.38}$$

Desarrollando el numerador

$$\begin{aligned}
&\int_{-\infty}^{\infty}x\exp\left(-\frac{\frac{1}{2}ax^2+bx^3+cx^4}{k_BT}\right)dx =\\
&= \int_{-\infty}^{\infty}x\exp\left(-\frac{ax^2}{2k_BT}\right)\exp\left(-\frac{bx^3+cx^4}{k_BT}\right)dx =\\
&= \int_{-\infty}^{\infty}x\exp\left(-\frac{ax^2}{2k_BT}\right)\left[1-\frac{bx^3+cx^4}{k_BT}+\frac{1}{2}\left(\frac{bx^3+cx^4}{k_BT}\right)^2-\right.
\end{aligned}$$

$$-\frac{1}{6}\left(\frac{bx^3+cx^4}{k_BT}\right)^3 + ...\right] dx =$$

$$= -\int_{-\infty}^{\infty} \frac{bx^4}{k_BT} \exp\left(-\frac{ax^2}{2k_BT}\right) dx + \int_{-\infty}^{\infty} \frac{1}{2}\frac{2bcx^8}{(k_BT)^2} \exp\left(-\frac{ax^2}{2k_BT}\right) dx + ... =$$

$$= -3(2\pi)^{1/2}\frac{b}{a^{5/2}}(k_BT)^{\frac{3}{2}} + 105(2\pi)^{1/2}\frac{bc}{a^{9/2}}(k_BT)^{5/2} - \frac{315}{2}(2\pi)^{1/2}\frac{ab^3}{a^{13/2}}(k_BT)^{\frac{5}{2}} +$$

$$-\frac{10\,395}{2}(2\pi)^{1/2}\frac{bc^2}{a^{13/2}}(k_BT)^{\frac{7}{2}} + \frac{45\,045}{2}(2\pi)^{1/2}\frac{b^3c}{a^{15/2}}(k_BT)^{\frac{7}{2}} + ... =$$

$$= -3(2\pi)^{1/2}\frac{b}{a^{5/2}}(k_BT)^{\frac{3}{2}} + \frac{105}{2}(2\pi)^{1/2}\frac{b}{a^{11/2}}\left(2ac-3b^2\right)(k_BT)^{5/2} +$$

$$+\frac{3465}{2}(2\pi)^{1/2}\frac{bc}{a^{15/2}}\left(13b^2-3ac\right)(k_BT)^{\frac{7}{2}} \tag{25.39}$$

y utilizando (25.22) para el denominador se encuentra, reteniendo términos hasta T^3, que

$$\langle x(T)\rangle = -3\frac{b}{a^2}k_BT + \frac{105}{2}\frac{2abc-3b^3}{a^5}(k_BT)^2 \tag{25.40}$$

Por tanto, el coeficiente de dilatación lineal de la cadena de átomos es

$$\alpha_L(T) = 3\frac{|b|}{a^2}\frac{1}{R_o}k_B + 105\frac{3|b|^3-2a|b|c}{a^5}\frac{1}{R_o}k_B^2 T \tag{25.41}$$

que también varía linealmente con T como en el caso cúbico (25.30).

25.4   Ecuación de movimiento

La variación de la posición de equilibrio de los átomos con la temperatura se puede determinar de forma alternativa a partir de la ecuación de movimiento del oscilador anarmónico. Considerando por simplicidad hasta el término cúbico en el desarrollo de la energía potencial, se tiene que la fuerza que actúa sobre cada partícula es

$$F(x) = -\frac{dU(x)}{dx} = M\frac{d^2x}{dt^2} = -ax - 3bx^2 \tag{25.42}$$

En la aproximación de orden cero —la solución armónica con $b=0$— la solución es

$$x(t) = A\cos\omega_o t \tag{25.43}$$

siendo A la amplitud de vibración y $\omega_o = \sqrt{a/M}$ la frecuencia propia de oscilación. En la aproximación de orden uno, con $b \neq 0$, se utiliza la solución de prueba

$$x_1(t) = A\cos\omega_o t + \varepsilon \tag{25.44}$$

en la correspondiente ecuación de movimiento

$$M\frac{d^2x_1}{dt^2} = -ax_1 - 3bx_1^2 \tag{25.45}$$

resultando

$$
\begin{aligned}
M\left(-A\omega_o^2\cos\omega_o t + \frac{d^2\varepsilon}{dt^2}\right) &= \\
&= -aA\cos\omega_o t - a\varepsilon - 3b\left(A^2\cos^2\omega_o t + \varepsilon^2 + 2A\varepsilon\cos\omega_o t\right) \simeq \\
&\simeq -aA\cos\omega_o t - a\varepsilon - 3bA^2\cos^2\omega_o t = \\
&= -aA\cos\omega_o t - a\varepsilon - \frac{3}{2}bA^2 - \frac{3}{2}bA^2\cos 2\omega_o t
\end{aligned}
\tag{25.46}
$$

donde se han retenido los términos de orden más bajo.

Simplificando y reordenando los términos se tiene que

$$M\frac{d^2\varepsilon}{dt^2} + a\varepsilon + \frac{3}{2}bA^2 + \frac{3}{2}bA^2\cos 2\omega_o t = 0 \tag{25.47}$$

La solución general de esta ecuación es

$$\varepsilon(t) = \varepsilon_o + \varepsilon_1\cos 2\omega_o t \tag{25.48}$$

con

$$\varepsilon_o = -\frac{3}{2}\frac{b}{a}A^2\,, \qquad \varepsilon_1 = \frac{1}{2}\frac{b}{a}A^2 \tag{25.49}$$

Por tanto, el desplazamiento del oscilador anarmónico (25.44) es de la forma

$$x_1(t) = \frac{3}{2}\frac{|b|}{a}A^2 + A\cos\omega_o t - \frac{1}{2}\frac{|b|}{a}A^2\cos 2\omega_o t \tag{25.50}$$

Se observa que junto a la oscilación original de frecuencia ω_o aparece una segunda frecuencia armónica de valor $2\omega_o$ y de amplitud proporcional a A^2, y por tanto proporcional a la energía del oscilador. Además, la posición media de vibración del oscilador no es su posición de equilibrio original, sino que se desplaza a $\varepsilon_o = (3\,|b|\,/2a)\,A^2$, que también es proporcional a la energía del oscilador. Esta modificación de la distancia entre los átomos del sólido da lugar a un coeficiente de dilatación distinto de cero.

Recordando que la energía total de un oscilador armónico es $(1/2)\,aA^2 = k_B T$, resulta

$$\varepsilon_o = \frac{3}{2}\frac{|b|}{a}A^2 = 3\frac{|b|}{a^2}k_B T \tag{25.51}$$

como ya se obtuvo mediante la estadística de Boltzmann (25.29).

25.5   Interacción de van der Waals

Las expresiones anteriores se van a aplicar a un sólido 1D con una energía interatómica de tipo Lennard-Jones 6-12 con constantes $A = 1.30 \times 10^{-16}\,\mathrm{J\,\text{Å}}^6$ y $B = 2.70 \times 10^{-13}\,\mathrm{J\,\text{Å}}^{12}$, que ya se estudió en el capítulo 12. Considerando solo la interacción entre primeros vecinos resulta una distancia de equilibrio $R_o = 4.01\,\text{Å}$ (12.6) y una energía de cohesión de $-97.8\,\mathrm{meV/part.}$ (12.8). La curva de energía potencial de este sólido (por átomo) se muestra en la Figura 25.1, que es de la forma (12.4)

$$U(R) = -\frac{A}{R^6} + \frac{B}{R^{12}} \tag{25.52}$$

Las derivadas de esta energía son

$$\frac{dU}{dR} = \frac{6A}{R^7} - \frac{12B}{R^{13}} \quad , \quad \frac{d^2U}{dR^2} = -\frac{42A}{R^8} + \frac{156B}{R^{14}}$$
$$\frac{d^3U}{dR^3} = \frac{336A}{R^9} - \frac{2184B}{R^{15}} \quad , \quad \frac{d^4U}{dR^4} = -\frac{3024A}{R^{10}} + \frac{32760B}{R^{16}} \tag{25.53}$$

que para la posición de equilibrio R_o valen

$$\left.\frac{dU}{dR}\right|_{R_o} = \frac{6A}{R_o^7} - \frac{12B}{R_o^{13}} = 0 \rightarrow 2B = AR_o^6$$

$$\left.\frac{d^2U}{dR^2}\right|_{R_o} = -\frac{42A}{R_o^8} + \frac{156B}{R_o^{14}} = 36\frac{A}{R_o^8} = 7.01\,\mathrm{N\,m^{-1}} = 0.438\,\mathrm{eV\,\text{Å}}^{-2}$$

$$\left.\frac{d^3U}{dR^3}\right|_{R_o} = \frac{336A}{R_o^9} - \frac{2184B}{R_o^{15}} = -756\frac{A}{R_o^9} = -2.29\,\mathrm{eV\,\text{Å}}^{-3}$$

$$\left.\frac{d^4U}{dR^4}\right|_{R_o} = -\frac{3024A}{R_o^{10}} + \frac{32760B}{R_o^{16}} = 13356\frac{A}{R_o^{10}} = 10.1\,\mathrm{eV\,\text{Å}}^{-4} \tag{25.54}$$

Sustituyendo en el desarrollo (25.3) se encuentra que

$$\begin{aligned}
U(R) &= U(R_o) + 18\frac{A}{R_o^8}(R - R_o)^2 - 126\frac{A}{R_o^9}(R - R_o)^3 + 556.5\frac{A}{R_o^{10}}(R - R_o)^4 = \\
&= U(R_o) + 18\frac{A}{R_o^8}x^2 - 126\frac{A}{R_o^9}x^3 + 556.5\frac{A}{R_o^{10}}x^4 \tag{25.55}
\end{aligned}$$

con $x = R - R_o$ el desplazamiento relativo desde la posición de equilibrio inicial.

Comparando esta expresión con (25.4), los coeficientes del desarrollo son

$$a = \frac{36A}{R_o^8} = 0.438\,\mathrm{eV\,\text{Å}}^{-2}$$

$$b = -\frac{126A}{R_o^9} = -0.382\,\mathrm{eV\,\text{Å}}^{-3}$$

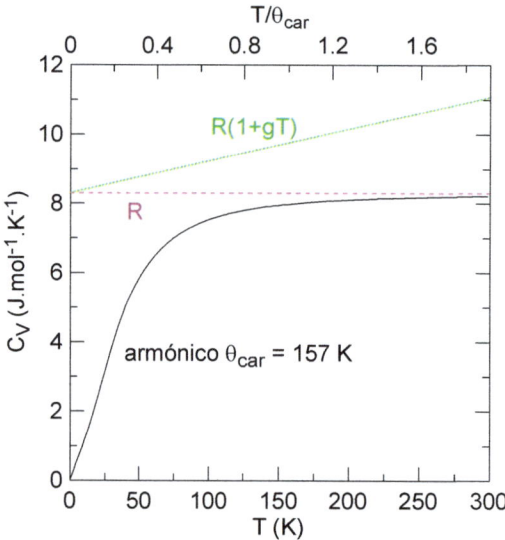

Figura 25.2. Capacidad calorífica molar de un sólido 1D monoatómico en la aproximación armónica (en negro) con temperatura característica $\theta_{car} = 157\,\mathrm{K}$. Se muestran también las capacidades caloríficas clásica (en magenta) y anarmónica (en verde) considerando hasta términos cuárticos (ecuación (25.57) con $g = 1.11 \times 10^{-3}\,\mathrm{K}^{-1}$). En rigor, el resultado anarmónico se debe representar solo para temperaturas $T \gtrsim \theta_{car}$.

$$c = 556.5 \frac{A}{R_o^{10}} = 0.421\,\mathrm{eV\,\mathring{A}}^{-4} \tag{25.56}$$

Sustituyendo estos valores en la expresión obtenida anteriormente de la capacidad calorífica clásica anarmónica (25.37) resulta

$$C_V = R\left(1 + 1.11 \times 10^{-3}T\right) \qquad (\text{con } T \text{ en } \mathrm{K}) \tag{25.57}$$

que se muestra en la Figura 25.2. Hay que recordar de nuevo que este análisis es clásico, y por tanto adecuado para altas temperaturas. Para este sólido la temperatura característica de vibración es $\theta_{car} = 157\,\mathrm{K}$ (12.65), de forma que cabe esperar que el resultado anterior sea válido para $T \gtrsim \theta_{car}$. Por ejemplo, el término de corrección anarmónico respecto del valor clásico R para $T = \theta_{car}$ es $1.11 \times 10^{-3} \times 157 \simeq 17\,\%$, que es una contribución apreciable.

Por su parte, el desplazamiento de la posición de equilibrio respecto del valor inicial es (25.40)

$$\langle x(T) \rangle = 5.15 \times 10^{-4}T + 6.37 \times 10^{-7}T^2\,\mathring{A} \qquad (\text{con } T \text{ en } \mathrm{K}) \tag{25.58}$$

Para $T = \theta_{car}$ se encuentra que $\langle x(157\,\mathrm{K}) \rangle = 9.7 \times 10^{-2}\,\mathring{A}$, por lo que el parámetro reticular a esta temperatura vale $a = 4.11\,\mathring{A}$. Y el coeficiente de dilatación lineal (25.41) viene dado por

$$\alpha_L(T) = 1.28 \times 10^{-4} + 3.18 \times 10^{-7}T \ \text{K}^{-1} \qquad (\text{con } T \text{ en } \text{K}) \qquad (25.59)$$

que para $T = \theta_{car}$ vale $\alpha_L(157\,\text{K}) = 1.78 \times 10^{-4}\,\text{K}^{-1}$.

25.6   Curva de energía potencial

En el capítulo 24 se obtuvo mediante análisis numérico el coeficiente de dilatación del argón 3D directamente de la curva de energía potencial de interacción entre partículas. Para completar el estudio del sólido 1D anarmónico se va a repetir aquí el mismo estudio considerando hasta el término cúbico en la energía potencial, que permite un desarrollo analítico simple y muy instructivo. Se tiene entonces

$$U(x) = \frac{1}{2}ax^2 + bx^3 \qquad (25.60)$$

con $x = R - R_o$, y a y b dadas por (25.56). Esta ecuación se reescribe como (25.55)

$$
\begin{aligned}
U(x) &= 18\frac{A}{R_o^6}\left(\frac{x}{R_o}\right)^2 - 126\frac{A}{R_o^6}\left(\frac{x}{R_o}\right)^3 = \\
&= C\left(\frac{x}{R_o}\right)^2 - D\left(\frac{x}{R_o}\right)^3 \qquad (25.61)
\end{aligned}
$$

donde

$$C = 18\frac{A}{R_o^6} = 3.52\,\text{eV}\,, \qquad D = 126\frac{A}{R_o^6} = 7C = 24.6\,\text{eV} \qquad (25.62)$$

Para una energía de vibración media $\langle E_{vib}(T)\rangle$ dada del sólido se cumple que

$$\langle E_{vib}(T)\rangle = C\left(\frac{x}{R_o}\right)^2 - 7C\left(\frac{x}{R_o}\right)^3 = C\left(\frac{x}{R_o}\right)^2\left[1 - 7\left(\frac{x}{R_o}\right)\right] \qquad (25.63)$$

Esta ecuación se puede resolver fácilmente por aproximaciones sucesivas. En el orden cero

$$\langle E_{vib}(T)\rangle \simeq C\left(\frac{x}{R_o}\right)^2 \rightarrow \frac{x}{R_o} = \pm\sqrt{\frac{\langle E_{vib}(T)\rangle}{C}} \qquad (25.64)$$

En el siguiente orden de aproximación se tiene de (25.63) que

$$\langle E_{vib}(T)\rangle = C\left(\frac{x}{R_o}\right)^2\left(1 \mp 7\sqrt{\frac{\langle E_{vib}(T)\rangle}{C}}\right) \qquad (25.65)$$

cuyas raíces son

$$\left(\frac{x}{R_o}\right)^2 = \frac{\langle E_{vib}(T)\rangle}{C}\left(1 \mp 7\sqrt{\frac{\langle E_{vib}(T)\rangle}{C}}\right)^{-1}$$

$$\frac{x}{R_o} = \pm\left[\frac{\langle E_{vib}(T)\rangle}{C}\right]^{1/2}\left(1 \mp 7\sqrt{\frac{\langle E_{vib}(T)\rangle}{C}}\right)^{-1/2} \simeq$$

$$\simeq \pm\left[\frac{\langle E_{vib}(T)\rangle}{C}\right]^{1/2}\left(1 \pm \frac{7}{2}\sqrt{\frac{\langle E_{vib}(T)\rangle}{C}}\right) \tag{25.66}$$

Se ha retenido solo el primer término relevante en el desarrollo en serie de la raíz cuadrada admitiendo que $\langle E_{vib}(T)\rangle \ll C = 3.52\,\text{eV}$ (25.62), que se cumple a todas las temperaturas. Los signos positivos en (25.66) corresponden al máximo de desplazamiento y los signos negativos al mínimo, de forma que la posición media de x —no se tiene en cuenta que la partícula pasa más tiempo en la parte derecha de la curva de energía potencial que en la izquierda, igual que en el caso 3D (capítulo 24)— es

$$\frac{\langle x(T)\rangle}{R_o} = \frac{1}{2}\left(\frac{x_1}{R_o} + \frac{x_2}{R_o}\right) = \frac{7}{2C}\langle E_{vib}(T)\rangle \tag{25.67}$$

Finalmente, el coeficiente de dilatación lineal resulta

$$\alpha_L(T) = \frac{1}{R_o}\frac{d\langle x(T)\rangle}{dT} = \frac{7}{2C}\frac{d\langle E_{vib}(T)\rangle}{dT} \simeq \frac{7}{2C}C_V(T) \tag{25.68}$$

donde se ha despreciado la diferencia entre C_P y C_V. Sustituyendo C (25.62) se encuentra que

$$\alpha_L(T) = \frac{7}{36A}R_o^6 C_V(T) \tag{25.69}$$

que muestra que el coeficiente de dilatación de un sólido tiene la misma dependencia con la temperatura que la capacidad calorífica. Este resultado se obtuvo anteriormente en la aproximación cuasiarmónica (23.36).

La Figura 25.3 muestra la variación de $\alpha_L(T)$ con la temperatura considerando en (25.69) tanto la capacidad calorífica obtenida del desarrollo armónico en primeros vecinos (Figura 12.9) (en azul) como la capacidad anarmónica cúbica (25.26). Cabe esperar que el primer caso sea válido si la temperatura no es muy alta ya que se utiliza el régimen armónico, y que el segundo caso sea adecuado a temperaturas altas ya que la capacidad anarmónica se ha obtenido en el régimen clásico mediante la estadística de Boltzmann. En este último caso resulta

$$\begin{aligned}\alpha_L(T) &= \frac{7R_o^6}{36A}R\left(1 + 15\frac{b^2}{a^3}k_B T\right) = \\ &= 8.58 \times 10^{-5}\left(1 + 2.24 \times 10^{-3}T\right)\,\text{K}^{-1} \quad (\text{con } T \text{ en K}) \tag{25.70}\end{aligned}$$

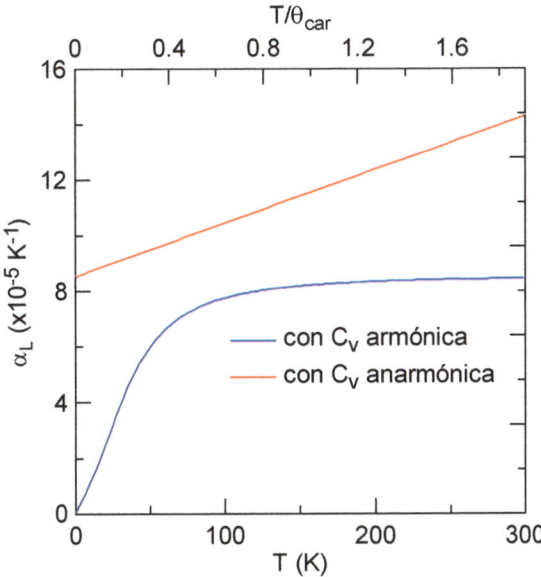

Figura 25.3. Coeficiente de dilatación lineal de un sólido 1D en función de la temperatura obtenido del análisis de la curva de energía potencial interatómica (25.69) considerando: (i) la capacidad calorífica armónica en primeros vecinos (en azul); y (ii) la capacidad anarmónica con término cúbico (25.26) (en rojo), que es válida en el régimen de alta temperatura.

que muestra una dependencia lineal con la temperatura. Por ejemplo, para $T = \theta_{car}$ se tiene que $\alpha_L\,(157\,\mathrm{K}) = 1.2 \times 10^{-4}\,\mathrm{K}^{-1}$. Es muy interesante notar que este valor es muy próximo al obtenido utilizando el desarrollo anarmónico (25.59) donde $\alpha_L\,(157\,\mathrm{K}) = 1.8 \times 10^{-4}\,\mathrm{K}^{-1}$. Estos resultados muestran nuevamente que un sistema formidable como es el sólido, incluso en 1D, se puede analizar de formas diferentes utilizando aproximaciones razonables.

Lev Davídovich Landáu, 1908 (Azerbaiyán, antiguo
Imperio Ruso) − 1968 (antigua Unión Soviética)

Referencias

1. L.D. Landau and E.M. Lifshitz (1977): *Quantum Mechanics Non-relativistic Theory*. Oxford: Pergamon Press.

2. J. de la Rubia Pacheco y J.J. Brey Abalo (1978): *Introducción a la Mecánica Estadística*. Madrid: Ediciones del Castillo.

26. Conductividad térmica reticular

La ley de Fourier describe la conducción macroscópica de calor que tiene lugar en sistemas fuera del equilibrio en estado estacionario. De acuerdo con esta ley, en un sólido con regiones a temperaturas diferentes se establece una densidad de flujo de calor $\mathbf{j}_Q$ —energía térmica transportada por unidad de tiempo y por unidad de área— desde las zonas más calientes a las más frías, dada por

$$\mathbf{j}_Q = -\,[\kappa]\,\boldsymbol{\nabla} T \tag{26.1}$$

donde $[\kappa]$ es el coeficiente de conductividad térmica del sólido —que depende de la temperatura— y $\boldsymbol{\nabla} T$ es el gradiente de temperatura. La conductividad térmica $[\kappa]$ es un tensor de segundo orden —igual que la conductividad eléctrica, el coeficiente de dilatación térmica y la constante dieléctrica, por ejemplo— de componentes κ_{ik} $(i, k = x, y, z)$, que verifica el principio de Neumann reflejando así la simetría del grupo puntual del sólido. En el caso de un material isótropo (estructuras cúbicas o policristales, por ejemplo), la conductividad se reduce a un escalar κ dado por un tercio de la traza $\kappa = 1/3\ Tr\,[\kappa] = \left(\kappa_{xx} + \kappa_{yy} + \kappa_{zz}\right)/3$. El signo negativo en el segundo miembro de (26.1) asegura que el calor se transfiere de las regiones calientes a las frías.

En general, la conductividad térmica de un sólido proviene de las contribuciones de los electrones de conducción y de los fonones. Cabría pensar que los metales son sistemáticamente mejores conductores térmicos que los dieléctricos dado que presentan ambas contribuciones. Sin embargo, muchos de los mejores conductores térmicos son precisamente aislantes eléctricos, como muestra la Figura 26.1 que compara los materiales de mayor conductividad térmica a $300\,\mathrm{K}$. El grafeno, que presenta valores de κ superiores a $2000\,\mathrm{W\,m^{-1}\,K^{-1}}$, no se incluye en esta comparación debido a su carácter 2D. Por otra parte, los peores conductores térmicos —aerogeles de sílice, poliestireno expandido, vidrios acrílicos, etc.— presentan una conductividad térmica κ del orden de $10^{-2}\,\mathrm{W\,m^{-1}\,K^{-1}}$ a temperatura ambiente. Se observa que la diferencia entre buenos y malos conductores térmicos no es mayor que un factor de 10^5, mientras que en el caso de buenos y malos conductores eléctricos la diferencia es superior a un factor de 10^{20}.

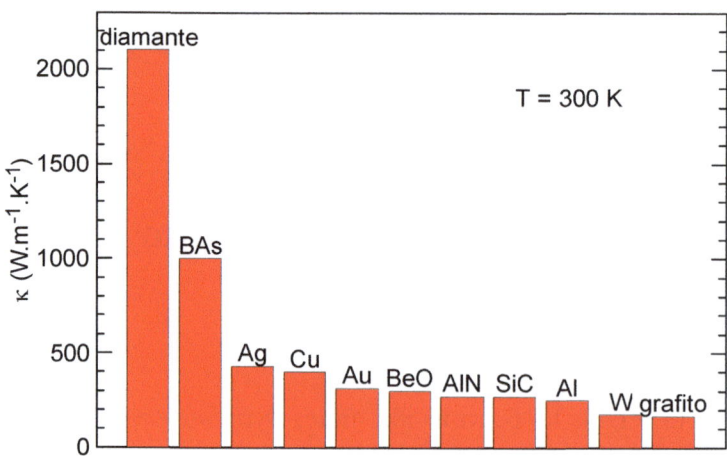

Figura 26.1. Materiales con mayor conductividad térmica a $300\,\mathrm{K}$.

En este capítulo se estudia la conductividad térmica debida exclusivamente a las vibraciones reticulares. Es conveniente recordar aquí que el concepto de fonón proviene de la aproximación armónica, que permite sustituir un sólido con pN partículas reticulares (siendo p el número de partículas de la base estructural y N el número de celdas unidad primitivas) en interacción mutua por un conjunto de $3pN$ modos normales independientes entre sí. Cada uno de estos modos normales, de frecuencia $\omega_j(\mathbf{q})$ (con $\mathbf{q}$ un vector de onda de la primera zona de Brillouin y $j = 1, 2, \dots 3p$ el índice de rama), está presente en el sólido con un número medio de excitación que depende de la temperatura T a través de la función de Planck $\langle n_{\omega_j(\mathbf{q})} \rangle$ (6.24). O de forma equivalente en la descripción corpuscular, cada modo normal está presente con un número medio de fonones dado por dicho factor (Figura 6.3). Como este gas de fonones es estrictamente no interaccionante entre sí en la aproximación armónica, las colisiones entre fonones no se pueden considerar como una fuente de restauración del equilibrio térmico local en el sólido. Dicho de otra forma, la vida media de los fonones armónicos es infinita, igual que su recorrido libre medio $\lambda(\mathbf{q}, j)$, dando lugar a una resistividad térmica nula. Se puede notar la analogía directa con el caso de la conductividad eléctrica infinita que presentaría un sólido conductor con simetría de traslación perfecta. La dispersión de fonones por defectos cristalinos —incluidas las superficies del sólido— sí limitan la conductividad térmica, pero no es capaz de explicar el comportamiento de κ con la temperatura (Figura 26.2), que está dominada principalmente por las interacciones entre fonones excepto a bajas temperaturas ($T \lesssim 50\,\mathrm{K}$).

26.1   Términos anarmónicos

Para considerar la interacción entre fonones es necesario incluir términos de orden superior al cuadrático —los términos anarmónicos cúbico, cuártico, etc.— en el de-

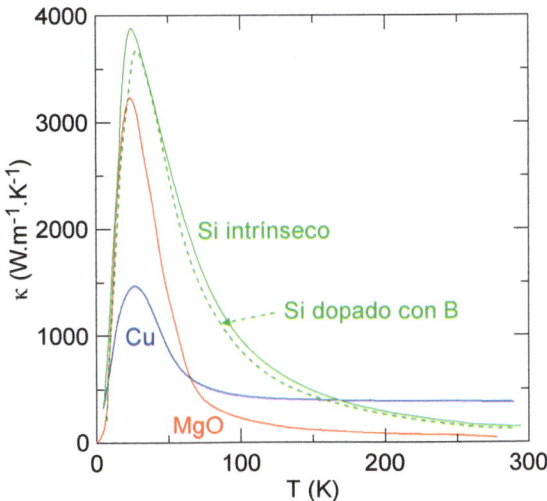

Figura 26.2. Variación de la conductividad térmica con la temperatura de MgO (dieléctrico), Cu (metal) y Si (semiconductor, intrínseco y dopado con B).

sarrollo en serie de la energía potencial de interacción entre las partículas reticulares (1.6)

$$U(\{\mathbf{r}_{n\alpha} = \mathbf{R}_{n\alpha} + \mathbf{u}_{n\alpha}\}) = U(\{\mathbf{R}_{n\alpha}\}) + \frac{1}{2} \sum_{\substack{n\alpha i \\ n'\alpha' j'}} \left[\frac{\partial^2 U(\{\mathbf{r}_{n\alpha}\})}{\partial r_{n\alpha i} \partial r_{n'\alpha' j'}} \right]_{\{\mathbf{R}_{n\alpha}\}} u_{n\alpha i} u_{n'\alpha' i'} +$$

$$+ \frac{1}{3!} \sum_{\substack{n\alpha i \\ n'\alpha' i' \\ n''\alpha'' i''}} \left[\frac{\partial^3 U(\{\mathbf{r}_{n\alpha}\})}{\partial r_{n\alpha i} \partial r_{n'\alpha' i'} \partial r_{n''\alpha'' i''}} \right]_{\{\mathbf{R}_{n\alpha}\}} u_{n\alpha i} u_{n'\alpha' i'} u_{n''\alpha'' i''} + ... \qquad (26.2)$$

Como ya se ha indicado, no existe una solución general del problema en el caso de incluir estos términos anarmónicos en el desarrollo de la energía, lo que además eliminaría el concepto de fonón. Una forma aproximada de resolver el problema es mantener el término armónico como dominante en el desarrollo en serie e incluir los términos de orden superior como una perturbación, dando lugar así a transiciones entre los niveles de energía del sistema fonónico armónico. Por tanto, este método mantiene el concepto de fonón pero limita su vida media —y su recorrido libre medio— mediante la creación y aniquilación de fonones de distinta energía a través de colisiones entre ellos, explicando así la resistividad térmica de los sólidos dieléctricos a temperaturas intermedias y altas.

Por ejemplo, la introducción del término cúbico en el desarrollo de la energía potencial (26.2) corresponde a procesos de creación/aniquilación donde participan tres fonones [1, 2]. En la Figura 26.3 se muestra un esquema de estos procesos, con la aniquilación de dos fonones creando uno nuevo, y la aniquilación de un fonón con la creación de dos. La aniquilación de tres fonones, o la creación de tres fonones, no está permitida ya que la energía se debe conservar. Así, para los procesos mostrados en la Figura 26.3

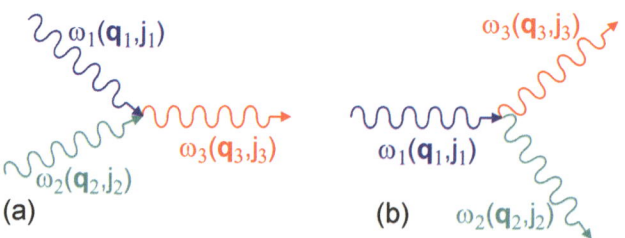

Figura 26.3. Procesos de (a) aniquilación y (b) creación de fonones permitidos por el término cúbico del hamiltoniano reticular.

se tiene, respectivamente

$$(a) \quad \hbar\omega_1 + \hbar\omega_2 = \hbar\omega_3 \quad \rightarrow \quad \omega_1 + \omega_2 = \omega_3$$

$$(b) \quad \hbar\omega_1 = \hbar\omega_2 + \hbar\omega_3 \quad \rightarrow \quad \omega_1 = \omega_2 + \omega_3 \tag{26.3}$$

Una regla de selección adicional proviene de la simetría de traslación del problema, ya que el Hamiltoniano (26.2) debe ser invariante bajo los vectores de traslación del sólido $\{\mathbf{t}_n\}$. Sustituyendo los desplazamientos armónicos (1.45) en el término cúbico de (26.2) se encuentra que las soluciones ondulatorias incluyen términos de la forma [1, 2]

$$\sum_{\mathbf{q}_1\mathbf{q}_2\mathbf{q}_3} \sum_n A_{\mathbf{q}_1\mathbf{q}_2\mathbf{q}_3} \exp\left([i\left(\mathbf{q}_1 + \mathbf{q}_2 + \mathbf{q}_3\right) \cdot \mathbf{t}_n]\right) \tag{26.4}$$

Las fases en estas sumas se cancelan mutuamente (igual que ocurre en los procesos de difracción, por ejemplo) excepto en el caso que

$$\exp\left[i\left(\mathbf{q}_1 + \mathbf{q}_2 + \mathbf{q}_3\right) \cdot \mathbf{t}_n\right] = 1 \tag{26.5}$$

Por tanto, en los procesos de interacción de tres fonones (Figura 26.3) se verifica que

$$\left(\mathbf{q}_1 + \mathbf{q}_2 + \mathbf{q}_3\right) \cdot \mathbf{t}_n = 2\pi m , \qquad m \in \mathbb{Z} \tag{26.6}$$

que se cumple si (1.49)

$$\mathbf{q}_1 + \mathbf{q}_2 + \mathbf{q}_3 = \mathbf{G}_{hkl} \tag{26.7}$$

donde $\mathbf{G}_{hkl}$ es un vector recíproco del sólido. Así, para los procesos de aniquilación y creación de un fonón mostrados en la Figura 26.3 se tiene que

$$(a) \quad \mathbf{q}_1 + \mathbf{q}_2 = \mathbf{q}_3 + \mathbf{G}_{hkl}$$

$$(b) \quad \mathbf{q}_1 = \mathbf{q}_2 + \mathbf{q}_3 + \mathbf{G}_{hkl} \tag{26.8}$$

Es decir, los procesos de dispersión entre fonones conservan los vectores de onda dentro de un vector recíproco. Este resultado no es de extrañar ya que los vectores de onda $\mathbf{q}$ de los fonones están definidos en la primera zona de Brillouin (1.50). Pero en un

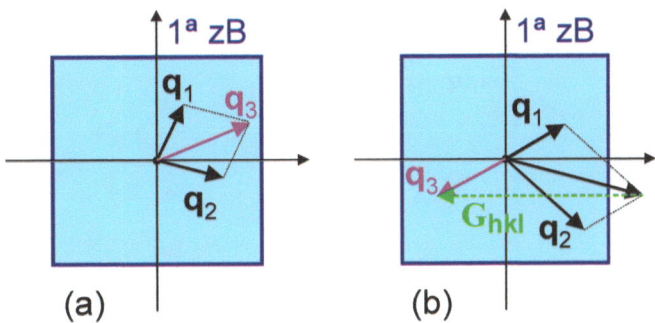

Figura 26.4. Dispersión de tres fonones mostrando la conservación del momento cristalino en la primera zona de Brillouin: (a) proceso N; y (b) proceso U, que requiere de un vector recíproco $\mathbf{G}_{hkl}$.

proceso de dispersión fonónico el vector de onda resultante puede caer fuera de esta región (Figura 26.4(b)), por lo que necesita la adición de un vector recíproco adecuado para devolverlo a la primera zona. En el caso de que el vector resultante esté dentro de la primera zona (Figura 26.4(a)) simplemente $\mathbf{G}_{hkl} = 0$ en las expresiones anteriores. La distinción entre procesos con $\mathbf{G}_{hkl} = 0$, denominados procesos normales N, y con $\mathbf{G}_{hkl} \neq 0$, denominados procesos umklapp (volteo en alemán) U, es esencial para explicar la resistividad térmica de los sólidos en función de la temperatura, como se verá posteriormente.

Multiplicando por $\hbar$ la expresión (26.7) se tiene que

$$\hbar\mathbf{q}_1 + \hbar\mathbf{q}_2 + \hbar\mathbf{q}_3 = \hbar\mathbf{G}_{hkl} \tag{26.9}$$

Esta expresión muestra que la cantidad de movimiento de los fonones participantes en la dispersión se conserva dentro de un vector $\hbar\mathbf{G}_{hkl}$. Por este motivo, $\hbar\mathbf{q}$ se denomina momento cristalino o cuasimomento del fonón (que ya se introdujo en la dispersión inelástica de neutrones por fonones, sección 8.1). Es importante notar que $\hbar\mathbf{q}$ no es el momento real (excepto para $\mathbf{q} = 0$, que corresponde a un movimiento de traslación uniforme de todo el sólido) ya que las vibraciones atómicas no están acompañadas por transferencia de masa y, por tanto, el momento lineal de un fonón es cero. Algunos autores consideran que la denominación de "ley de conservación del momento cristalino" dada a la expresión (26.9) es desafortunada, ya que no corresponde a la conservación de ninguna magnitud física real.

De igual forma, la introducción del término cuártico en el desarrollo de la energía potencial conduce a interacciones de cuatro fonones (Figura 26.5), y así sucesivamente, aunque la probabilidad de procesos multifonónicos disminuye apreciablemente con el número de fonones participantes. La ley de conservación del momento cristalino para

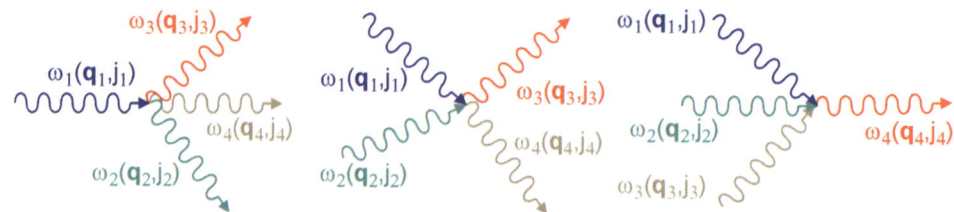

Figura 26.5. Procesos de creación/aniquilación de cuatro fonones permitidos por el término cuártico del hamiltoniano reticular.

interacciones entre cualquier número n de fonones se escribe de forma general como

$$\sum_{i=1}^{n} \hbar \mathbf{q}_i + \hbar \mathbf{G}_{hkl} = 0 \qquad (26.10)$$

26.2 Ecuación de transporte de Boltzmann

Se va a determinar a continuación la expresión de la conductividad térmica en función de las magnitudes características de los fonones. Consideremos un sólido sometido a un gradiente de temperatura $\boldsymbol{\nabla} T$. Admitimos que la variación espacial de T en el sólido es lo suficientemente pequeña para que quede definido correctamente el número medio de ocupación fonónico $\langle n\,(\mathbf{q},j,\mathbf{r},T)\rangle$ de todos los modos de vibración $(\mathbf{q},j)$ en cada región situada alrededor de $\mathbf{r}$ donde la temperatura local es T. Recordando que la densidad de flujo de energía (por unidad de tiempo y de área) de un conjunto de partículas de densidad n (por unidad de volumen) y energía E que se mueve con velocidad $\mathbf{v}$ viene dada por $\mathbf{j} = nE\mathbf{v}$, en el sólido se establece un flujo de calor que atraviesa la unidad de superficie situada en $\mathbf{r}$ dado por

$$\mathbf{j}_Q = \frac{1}{V} \sum_{\mathbf{q}\,j} \langle n_{\mathbf{q},j}\,(T)\rangle\, \hbar\omega\,(\mathbf{q},j)\, \mathbf{v}\,(\mathbf{q},j) \qquad (26.11)$$

donde V es el volumen del sólido y $\mathbf{v}\,(\mathbf{q},j)$ es la velocidad de grupo de los fonones del modo $(\mathbf{q},j)$. En general, la velocidad de los fonones depende débilmente de la temperatura, excepto en casos muy particulares donde aparecen los denominados modos blandos, que suelen estar asociados con transiciones en la estructura cristalina [3].

Obviamente, el número medio de ocupación fonónico en (26.11) no es su valor de equilibrio térmico dado por la función de Planck (6.24), ya que en ese caso $\langle n_{\mathbf{q},j}\rangle = \langle n_{-\mathbf{q},j}\rangle$ y $\mathbf{v}\,(\mathbf{q},j) = -\mathbf{v}\,(-\mathbf{q},j)$, resultando $\mathbf{j}_Q = 0$. Por tanto, es necesario que $\langle n_{\mathbf{q},j}\rangle$ se desvíe de su valor de equilibrio —que en lo siguiente se va a designar como $\langle n_o\,(\mathbf{q},j)\rangle$— para que exista una corriente térmica en el sólido. La variación temporal de $\langle n_{\mathbf{q},j}\rangle$

proviene, por una parte, de la difusión de fonones desde o hacia las regiones vecinas a $\mathbf{r}$, y por otra parte, de la dispersión de fonones que tiene lugar en $\mathbf{r}$. Admitiendo que ambos procesos son independientes, se tiene que (retirando los índices que sean innecesarios por claridad)

$$\frac{d\langle n\rangle}{dt} = \left(\frac{\partial\langle n\rangle}{\partial t}\right)_{dif} + \left(\frac{\partial\langle n\rangle}{\partial t}\right)_{disp} \tag{26.12}$$

Esta expresión es una forma particular de la ecuación de transporte de Boltzmann, que también se aplica al caso de electrones en sólidos y a otros procesos.

En el estado estacionario la temperatura en cada región $\mathbf{r}$ es constante, por lo que también es constante el número de fonones de cada modo, de forma que la derivada temporal total $d\langle n\rangle/dt = 0$. Consideremos en primer lugar el término de difusión, sin colisiones. En un tiempo Δt, los fonones que se encontraban en la región $\mathbf{r} - \mathbf{v}\Delta t$ han viajado hasta la región $\mathbf{r}$, resultando

$$\langle n(\mathbf{r},t)\rangle = \langle n(\mathbf{r}-\mathbf{v}\Delta t, t-\Delta t)\rangle \simeq \langle n(\mathbf{r},t-\Delta t)\rangle - \boldsymbol{\nabla}\langle n(\mathbf{r},t)\rangle\cdot\mathbf{v}\Delta t \tag{26.13}$$

en primer orden del tiempo. Por tanto

$$\begin{aligned}\left(\frac{\partial\langle n(\mathbf{r},t)\rangle}{\partial t}\right)_{dif}\Delta t &= -\boldsymbol{\nabla}\langle n(\mathbf{r},t)\rangle\cdot\mathbf{v}\Delta t\\[2mm]\left(\frac{\partial\langle n(\mathbf{r},t)\rangle}{\partial t}\right)_{dif} &= -\boldsymbol{\nabla}\langle n(\mathbf{r},t)\rangle\cdot\mathbf{v}\end{aligned} \tag{26.14}$$

Por otra parte, el término de dispersión se desarrolla habitualmente en la aproximación del tiempo de relajación, donde se admite que la distribución fonónica tiende al equilibrio a una velocidad proporcional a la desviación de dicho equilibrio, de forma que

$$\left(\frac{\partial\langle n(\mathbf{q},j)\rangle}{\partial t}\right)_{disp} = -\frac{\langle n(\mathbf{q},j)\rangle - \langle n_o(\mathbf{q},j)\rangle}{\tau(\mathbf{q},j)} \tag{26.15}$$

donde $\tau(\mathbf{q},j)$ es el tiempo (o un pequeño múltiplo del mismo) necesario para que se restaure el valor de equilibrio térmico mediante colisiones. Este tiempo se denomina de relajación porque la solución de (26.15) tiene la forma

$$\langle n(\mathbf{q},j,t)\rangle = \langle n_o(\mathbf{q},j)\rangle + [\langle n(\mathbf{q},j,t=0)\rangle - \langle n_o(\mathbf{q},j)\rangle]\exp(-t/\tau) \tag{26.16}$$

donde $\langle n(\mathbf{q},j,t=0)\rangle$ es el número medio de ocupación de no equilibrio en el instante inicial. El tiempo de relajación es esencialmente igual al tiempo medio entre colisiones, aunque puede depender del tipo de distribución que se considere.

Sustituyendo las derivadas parciales (26.14) y (26.15) en (26.12), se encuentra que en estado estacionario

$$-\boldsymbol{\nabla}\langle n\rangle \cdot \mathbf{v} - \frac{\langle n\rangle - \langle n_o\rangle}{\tau} = 0 \tag{26.17}$$

Dado que el gradiente de temperatura es pequeño, se puede escribir que

$$\boldsymbol{\nabla}\langle n\rangle = \frac{\partial \langle n\rangle}{\partial T}\boldsymbol{\nabla}T \simeq \frac{\partial \langle n_o\rangle}{\partial T}\boldsymbol{\nabla}T \tag{26.18}$$

ya que en estas condiciones $\langle n\rangle$ no debe diferir mucho de $\langle n_o\rangle$, por lo que su efecto sobre la derivada con la temperatura no debe ser significativa. Finalmente se tiene que

$$\frac{\partial \langle n_o\rangle}{\partial T}\boldsymbol{\nabla}T \cdot \mathbf{v} = -\frac{\langle n\rangle - \langle n_o\rangle}{\tau} \tag{26.19}$$

de forma que la distribución de no equilibrio en esta aproximación del tiempo de relajación viene dada por

$$\langle n(\mathbf{q},j)\rangle = \langle n_o(\mathbf{q},j)\rangle - \tau(\mathbf{q},j)\frac{\partial \langle n_o(\mathbf{q},j)\rangle}{\partial T}\boldsymbol{\nabla}T \cdot \mathbf{v}(\mathbf{q},j) \tag{26.20}$$

que no depende del tiempo ya que son soluciones estacionarias. En esta última expresión se ha explicitado de nuevo que los números medios de ocupación, el tiempo entre colisiones y la velocidad fonónica corresponden a cada uno de los modos permitidos de vibración.

Sustituyendo (26.20) en la densidad de corriente térmica (26.11) resulta

$$\begin{aligned}
\mathbf{j}_Q &= \frac{1}{V}\sum_{\mathbf{q}\,j}\left[\langle n_o(\mathbf{q},j)\rangle - \tau(\mathbf{q},j)\frac{\partial \langle n_o(\mathbf{q},j)\rangle}{\partial T}\mathbf{v}(\mathbf{q},j)\cdot \boldsymbol{\nabla}T\right]\hbar\omega(\mathbf{q},j)\mathbf{v}(\mathbf{q},j) = \\
&= -\frac{1}{V}\sum_{\mathbf{q}\,j}\hbar\omega(\mathbf{q},j)\tau(\mathbf{q},j)\frac{\partial \langle n_o(\mathbf{q},j)\rangle}{\partial T}\mathbf{v}(\mathbf{q},j)\cdot \boldsymbol{\nabla}T\,\mathbf{v}(\mathbf{q},j) \tag{26.21}
\end{aligned}$$

Como se ha indicado antes, $[\kappa]$ es un tensor de segundo orden. La densidad de corriente (26.1) se escribe entonces como

$$j_{Qi} = -\sum_k \kappa_{ik}\frac{\partial T}{\partial x_k}\,, \qquad i,k = x,y,z \tag{26.22}$$

Por comparación con (26.21), las componentes de la conductividad térmica son

$$\kappa_{ik} = \frac{1}{V}\sum_{\mathbf{q}\,j}\hbar\omega(\mathbf{q},j)\tau(\mathbf{q},j)\frac{\partial \langle n_o(\mathbf{q},j)\rangle}{\partial T}v_i(\mathbf{q},j)v_k(\mathbf{q},j) \tag{26.23}$$

Esta expresión se puede simplificar utilizando la energía media de vibración de cada modo (6.23)

$$\langle E_{vib}\left(\mathbf{q},j\right)\rangle = \left[\langle n_o\left(\mathbf{q},j\right)\rangle + \frac{1}{2}\right]\hbar\omega\left(\mathbf{q},j\right) \qquad (26.24)$$

y su contribución a la capacidad calorífica a volumen constante del sólido

$$C_V\left(\mathbf{q},j\right) = \frac{\partial\left\langle n_o\left(\mathbf{q},j\right)\right\rangle}{\partial T}\hbar\omega\left(\mathbf{q},j\right) \qquad (26.25)$$

de forma que

$$\kappa_{ik} = \frac{1}{V}\sum_{\mathbf{q}\,j}C_V\left(\mathbf{q},j\right)\tau\left(\mathbf{q},j\right)v_i\left(\mathbf{q},j\right)v_k\left(\mathbf{q},j\right) \qquad (26.26)$$

En el caso de un sólido isótropo la conductividad térmica se reduce a un escalar κ

$$\kappa = \frac{1}{3}\left(\kappa_{xx} + \kappa_{yy} + \kappa_{zz}\right) \qquad (26.27)$$

por lo que

$$\kappa = \frac{1}{3V}\sum_{\mathbf{q}\,j}C_V\left(\mathbf{q},j\right)\tau\left(\mathbf{q},j\right)v^2\left(\mathbf{q},j\right) \qquad (26.28)$$

Esta expresión se puede simplificar aún más si se utilizan valores medios para el tiempo entre colisiones y la velocidad de todos los modos, resultando finalmente

$$\kappa = \frac{1}{3V_{mol}}C_V\left\langle\tau\right\rangle\left\langle v^2\right\rangle = \frac{1}{3V_{mol}}C_V\left\langle\lambda\right\rangle\left\langle v\right\rangle \qquad (26.29)$$

donde C_V es la capacidad calorífica molar del sólido, V_{mol} es el volumen molar y se ha introducido el recorrido libre medio de todos los fonones $\langle\lambda\rangle = \langle v\rangle\langle\tau\rangle$.

Se puede realizar una estimación simple del valor de la conductividad κ utilizando valores típicos de las distintas magnitudes que aparecen en (26.29). Considerando que el recorrido libre medio de los fonones es $\langle\lambda\rangle \sim 10 - 100R_o$, siendo $R_o \simeq 3\,\text{Å}$ la distancia interatómica, y que $C_V = 3R = 24.9\,\text{J}\,\text{mol}^{-1}\,\text{K}^{-1}$, $\langle v\rangle \simeq 5000\,\text{m/s}$ y $V_{mol} \simeq 10^{-5}\,\text{m}^3$, resulta $\kappa \simeq 100\,\text{W}\,\text{m}^{-1}\,\text{K}^{-1}$, que es un valor típico de los sólidos a temperatura ambiente (Figura 26.1).

26.3 Teoría cinética

Es importante notar que la expresión (26.29) es idéntica a la que se obtiene de la teoría cinética para la conductividad térmica de un gas. La diferencia principal es que en el gas $\langle v\rangle$ es la velocidad térmica media de las moléculas, que depende de la temperatura como $T^{1/2}$ por el teorema de equipartición de la energía. El desarrollo del apartado anterior se interpreta fácilmente en términos de esta teoría cinética simplemente notando que el número medio de equilibrio de fonones del modo $(\mathbf{q},j)$ en la región $\mathbf{r}$ que se encuentra a la temperatura T es el que corresponde a la región situada en

$\mathbf{r}' = \mathbf{r} - \mathbf{v}(\mathbf{q},j)\,\tau(\mathbf{q},j)$, ya que los fonones viajan en contra del gradiente de temperatura una distancia $\boldsymbol{\lambda}(\mathbf{q},j) = \mathbf{v}(\mathbf{q},j)\,\tau(\mathbf{q},j)$ antes de colisionar en $\mathbf{r}$. La diferencia de temperatura entre ambas regiones es

$$\Delta T = -\boldsymbol{\nabla} T \cdot \mathbf{v}(\mathbf{q},j)\,\tau(\mathbf{q},j) \tag{26.30}$$

Al colisionar en $\mathbf{r}$ y alcanzar el equilibrio a la temperatura T, los fonones pierden una energía dada por

$$\Delta E(\mathbf{q},j) = C_V(\mathbf{q},j)\,\Delta T = -C_V(\mathbf{q},j)\,\boldsymbol{\nabla} T \cdot \mathbf{v}(\mathbf{q},j)\,\tau(\mathbf{q},j) \tag{26.31}$$

La densidad de corriente térmica se obtiene simplemente multiplicando esta variación de energía (por unidad de volumen) por la velocidad de grupo del modo y sumando sobre todos los modos, de forma que

$$\mathbf{j}_Q = -\frac{1}{V}\sum_{\mathbf{q}\,j}\left[C_V(\mathbf{q},j)\,\boldsymbol{\nabla} T \cdot \mathbf{v}(\mathbf{q},j)\,\tau(\mathbf{q},j)\right]\mathbf{v}(\mathbf{q},j) \tag{26.32}$$

Comparando con la ley de Fourier se encuentra que

$$\kappa_{ik} = -\frac{1}{V}\sum_{\mathbf{q}\,j} C_V(\mathbf{q},j)\,\tau(\mathbf{q},j)\,v_i(\mathbf{q},j)\,v_k(\mathbf{q},j) \tag{26.33}$$

como ya se obtuvo anteriormente (26.26).

26.4   Mecanismos de dispersión fonónica

La variación de la conductividad térmica κ con la temperatura en los sólidos es relativamente universal, como se muestra en la Figura 26.2. Aumenta desde 0 para $T = 0\,\mathrm{K}$ hasta alcanzar un valor máximo en el intervalo $25-50\,\mathrm{K}$, disminuyendo posteriormente de forma aproximada como $1/T$. De acuerdo con (26.29), las magnitudes que dependen principalmente de la temperatura son la capacidad calorífica y el recorrido libre medio. Como se ha indicado antes, la velocidad de grupo v —la pendiente de las curvas fonónicas $\omega(\mathbf{q})$— es independiente de la temperatura en primera aproximación; incluso en la aproximación de Grüneisen v depende débilmente de la temperatura ya que la dilatación térmica de los sólidos es muy pequeña (23.19). Solamente en algunos casos se ha encontrado una reducción importante de las frecuencias de vibración al variar la temperatura, conocidos como modos blandos, que se suelen asociar con inestabilidades mecánicas que originan las transiciones de fase; el titanato de bario $BaTiO_3$ es un buen ejemplo de este tipo de modos [3]. Por su parte, la capacidad calorífica varía como T^3 a temperaturas muy bajas comparadas con la temperatura de Debye θ_D y es una constante dada por la ley de Dulong y Petit a altas temperaturas. En cuanto al recorrido libre medio $\langle \lambda \rangle$ de los fonones, está limitado por diferentes procesos de dispersión, siendo el proceso dominante el que presente el recorrido libre más corto —es decir, el tiempo entre colisiones más pequeño— ya que se admite que estos mecanismos de dispersión no están acoplados entre sí y actúan en paralelo (notar la equivalencia con la regla de Matthiessen de la conducción eléctrica de metales), de forma que

$$\frac{1}{\langle \lambda \rangle} = \sum_{i=1}^{n} \frac{1}{\langle \lambda_i \rangle} \tag{26.34}$$

donde el índice i denota las distintas fuentes de dispersión fonónica.

Ya se ha indicado que en un sólido puramente armónico y con simetría de traslación perfecta —libre de defectos cristalográficos— el recorrido libre medio $\langle \lambda \rangle$ de los fonones es infinito y, por tanto, también lo es la conductividad térmica. Precisamente esta condición, armónico y sin defectos, permite clasificar los procesos de dispersión fonónica en dos grandes categorías: interacciones con defectos cristalinos e interacciones entre fonones.

26.4.1. Dispersión por defectos cristalinos

Son procesos elásticos que limitan $\langle \lambda \rangle$ a muy bajas temperaturas, cuando la densidad de fonones es tan pequeña que la probabilidad de colisiones entre ellos es despreciable. Estas interacciones se deben a la presencia de defectos puntuales (impurezas, vacantes, isótopos, ...), dislocaciones y defectos bidimensionales, como las fronteras de grano en policristales y las superficies externas del sólido en el caso extremo de ausencia de otro tipo de defecto. En el caso de defectos puntuales, la contribución principal proviene de las impurezas e isótopos ya que la concentración de vacantes e intersticiales es muy pequeña a muy bajas temperaturas. La dispersión elástica de fonones por defectos es similar al caso de la dispersión elástica de las ondas electromagnéticas, y depende fuertemente de la relación entre la longitud de onda de la vibración reticular λ_{onda}[1] (el inverso del módulo del vector de onda $\mathbf{q}$) y el tamaño d de los centros dispersores.

Se suelen distinguir tres tipos: dispersión de Rayleigh si $d \ll \lambda_{onda}$, dispersión de Mie si $d \sim \lambda_{onda}$ y dispersión geométrica si $d \gg \lambda_{onda}$. Este último caso se observa en sólidos muy puros y a muy bajas temperaturas (régimen de Casimir) donde el recorrido libre medio $\langle \lambda \rangle = L$, siendo L la dimensión del sólido (o el tamaño de grano en un policristal), independiente de la temperatura. Como $C_V \propto T^3$, resulta una conductividad térmica (26.29) que también es de la forma $\kappa \propto T^3$. La Figura 26.6(a) muestra la variación de κ con la temperatura en cristales de LiF ($T_{fus} = 1121\,\mathrm{K}$)

---

[1]Se ha explicitado la longitud de onda de las vibraciones reticulares como λ_{onda} para no confundirla con el recorrido libre medio de los fonones $\langle \lambda \rangle$.

ultrapuros de distinta longitud (de 1.06 a 7.25 mm) [4]. Se observa claramente esta dependencia con T^3 a bajas temperaturas, y que el valor máximo de κ disminuye a medida que la longitud de la muestra es menor. También se observa que, una vez superado el máximo, la conductividad es insensible al tamaño del sólido, indicando que pasa a estar controlada por un mecanismo diferente.

La dispersión por defectos puntuales corresponde al caso de la dispersión de Rayleigh donde $d \ll \lambda_{onda}$ ya que se cumple que: (i) el tamaño de los centros dispersores d es del orden de una distancia reticular a del sólido $d \simeq a$; y (ii) $\lambda_{onda} \gg a$ ya que a bajas temperaturas solo los modos acústicos de baja frecuencia —es decir, con vectores de onda $q = 2\pi/\lambda_{onda} \ll 1/a$ muy alejados de los límites de la primera zona de Brillouin— tienen una probabilidad no nula de estar presentes. La probabilidad de dispersión en estas condiciones es proporcional a λ_{onda}^{-4} [5], de forma que el recorrido libre medio de los fonones relevantes es $\langle \lambda \rangle \propto \lambda_{onda}^4$. Por otra parte, estos fonones presentes en el sólido a bajas temperaturas tienen un vector de onda máximo q_{max} dado por

$$\hbar\omega = \hbar v_s q_{max} \simeq k_B T \rightarrow q_{max} \simeq k_B T / \hbar v_s \qquad (26.35)$$

Esta velocidad de las ondas sonoras v_s está relacionada con la temperatura de Debye del sólido mediante (10.11)

$$\hbar\omega_D = k_B\theta_D = \hbar v_s q_D \simeq \hbar v_s \pi/a \rightarrow v_s \simeq a k_B \theta_D / \pi\hbar \qquad (26.36)$$

Así, el vector de onda máximo de los fonones participantes en esta interacción es

$$q_{max} \simeq \frac{k_B T}{\hbar v_s} = \frac{\pi}{a}\frac{T}{\theta_D} \rightarrow \lambda_{onda} \propto \frac{1}{T} \qquad (26.37)$$

Resulta por tanto que $\langle \lambda \rangle \propto \lambda_{onda}^4 \propto T^{-4}$. Y como $C_V \propto T^3$, se tiene finalmente de (26.29) que $\kappa \propto T^{-1}$ (aunque un análisis más detallado muestra que la dependencia esperada es del tipo $T^{-3/2}$).

La Figura 26.6(b) muestra los resultados para LiF con diferentes contenidos del isótopo ^{6}Li [6]. Tanto ^{6}Li como ^{7}Li son estables, pero este último es mucho más abundante que el primero (7.6 % y 92.4 %, respectivamente). Además, sus secciones eficaces de dispersión son muy diferentes, 0.045 b en ^{7}Li frente a 940 b en ^{6}Li, lo que hace particularmente útil a este material para estos estudios. Se observa que el máximo de κ disminuye a medida que aumenta la concentración del isótopo ^{6}Li y que, igual que en la dispersión geométrica (Figura 26.6(a)), la conductividad es independiente del contenido de defectos una vez superado el valor máximo.

También se ha estudiado la dispersión de fonones por dislocaciones, encontrando que a bajas temperaturas la conductividad varía como T^3 en sólidos de alta calidad cristalina,

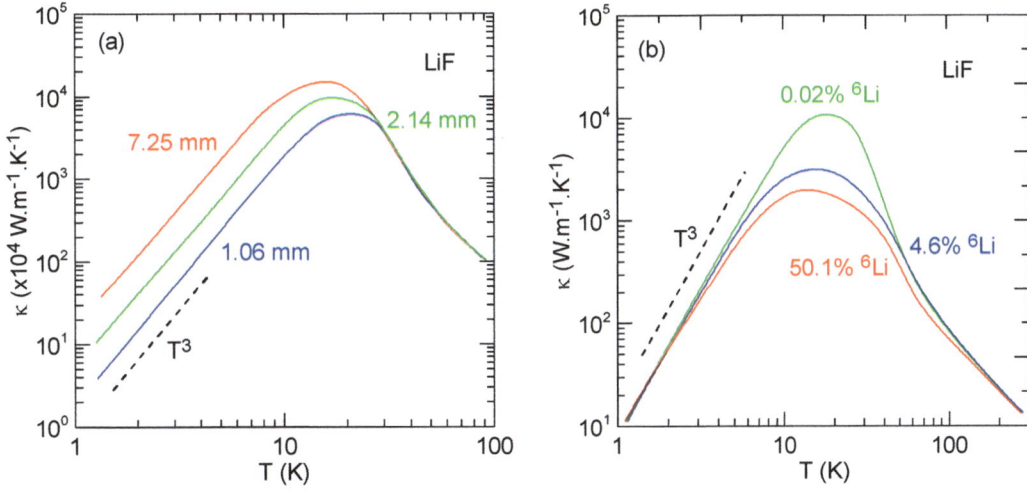

Figura 26.6. Variación de la conductividad térmica del LiF a bajas temperaturas: (a) dependencia con el tamaño del sólido (adaptado de [4], con permiso); y (b) dependencia con el contenido del isótopo ^{6}Li (adaptado de [6], con permiso).

y como T^2 para altas concentraciones de dislocaciones [7]. En general, los procesos de dispersión con defectos son los responsables del máximo que presenta la conductividad térmica.

26.4.2. Dispersión por otros fonones

La presencia de un fonón altera localmente la distancia entre átomos en el sólido, rompiendo la simetría perfecta de traslación: otro fonón encuentra una estructura cristalina modificada localmente y sufre un proceso de dispersión. La diferencia con los defectos cristalográficos es que las vibraciones atómicas son defectos que afectan globalmente al sólido, y por ello se incluyen en una categoría distinta. La dispersión entre fonones controla la conductividad térmica a temperaturas intermedias y altas ya que el número de fonones —y la probabilidad de colisión, por tanto— aumenta rápidamente con T.

Como se indicó anteriormente, en los procesos de dispersión entre fonones se conserva la energía y el momento cristalino; dependiendo si $\mathbf{G}_{hkl}$ es o no cero en (26.10), los procesos se clasifican en normales N y umklapp U, poniendo de manifiesto la naturaleza periódica del sólido. La Figura 26.4 muestra gráficamente estos dos tipos de procesos. El tipo N se caracteriza porque los vectores de onda de los fonones participantes en la dispersión se encuentran dentro de la primera zona de Brillouin. En los procesos U, en cambio, el vector de onda resultante cae fuera de la primera zona de Brillouin, y se reintegra a la primera zona mediante la adición de un vector recíproco adecuado.

En la dispersión entre fonones como fenómeno resistivo, que restaura el equilibrio térmico local en la región de colisión, se admite implícitamente que hay un cambio de sentido en la componente del vector de onda resultante en la dirección de la corriente térmica —es decir, en la velocidad de grupo de los fonones— para que aparezca dicha resistencia térmica. Pero en los procesos N, donde $\mathbf{G}_{hkl} = 0$, no aparece dicho cambio (Figura 26.4(a)), y por tanto estos procesos no pueden ser responsables de la restauración del equilibrio térmico de la población de fonones. Por el contrario, los procesos U donde $\mathbf{G}_{hkl} \neq 0$ sí son una fuente de resistividad térmica ya que cambian el sentido de la componente de la velocidad de grupo de los fonones resultantes en la dirección de la corriente térmica (Figura 26.4(b)). Esta distinción entre procesos N y U fue introducida originalmente por R. Peierls en 1929 [8], aunque los procesos N fueron denominados así por J. Callaway mucho más tarde, en 1959 [9]. Aunque los procesos N no contribuyen directamente a la resistencia térmica del sólido, sí participan indirectamente en el proceso ya que en estas colisiones intercambian momento y energía con fonones que posteriormente intervienen en los procesos U resistivos.

Para que tenga lugar un proceso U al menos alguno de los fonones iniciales debe tener un vector de onda $\mathbf{q}$ comparable a la dimensión de la primera zona de Brillouin (Figura 26.4(b)). A altas temperaturas $T > \theta_D$, estos procesos U son muy probables ya que todos los modos están apreciablemente excitados. La probabilidad de colisiones entre fonones es proporcional al número de fonones presentes, que varía como T

$$\langle n_\omega \left(T > \theta_D \right) \rangle = \frac{1}{\exp\left(\hbar\omega/k_B T\right) - 1} \simeq \frac{1}{1 + \left(\hbar\omega/k_B T\right) - 1} \propto T \qquad (26.38)$$

de forma que se encuentra una dependencia de $\kappa \propto T^{-1}$ (26.29) ya que C_V es constante en este régimen de temperaturas altas. En realidad, se encuentra experimentalmente que $\kappa \propto T^{-\alpha}$, con α entre 1 y 2, indicando de nuevo que no todos los fonones participan en los procesos resistivos, solo aquellos correspondientes a procesos U.

A medida que la temperatura disminuye desde la región de altas temperaturas, el número de fonones con $\mathbf{q}$ adecuados para los procesos U disminuye exponencialmente de acuerdo con la función de Planck, aumentado así la conductividad. En una primera estimación se puede considerar que los vectores de onda de estos fonones deben estar, al menos, en la mitad de la zona de Brillouin, es decir, deben tener un vector de onda $q \gtrsim \pi/2a$. La energía de estos fonones es $\sim k_B\theta_D/2$ (Figura 10.1), con una probabilidad de presencia $\sim \exp\left(-\theta_D/2T\right)$. Ya que el recorrido libre medio es inversamente proporcional a esta probabilidad, se encuentra que $\kappa \propto \exp\left(\theta_D/2T\right)$ si se desprecia la ligera dependencia de C_V con T en este régimen de temperaturas (Figura 10.5). Por tanto, a medida que T disminuye desde altas temperaturas, la conductividad térmica crece exponencialmente hasta que el recorrido libre medio debido a estos procesos U se hace comparable al debido a la interacción con los defectos cristalográficos, que comienzan a controlar la dispersión de los fonones.

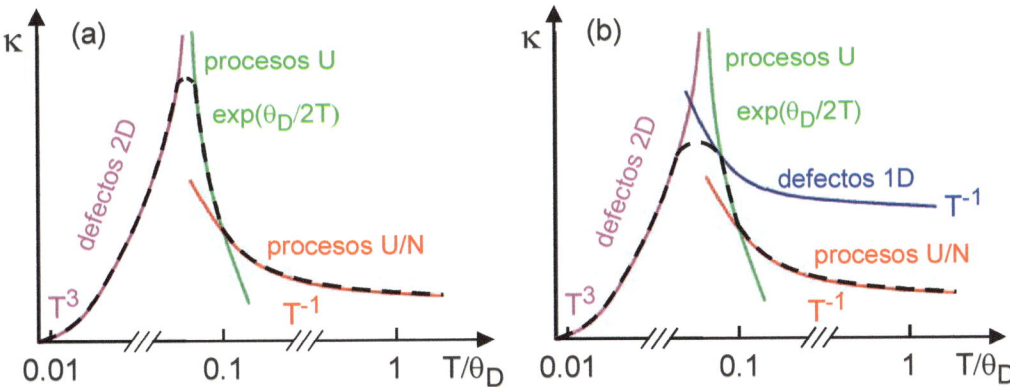

Figura 26.7. Esquema de la variación de la conductividad térmica reticular con la temperatura reducida en un sólido: (a) de alta pureza, con las contribuciones de las superficies y los procesos fonón-fonón; y (b) con imperfecciones, donde se incluye la contribución adicional de los defectos puntuales.

Como se ha indicado antes, se acepta que los procesos de dispersión fonón-fonón normales N conservan el momento y los procesos U destruyen el momento, de forma que estos últimos son los que originan la resistencia térmica. Existen diversos trabajos que ponen de relieve algunas dificultades con esta diferencia entre ambos procesos [10, 11], particularmente en el contexto de materiales muy anisótropos como el grafito o el fósforo negro (un alótropo del fósforo), que son excelentes candidatos para aplicaciones electrónicas avanzadas.

La Figura 26.7 muestra un esquema de la variación general de κ con la temperatura reducida T/θ_D en un sólido de alta pureza y otro de baja pureza. En el primer caso, la conductividad está dominada por las superficies externas del sólido a muy bajas temperaturas hasta que comienzan los procesos fonón-fonón, en particular los procesos U, que limitan el máximo en la conductividad. Por su parte, el sólido con defectos puntuales limita aún más el máximo de la conductividad por la interacción defecto-fonón antes de aparecer el régimen intrínseco de dispersión entre fonones.

26.5 Conductividad térmica intrínseca

Como se ha visto, no existen expresiones generales para la conductividad térmica de un sólido. Pero es posible estimar el valor de la conductividad intrínseca de un material —es decir, considerando solo las interacciones entre fonones— a temperaturas próximas a la temperatura de Debye utilizando modelos relativamente simples. Para un sólido con p partículas en la celda unidad primitiva, estos modelos conducen a una expresión

Tabla 26.1. Conductividad térmica intrínseca κ_{calc} calculada de (26.39) a 300 K de varios materiales con diferentes estructuras cristalinas: halita (hal), diamante (diam), zinc blenda (znbl) y wurtzita (wurt). n = número de partículas de la base estructural; a = parámetro reticular (en el caso de los sólidos hexagonales SiC y ZnO se indican los parámetros a y c); δ^3 = volumen por átomo; θ_D = temperatura de Debye; γ = constante de Grüneisen; $\overline{M}$ = masa atómica promedio.

	p	a (Å)	δ (Å)	θ_D (K)	γ	$\overline{M}$ (u)	κ_{cal} $\left(\mathrm{W\,m^{-1}\,K^{-1}} \right)$
NaCl (hal)	2	5.64	2.82	322	1.56	29.22	7.60
KCl (hal)	2	6.36	3.18	220	1.45	37.28	4.03
MgO (hal)	2	4.20	2.10	750	1.44	20.16	57.9
PbSe (hal)	2	6.22	3.11	150	2.23	143.09	2.03
Si (diam)	2	5.43	2.72	645	1.06	28.09	122
C (diam)	2	3.57	1.79	2240	0.75	12.01	2880
GaAs (znbl)	2	5.65	2.83	360	0.75	72.32	114
ZnS (znbl)	2	5.45	2.73	277	0.75	49.17	34.0
SiC (wurt)	4	3.07, 5.05	2.18	1195	0.75	20.05	561
ZnO (wurt)	4	3.25, 5.31	2.30	416	0.75	40.69	50.7

aproximada de κ de la forma [12]

$$\kappa = A \frac{\overline{M}\theta_D^3\delta}{\gamma^2 T p^{2/3}} \tag{26.39}$$

donde $\overline{M}$ es la masa atómica media de la celda unidad, δ^3 el volumen por átomo, γ el parámetro de Grüneisen y A tiene un valor muy constante $\simeq 3 \times 10^{-6}$ (con δ en Å, $\overline{M}$ en u y θ_D y T en K, para κ en $\mathrm{W\,m^{-1}\,K^{-1}}$), independientemente del sólido. La Tabla 26.1 recoge los datos necesarios para la determinación de κ (26.39) a 300 K para varios materiales con estructuras cristalinas diferentes (de tipo halita, diamante, zinc blenda y wurtzita), que presentan conductividades en un intervalo muy amplio de valores, desde 2 hasta 3000 $\mathrm{W\,m^{-1}\,K^{-1}}$. Estos valores calculados se comparan en la Figura 26.8 con los valores experimentales medidos a 300 K, mostrando un acuerdo excelente.

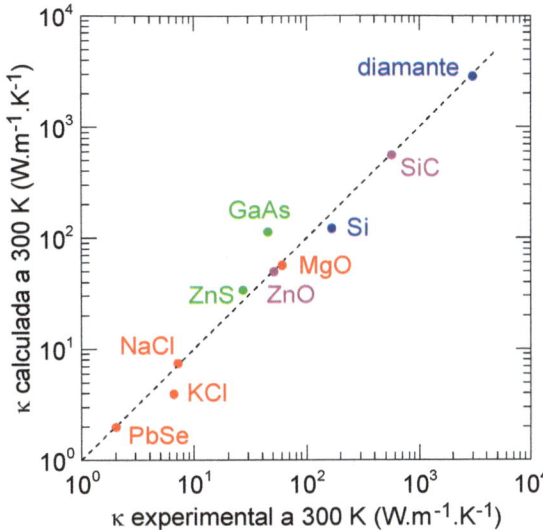

Figura 26.8. Conductividad térmica calculada a 300 K (26.39) frente al valor experimental para sólidos con diversas estructuras cristalinas: halita (en rojo), diamante (en azul), zinc blenda (en verde) y wurtzita (en magenta). El acuerdo es excelente.

Referencias

1. N.W. Ashcroft and N.D. Mermin (1976): *Solid State Physics*. Nueva York: Holt, Rinehart and Winston.

2. A. Haug (1972): *Theoretical Solid State Physics vol. 1.* Oxford: Pergamon Press.

3. Y. Luspin, J.L. Servoin and F. Gervais (1980): «Soft mode spectroscopy in barium titanate», *Journal of Physics C: Solid State Physics*, 13, 3761.

4. P.D. Thacher (1967): «Effect of Boundaries and Isotopes on the Thermal Conductivity of LiF», *Physical Review*, 156, 975.

5. J.A. Krumhansl and J.A.D. Matthew (1965): «Scattering of Long-Wavelength Phonons by Point Imperfections in Crystals», *Physical Review*, 140, A1812.

6. R. Berman and J.C.F. Brock (1965): «The effect of isotopes on lattice heat conduction I. Lithium fluoride», *Proceedings of the Royal Society A*, 289, 46.

7. L. Lindsay, R. Hanus and C.A. Polanco (2022): «Dislocation-Limited Thermal Conductivity in LiF: Revisiting Perturbative Models», *The Journal of The Minerals, Metals and Materials Society*, 74, 547.

8. R. Peierls (1929): «Zur kinetischen Theorie der Wärmeleitung in Kristallen», *Annalen der Physik*, 395, 1055.

9. J. Callaway (1959): «Model for Lattice Thermal Conductivity at Low Temperatures», *Physical Review*, 113, 1046.

10. Z. Ding, J. Zhou, B. Song, M. Li, T-H. Liu and G. Chen (2018): «Umklapp scattering is not necessarily resistive», *Physical Review B*, 98, 180302.

11. A.A. Maznev and O.B. Wright (2014): «Demystifying umklapp vs normal scattering in lattice thermal conductivity», *American Journal of Physics*, 82, 1062.

12. D.T. Morelli and G.A. Slack (2006): «High Lattice Thermal Conductivity Solids», en S.L. Shindé and J.S. Goela (eds.), *High Thermal Conductivity Materials*. Nueva York: Springer.

Rudolf Ernst Peierls, 1907 (antiguo Imperio
Alemán) — 1995 (Reino Unido)

Índice alfabético